高等职业教育"十二五"规划教材

高职高专建筑工程技术专业系列教材

建 筑 材 料

（含建筑材料试验实训指导书与报告书）

（第二版）

王松成　主　编

林丽娟　副主编

科学出版社

北　京

内 容 简 介

本书为高职高专建筑工程技术系列规划教材之一，由纸质教材和光盘组成。纸质教材由《建筑材料》（第二版）教材及与之配套的《建筑材料试验实训指导书与报告书》（第二版）组成。光盘内容有：教学课件（PPT 和 Authorware 各一套，并附有制作的全部素材，可供教师根据自己的教学要求进行二次加工制作）；分章节的学习指导、习题与思考题及参考答案；分章节的电子教案；模拟试卷及参考答案等，可供教师教学和学生学习参考。

本书共分 12 章，包括绪论、材料的基本性质、石材、气硬性胶凝材料、水泥、混凝土、建筑砂浆、建筑钢材、木材、沥青和合成高分子材料、墙体材料以及其他功能材料等。

本书可作为高职高专土建类相关专业的教材，也可供建筑工程技术人员参考。

图书在版编目(CIP)数据

建筑材料（含建筑材料试验实训指导书与报告书）/王松成主编.—2版.—北京:科学出版社，2012
（高等职业教育"十二五"规划教材·高职高专建筑工程技术专业系列教材）
ISBN 978-7-03-036077-9

Ⅰ.①建… Ⅱ.①王… Ⅲ.①建筑材料-高等职业教育-教材 Ⅳ.①TU5

中国版本图书馆 CIP 数据核字(2012)第 278528 号

责任编辑:何舒民　张雪梅 / 责任校对:刘玉靖
责任印制:吕春珉 / 封面设计:耕者设计工作室

科 学 出 版 社 出版
北京东黄城根北街 16 号
邮政编码：100717
http://www.sciencep.com

百 善 印 刷 厂 印刷
科学出版社发行　各地新华书店经销

*

2008 年 7 月第 一 版	开本：787×1092　1/16
2012 年 12 月第 二 版	印张：19 1/4+4 3/4
2016 年 12 月第三次印刷	字数：560 000

定价：46.00 元
（含建筑材料试验实训指导书与报告书,含光盘）
（如有印装质量问题，我社负责调换〈百善〉）
销售部电话 010-62134988　编辑部电话 010-62137124(VA03)

第二版前言

本书第一版完稿于 2007 年年底,但近几年来,随着我国建筑业的迅速发展,科技进步、技术更新的加快,新材料、新技术层出不穷,与之相关的各类标准、规范、规程也不断推出和更新。为了使教材"与时俱进",更好地满足高职高专教育对人才培养目标的要求,更好地适应现代建筑业快速发展的需要,编者组织人员在对书中所涉及的标准、规范、规程进行全面"查新"的基础上,对本书第一版进行了认真的修订,以第二版出版。

第二版仍然遵循第一版编写的基本思路,保持原有的风格特色和框架结构。

本版主要修订的内容是:有新标准、新规范、新规程颁布(截至 2011 年年底前)的部分章节,涉及石膏、水泥、混凝土、砂浆、钢材、沥青和合成高分子材料、墙体材料等。

本版主要增加的内容是:近年出现的、在工程中已广泛应用的、或是体现材料发展趋势的一些新型材料,如自密实混凝土、高性能混凝土等新型混凝土,预应力混凝土用螺纹钢筋、冷轧扭钢筋等新的钢筋品种,硬泡聚氨酯等新型防水保温材料,烧结多孔砌块等新型墙体材料。本版另增加了"其他功能材料"一章,简要介绍了玻璃、陶瓷、绝热、吸声等功能材料。

与之配套使用的《建筑材料试验实训指导书与报告书》、本立体化教材组成之一的光盘中的内容也作了相应的修订。

本书在编写及修订过程中参阅了大量的文献资料,在此向其原作者致以诚挚的谢意。

由于编者的水平有限,书中难免有不足之处,敬请读者批评指正。

第一版前言

"建筑材料"课程是土建类专业的主干课程之一。它既是一门专业基础课程，又是一门实践性和应用性较强的专业课程。通过本课程的学习，学生应达到的知识目标为：掌握建筑材料的基本性质，常用建筑材料及其制品的主要技术要求、性能、基本用途、常见规格；熟悉有关的国家标准和行业标准；了解常用材料检测的取样方法、试验原理、数据处理及试验结果分析处理方法；了解建筑材料的生产、储运、验收、保管及绿色环保性。应达到的能力目标为：熟悉试验设备的性能及操作方法，掌握基本的测试技能；能在实际工作中科学、经济、合理地选用建筑材料；通过系统的理论知识和实践应用能力的培养，能掌握混凝土、砂浆配合比设计等综合应用能力。

为此，我们分《建筑材料》、《建筑材料试验实习指导书与报告书》两部分编写，并根据立体化教材要求制作了配套光盘，其内容包括：教学课件、电子教案、学习指导、习题与参考答案、模拟试卷及参考答案等。

本立体化教材由王松成（南京交通职业技术学院）主编，林丽娟（徐州建筑职业技术学院）任副主编。全部内容由王松成统稿。具体编写分工是：《建筑材料》教材由王松成编写绪论、第1～5章；林丽娟编写第6章、第7章、第10章；朱利（南京交通职业技术学院）编写第8章、第9章。《建筑材料试验实习指导书与报告书》由刘冰梅（南京交通职业技术学院）主持编写，林丽娟参与编写。光盘由王松成主持编制，南京交通职业技术学院的温力、刘冰梅、徐美娟、朱利等参与制作。

本书在编制过程中参阅了大量的文献资料，在此向这些文献的作者致以诚挚的谢意。

由于我们的水平有限，本立体化教材中难免有不足之处，敬请读者批评指正。

目　　录

绪　论

0.1　建筑材料的分类

建筑材料是指建筑中使用的各种材料及制品，它是一切建筑的物质基础。

建筑材料的分类方法有多种，根据材料来源可分为天然材料及人造材料，根据材料功能可分为结构材料、装饰材料、防水材料、绝热材料等。目前，通常根据组成物质的种类及化学成分将建筑材料分为无机材料、有机材料和复合材料三大类，如图 0.1 所示。

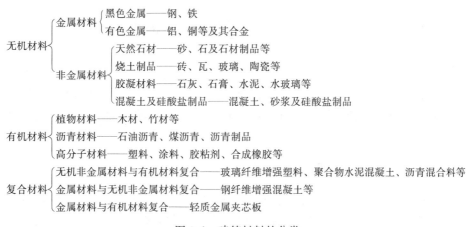

图 0.1　建筑材料的分类

0.2　建筑材料的发展史及发展趋势

建筑材料是随着人类社会生产力发展和科学技术水平的提高而逐步发展起来的。人类最早穴居巢处，随着社会生产力的发展，人类社会进入石器、铁器时代，开始挖土、凿石为洞，伐木、搭竹为栅，能利用天然材料建造非常简陋的房屋等建筑。到了人类能够用黏土烧制砖、瓦，用岩石烧制石灰、石膏之后，建筑材料才由天然材料进入了人工生产阶段，为较大规模建造建筑物创造了基本条件。万里长城、赵州桥、应县木塔等都充分证明了先辈们在建筑材料的生产、使用以及在建筑工艺上的伟大智慧。18 世纪至 19 世纪，资本主义兴起，促进了工商业及交通运输业的蓬勃发展，原有的建筑材料已不能与此相适应，在其他科学技术进步的推动下，建筑材料进入了一个新的发展阶段，钢材、水泥、混凝土及其他材料相继问世，为现代建筑材料奠定了基础。进入 20 世纪后，由于社会生产力突飞猛进，以及材料科学与工程学的形成和发展，建筑材料不仅性能和质量不断改善，而且品种不断增加，以有机材料为主的化工建材异军突起，一些具有特殊功能的新型建筑材料，如绝热材料、吸声隔声材料、各种装饰材料、耐热防火材料、防水抗渗材料以及耐磨、耐腐蚀、防爆和防辐射材料等应运而生。

随着人类的进步和社会的发展，更有效地利用地球有限的资源，全面改善人类工作与生活环境及迅速扩大生存空间已势在必行，未来的建筑物必将向多功能化、智能化方向发展，以满足人类对建筑物愈来愈高的安全、舒适、美观、耐久的要求。建筑材料在原材料、生产工艺、性能及产品形式诸方面都将面临可持续发展和人类文明进步的挑战。建筑材料的发展趋势主要表现在以下几方面：在原材料方面，要最大限度地节约有限的资源，充分利用再生资源及工农业废料；在生产工艺方面，要大力引进现代技术，改造或淘汰陈旧设备，降低原材料及能源消耗，减少环境污染；在性能方面，要力求轻质、高强、多功能及结构-功能一体化；在产品形式方面，要积极发展预制技术，逐步提高构件化、单元化、大块化的水平。当前具有自感知、自调节、自修复能力的建筑材料，其开发与研制以及在建筑中应用的研究工作正在蓬勃开展。

0.3 材料在建筑中的作用

在我国现代化建设中，建筑材料占有极为重要的地位。由于组分、结构和构造不同，建筑材料品种门类繁多，性能各不相同，价格也相差悬殊，且在建筑中用量巨大。因此，正确选择和合理使用建筑材料，对建筑物的安全、实用、美观、耐久及造价有着重大的意义。

0.3.1 材料的费用是决定建筑造价的主要因素

建筑物的主体是由建筑材料组成的。一般建筑物其工程造价的 $50\%\sim60\%$ 是材料费用。材料费用高，建筑工程造价就高。用质量好、功能多、档次高、性能优的材料营造的建筑物，工程造价中 80% 是材料的费用。

0.3.2 合理选择、正确使用材料，决定着建筑物的使用功能及耐久性

不同的工程类别，不同的使用环境，不同的功能要求，对材料的自身性能要求有着本质的区别。合理选择材料是建筑物营造的前提，需要根据建筑物自身的特点合理选择建筑材料。只有合理选择、正确使用材料，才能使结构的受力特性、环境条件、功能要求与材料的特性实现有机结合，才能最大限度地发挥材料的效能。

0.3.3 材料的质量决定建筑物的质量

材料的质量、性能直接影响建筑物的使用、耐久和美观。由于材料品质问题而引发建筑物质量下降、使用功能降低或不满足原有使用功能要求，甚至造成"豆腐渣"工程的事例屡见不鲜。所以，加强管理、严把材料质量关是保证建筑物质量的前提。

0.3.4　材料的发展影响结构形式及施工方法

材料是建筑的基础，它决定了建筑物的形式及施工方法。如黏土砖的出现，有了砖木结构；有了水泥、钢筋，产生了钢筋混凝土结构；轻质、高强材料的发展使高层建筑不断更新。随着绿色建筑材料的开发、利用，还会有山水城市、绿色建筑、生态房屋的问世。

建筑技术要发展，建筑材料必须先行。建筑工程中新技术、新工艺的问世往往依赖于建筑材料的更新。建筑施工新技术的推广、新材料的出现也促进了建筑物形式的变化、设计方法的改进、施工技术的革新。

0.4　建筑材料的检验与标准

材料是否合格、能否用于工程中，取决于其技术性能是否达到相应的技术标准要求，这需要通过检验来判断。材料的检验是通过必要的检测仪器、设备，依据一定的检测方法进行的。材料质量的检测工作在建筑工程中占有十分重要的位置，材料质量检测技术是相关技术人员必须掌握的。

建筑材料检验的依据是各项有关的技术标准、规程、规范及规定，是材料检验必须遵守的法规。建筑材料技术标准中对原材料、产品、工程质量、检验方法、评定方法等均作出了具体规定。目前，我国的技术标准分为国家标准、行业标准、地方标准和企业标准四类。

1）国家标准。在全国范围内适用。由国务院标准化行政主管部门编制，由国家技术监督局审批并发布。国家标准是最高标准，具有指导性、权威性。

2）行业标准。在全国性的行业范围内适用。当没有国家标准而又需要在全国某行业范围内统一技术要求时制定，由中央部委标准机构指定有关研究机构、院校或企业等起草或联合起草，报主管部门审批，国家技术监督局备案后发布。当国家有相应标准颁布，该行业标准废止。

3）地方标准。在某地区范围内适用。凡没有国家标准和行业标准时，可由相应地区根据生产厂家或企业的技术力量，以能保证产品质量的水平制定有关标准。

4）企业标准。只限于企业内部适用。在没有国家标准和行业标准时，企业为了控制生产质量而制定的技术标准。企业标准必须以保证材料质量、满足使用要求为目的。

技术标准有试行与正式之分，有强制性与推荐性之分，如 GB/T ××××—×××× 和 GB ××××—××××，有"T"为推荐性，无"T"为强制性。各类标准均具有时间性，由于技术水平不断提高，标准也不断更新。随着我国加入 WTO，及适应全球化的发展趋势，我国的各类标准正在实现与国际标准的接轨。

0.5　本课程教学思路

"建筑材料"既是一门专业基础课，又是一门专业课，涉及建筑工程中常用的各种材料，内容多而杂。

　　通过本课程的学习，学生要掌握材料的性能及应用的基本理论知识，了解材料有关技术标准，掌握常用材料检测的方法，能正确选择材料、合理使用材料、准确地鉴定材料、科学地开发材料。

　　本课程的学习方法可概括为掌握"一个中心，两个基本点"。"一个中心"为材料的基本性质及检测标准、方法。"两个基本点"为影响材料性质的两个方面的因素：一个是内在因素，如材料的组成结构；一个是外在因素，如环境、温度、湿度等。

　　本课程的教学方法是理论教学与实践教学并举，即实现理-实一体化教学。

第1章

材料的基本性质

【知识点】

1. 材料的物理性质，包括与质量和体积有关的性质、与水有关的性质及与热有关的性质。

2. 材料的力学性质，包括强度、弹性与塑性、脆性和韧性、硬度和耐磨性。

3. 材料的耐久性。

【学习要求】

1. 掌握材料基本性质（物理性质、力学性质）的含义及衡量指标。

2. 掌握材料基本性质间的相互关系。

3. 了解影响材料基本性质的内外因素。

4. 了解建筑物及所处环境对建筑材料的要求。

材料是构成建筑物的物质基础，直接关系建筑物的安全性、功能性、耐久性和经济性。材料应具备什么性质，要根据它在建筑物中的作用和所处的环境来决定。一般来说，材料的性质可分为四个方面：

1）物理性质，表示材料的物理状态特征及与各种物理过程有关的性质。

2）力学性质，表示材料在应力作用下抵抗破坏和变形能力的性质。

3）化学性质，表示材料发生化学变化的能力及抵抗化学腐蚀的稳定性。

4）耐久性，指材料在使用过程中能长久保持其原有性质的能力。

本章仅介绍材料的物理性质、力学性质和耐久性，即我们通常所说的材料的基本性质。

1.1 材料的物理性质

1.1.1 与质量有关的性质

1. 密度

密度是指材料在绝对密实状态下单位体积的质量，按下式计算，即

$$\rho = \frac{m}{V} \tag{1.1}$$

式中：ρ——密度（g/cm³）；

m——材料的绝对干燥质量（g）；

V——材料在绝对密实状态下的体积（cm³），即固体物质体积。

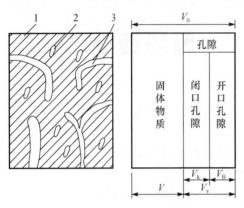

图 1.1　材料组成示意图

1. 固体物质；2. 闭口孔隙；3. 开口孔隙

所谓绝对密实状态下的体积，是指不包括任何孔隙的体积。建筑材料中，除了钢材、玻璃等少数材料外，绝大多数材料都含有一定的孔隙，如砖、石材等块状材料。这些孔隙又可分为开口孔隙和闭口孔隙，如图 1.1 所示。开口孔隙指与外界相通，常压下在水中能吸到水的孔隙；闭口孔隙是孤立的、彼此不连通的孔隙，常压下吸不到水，只有当水压力较大时，水可在较大的渗透压作用下，通过材料内部的微小孔隙或裂缝进入闭口孔隙。对于这些有孔隙的材料，测定其密度时，须先把材料磨成细粉，经干燥至恒重后，用排水法（李氏瓶法）测定其体积，然后按式（1.1）计算得到密度值。材料磨得越细，测得的数值就越准确。

2. 表观密度

表观密度指材料在自然状态下单位体积的质量。在实际应用中，散状材料与块状材料的表观密度有所区别。

（1）散状材料

散状材料的表观密度是单位体积（包括内封闭孔隙）的质量。对于散状材料，如砂、石子、水泥等，可直接以排水法求得的体积 V' 作为自然状态下的体积（因未经磨细而直接排水测体积，故 V' 也可理解为绝对密实状态体积的近似值，按该体积计算出的表现密度也称为视密度），则其表现密度可用下式表示，即

$$\rho' = \frac{m}{V'} \tag{1.2}$$

式中：ρ'——材料的表观密度（或称视密度，g/cm³）；

m——材料的绝对干燥质量；

V'——直接用排水法测得的材料体积，包括固体物质体积和闭口孔隙体积。

（2）块状材料

块状材料表观密度指材料在自然状态下单位体积（包括闭口孔隙和开口孔隙）的质量，按下式计算，即

$$\rho_0 = \frac{m}{V_0} \tag{1.3}$$

式中：ρ_0——材料的表观密度（g/cm³ 或 kg/m³）；

m——材料的质量；

V_0——材料在自然状态下的体积，包括材料的固体物质体积和所含孔隙（开口及闭口孔隙）体积。

表观密度的大小除取决于密度外，还与材料孔隙率及孔隙的含水程度有关。材料孔隙越多，表观密度越小；当孔隙中含有水分时，其质量和体积均有所变化，表观密度一般变大。所以，材料的表观密度有气干状态下测得的值和绝对干燥状态下测得的值（干表观密度）之分。在进行材料对比试验时以干表观密度为准。

3. 堆积密度

堆积密度是指散粒状或粉状材料在自然堆积状态下单位体积的质量，用下式表示，即

$$\rho_0' = \frac{m}{V_0'} \qquad (1.4)$$

式中：ρ_0'——材料的堆积密度（kg/m^3）；

　　　m——材料的质量；

　　　V_0'——材料的自然堆积体积，包括了颗粒体积和颗粒之间空隙的体积（图 1.2）。

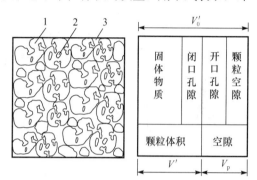

图 1.2　散粒材料堆积及体积示意图
1. 固体物质；2. 闭口孔隙；3. 空隙

材料的堆积密度取决于材料的表观密度、颗粒形状及级配，以及测定时材料装填方式和疏密程度。松堆积方式测得的堆积密度值要明显小于紧堆积时的测定值。工程中通常采用松散堆积密度确定颗粒状材料的堆放空间。

4. 密实度

密实度是指材料体积内被固体物质所充实的程度，也就是固体物质的体积占总体积的比例，以 D 表示，即

$$D = \frac{V}{V_0} = \frac{\rho_0}{\rho} \qquad (1.5)$$

5. 孔隙率

孔隙率是指材料内部孔隙体积占材料总体积的百分率，以 P 表示，可用下式计算，即

$$P = \frac{V_0 - V}{V_0} \times 100\% = \left(1 - \frac{\rho_0}{\rho}\right) \times 100\% \qquad (1.6)$$

材料的密实度和孔隙率反映了材料的致密程度，其大小取决于材料的结构构成及制造工艺。材料的许多工程性质如强度、吸水性、抗渗性、抗冻性、导热性、吸声性等都与材料的孔隙有关，这些性质不仅取决于孔隙率的大小，还与孔隙的孔径大小、形状、分布、连通与否等构造特征密切相关。

在孔隙率相同的情况下，材料内部开口孔隙增多会使材料的吸水性、吸湿性、透水性、吸声性增强，但是抗冻性和抗渗性变差；材料内部闭口孔隙的增多会提高材料的保

温隔热性能和抗冻性能。

密实度、孔隙率从不同角度反映了材料的致密程度。密实度与孔隙率的关系为

$$D + P = 1 \qquad (1.7)$$

6. 空隙率

空隙率是指散粒或粉状材料颗粒之间的空隙体积占其自然堆积体积的百分率，用 P' 表示，即

$$P' = \frac{V'_0 - V'}{V'_0} \times 100\% = \left(1 - \frac{\rho'_0}{\rho'}\right) \times 100\% \qquad (1.8)$$

空隙率的大小反映了散粒或粉状材料的颗粒之间相互填充的紧密程度。

表 1.1　常用建筑材料的密度、表观密度、堆积密度和孔隙率

材　料	密度/(kg/m³)	表观密度/(g/cm³)	堆积密度/(g/cm³)	孔隙率
石灰岩	2.60	1800～2600	—	—
花岗岩	2.60～2.90	2500～2800	—	0.5～3.0
碎石（石灰岩）	2.60	—	1400～1700	—
砂	2.60	—	1450～1650	—
黏土	2.60	—	1600～1800	—
普通黏土砖	2.50～2.80	1600～1800	—	20～40
黏土空心砖	2.50	1000～1400	—	—
水泥	3.10	—	1200～1300	—
普通混凝土	—	2000～2800	—	5～20
轻骨料混凝土	—	800～1900	—	—
木材	1.55	400～800	—	55～75
钢材	7.85	7850	—	0
泡沫塑料	—	20～50	—	—
玻璃	2.55	—	—	—

1.1.2　与水有关的性质

1. 亲水性与憎水性

根据材料在与水接触时能被水所润湿的程度，可将材料分为亲水性材料与憎水性材料两大类。

材料的亲水性与憎水性可用润湿角 θ 来说明，如图 1.3 所示。

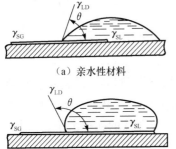

（a）亲水性材料

（b）憎水性材料

图 1.3　材料的润湿示意图

润湿角是在材料、水、空气三相的交点处，沿水滴表面的切线与水和固体的接触面之间的夹角 θ。润湿角 θ 越小，水分越容易被材料表面吸附，说明材料能被水润湿的程度越高。通常认为，润湿角 $\theta \leqslant 90°$ 的材料为亲水性材料，如黏土砖、石料、混凝土、木材等；润湿角 $\theta > 90°$ 的材料为憎水性材料，如沥青、石蜡、塑料等。憎水性材料常用作防水、防潮、防腐材料，也可用作亲

水性材料的表面处理，以提高其耐久性。

材料表现出亲水性还是憎水性，是由材料分子与水分子间的引力及水分子间的相互引力的大小决定的，若前者大于后者，则呈亲水性，反之呈憎水性。

2. 吸水性

材料在浸水状态下，即材料在水中吸收水分的能力称为吸水性。吸水性的大小用吸水率来表示，吸水率有以下两种表示方法。

（1）质量吸水率

材料吸水饱和时其所吸收水分的质量占材料干燥时质量的百分率，按下式计算，即

$$W_质 = \frac{m_湿 - m_干}{m_干} \times 100\% \tag{1.9}$$

式中：$W_质$——材料的质量吸水率（%）；

　　　$m_湿$——材料吸水饱和后的质量；

　　　$m_干$——材料烘干至恒重的质量。

（2）体积吸水率

材料吸水饱和时吸入水分的体积占干燥材料自然体积的百分率，可按下式计算，即

$$W_体 = \frac{V_水}{V_0} = \frac{m_湿 - m_干}{\rho_水 \cdot V_0} \times 100\% \tag{1.10}$$

式中：$W_体$——材料的体积吸水率（%）；

　　　$V_水$——吸水饱和后吸入水的体积（cm³）；

　　　$\rho_水$——水的密度，在常温下 $\rho_水 = 1.0\text{g/cm}^3$。

质量吸水率与体积吸水率的关系为

$$W_体 = W_质 \times \frac{\rho_0}{\rho_水} \tag{1.11}$$

材料吸水率的大小不仅取决于材料本身是亲水的还是憎水的，而且与材料的孔隙率的大小及孔隙特征密切相关。一般，孔隙率越大，材料吸水性越强；孔隙率相同情况下，具有细小连通孔的材料比具有较多粗大开口孔隙或闭口孔隙的材料吸水性更强。这是由于闭口孔隙水分不能进入；而粗大、开口孔隙不易吸满水分；具有很多微小孔隙的材料，吸水率较大，但由于微小孔隙中存在空气，在正常情况下水分不易进入，在测定材料吸水性时常采用真空法。

对于轻质且多开口孔隙、吸水性较强的材料，由于吸入水分的质量往往超过材料干燥时的自重，即 $W_质$ 大于 100%，对于这类材料用 $W_体$ 更能反映其吸水能力的强弱，材料的体积吸水率实际上就是材料的开口孔隙率 $P_开$，$W_体$ 不可能超过 100%。

水分的吸入给材料带来一系列不良的影响，往往使材料的许多性质发生改变，如体积膨胀、保温性能下降、强度降低、抗冻性变差等。

3. 吸湿性

材料在潮湿的空气中吸收水分的性质称为吸湿性。吸湿性的大小用含水率来表示，可按下式计算，即

$$W_{含} = \frac{m_{含} - m_{干}}{m_{干}} \times 100\%$$ （1.12）

式中：$W_{含}$——材料的含水率（%）；

$m_{含}$——材料含水时的质量。

材料含水率的大小不仅取决于材料自身的特性（亲水性、孔隙率和孔隙特征），还受周围环境条件的影响，即随温度、湿度变化而改变，气温越低，相对湿度越大，材料的含水率就越大。当材料的含水率达到与环境湿度保持相对平衡状态时，称为平衡含水率。

4. 耐水性

材料长期在饱和水作用下而不破坏、强度也不显著降低的性质称为耐水性。材料的耐水性用软化系数表示，可按下式计算，即

$$K_{软} = \frac{f_{饱}}{f_{干}}$$ （1.13）

式中：$K_{软}$——材料的软化系数；

$f_{饱}$——材料在饱和状态下的抗压强度（MPa）；

$f_{干}$——材料在干燥状态下的抗压强度（MPa）。

软化系数一般在0～1间波动，其值越小，说明材料吸水饱和后强度降低越多，材料耐水性越差。通常将软化系数大于0.80的材料称为耐水材料。对于经常位于水中或处于潮湿环境中的重要建筑物，所选用的材料要求其软化系数不得低于0.85；对于受潮较轻或次要结构所用材料，软化系数允许稍有降低，但不宜小于0.75。

材料的耐水性主要取决于其组成成分在水中的溶解度和材料内部开口孔隙率的大小。软化系数一般随溶解度增大，随开口孔隙增多而变小。溶解度很小或不溶的材料，孔隙率低或具有较多封闭孔隙的材料，软化系数一般较大，即材料的耐水性较好。

5. 抗渗性

材料抵抗压力水渗透的性质称为抗渗性（不透水性）。材料的抗渗性可用以下两种方法表示。

（1）渗透参数

根据达西定律，在一定时间 t 内，透过材料试件的水量 W 与试件的渗水面积 A 及水头差 h 成正比，与试件厚度 d 成反比，如图1.4所示，用公式表示为

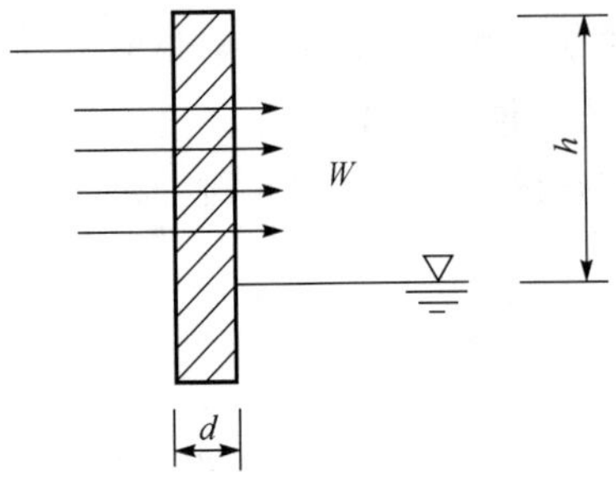

$$W = K \cdot \frac{h}{d} At$$ （1.14）

或

$$K = \frac{Wd}{Aht}$$ （1.15）

图1.4 材料透水示意图

式中，K 即为渗透系数（cm/h），渗透系数越大，表明材料的透水性越好而抗渗性越差。一些抗渗防水材

料（如油毡）其抗渗性常用渗透系数表示。

（2）抗渗等级

将材料在标准试验方法下进行透水试验，以确定材料标准试件在透水前所能承受的最大水压力，以字母 P 及可承受的水压力（以 0.1MPa 为单位）来表示，用下式计算，即

$$P = 10p - 1 \qquad (1.16)$$

式中：P——抗渗等级；

p——开始渗水前的最大水压力（MPa）。

混凝土和砂浆抗渗性的好坏常用抗渗等级表示，如 P6、P8，分别表示试件承受 0.6MPa、0.8MPa 的水压而不渗透。P 越大，材料的抗渗性越好。

材料的抗渗性不仅取决于其呈亲水性还是憎水性，更取决于材料的孔隙率及孔隙特征。孔隙率小，抗渗性好；在孔隙率相同条件下，开口孔隙多、孔径尺寸大且连通的材料抗渗性差。

材料的抗渗性是防水工程、地下建筑及水工构筑物所必须考虑的重要性质之一，因为材料的抗渗性还影响到其抗冻性、抗腐蚀性及抗风化等耐久性指标。

6. 抗冻性

材料在吸水饱和状态下经受多次冻融循环而不破坏，同时也不显著降低强度的性质称为抗冻性。抗冻性的大小用抗冻等级表示。抗冻等级是将材料吸水饱和后按规定方法进行冻融循环试验，以质量损失不超过 5%，或强度下降不超过 25% 所能经受的最大冻融循环次数来确定，用符号"F"和最大冻融循环次数表示，如 F15、F15、F50、F100 等。

材料在冻融循环作用下产生破坏，是由于材料内部孔隙中的水在受冻结冰时总是由表及内，且产生约 9% 的体积膨胀，对孔隙中的水产生挤压作用，使孔隙中的水压力增大，对孔壁产生较大的压力，从而使孔壁产生拉应力。当由此产生的拉应力超过材料的抗拉强度极限时，材料内部即产生微裂纹，引起强度下降。同时，材料的表面部分也会因水压力的作用而脱落，造成材料质量的损失。此外，在冻结和融化过程中，材料内外的温差引起的温度应力也会导致内部微裂纹的产生或加速原来微裂纹的扩展，而导致强度的降低。显然，这两种破坏作用随冻融循环次数的增多而加强。材料可以经受冻融循环的次数越多，材料的抗冻等级越高，其抗冻性越好。

工程中材料抗冻性的好坏取决于其孔隙率及孔隙特征，并且还与材料受冻时吸水饱和程度、材料本身的强度以及冻结条件（如冻结温度、速度、冻融循环作用的频繁程度）等有关。

材料的强度越低，开口孔隙率越大，则材料的抗冻性越差。材料之所以会冻坏，是因为水在结冰时体积会膨胀 9%。因而从理论上讲，若材料内孔隙分布均匀，只要材料中孔隙的充水程度（以水饱和度 K_s 表示，即 $K_s = V_w / V_k = P_{开} / P$）小于 0.91，材料就不会冻坏。水饱和度小，材料孔隙中闭口孔隙所占的比例大，开口孔隙中的水在受冻结冰产生体积膨胀时，开口孔隙中的水可在一定的水压力作用下沿材料内部的微裂缝及微小孔道进入闭口孔隙之中，不会造成开口孔隙中的水压力过大，从而改善材料的抗冻性能。一般认为，水饱和度大于 0.80 的材料，抗冻性较差。在混凝土工程中，为改善其

抗冻性能，常常掺入一定量的引气剂，在混凝土中引入大量微小、分散、封闭的小气泡，使开口孔隙所占比例减小，而总的孔隙率提高，从而显著提高混凝土的抗冻性能。很显然，对于受冻材料最不利的状态是吸水饱和状态。此外，冻结温度越低、速度越快、越频繁，材料产生的冻害越严重。

在寒冷地区受水的作用，尤其是在水位变化部位使用的材料，其抗冻性往往决定了它的耐久性，抗冻等级越高，材料越耐久。

1.1.3 与热有关的性质

1. 导热性

材料传导热量的能力称为导热性。材料传导热的示意图见图 1.5。材料传导的热量 Q 与导热面积 A 成正比，与时间 t 成正比，与材料两侧的温度差（$T_2 - T_1$）成正比，与材料的厚度 a 成反比，即

$$Q = \lambda \frac{At(T_2 - T_1)}{a} \qquad (1.17)$$

式中，比例系数 λ 即为热导率 [W/(m·K)]。或写为

$$\lambda = \frac{Qa}{At(T_2 - T_1)} \qquad (1.18)$$

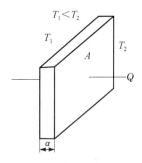

图 1.5　材料传热示意图

热导率 λ 的含义：厚度为 1m 的材料，当其相对两侧表面温度差为 1K 时，经单位面积 $1m^2$、单位时间 1s 所通过的热量（J）。

显然，热导率 λ 越小，材料的保温隔热性能越好。各种建筑材料的热导率差别很大，如泡沫塑料的热导率为 $0.035W/(m·K)$，而大理石热导率达到 $3.500W/(m·K)$。通常将 $\lambda \leqslant 0.15W/(m·K)$ 的材料称为绝热材料。

材料的热导率取决于材料的化学组成、结构、构造、孔隙率与孔隙特征、含水状况及所传导的温度。一般来讲，金属材料、无机材料、晶体材料的热导率分别大于非金属材料、有机材料、非晶体材料。

材料的热导率与孔隙率和孔隙特征也有很大的关系，在多孔材料中，热是通过固体骨架和孔隙中的空气而传递的，空气的导热系数很小，$\lambda_{空气} \leqslant 0.025W/(m·K)$，远远小于固体物质的热导率。所以，材料的孔隙率越大，材料的热导率越小。当孔隙率相同时，由微小而封闭的孔隙组成的材料比由粗大而连通的孔隙组成的材料具有更低的热导率，原因是前者避免了材料孔隙内的热的对流传导。

工程中常用多孔材料作为保温隔热材料，此类材料在使用中要注意防潮防冻。因为水的热导率 $\lambda_{水} = 0.58W/(m·K)$ 是空气的 25 倍，而冰的热导率 $\lambda_{冰} = 2.20W/(m·K)$ 又是水的 4 倍，当材料受潮或受冻结冰时会使热导率急剧增大，导致材料的保温隔热性能变差。

此外，对于大多数建筑材料（除金属外），热导率会随所传导的温度升高而增大。

2. 热容量

材料加热时吸收热量、冷却时放出热量的能力称为热容量。热容量的大小用比热容

来表示。比热容在数值上等于 1g 材料温度升高或降低 1K 时所吸收或放出的能量 Q，用下式表示，即

$$c = \frac{Q}{m(T_2 - T_1)} \tag{1.19}$$

式中：c——材料的比热容 [J/(g·K)]；

Q——材料吸收或放出的热量 (J)；

m——材料的质量 (g)；

$T_2 - T_1$——材料受热或冷却前后的温度差 (K)。

材料的热导率和比热容是设计建筑物围护结构、进行热工计算时的重要参数，选用热导率小、热容大的材料可以节约能耗并长时间地保持室内温度的稳定。我国建设主管部门已明确规定，处于夏天气温较高和冬天气温较低的地区，建筑物必须使用保温隔热材料。常用建筑材料的热导率和比热容见表 1.2。

表 1.2 常用建筑材料的热导率和比热容指标

材料名称	热导率/[W/(m·K)]	比热容/[J/(g·K)]	材料名称	热导率/[W/(m·K)]	比热容/[J/(g·K)]
建筑钢材	58	0.48	黏土空心砖	0.64	0.92
花岗岩	3.49	0.92	松木	0.17~0.35	2.51
普通混凝土	1.28	0.88	泡沫塑料	0.03	1.30
水泥砂浆	0.93	0.84	冰	2.20	2.05
白灰砂浆	0.81	0.84	水	0.60	4.19
普通黏土砖	0.81	0.84	静止空气	0.025	1.00

1.2 材料的力学性质

1.2.1 强度

材料抵抗因应力作用而引起的破坏的能力称为强度。应力是由于外力或其他因素（如限制收缩、不均匀受热等）作用而产生的。材料的强度通常以材料在应力作用下失去承载能力时的极限应力来表示，常用单位为 MPa(N/mm²)。

材料强度的大小取决于材料的组成、组织和结构。如钢材，其强度（包括其他性能）随钢中碳及合金元素含量的变化而变化，也随组织结构的变化而变化，所以钢材可进行冷加工和热处理。材料的强度与材料中存在的结构缺陷有直接关系。组成相同的材料，其强度取决于其孔隙率的大小。如图 1.6 为混凝土强度与孔隙率的关系曲线。曲线表明，混凝土强度随孔隙率增大而降低。其他材料（石灰岩、烧土制品等）也存在类似的关系。

此外，强度测定的条件和方法也会对测定

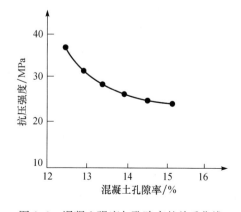

图 1.6 混凝土强度与孔隙率的关系曲线

结果产生影响，主要影响因素有试件的形状和尺寸、表面状态、含水率、温度、试验机的测定范围及试验时的加荷速度等。所以，对于以强度为主要性质的材料，必须严格按照标准试验方法进行静力强度的测试，以使测试结果准确、可靠、具有可比性。

　　静力强度包括抗压强度、抗拉强度、抗弯强度和抗剪强度，分别表示材料抵抗压力、拉力、弯曲、剪力破坏的能力。表 1.3 列出了材料基本强度的分类和计算公式。

表 1.3　静力强度分类

强度类别	举例	计算式	附注
抗压强度 f_c/MPa		$f_c = \dfrac{F}{A}$	
抗拉强度 f_t/MPa		$f_t = \dfrac{F}{A}$	F——破坏荷载（N）；A——受荷面积（mm^2）；l——跨度（mm）；b——断面宽度（mm）；h——断面高度（mm）
抗剪强度 f_v/MPa		$f_v = \dfrac{F}{A}$	
抗弯强度 f_{tm}/MPa		$f_w = \dfrac{3Fl}{2bh^2}$	

　　材料强度的大小是划分材料强度等级的主要依据。

　　此外，为了便于对不同材料的强度进行比较，常采用比强度这一指标。所谓比强度，是材料的强度与其表观密度之比，即 f/ρ_0。如 Q235 钢、C30 混凝土，其比强度分别为 0.53、0.012，而 MU10 烧结黏土砖其比强度只有 0.006。因此，比强度是衡量材料轻质高强的一个主要指标。

1.2.2　弹性与塑性

　　弹性是指材料在应力作用下产生变形，外力取消后材料变形即可消失并能完全恢复原来形状的性质。这种当外力取消后瞬间即可完全消失的变形为弹性变形。明显具有弹性变形特征的材料称为弹性材料。

　　塑性是指材料在应力作用下产生变形，当外力取消后仍保持变形后的形状尺寸，且不产生裂纹的性质。这种不随外力撤销而消失的变形为塑性变形，或永久变形。明显具有塑性变形特征的材料称为塑性材料。

　　实际上，纯弹性与纯塑性的材料都是不存在的。不同的材料在力的作用下表现出不同的变形特征。例如：低碳钢当应力在弹性极限内时仅产生弹性变形，此时应力与应变的比值为一常数，即弹性模量 E（$E = \sigma/\varepsilon$）。随着外力增大至超过弹性极限之后，则出现另一种变形——塑性变形。应力继续增大，则又产生了一种变形，弹性变形和塑性变形

同时发生，即弹-塑性变形。又如混凝土，在它受力一开
始，弹性变形和塑性变形便同时发生，除去外力后，弹性
变形可以恢复（消失），而塑性变形不能消失，其变形曲
线如图 1.7 所示，具有这种变形特征的材料称为弹塑性
材料。

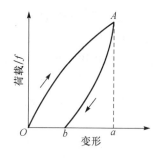

图 1.7　弹塑性材料变形曲线
ab. 可恢复的弹性变形；
bO. 不可恢复的塑性变形

1.2.3　脆性与韧性

脆性是指材料在外力作用下直到破坏前无明显塑性变
形而发生突然破坏的性质。具有这种破坏特征的材料称为
脆性材料。脆性材料的特点是抗压强度远大于其抗拉强
度，主要用于承受压力静载荷。建筑材料中大部分无机非金属材料均为脆性材料，如天
然岩石、陶瓷、玻璃、砖、生铁、普通混凝土等。

韧性是指材料在冲击或振动荷载作用下，能吸收较大能量，产生一定的变形，而不
致破坏的性能，又叫冲击韧性。具有这种性质的材料称为韧性材料。韧性材料的特点是
塑性变形大，受力时产生的抗拉强度接近或高于抗压强度，破坏前有明显征兆，主要用
于承受拉力或动载荷。木材、建筑钢材、沥青混凝土等属于韧性材料。用于路面、桥
梁、吊车梁等需要承受冲击荷载和有抗震要求的结构用建筑材料均应具有较高的韧性。

1.2.4　硬度与耐磨性

硬度是指材料表面抵抗刻划、擦伤和磨损的能力，按其测定方法分为压痕硬度、刻
划硬度、冲击硬度、回弹硬度等。金属材料的厚度常用钢球压入法测定（布氏硬度 HB
最为常用），石材、陶瓷等材料的硬度常用刻划法测定。对于混凝土材料，由于其强度
与硬度间存在一定的关系，工程中常用回弹硬度间接推算混凝土的抗压强度。

耐磨性指材料表面抵抗磨损、磨耗的能力，以磨损率（或称磨耗率）B 来表示，即

$$B = \frac{m_1 - m_2}{A} \times 100\%　\qquad (1.20)$$

式中：m_1，m_2——材料试件磨损前后的质量（g）；

A——材料试件受磨损的面积（cm²）。

用于道路、楼地面、踏步等部位的材料应考虑其硬度与耐磨性。一般来说，材料的
硬度与强度是相关的，强度高的材料其硬度也较大，耐磨性也较好。

1.3　材料的耐久性

耐久性是指材料在使用过程中受各种自然因素及其他有害物质长期作用，能长久保
持其使用性能的性质。

耐久性是一项综合指标，它包括抗冻性、抗渗性、抗风化性、抗老化性、耐化学腐
蚀性等。材料在使用过程中会受周围环境和各种自然因素的作用，这些作用包括物理、
化学、机械及生物的作用。物理作用一般是指干湿变化、温度变化、冻融循环等，这些
作用会使材料发生体积变化或引起内部裂缝的扩展，而使材料逐渐破坏，如水泥混凝土

的热胀冷缩、冻融循环、水的溶出性侵蚀等。化学作用包括酸、碱、盐等物质的水溶液及有害气体的侵蚀作用，这些侵蚀作用会使材料逐渐变质而破坏，如水泥石的腐蚀、钢筋的锈蚀作用。机械作用包括荷载的持续作用，交变荷载引进的材料疲劳破坏，冲击、磨损、磨耗等。生物作用是指菌类、昆虫的侵害作用，如白蚁对建筑物的破坏、木材的腐蚀等。因此，材料的耐久性实际上是衡量材料在上述多种作用之下能够长久保持原有的性能，从而保证建筑物安全、正常使用的性质。

实际工程中，材料往往受到多种破坏因素的同时作用。材料品质不同，其耐久性的内容也各有不同。金属材料常由化学和电化学作用引起腐蚀、破坏，其耐久性主要指标是耐蚀性；无机非金属材料（如石材、砖、混凝土等）常受化学作用、溶解、冻融、风蚀、温差、湿差、摩擦等其中某些因素或综合因素共同作用，其耐久性指标主要包括抗冻性、抗风化性、抗渗性、耐磨性等方面的要求；有机材料常由生物作用、光、热、电作用而引起破坏，其耐久性包含抗老化性、耐蚀性指标。

材料的耐久性直接影响建筑物的安全性和经济性。提高材料的耐久性，首先应根据工程的重要性、所处的环境合理选择材料，并采取相应的措施，如提高材料密实度等，以增强材料自身对外界作用的抵抗能力，或采取表面保护措施使主体材料与腐蚀环境隔离，甚至可以从改善环境条件入手减轻对材料的破坏。

由于耐久性是材料的一种长期性质，对材料耐久性最可靠的判断是在使用条件下进行长期的观察和测定，这样做需要很长时间。通常是根据使用要求，在实验室进行快速试验，并据此对耐久性作出判断，快速检验的项目有干湿循环、冻融循环、加湿与紫外线干燥循环、碳化、盐溶液浸渍与干燥循环、化学介质浸渍等。

习　题

1.1　何谓材料的密度、表观密度和堆积密度？分别如何计算？

1.2　什么是材料的密实度和孔隙率？如何计算？

1.3　一烧结普通黏土砖，其尺寸符合标准（烧结普通砖的规格尺寸为 240mm×115mm×53mm），烘至恒定质量为 2500g，浸水饱和后质量为 2900g。取该砖中某角，磨细过筛烘干后称取 50g，用密度瓶测定其体积为 18.5cm³。求此砖的密度、表观密度、吸水率、孔隙率（包括开口孔隙率和闭口孔隙）。

1.4　简述材料的孔隙率与孔隙特征对材料的表观密度、吸湿性、抗渗性、抗冻性、强度及导热性有何影响。

1.5　脆性材料与韧性材料有何区别？使用时应注意哪些问题？

1.6　为什么新建的房屋感觉冷，冬天更甚？

第 2 章

石　材

【知识点】

    1. 岩石的矿物组成和分类。

    2. 岩石的构造和性能。

    3. 几种常见岩石的性质及在建筑工程中的应用。

【学习要求】

    1. 掌握岩石的成因及分类方法，各类岩石所具有的特点（共性）。

    2. 掌握常见几种岩石的特性及在工程中的使用。

    3. 了解常见的几种造岩矿物、岩石的结构与其性质间的关系。

    4. 了解建筑工程中常用的石材种类及防护方法。

石材是指从天然岩石体中开采，未经加工或经加工制成块状、板状或特定形状的石材的总称。

石材是使用历史最悠久的建筑材料之一。由于其具有较高的强度、良好的耐磨性和耐久性、较强的装饰性，并且资源丰富，易于就地取材，以及现代岩石开采与加工技术的进步，在大量使用钢材、混凝土和高分子材料的现代建筑中，石材的使用仍然相当普遍和广泛。

经精细加工后的石材制品色泽润滑，美观而豪华；粗略加工后的石材朴实自然，坚固而稳定，可以用于衬面、台阶、栏杆和纪念碑等。未加工的毛石可以用来砌筑基础、桥涵、挡土墙、堤岸、护坡及隧道等。散粒状石材可以用作混凝土和砂浆的骨料以及筑路材料。特定种类的岩石是生产石膏、石灰和水泥的原材料。

2.1　岩石的组成与分类

岩石是构成地壳的主要物质，它是由地壳的地质作用形成的固态物质。

2.1.1　组成

岩石是由一种或数种主要矿物所组成的集合体。少数矿物为单质，绝大多数矿物是由多种化学元素所组成的化合物。构成岩石的矿物称为造岩矿物。

岩石的性质不仅取决于组成矿物的特性，还受到矿物含量、颗粒结构等因素的影响。同种岩石，由于生成条件不同，其性质也有差异。

岩石中的主要造岩矿物有以下几种。

1. 石英

石英为结晶状的 SiO_2，两端为尖形的六方柱状晶形，是最坚硬稳定的矿物。其密度约为 $2.65g/cm^3$，莫氏硬度为 7，非常坚硬，且强度高，化学稳定性及耐久性好。石英熔化温度为 1710℃，但受热温度达 573℃ 以上时，因晶型转变会产生裂缝，甚至松散。石英常见的有白色、乳白色和浅灰色。纯净的 SiO_2 无色透明，称为水晶。

2. 长石

长石为钾、钠、钙等的铝硅酸盐晶体。长石有正长石和斜长石之分。正长石的化学成分是 $K[AlSi_3O_8]$，晶体呈短柱状和厚板状，常见的为粒状或块状，密度为 $2.50\sim2.60g/cm^3$，莫氏硬度为 6，颜色呈肉红色、褐黄色。斜长石有钠长石 $Na[AlSi_3O_8]$ 和钙长石 $Ca[AlSi_3O_8]$ 两种，晶体呈柱状，常见的为粒状或柱状，密度为 $2.61\sim2.76g/cm^3$，莫氏硬度为 6，颜色为灰白色和浅红色。长石强度比石英低，稳定性不及石英，易风化成高岭土。

3. 云母

云母为片状含水铝硅酸盐，有白云母 $KAl_2[AlSi_3O_{10}](OH)_2$、黑云母 $K(Mg\cdot Fe)[AlSi_3O_{10}](OH)_2$、金云母 $KMg_3[AlSi_3O_{10}](OH)_2$ 等。云母密度为 $2.70\sim3.10g/cm^3$，莫氏硬度为 $2\sim3$，易于分解成薄片。当岩石中含有大量云母时，石材具有层理，降低了岩石的耐久性和强度，且表面难以磨光。相比之下，白云母耐久性好，黑云母易风化。

4. 角闪石、辉石、橄榄石

角闪石、辉石、橄榄石均为结晶的铁镁硅酸盐，晶体为粒状、柱状，密度为 $3.00\sim4.00g/cm^3$，莫氏硬度为 $5\sim7$，颜色为暗绿或黑色，常称为暗色矿物。这些造岩矿物强度高，韧性好，耐久性好。岩石中暗色矿物含量增多，其强度和耐久性也随之提高，但也给加工带来了困难。

5. 方解石

方解石是结晶状的碳酸钙 $CaCO_3$，密度为 $2.70g/cm^3$，莫氏硬度为 3，呈白色，强度中等，易被酸类分解，微溶于水，易溶于含有 CO_2 的水中。

6. 白云石

白云石为结晶的碳酸钙镁复盐 $MgCO_3\cdot CaCO_3$，密度为 $2.90g/cm^3$，莫氏硬度为 4，呈白色或灰色，强度高于方解石，物理性质与方解石接近。

除上述造岩矿物之外，尚有石膏矿、菱镁矿、磁铁矿、赤铁矿和黄铁矿等。某些造岩矿物对岩石的性能会造成一定的影响，如石膏易溶于水，岩石中含有石膏会降低其使用性能。又如黄铁矿为结晶的二硫化铁，岩石中含有黄铁矿，遇水及氧化作用后生成游离的硫酸，污染并破坏岩石，故称这些造岩矿物为有害杂质。

2.1.2 分类

岩石按地质形成条件可分为岩浆岩（火成岩）、沉积岩（水成岩）和变质岩三大类。

1. 岩浆岩

岩浆岩是由地壳深处上升的岩浆冷凝结晶而成的岩石，其成分主要是硅酸盐矿物，是组成地壳的主要岩石。按地壳质量计，岩浆岩占 89%，储量极大。根据冷却条件不同，岩浆岩可分为深成岩、喷出岩和火山岩三类。

1）深成岩。深成岩为岩浆在地壳深处，处于深厚覆盖层的巨大压力下缓慢而均匀冷却而成的岩石。深成岩的特点是晶粒较粗，构成致密，故其抗压强度高，空隙率及吸水率小，表观密度大，抗冻性好。工程上常用的深成岩有花岗岩、正长岩、闪长岩和辉长岩。

2）喷出岩。喷出岩为熔融的岩浆喷出地壳表面迅速冷却而成的岩石。由于岩浆喷出地表时压力骤减和迅速冷却，结晶条件差，多呈隐晶质或玻璃体结构，或者是岩浆上升时已形成的粗大晶体嵌入上述两种结构中的斑状结构。具有斑状结构的岩石易遭风化，如果喷出岩凝固成很厚的岩层，其结构、性质接近深成岩。当喷出岩凝固成比较薄的岩层时，常呈多孔构造，强度等性质低于深成岩。工程上常用的喷出岩有玄武岩、安山岩和辉绿岩。

3）火山岩。火山岩是火山爆发时岩浆被喷到空中急速冷却后形成的岩石。火山岩为玻璃体结构，且呈多孔构造，孔隙率大，吸水性强，表观密度小，抗冻性差，如火山灰、火山砂、浮石和凝灰岩。火山灰和火山砂可作为水泥的混合材料，浮石可作轻混凝土骨料。凝灰岩经加工后可用于保温墙体，如磨细后可作为水泥的混合材料。

2. 沉积岩

沉积岩是地表岩石经长期风化作用、生物作用或火山作用后，成为碎屑颗粒状或粉尘状，经风或水的搬运，通过沉积和再造作用而形成的岩石。按地壳质量计，沉积岩仅占 5%，但在地表分布很广，约占地壳表面积的 75%，因而开采方便，使用量大。沉积岩大都呈层状构造，表观密度小，孔隙率大，吸水率大，强度低，耐久性差，而且各层间的成分、构造、颜色及厚度都有差异。不少沉积岩具有化学活性，磨细可作水泥掺和料，如硅藻土、硅藻石。沉积岩可分为机械沉积岩、化学沉积岩和生物沉积岩。

1）机械沉积岩。机械沉积岩是各种岩石风化后，在流水、风力或冰川作用下搬运、逐渐沉积，在覆盖层的压力下或由自然胶结物胶结而成的岩石，散粒状的有黏土、砂和砾石等，经自然胶结成整体的相应称为页岩、砂岩和砾岩。

2）化学沉积岩。化学沉积岩是岩石中的矿物溶解在水中，经沉淀沉积而成的岩石，常见的有石膏、菱镁矿、白云岩及部分石灰岩。

3）生物沉积岩。生物沉积岩是由各种有机体的残骸经沉积而成的岩石，常见的有石灰岩、白垩、硅藻土等。

3. 变质岩

岩石由于强烈的地质活动，在高温和高压下，矿物再结晶或生成新矿物，使原来岩石的矿物成分、结构及构造发生显著变化而成为一种新的岩石，称为变质岩。变质岩大多是结晶体，构造、矿物成分都较岩浆岩、沉积岩更为复杂而多样。变质岩根据原岩种类分为正变质岩和副变质岩。

1）正变质岩：由岩浆岩类原岩经变质作用而成的岩石。一般岩浆岩经变质后产生片状构造，建筑性能较原岩有所下降。如花岗岩变质后成为片麻岩，片麻岩易于分层剥落，耐久性差。

2）副变质岩：由沉积岩类原岩经变质作用而成的岩石。一般沉积岩形成变质岩后，其建筑性能有所提高，如石灰岩和白云岩变质后成为大理岩、砂岩变质后成为石英岩，都比原来的岩石坚固耐久。

2.2 岩石的构造与性能

不同的成岩条件和造岩矿物使各类岩石具有不同的结构和构造特征，它们对岩石的物理和力学性能影响甚大。

2.2.1 结构与构造

岩石的结构是指岩石中矿物的结晶程度、颗粒大小、形态及结合方式的特征。岩石的构造是指岩石中矿物集合体之间的排列或组合方式，或矿物集合体与其他组成物质之间结合的情况。

1. 块状结构

块状构造的岩石是由无序排列、分布均匀的造岩矿物所组成的一种构造。岩浆岩中的深成岩和部分变质岩具有块状构造，但变质岩的结晶在再造过程中经重结晶作用，其块状构造颗粒呈变晶，故晶体结构与岩浆岩有区别。

块状构造的岩石具有成分均匀、构造致密、整体性好的特点，因此这类岩石强度高，表观密度大，吸水率小，抗冻性和耐久性好，是良好的承重和装饰材料。属于块状构造的岩石有花岗岩、正长岩、大理岩和石英岩。

2. 层片状构造

组成岩石的物质其矿物成分、结构和颜色等特征沿垂直方向一层一层地变化而形成层状构造。层理是沉积岩所具有的一种重要的构造特征，部分变质岩由于受变质作用而形成片理构造。

层片状构造的岩石，由于层理、片理变化，整体性差。各层的物理、力学性能不同，垂直于层理方向的抗压强度远高于平行方向的抗压强度。各层连接处易被水或有害液体侵蚀而导致风化和破坏，但具有层理、片理的岩石易于开采和加工。这种构造的岩石建筑上多用于人行道、踏步和屋面板等。砂岩、板岩和片麻岩等均为层片状构造。

3. 流纹、斑状、杏仁状和结核状构造

岩浆喷出地表后，沿地表流动时冷却而形成的构造称为流纹状构造。

岩石成分中较粗大的晶粒分布在微晶矿物或玻璃体中的构造称为斑状构造。

岩石的气孔被次生矿物填充，则形成杏仁状构造。

部分沉积岩呈结核状，结核组成物与包裹其周围岩石的矿物成分不同，结核组成有钙质、硅质、铁质和铁锰质。

上述几种构造所组成的岩石整体均匀性差，斑晶、杏仁及结核的结构和构造与四周物质的结构和构造差异较大，一旦受到温度变化和外力作用时易导致开裂和破坏。

4. 气孔状构造

岩浆中含有一些易挥发的成分，当岩浆上升至地面或喷出地表时，由于温度和压力剧减，便形成气体逸出，待岩浆凝固后，便留下了气孔。气孔构造是火山喷出岩的典型构造。

气孔构造的岩石孔隙率大，强度低，吸水率大，表观密度低，由于轻质、多孔而导热差，宜作墙体材料或轻质集料。多孔状构造岩石有浮石、玄武岩、火山凝灰岩等。

2.2.2 技术性质

石材的技术性质主要有物理性质和力学性质。

1. 物理性质

（1）表观密度

石材的表观密度由岩石的矿物组成及致密程度所决定。在一般情况下，同种石材的表观密度越大，强度越高，吸水率越小，抗冻性和耐久性越好，导热性也好。花岗岩和大理岩等致密程度高，表观密度接近于密度。火山凝灰岩、浮石等由于孔隙率大，表观密度较小。石材根据表观密度可分为：轻质石材，表观密度小于 $1800kg/m^3$，一般用于墙体材料；重质石材，表观密度大于 $1800kg/m^3$，可作为承重、装修和装饰用材料。

（2）吸水性

石材的吸水性与其孔隙率和孔隙特征有关。孔隙特征相同的石材，孔隙率越大，吸水率也越高。吸水率低于 1.5% 的岩石称为低吸水性岩石，吸水率介于 1.5%～3.0% 的岩石称为中吸水性岩石，吸水率高于 3.0% 的岩石称为高吸水性岩石。

石材吸水后强度降低，抗冻性变差，导热性增加，耐水性和耐久性下降。表观密度大的石材孔隙率小，吸水率也小，岩浆深成岩以及许多变质岩即属此类。例如，花岗岩的吸水率通常小于 0.5%，而多孔贝类石灰岩的吸水率高达 15%。

（3）耐水性

石材的耐水性以软化系数来表示。当石材中含有黏土或易溶于水的物质时，在水饱和状况下强度会明显下降。根据软化系数大小可将石材分为高、中、低三个等级，软化系数 >0.90 者为高耐水性，软化系数在 0.75～0.90 为中耐水性，软化系数在 0.60～

0.75 为低耐水性，软化系数<0.60 者则不允许用于重要建筑物中。

（4）抗冻性

抗冻性是石材抵抗冻融破坏的能力，是衡量石材耐久性的一个重要指标。

石材的抗冻性与吸水率大小有密切关系。一般，吸水率大的石材抗冻性也差。另外，抗冻性还与石材吸水饱和程度、冻结温度和冻融次数有关。

石材的抗冻性用石材在水饱和状态下所能经受的冻融循环次数（强度降低不超过25%，质量损失不超过5%，无贯穿裂缝）表示。

（5）耐火性

石材遇到高温时将会受到损害。热胀冷缩，体积变化不一致，将产生内应力而导致破坏。由于各种造岩矿物热膨胀系数不同，受热后会产生内应力而导致石材崩裂。在高温下，造岩矿物会产生分解或变质。如含有石膏的石材，在 100℃以上时开始破坏；含有碳酸镁和碳酸钙的石材，在 700~800℃即产生分解；含有石英的石材，在受热 573℃以上时会因石英晶型转变产生裂缝，温度达 700℃以上时会因膨胀而破坏。

（6）导热性

导热性主要与石材的致密程度有关。重质石材的热导率可达 2.91~3.49W/(m·K)；轻质石材的热导率则为 0.23~0.70W/(m·K)。具有封闭孔隙的石材导热性较差。

2. 力学性质

（1）抗压强度

石材的强度取决于造岩矿物及岩石的结构和构造。

花岗岩的主要造岩矿物有石英、长石、云母和少量暗色矿物。若石英含量高，则强度高；若云母含量高，则强度低。

当岩石中有矿物胶结物质存在，则胶结物质对强度也有一定影响。如砂岩，硅质砂岩强度高于钙质砂岩，黏土质砂岩强度最低。

结晶质石材强度高于玻璃质石材强度，细颗粒构造强度高于粗颗粒构造，层片状、气孔状构造强度低，构造致密的岩石强度高。

石材是非均质和各向异性的材料，而且是典型的脆性材料，其抗压强度高，抗拉强度比抗压强度低得多，为抗压强度的 1/20~1/10。

石材的抗压强度是以三个边长为 50mm 的立方体（或直径与高均为 50mm 的圆柱体）试块吸水饱和状态下的抗压极限强度平均值表示的。根据抗压强度值的大小，石材共分九个强度等级，即 MU100，MU80，MU60，MU50，MU40，MU30，MU20，MU15 和 MU10。

（2）冲击韧性

石材的冲击韧性取决于矿物成分与构造。石英岩、硅质砂岩脆性较大。含暗色矿物较多的辉长岩、辉绿岩等具有较高的韧性。通常，晶体结构的岩石较非晶体结构的岩石具有较高的韧性。

（3）硬度

石材的硬度主要取决于矿物组成、结构和构造。由强度、硬度高的造岩矿物所组成的岩石，其硬度较高；结晶质结构硬度高于玻璃质结构；构造紧密的岩石硬度也较高。

岩石的硬度以莫氏硬度来表示。

（4）耐磨性

石材抵抗摩擦、边缘剪切以及撞击等复杂作用下的性质称为耐磨性，耐磨性包括耐磨损性和耐磨耗性两个方面。

耐磨损性是以磨损度表示石材受摩擦作用其单位摩擦面积所产生的质量损失的大小。

耐磨耗性是以磨耗度表示石材同时受摩擦与冲击作用其单位质量所产生的质量损失的大小。

石材的耐磨性与岩石中造岩矿物的硬度及岩石的结构和构造有一定的关系。一般而言，岩石强度高，构造致密，则耐磨性也较好。用于建筑工程上的台阶、人行道、地面、楼梯踏步等石材应具有较好的耐磨性。

2.3 常用石材

2.3.1 花岗岩

花岗岩是岩浆岩中分布最广的一种岩石，其主要造岩矿物有石英、长石、云母和少量暗色矿物，属晶质结构，块状构造。花岗岩的颜色有深青、紫红、浅灰和纯黑等，色彩主要由长石的颜色所决定，因为花岗岩中长石的含量较多。

花岗岩坚硬致密，抗压强度高，在 $120 \sim 250$ MPa，表观密度在 $2600 \sim 2700$ kg/m^3，孔隙率小（$0.19\% \sim 0.36\%$），吸水率低（$0.1\% \sim 0.3\%$），耐磨性好，耐久性高，使用年限可达数十年至数百年。

在建筑工程中，花岗岩是用得最多的一种岩石。由于其质致密，坚硬耐磨，美观而豪华，被公认为是高级的建筑结构材料和装饰材料。在建筑上，花岗岩可用于基础、勒脚、柱子、踏步、地面和室内外墙面等。花岗岩经磨光后色泽美观，装饰效果极好，是室内外主要的高级装修、装饰材料。

2.3.2 辉长岩

辉长岩是深成岩中的一种，主要造岩矿物是暗色矿物，属全晶质等粒状结构，块状构造。暗色矿物的特性是强度高、韧性大、密度大，因此岩石的强度、韧性和表观密度随暗色矿物的增加而提高，而颜色也相应地由浅色转变为深暗色。辉长岩一般为绿色，抗压强度在 $200 \sim 350$ MPa，表观密度为 $2900 \sim 3300$ kg/m^3，韧性好，耐磨性强，耐久性好，既可作承重结构材料，又可作装饰、装修材料。

2.3.3 玄武岩

玄武岩属于喷出岩，造岩矿物与辉长岩相似，属玻璃质或隐晶质斑状结构，气孔状或杏仁状构造。玄武岩的抗压强度随其结构和构造的不同而变化较大（$100 \sim 500$ MPa），表观密度为 $2900 \sim 3500$ kg/m^3。此外，其硬度高，脆性大，耐久性好，但加工困难。玄武岩分布较广，常用作筑路材料或混凝土集料。玄武岩高温熔化后可浇铸成耐酸、耐磨的铸石，还可以作为制造微晶玻璃的原料。

2.3.4 石灰岩

石灰岩是沉积岩中的一种，主要造岩矿物是方解石，此外还可能含有黏土、白云石、碳酸镁、氧化铁、氧化硅及一些有机杂质。石灰岩属晶质结构，层状构造。其颜色随所含杂质的不同而不同，常见的有白色、灰色、浅黄或浅红，当有机质含量多时呈褐色至黑色。质地致密的石灰岩抗压强度为 $20 \sim 120$ MPa，表观密度为 $2000 \sim 2600$ kg/m³。当石灰岩中黏土杂质超过 $3\% \sim 4\%$ 时，则抗冻性、耐水性显著降低。硅质石灰岩强度高，硬度大，耐久性好。大部分石灰岩质地细密、坚硬，抗风化能力较强。

石灰岩分布甚广，各地均有，采掘方便，加工容易，在建筑工程上用于基础、外墙、桥墩、台阶和路面，还可用作混凝土集料。石灰岩也是生产石灰、水泥和玻璃的主要原料。

2.3.5 大理岩

大理岩由石灰岩或白云岩变质而成。由白云岩变质而成的大理岩性能优于由石灰岩变质而成的大理岩。大理岩的主要造岩矿物仍然是方解石和白云石，属等粒变晶结构，块状构造。大理岩抗压强度高（$100 \sim 300$ MPa），表观密度较大（$2600 \sim 2700$ kg/m³）。纯大理岩为白色，俗称汉白玉，产量较少。多数大理岩因含杂质（氧化铁、二氧化硅、云母及石墨等）而呈现不同的色彩，常见的有红、黄、棕、黑和绿等颜色。大理岩彩色花纹取决于杂质分布的均匀程度。大理岩质地致密但硬度不大（$3 \sim 4$），加工容易，经加工后的大理岩色彩美观，纹理自然，是优良的室内装饰材料。

大理岩不宜用作城市内建筑物的外部装饰，因为城市的空气中常含有二氧化硫，遇水后生成亚硫酸，然后变成硫酸，与大理岩中的碳酸钙起反应，生成易溶于水的石膏，使其表面失去光泽，变得粗糙而多孔，失去了装饰效果，降低了建筑性能。

大理岩主要用于室内墙面、柱面、地面、栏杆、踏步及花饰等。

2.3.6 砂岩

砂岩属沉积岩，是由砂粒经天然胶结物质胶结而成的，主要造岩矿物有石英及少量的长石、方解石和白云石等。其为碎屑结构，层状构造。根据胶结物的不同，砂岩可分为：硅质砂岩，由氧化硅胶结而成，常呈淡灰色；钙质砂岩，由碳酸钙胶结而成，呈白色；铁质砂岩，由氧化铁胶结而成，常呈红色；黏土质砂岩，由黏土胶结而成，呈黄灰色。

不同的砂岩其性质差异甚大，主要是胶结物质和构造不同所造成的。砂岩的抗压强度为 $5 \sim 200$ MPa，表观密度为 $2200 \sim 2500$ kg/m³。同一产地的砂岩，其性能也有很大的差异。在建筑工程中，砂岩常用于基础、墙身、人行道、踏步等。

2.4 石材的应用及防护

2.4.1 石材的应用

1. 毛石

毛石是指岩石经爆破后所得形状不规则的石块。毛石有乱毛石和平毛石之分。乱毛石形状不规则,平毛石虽然形状也不规则,但大致有两个平行的面。建筑用毛石一般要求中部厚度不小于 15cm,长度为 30~40cm,抗压强度应大于 10MPa,软化系数应不小于 0.75。致密坚硬的沉积岩可用于一般的房屋建筑,而重要的工程应采用强度高、抗风化性能好的岩浆岩。毛石常用来砌筑基础、勒脚、墙身、桥墩、涵洞、毛挡土墙、堤岸及护坡,还可以用来浇筑毛石混凝土。

2. 料石

料石是指由开采而得到的比较规则的六面体块石稍加凿琢修整而成,按加工平整程度分,有毛料石、粗料石、半细料石和细料石。料石一般由致密的砂岩、石灰岩、花岗岩加工而成,形状有条石、方石及楔形的拱石。毛料石形状规则,大致方正,正面的高度不小于 20cm,长度与宽度不小于高度,正表面的凹凸相差不应大于 25mm,抗压强度不得低于 30MPa。粗料石形体方正,截面的宽度、高度不应小于 20cm 且不应小于长度的 1/4,其正面经锤凿加工,正表面的凹凸相差不应大于 20mm。半细料石和细料石是用作镶面的石料,规格、尺寸与粗料石相同,而凿琢加工要求则比粗料石更高、更严。半细料石正表面的凹凸相差不应大于 10mm,而细料石则相差不大于 2mm。

料石一般由致密的砂岩、石灰岩、花岗岩开凿而成,主要用于建筑物的基础、勒脚、墙体等部位。半细料石和细料石主要用作镶面材料。

3. 石板

石板是用致密的岩石凿平或锯解而成的厚度一般为 20mm 的石材。作为饰面用的板材,一般采用大理石和花岗岩加工制作。饰面板材要求耐磨、耐久、无裂缝或水纹、色彩丰富、外表美观。花岗石板材主要用于建筑工程室外装修、装饰;粗磨板材(表面平滑无光)主要用于建筑物外墙面、柱面、台阶及勒脚等部位;磨光板材(表面光滑如镜)主要用于室内、外墙面、柱面。大理石板材经研磨、抛光成镜面,主要用于室内装饰。

2.4.2 石材的防护

石材在长期的使用过程中受到周围自然环境因素的影响而产生物理变化和化学变化,致使岩石逐步风化、破坏。此外,寄生在岩石表面的苔藓和植物根部的生长对岩石也有破坏作用。岩石风化的速度取决于造岩矿物的性质及岩石本身的结构和构造。在建筑物中,石材的破坏主要是水分的渗入及水的作用。为了防止和减轻石材的风化、破坏,可采取下列保护措施。

(1)结构预防

建筑物暴露部分的石材如栏杆、楼梯、勒脚和屋顶等,制成易于排水的形状,使水分不易积存在表面,或在石材上覆盖一层导水材料。

(2)表面磨光

采用致密的岩石,表面加工磨光,尽量使表面平滑无孔。

(3)表面处理

石材表面可用石蜡或涂料进行处理,使其表面隔绝大气和水分,起到防护作用。如在石材表面涂刷融化的石蜡，再将石材加热，使石蜡渗入石材表面空隙并填充空隙。对于石灰岩，可用硅氟酸镁溶液涂刷在石材表面，碳酸盐与硅氟酸镁作用：

$$2CaCO_3 + MgSiF_6 \longrightarrow 2CaF_2 + MgF_2 + SiO_2 + 2CO_2 \uparrow$$

生成不溶性化合物，沉积在微孔中并覆盖石材表面，起到保护作用。对于其他岩石，可用硅酸盐来防护，在石材表面涂以水玻璃，硬化后再涂一层氯化钙水溶液，二者作用：

$$Na_2O \cdot SiO_2 + CaCl_2 \longrightarrow CaO \cdot SiO_2 + 2NaCl$$

使石材表面形成不溶性硅酸钙保护膜层，起到防护效果。

也可以使用甲基硅酸钠等疏水剂作表面处理，延缓石材表面风化和降低污染。

习　题

2.1　岩石按成因可分为哪几类？各自构造有何特点？反映在性能上有什么差异？

2.2　建筑工程中常用石材的种类有哪些？简述各自在工程中的主要应用。

2.3　在工程中如何对石材进行防护？

第3章
气硬性胶凝材料

【知识点】
1. 石灰、石膏、水玻璃的特性及应用。
2. 以上三种气硬性胶凝材料的生产、水化、凝结与硬化。

【学习要求】
1. 掌握石灰、石膏的技术要求、特性、应用及保管。
2. 掌握水玻璃的特性及工程中的应用。
3. 了解胶凝材料的分类。
4. 了解石灰、石膏、水玻璃的生产工艺及对性能的影响。

在建筑工程中，把经过一系列的物理、化学作用后，由液体或膏状体变为坚硬的固体，同时能将砂、石、砖、砌块等散粒或块状材料胶结成具有一定机械强度的整体的材料统称为胶凝材料。

胶凝材料品种繁多，按化学成分可分为有机胶凝材料和无机胶凝材料两大类，其中无机胶凝材料按硬化条件又可分为气硬性胶凝材料和水硬性胶凝材料两类。所谓气硬性胶凝材料，是指只能在空气中硬化并保持或继续提高其强度的胶凝材料，如石灰、石膏、水玻璃等。气硬性胶凝材料一般只适合用于地上或干燥环境，不宜用于潮湿环境，更不可用于水中。水硬性胶凝材料是指不仅能在空气中硬化，而且能更好地在水中硬化并保持或继续提高其强度的胶凝材料，如水泥。水硬性胶凝材料既适用于地上，也适用于地下或水中。

3.1 石　灰

石灰是建筑工程中使用较早的矿物胶凝材料之一。由于其原料来源广泛，生产工艺简单，成本低廉，具有其特定的工程性能，所以至今仍广泛应用于建筑工程中。

3.1.1 石灰的生产

1. 原料

生产石灰的原料有两种：一是天然原料，以碳酸钙为主要成分的岩石（如石灰岩、白云岩）；一是化工副产品，如电石渣（是碳化钙制取乙炔时产生的，其主要成分是氢氧化钙）。主要原料是天然的石灰岩。

2. 生产过程

将主要成分为碳酸钙和碳酸镁的岩石经高温煅烧（加热至 900℃以上），逸出 CO_2 气体，得到的白色或灰白色的块状材料即为生石灰，其主要化学成分为氧化钙和氧化镁。

$$CaCO_3 \xrightarrow{900\sim1100℃} CaO + CO_2 \uparrow$$

在上述反应过程中，$CaCO_3$、CaO、CO_2 的质量比为 100∶56∶44，即质量减少 44%，而在正常煅烧过程中，体积只减少约 15%，所以生石灰具有多孔结构。石灰的生产过程中对质量有影响的因素有煅烧的温度和时间、石灰岩中碳酸镁的含量及黏土杂质含量。

碳酸钙在 900℃时开始分解，但速度较慢，所以煅烧温度宜控制在 1000～1100℃。由于温度较低、煅烧时间不足、石灰岩原料尺寸过大、装料过多等因素的影响，会产生欠火石灰。欠火石灰中 $CaCO_3$ 尚未完全分解，未分解的 $CaCO_3$ 没有活性，从而降低了石灰的有效成分含量；温度过高或煅烧时间过长时，则会产生过火石灰。因为随煅烧温度的提高和时间的延长，已分解的 CaO 体积收缩，表观密度增大，质地致密，熟化速度慢。若原料中含有较多的 SiO_2 和 Al_2O_3 等黏土杂质，则会在表面形成熔融的玻璃物质，从而使石灰与水反应的速度变得更慢（需数天或数月）。过火石灰如用于工程上，其细小颗粒会在已经硬化的浆体中吸收水分，发生水化反应而体积膨胀，引起局部鼓泡或脱落，影响工程质量。

在石灰的原料中，除主要成分碳酸钙外，常含有碳酸镁。

$$MgCO_3 \xrightarrow{700℃} MgO + CO_2 \uparrow$$

煅烧过程中碳酸镁分解出氧化镁，存在于石灰中。根据石灰中氧化镁含量多少，将石灰分为钙质石灰（MgO 含量≤5%）、镁质石灰（MgO 含量＞5%）。镁质石灰熟化较慢，但硬化后强度稍高。用于建筑工程中的多为钙质石灰。

3.1.2 石灰的熟化

1. 熟化过程

块状生石灰在使用前都要加水消解，这一过程称为"消解"或"熟化"，也可称之为"淋灰"，经消解后的石灰称为"消石灰"或"熟石灰"，其化学反应式为

$$CaO + H_2O \longrightarrow Ca(OH)_2 + 64.88kJ$$

生石灰在熟化过程有两个显著的特点：一是体积膨胀大（约 1～2.5 倍）；二是放热量大，放热速度快。煅烧良好、氧化钙含量高、杂质含量小的生石灰，其熟化速度快，放热量和体积增大也多。此外，熟化速度还取决于熟化池中的温度，温度高，熟化速度快。

2. 熟化方法

（1）经过筛与陈伏后制成石灰膏
石灰中不可避免地含有未分解的碳酸钙及过火的石灰颗粒。为消除这类杂质的危

害，石灰膏在使用前应进行过筛和陈伏，即在化灰池或熟化机中加水，拌制成石灰浆，熟化的氢氧化钙经筛网过滤（除渣）流入储灰池，在储灰池中沉淀陈伏成膏状材料，即石灰膏。为保证石灰充分熟化，必须在储灰池中储存半个月后再使用，这一过程称为陈伏。陈伏期间，石灰膏表面应保留一层水，或用其他材料覆盖，避免石灰膏与空气接触而导致碳化。一般情况下，1kg 的生石灰约可化成 1.5～3L 的石灰膏。石灰膏可用来拌制砌筑砂浆、抹面砂浆，也可以掺入较多的水制成石灰乳液用于粉刷。

（2）制成消石灰粉

将生石灰淋以适当的水，消解成氢氧化钙，再经磨细、筛分而得干粉，称为消石灰粉或熟石灰粉。

消石灰粉也需放置一段时间，待进一步熟化后使用。由于其熟化未必充分，不宜用于拌制砂浆、灰浆。消石灰粉常用于拌制石灰土、三合土。

3.1.3　石灰的硬化

石灰浆在空气中的硬化是物理变化过程——干燥结晶，和化学反应过程——碳化硬化两个过程同时进行。

1. 干燥结晶过程

石灰膏中的游离水分一部分蒸发掉，一部分被砌体吸收。氢氧化钙从过饱和溶液中结晶析出，晶相颗粒逐渐靠拢结合成固体，强度随之提高。

2. 碳化硬化过程

氢氧化钙与空气中的二氧化碳反应生成不溶于水的、强度和硬度较高的碳酸钙，析出的水分逐渐蒸发，其反应式为

$$Ca(OH)_2 + CO_2 + nH_2O \longrightarrow CaCO_3 + (n+1)H_2O$$

这个反应实际是二氧化碳与水结合形成碳酸，再与氢氧化钙作用生成碳酸钙。如果没有水，这个反应就不能进行。碳化过程由表及里，但表层生成的碳酸钙结晶阻碍了二氧化碳的深入，也影响了内部水分的蒸发，所以碳化过程长时间只限于表面。氢氧化钙的结晶作用则主要发生在内部。石灰硬化过程的两个主要特点：一是硬化速度慢；二是体积收缩大。

从以上的石灰硬化过程可以看出，石灰的硬化只能在空气中进行，也只能在空气中才能继续发展提高其强度，所以石灰只能用于干燥环境的地面上的建筑物、构筑物，而不能用于水中或潮湿环境中。

3.1.4　石灰的分类

1. 根据成品加工方法分类

块状生石灰：原料经煅烧而得到的块状白色原成品（主要成分为 CaO）。

生石灰粉：以块状生石灰为原料，经研磨制得的生石灰粉（主要成分为 CaO）。

消石灰粉：以生石灰为原料，经水化和加工制得的消石灰粉［主要成分为 $Ca(OH)_2$］。

2. 按化学成分（MgO 含量）分类

根据石灰中 MgO 含量，石灰可分为钙质石灰与镁质石灰，见表 3.1。

表 3.1　按 MgO 含量的分类

石灰种类	钙 质	镁 质	石灰种类	钙 质	镁 质
生石灰	≤5%	>5%	消石灰粉	≤4%	4%～24%
生石灰粉			白云石消石灰粉		24%～30%

3. 按熟化速度分类

熟化速度是指石灰从加水起到达到最高温度所经过的时间。

快熟石灰：熟化速度在 10min 以内。

中熟石灰：熟化速度为 10～30min。

慢熟石灰：熟化速度在 30min 以上。

熟化速度不同，所采用的熟化方法也不同。如快熟石灰应先在池中注好水，然后慢慢加入生石灰，以免池中温度过高，既影响熟化石灰的质量，也易对施工人员造成伤害。而慢熟石灰则应先加生石灰，再慢慢向池中注水，以保持池中有较高的温度，从而保证石灰的熟化速度。

3.1.5　石灰的技术指标及标准

建筑生石灰根据有效氧化钙和有效氧化镁的含量、二氧化碳含量、未消化残渣含量以及产浆量划分为优等品、一等品和合格品，各等级的技术要求见表 3.2。

表 3.2　建筑生石灰的技术指标（摘自 JC/T 479—1992）

项　目	钙质生石灰粉			镁质生石灰粉		
	优等品	一等品	合格品	优等品	一等品	合格品
CaO+MgO 含量（≥）/%	90	85	80	85	80	75
未消化残渣含量（5mm 圆孔筛余）（≤）/%	5	10	15	5	10	15
CO₂ 含量（≤）/%	5	7	9	6	8	10
产浆量（≥）/(L/kg)	2.8	2.3	2.0	2.8	2.3	2.0

建筑生石灰粉根据有效氧化钙和有效氧化镁含量、二氧化碳含量及细度划分为优等品、一等品和合格品。各等级的技术要求见表 3.3。

表 3.3　建筑生石灰粉的技术指标（摘自 JC/T 480—1992）

项　目		钙质生石灰粉			镁质生石灰粉		
		优等品	一等品	合格品	优等品	一等品	合格品
CaO+MgO 含量（≥）/%		85	80	75	80	75	70
CO₂ 含量（≤）/%		7	9	11	8	10	12
细度	0.9mm 筛筛余（≤）/%	0.2	0.5	1.5	0.2	0.5	1.5
	0.125mm 筛筛余（≤）/%	7.0	12.0	18.0	7.0	12.0	18.0

建筑消石灰粉根据有效氧化钙和有效氧化镁含量、游离水量、体积安定性及细度划分为优等品、一等品和合格品。各等级的技术要求见表 3.4。

表 3.4　建筑消石灰粉的技术指标（摘自 JC/T 481—1992）

项　目		钙质生石灰粉			镁质生石灰粉			白云石消石灰粉		
		优等品	一等品	合格品	优等品	一等品	合格品	优等品	一等品	合格品
CaO+MgO 含量（≥）/%		70	65	60	65	60	55	65	60	55
游离水/%		0.4～2								
体积安定性		合格	—		合格	—		合格	—	
细度	0.9mm 筛筛余（≤）/%	0	0	0.5	0	0	0.5	0	0	0.5
	0.125mm 筛筛余（≤）/%	3	10	15	3	10	15	3	10	15

3.1.6　石灰的性能

石灰与其他胶凝材料相比具有以下特性。

1. 保水性、可塑性好

生石灰熟化为石灰浆时，能自动形成颗粒极细的呈胶体分散状态的氢氧化钙，表面吸附一层厚的水膜，因而保水性能好，且水膜层也大大降低了颗粒间的摩擦力。因此，用石灰膏制成的石灰砂浆具有良好的保水性和可塑性。在水泥砂浆中掺入石灰膏，可使砂浆的保水性和可塑性显著提高。

2. 硬化慢、强度低

石灰浆体硬化过程的特点之一就是硬化速度慢，原因是空气中的二氧化碳浓度低，且碳化由表及里，在表面形成较致密的壳，使外部的二氧化碳较难进入其内部，同时内部的水分也不易蒸发，所以硬化缓慢，硬化后的强度也不高，如 1∶3 石灰砂浆 28d 的抗压强度通常只有 0.2～0.5MPa。

3. 体积收缩大

体积收缩大是石灰在硬化过程中的另一特点，一方面是由于蒸发大量的游离水而引起显著的收缩；另一方面碳化也会产生收缩。所以，石灰除调成石灰乳液作薄层涂刷外，不宜单独使用，常掺入砂、纸筋、麻刀等以减少收缩、限制裂缝的扩展。

4. 耐水性差

石灰浆体在硬化过程中的较长时间内主要成分仍是氢氧化钙（表层是碳酸钙），由于氢氧化钙易溶于水，所以石灰的耐水性较差。硬化中的石灰若长期受到水的作用，会导致强度降低，甚至会溃散。

5. 吸湿性强

生石灰极易吸收空气中的水分熟化成熟石灰粉，所以生石灰长期存放应在密闭条件下，并应防潮、防水。

3.1.7 石灰的应用

1. 拌制灰浆、砂浆

经过陈伏的石灰膏体可用于拌制灰浆、砂浆，如麻刀灰、纸筋灰、石灰砂浆、水泥石灰混合砂浆等，用于砌筑工程、抹面工程。

2. 拌制灰土、三合土

用石灰与黏性土可拌制成灰土；用石灰、黏土与砂石或碎砖、炉渣等填料可拌制成三合土或碎砖三合土；用石灰与粉煤灰、黏性土可拌制成粉煤灰石灰土；用石灰与粉煤灰、砂、碎石可拌制成粉煤灰碎石土等，大量应用于建筑物基础、地面、道路等的垫层，地基的换土处理等。为方便石灰与黏土等的拌和，宜用磨细的生石灰或消石灰粉。磨细的生石灰还可使灰土和三合土有较高的密实度、较高的强度和耐水性。

3. 建筑生石灰粉

将生石灰磨成细粉，即建筑生石灰粉。建筑生石灰粉加入适量的水拌成的石灰浆可以直接使用，主要是因为粉状石灰熟化速度较快，熟化放出的热促使硬化进一步加快，硬化后的强度要比石灰膏硬化后的强度高。

4. 制作碳化石灰板材

碳化石灰板是将磨细的生石灰掺 30％～40％的短玻璃纤维或轻质骨料加水搅拌，振动成型，然后利用石灰窑的废气碳化 12～24h 而成的一种轻质板材。它能锯、能钉，适宜用作非承重内隔墙板、天花板等。

5. 生产硅酸盐制品

将磨细的生石灰或消石灰粉与天然砂或粒化高炉矿渣、炉渣、粉煤灰等硅质材料配合均匀，加水搅拌，再经陈伏（使生石灰充分熟化）、加压成形和压蒸处理可制成蒸压灰砂砖。灰砂砖呈灰白色，如果掺入耐碱颜料，可制成各种颜色。它的尺寸与普通黏土砖相同。也可制成其他形状的砌块，主要用作墙体材料。

3.1.8 石灰的验收、储运及保管

建筑生石灰粉、建筑消石灰粉一般采用袋装，可以采用符合标准规定的牛皮纸袋、复合纸袋或塑料编织袋包装，袋上应标明厂名、产品名称、商标、净重、批量编号。运输、储存时不得受潮和混入杂物。

保管时应分类、分等级存放在干燥的仓库内，不宜长期存储。运输过程中要采取防水措施。由于生石灰遇水发生反应，放出大量的热，所以生石灰不宜与易燃易爆物品共存、共运，以免酿成火灾。

存放时，可制成石灰膏密封或在上面覆盖砂土等，使之与空气隔绝，防止硬化。

包装重量:建筑生石灰粉有每袋净重 40kg、50kg 两种,每袋重量偏差值不大于 1kg;建筑消石灰粉有每袋净重 20kg、40kg 两种,每袋重量偏差值不大于 0.5kg、1kg。

3.2 石　膏

石膏在建筑工程中的应用也有较长的历史。由于其具有轻质、隔热、吸声、耐火、色白且质地细腻等一系列优良性能,加之我国石膏矿藏储量居世界首位(有南京石膏矿、大波口石膏矿、平邑石膏矿等),所以石膏的应用前景十分广阔。

石膏的主要化学成分是硫酸钙,它在自然界中以两种稳定形态存在于石膏矿石中,一是天然无水石膏($CaSO_4$),也称生石膏、硬石膏;二是天然二水石膏($CaSO_4 \cdot 2H_2O$),也称软石膏。天然无水石膏只可用于生产石膏水泥,而天然二水石膏可生产制造各种性质的石膏。生产天然建筑石膏用的石膏石应符合 JC/T700 中三级及三级以上石膏石的要求。

3.2.1　建筑石膏的生产

将天然二水石膏(或主要成分为二水石膏的化工石膏)加热,由于加热方式和温度不同,可生产不同性质的石膏品种。温度为 65~75℃时,开始脱水,至 107~170℃时,脱去部分结晶水,得到 β 型半水石膏(β$CaSO_4 \cdot 0.5H_2O$),即建筑石膏。当加热温度为 170~200℃时,石膏继续脱水,成为可溶性硬石膏,与水调和后仍能很快凝结硬化;当加热温度升高到 200~250℃时,石膏中残留很少的水,凝结硬化非常缓慢;当加热高于 400℃,石膏完全失去水分,成为不溶性硬石膏,失去凝结硬化能力,成为死烧石膏;当温度高于 800℃时,部分石膏分解出的氧化钙起催化作用,所得产品又重新具有凝结硬化性能。当温度高于 1600℃时,$CaSO_4$ 全部分解为石灰。

建筑石膏(β 型半水石膏)呈白色粉末状,密度为 2.60~2.75g/cm³,堆积密度为 800~1000kg/m³。β 型半水石膏中杂质少、色白的可作为模型石膏,用于建筑装饰及陶瓷的制坯工艺。

若将二水石膏置于蒸压釜中,在 0.13MPa 的水蒸气中(124℃)脱水,得到的是晶粒较 β 型半水石膏粗大、使用时拌和用水量少的半水石膏,称为 α 型半水石膏。将此熟石膏磨细得到的白色粉末称为高强石膏。由于高强石膏拌和用水量少(石膏用量的 35%~45%),硬化后有较高的密实度,所以强度较高,7d 可达 15~40MPa。

3.2.2　建筑石膏的凝结与硬化

建筑石膏遇水将重新水化成二水石膏,反应式为

$$CaSO_4 \cdot 0.5H_2O + 1.5 H_2O \rightarrow CaSO_4 \cdot 2H_2O$$

建筑石膏与适量的水混合成可塑的浆体,但很快就失去塑性、产生强度,并发展成为坚硬的固体。石膏的凝结硬化是一个连续的溶解、水化、胶化、结晶的过程。

半水石膏极易溶于水,加水后很快达到饱和溶液而分解出溶解度低的二水石膏胶体。由于二水石膏的析出,溶液中的半水石膏转变为非饱和状态,这样又有新的半水石膏溶解,接着继续重复水化、胶化的过程。随着析出的二水石膏胶体晶体的不断增多,

彼此互相联结，使石膏具有了强度。同时，溶液中的游离水分不断蒸发减少，结晶体之间的摩擦力、粘结力逐渐增大，石膏强度也随之增加。至完全干燥，强度停止发展，最后成为坚硬的固体。

浆体的凝结硬化是一个连续进行的过程。从加水开始拌和到浆体开始失去可塑性的过程称为浆体的初凝，对应的这段时间称为初凝时间；从加水开始拌和到浆体完全失去可塑性，并开始产生强度的过程称为浆体的终凝，对应的时间称为浆体的终凝时间。建筑石膏凝结硬化较快，规定初凝不早于 3min，终凝不迟于 30min。

3.2.3 建筑石膏的分类与标记

根据《建筑石膏》（GB/T 9776—2008）规定，建筑石膏按原材料种类分为三类，见表 3.5。

表 3.5 建筑石膏的分类（摘自 GB/T 9776—2008）

类 型	天然建筑石膏	脱硫建筑石膏	磷建筑石膏
代 号	N	S	P

建筑石膏按 2h 抗折强度分为 3.0、2.0、1.6 三个强度等级。

石膏按产品名称、代号、等级及标准编号的顺序标记。如等级为 2.0 的天然建筑石膏标记为建筑石膏 N 2.0（GB/T 9776—2008）。

3.2.4 建筑石膏的技术性能

根据《建筑石膏》（GB/T 9776—2008）规定，建筑石膏组成中 β 型半水石膏（$\beta CaSO_4 \cdot 0.5H_2O$）的含量（质量分数）应不小于 60%。其物理力学性能应符合表 3.6 的要求。

表 3.6 建筑石膏的物理力学性能（摘自 GB/T 9776—2008）

等 级	细度（0.2mm 方孔筛筛余）/%	凝结时间/min		2h 强度/MPa	
		初凝	终凝	抗折	抗压
3.0				≥3.0	≥6.0
2.0	≤10	≥3	≤30	≥2.0	≥4.0
1.6				≥1.6	≥3.0

3.2.5 建筑石膏的特点

1. 孔隙率大、强度较低

为使石膏浆体具有必要的可塑性，通常加水量比理论需水量多得多（加水量为石膏用量的 60%～80%，而理论用水量只为石膏用量的 18.6%），硬化后由于多余水分的蒸发，内部的孔隙率很大，因而强度较低。

2. 硬化后体积微膨胀

石膏在凝结硬化过程中体积产生微膨胀，其膨胀率约为 1%。这一特性使石膏制品在硬化过程中不会产生裂缝，造型棱角清晰饱满，适宜浇铸模型、制作建筑艺术配件及建筑装饰件等。

3. 防火性好，但耐火性差

由于硬化的石膏中结晶水含量较多，遇火时这些结晶水吸收热量蒸发，形成蒸汽幕，阻止火势蔓延，同时表面生成的无水物为良好的绝缘体，起到防火作用。但二水石膏脱水后强度下降，故耐火性差。

4. 凝结硬化快

建筑石膏凝结速度快，规定初凝不早于 3min，终凝不迟于 30min。因初凝时间较短，为满足施工要求，常掺入缓凝剂，以延长凝结时间。可掺入石膏用量 0.1%～0.2%的动物胶，或掺入 1%的亚硫酸盐酒精废液，也可以掺入硼砂或柠檬酸作为缓凝剂。掺缓凝剂后，石膏制品的强度有所下降。若需加速凝固，可掺入少量磨细的未经煅烧的石膏。

5. 保温性和吸声性好

建筑石膏孔隙率大，且孔隙多呈微细的毛细孔，所以导热系数小，保温、隔热性能好。同时，大量开口的毛细孔隙对吸声有一定的作用，因此建筑石膏具有良好的吸声性能。

6. 具有一定的调温、调湿性

由于建筑石膏热容量大，且多孔而产生的呼吸功能使吸湿性增强，可起到调节室内温度、湿度的作用，创造舒适的工作和生活环境。

7. 耐水性差

由于硬化后建筑石膏的孔隙率较大，二水石膏又微溶于水，具有很强的吸湿性和吸水性，如果处在潮湿环境中，晶体间的粘结力削弱，强度显著降低，遇水则晶体溶解而引起破坏，所以石膏及制品的耐水性较差，不能用于潮湿环境中，但经过加工处理可做成耐水纸面石膏板。

8. 可装饰性强

石膏呈白色，可以装饰干燥环境的室内墙面或顶棚，但如果受潮后颜色变黄会失去装饰性。

3.2.6　建筑石膏的应用

1. 室内抹灰及粉刷

建筑石膏常用于室内抹灰和粉刷。建筑石膏加砂、缓凝剂和水拌和成石膏砂浆，用于室内抹灰，其表面光滑、细腻、洁白、美观。石膏砂浆也可作为腻子用作油漆等的打底层。建筑石膏加缓凝剂和水拌和成石膏浆体，可作为室内粉刷的涂料。

2. 建筑装饰制品

建筑石膏具有凝结快、体积稳定、装饰性强、不老化、无污染等的特点，常用于制造建筑雕塑、建筑装饰制品。

3. 石膏板

石膏板具有质轻、保温、防火、吸声、能调节室内温度和湿度及制作方便等特点，应用较为广泛，常见的有普通纸面石膏板、装饰石膏板、石膏空心条板、吸声用穿孔石膏板、耐水纸面石膏板、耐火纸面石膏板、石膏蔗渣板等。此外，各种新型的石膏板材仍在不断出现。

3.2.7 石膏的验收与储运

建筑石膏一般采用袋装，可用具有防潮及不易破损的纸袋或其他复合袋包装；包装袋上应清楚标明产品标记、制造厂名、生产批号和出厂日期、质量等级、商标、防潮标志；运输、储存时不得受潮和混入杂物；不同等级的应分别储运，不得混杂。石膏的储存期为三个月（自生产日起算）。超过三个月的石膏应重新进行质量检验，以确定等级。

3.2.8 石膏制品的发展

石膏制品具有绿色环保、防火、防潮、阻燃、轻质、高强、易加工、可塑性好、装饰性强等特点，使得石膏及其制品备受青睐，具有广阔的发展空间。当前石膏制品的发展趋势有：用于生产石膏砌块、石膏条板等新型墙体材料；石膏装饰材料，如各种高强、防潮、防火又具有环保功能的石膏装饰板、石膏线条、灯盘、门柱、门窗拱眉等装饰制品及具有吸音、防辐射、防火功能的石膏装饰板；具有轻质、高强、耐水、保温的石膏复合墙体，如轻钢龙骨纸面石膏板夹岩棉复合墙体、纤维石膏板或有膏刨花板等与龙骨的复合墙体、加气（或发泡）石膏保温板或砌块复合墙体、石膏与聚苯泡沫板及稻草板等复合的大板，这些石膏复合墙体正逐渐地取代传统的墙体材料。

3.3 水 玻 璃

水玻璃俗称"泡花碱"，是由碱金属氧化物和二氧化硅结合而成的能溶于水的一种金属硅酸盐物质。根据碱金属氧化物种类的不同，水玻璃分为硅酸钠水玻璃（$Na_2O \cdot nSiO_2$）和硅酸钾水玻璃（$K_2O \cdot nSiO_2$），工程中以硅酸钠水玻璃最为常用。

3.3.1 水玻璃的生产

生产硅酸钠水玻璃的主要原料是石英砂、纯碱。将原料磨细，按比例配合，在玻璃熔炉内熔融而生成硅酸钠，冷却后得固态水玻璃，然后在水中加热溶解而成液体水玻璃。其反应式为

$$nSiO_2 + Na_2CO_3 \xrightarrow{1300\sim1400℃} Na_2O \cdot nSiO_2 + CO_2 \uparrow$$

式中，n 为水玻璃模数，即二氧化硅与氧化钠的摩尔数比。其值的大小决定了水玻璃的性质。n 值越大，水玻璃的黏度越大，粘结能力愈强，易分解、硬化，但也难溶解，体积收缩也大。建筑工程中常用水玻璃的 n 值一般为 $2.5\sim2.8$。

水玻璃的生产除上述介绍的干法外还有湿法。湿法是将石英砂和苛性钠溶液在压蒸锅内用蒸气加热，并加以搅拌，使直接反应生成液体水玻璃。

液体水玻璃常含杂质而呈青灰色、绿色或微黄色，以无色透明的液体水玻璃为最好。液体水玻璃可以与水按任意比例混合。使用时仍可加水稀释。在液体水玻璃中加入尿素，在不改变其粘度下可提高粘结力。

3.3.2 水玻璃的硬化

水玻璃在空气中与二氧化碳作用，析出二氧化硅凝胶，凝胶因干燥而逐渐硬化，其反应式为

$$Na_2O \cdot nSiO_2 + CO_2 + mH_2O \longrightarrow nSiO_2 \cdot mH_2O + Na_2CO_3$$

上述硬化过程很慢，为加速硬化，可掺入适量的促硬剂，如氟硅酸钠（Na_2SiF_6）或氯化钙（$CaCl_2$），其反应式为

$$2(Na_2O \cdot nSiO_2) + Na_2SiF_6 + mH_2O \longrightarrow (2n+1)SiO_2 \cdot mH_2O + 6NaF$$

氟硅酸钠的适宜掺量为水玻璃重量的 $12\%\sim15\%$。掺量太少，达不到促硬作用；但如果掺量过多，又会引起凝结过速，使施工困难，且硬化后制品的渗透性大，强度也低。加入氟硅酸钠后，水玻璃的初凝时间可缩短到 $30\sim60$ min，终凝时间可缩短到 $240\sim360$ min，7d 基本达到最高强度。

3.3.3 水玻璃的性质

1. 粘结强度较高

水玻璃有良好的粘结能力，硬化时析出的硅酸凝胶呈空间网络结构，具有较高的胶凝能力，因而粘结强度高。此外，硅酸凝胶还有堵塞毛细孔隙而防止水渗透的作用。

2. 耐热性好

水玻璃不燃烧，在高温下硅酸凝胶干燥得更加强烈，强度并不降低，甚至有所增加，故水玻璃常用于配置耐热混凝土、耐热砂浆、耐热胶泥等。

3. 耐酸性强

水玻璃能经受除氢氟酸、过热（300℃以上）磷酸、高级脂肪酸或油酸以外的几乎所有的无机酸和有机酸的作用，常用于配制水玻璃耐酸混凝土、耐酸砂浆、耐酸胶泥等。

4. 耐碱性、耐水性较差

水玻璃即使在加入氟硅酸钠后仍不能完全硬化，制品中仍有一定量的未分解的水玻璃。由于水玻璃可溶于碱，且溶于水，且硬化后的产物 Na_2CO_3 及 NaF 均可溶于水，

所以水玻璃硬化后不耐碱、不耐水。为提高耐水性，可采用中等浓度的酸对已硬化的水玻璃进行酸洗处理。

3.3.4　水玻璃的应用

1. 配制快凝防水剂

以水玻璃为基料，加入两种、三种或四种矾配制而成二矾、三矾或四矾快凝防水剂。这种防水剂凝结迅速，一般不超过 1min，工程上利用它的速凝作用和黏附性，掺入水泥浆、砂浆或混凝土中，作修补、堵漏、抢修、表面处理用。因为凝结迅速，不宜配制水泥防水砂浆，用作屋面或地面的刚性防水层。

2. 配制耐热砂浆、耐热混凝土或耐酸砂浆、耐酸混凝土

以水玻璃为胶凝材料，氟硅酸钠作促硬剂，由耐热或耐酸粗细骨料按一定比例配制而成。水玻璃耐热混凝土的极限使用温度在 1200℃ 以下。水玻璃耐酸混凝土一般用于储酸槽、酸洗槽、耐酸地坪及耐酸器材等。

3. 涂刷建筑材料表面，可提高材料的抗渗和抗风化能力

用浸渍法处理多孔材料时，可使其密实度和强度提高，对黏土砖、硅酸盐制品、水泥混凝土等均有良好的效果。但不能用以涂刷或浸渍石膏制品，因为硅酸钠与硫酸钙会发生化学反应生成硫酸钠，在制品孔隙中结晶，体积显著膨胀，从而导致制品的破坏。用液体水玻璃涂刷或浸渍含有石灰的材料，如水泥混凝土和硅酸盐制品等时，水玻璃与石灰之间起反应生成的硅酸钙胶体填实制品孔隙，使制品的密实度有所提高。

4. 加固地基，提高地基的承载力和不透水性

将液体水玻璃和氯化钙溶液轮流交替压入地基，反应生成的硅酸凝胶将土壤颗粒包裹并填实其空隙。硅酸凝胶还具有吸水膨胀的性质，因吸收地下水而经常处于膨胀状态，可阻止水分的渗透而使土壤固结。

另外，水玻璃还可用作多种建筑涂料的原料。将液体水玻璃与耐火填料等调成糊状的防火漆，涂于木材表面，可抵抗瞬间火焰。

习　题

3.1　何谓气硬性胶凝材料、水硬性胶凝材料？两者差异是什么？

3.2　简述石灰、石膏和水玻璃的硬化过程和特点。

3.3　石灰膏使用前为什么要"过筛和陈伏"？

3.4　在古建筑维修中，人们发现石灰浆体具有较高的强度和硬度，因而认为古代人生产石灰的技术比现代人先进，你认为这种说法对吗？为什么？

第 4 章

水　泥

【知识点】

　　1. 硅酸盐水泥的熟料矿物组成、特性、凝结硬化的过程、技术性质及应用。

　　2. 普通硅酸盐水泥、矿渣硅酸盐水泥、火山灰硅酸盐水泥、粉煤灰硅酸盐水泥、复合硅酸盐水泥的组成、技术性质及应用。

　　3. 其他品种水泥的特点及工程应用。

【学习要求】

　　1. 掌握硅酸盐水泥的熟料矿物组成、特点、技术性质及标准要求、检测方法。

　　2. 掌握其他通用硅酸盐水泥的特点（与硅酸盐水泥相比较）、工程中的应用。

　　3. 了解水泥的生产原料、生产过程及它们对水泥性能的影响。

　　4. 了解水泥的凝结硬化过程及机理。

　　5. 了解其他品种水泥的工程技术特点及应用。

水泥属于水硬性胶凝材料，是建筑工程中最为重要的建筑材料之一，工程中主要用于配制混凝土、砂浆和灌浆材料。

　　水泥的品种繁多，按矿物组成，水泥可分为硅酸盐系列、铝酸盐系列、硫酸盐系列、铁铝酸盐系列、氟铝酸盐系列等，按其用途和特性又可分为通用水泥、专用水泥和特性水泥。

　　通用硅酸盐水泥是指目前建筑工程中常用的六大水泥，即硅酸盐水泥、普通硅酸盐水泥、矿渣硅酸盐水泥、火山灰硅酸盐水泥、粉煤灰硅酸盐水泥、复合硅酸盐水泥；专用水泥是指有专门用途的水泥，如砌筑水泥、大坝水泥、道路水泥、油井水泥等；而特性水泥具有与常用水泥不同的特性，多用于有特殊要求的工程，主要品种有快硬硅酸盐水泥、快凝硅酸盐水泥、抗硫酸盐水泥、膨胀水泥、白色硅酸盐水泥等。

　　水泥品种虽然很多，但硅酸盐系列水泥产量最大、应用范围最广。GB 175—2007对通用硅酸盐水泥的组分作出了规定，见表4.1。

表 4.1 通用硅酸盐水泥的组分（摘自 GB 175—2007）

品　种	代　号	组分				
		熟料＋石膏	粒化高炉矿渣	火山灰质混合材料	粉煤灰	石灰石
硅酸盐水泥	P.Ⅰ	100	—	—	—	—
	P.Ⅱ	≥95	≤5	—	—	—
		≥95	—	—	—	≤5
普通硅酸盐水泥	P.O	≥80且<95	>5且≤20①			
矿渣硅酸盐水泥	P.S.A	≥50且<80	>20且≤50②	—	—	
	P.S.B	≥30且<50	>50且≤70②	—	—	
火山灰质硅酸盐水泥	P.P	≥60且<80	—	>20且≤40	—	
粉煤灰硅酸盐水泥	P.F	≥60且<80	—	—	>20且≤40	
复合硅酸盐水泥	P.C	≥50且<80	>20且≤50③			

① 本组分允许用不超过水泥质量 8% 的非活性混合材料或不超过水泥质量 5% 的窑灰代替。
② 本组分允许用不超过水泥质量 8% 的活性混合材料或非活性混合材料或窑灰中的任一种材料代替。
③ 本组分材料由两种（含）以上活性混合材料或非活性混合材料组成，允许用不超过水泥质量 8% 的窑灰代替。掺矿渣时混合材料掺量不得与矿渣硅酸盐水泥重复。

由以上通用硅酸盐水泥的组分可见，各水泥是在熟料加适量石膏基础上分别掺入不同类型的、不同掺量的混合材料。

4.1　硅酸盐水泥

4.1.1　硅酸盐水泥的定义

凡由硅酸盐水泥熟料、0～5% 石灰石或粒化高炉矿渣、适量石膏磨细制成的水硬性胶凝材料称为硅酸盐水泥（即国外通称的波特兰水泥）。根据是否掺入混合材料将硅酸盐水泥分为两种类型，不掺加混合材料的称为Ⅰ型硅酸盐水泥，代号 P.Ⅰ；在硅酸盐水泥粉磨时掺加不超过水泥质量 5% 石灰石或粒化高炉矿渣混合材料的称Ⅱ型硅酸盐水泥，代号 P.Ⅱ。

硅酸盐水泥是硅酸盐水泥系列的基本品种，其他品种的硅酸盐水泥都是在硅酸盐水泥基础上（熟料＋适量石膏）掺入一定量的混合材料制得，因此要掌握硅酸盐系列水泥的性能，首先要了解和掌握硅酸盐水泥的特性。

4.1.2　硅酸盐水泥的原料及生产

生产硅酸盐水泥的原料主要有石灰质原料、黏土质原料两大类，此外再配以辅助的铁质和硅质校正原料。其中，石灰质原料主要提供 CaO，它可采用石灰石、石灰质凝灰岩等；黏土质原料主要提供 SiO_2、Al_2O_3 及少量的 Fe_2O_3，它可采用黏土、黏土质页岩、黄土等；铁质校正原料主要补充 Fe_2O_3，可采用铁矿粉、黄铁矿渣等；硅质校正原料主要补充 SiO_2，它可采用砂岩、粉砂岩等。

硅酸盐水泥的生产过程是将原料按一定比例混合磨细，先制得具有适当化学成分的生料，再将生料在水泥窑（回转窑或立窑）中经过 1400～1450℃ 的高温煅烧至部分熔融，冷却后得硅酸盐水泥熟料，最后再加适量石膏（不超过水泥质量5％的石灰石或粒化矿渣）共同磨细至一定细度，即得P.Ⅰ（P.Ⅱ）型硅酸盐水泥。水泥的生产过程可概括为"两磨一烧"，其生产工艺流程如图4.1所示。

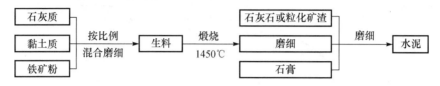

图 4.1　硅酸盐水泥的生产示意图

4.1.3　硅酸盐水泥熟料矿物组成及特征

生料开始加热时，自由水分逐渐蒸发而干燥，当温度上升到500～800℃时，首先是有机物被烧尽，其次是黏土分解形成无定型的 SiO_2 及 Al_2O_3。当温度到达800～1000℃时，石灰石进行分解形成CaO，并开始与黏土中 SiO_2、Al_2O_3 及 Fe_2O_3 发生固相反应。随温度的升高，固相反应加速，并逐渐生成 $2CaO \cdot SiO_2$、$3CaO \cdot Al_2O_3$ 及 $4CaO \cdot Al_2O_3 \cdot Fe_2O_3$。当温度达到1300℃时，固相反应结束，这时在物料中仍剩余一部分CaO未与其他氧化物化合。当温度从1300℃升至1450℃再降到1300℃，这是烧成阶段，这时的 $3CaO \cdot Al_2O_3$ 及 $4CaO \cdot Al_2O_3 \cdot Fe_2O_3$ 烧至部分熔融状态，出现液相，把剩余的CaO及部分 $2CaO \cdot SiO_2$ 溶解于其中，在此液相中，$2CaO \cdot SiO_2$ 吸收CaO形成 $3CaO \cdot SiO_2$。此烧成阶段至关重要，需达到较高的温度并要保持一定的时间，否则水泥熟料中 $3CaO \cdot SiO_2$ 含量低，游离CaO含量高，对水泥的性能有较大的影响。

硅酸盐水泥熟料矿物成分及含量如下：

硅酸三钙 $3CaO \cdot SiO_2$，简写为 C_3S，含量45％～60％；

硅酸二钙 $2CaO \cdot SiO_2$，简写为 C_2S，含量15％～30％；

铝酸三钙 $3CaO \cdot Al_2O_3$，简写为 C_3A，含量6％～12％；

铁铝酸四钙 $4CaO \cdot Al_2O_3 \cdot Fe_2O_3$，简写为 C_4AF，含量6％～8％。

在以上的矿物组成中，硅酸三钙和硅酸二钙的总含量不小于66％。由于硅酸盐占绝大部分，故名硅酸盐水泥。除上述主要熟料矿物成分外，水泥中还有少量的游离氧化钙、游离氧化镁，其含量过高，会引起水泥体积安定性不良。水泥中还含有少量的碱（Na_2O、K_2O），碱含量高的水泥如果遇到活性骨料，易产生碱-骨料膨胀反应，所以水泥中游离氧化钙、游离氧化镁和碱的含量应加以限制。

各种矿物单独与水作用时表现出不同的性能，见表4.2。

表 4.2　硅酸盐水泥熟料矿物特性

矿物名称	密度/(g/cm³)	水化反应速率	水化放热量	强度	耐腐蚀性
$3CaO \cdot SiO_2$	3.25	快	大	高	差
$2CaO \cdot SiO_2$	3.28	慢	小	早期低后期高	好
$3CaO \cdot Al_2O_3$	3.04	最快	最大	低	最差
$4CaO \cdot Al_2O_3 \cdot Fe_2O_3$	3.77	快	中	低	中

各熟料矿物的强度增长情况如图 4.2 所示，水化热的释放情况如图 4.3 所示。

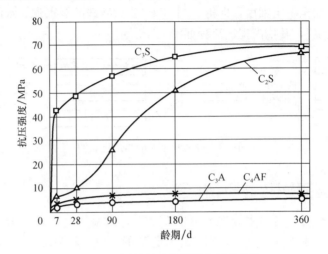

图 4.2　不同熟料矿物的强度增长曲线

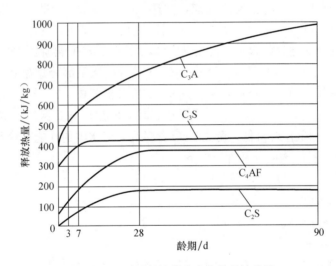

图 4.3　不同熟料矿物的水化热释放曲线

由表 4.1 及图 4.2、图 4.3 可知，不同熟料矿物单独与水作用的特性是不同的：

1）硅酸三钙的水化速度较快，早期强度高，28d 强度可达一年强度的 70%～80%；水化热较大，且主要是早期放出，其含量也最高，是决定水泥性质的主要矿物。

2）硅酸二钙的水化速度最慢，水化热最小，且主要是后期放出，是保证水泥后期强度的主要矿物，且耐化学侵蚀性好。

3）铝酸三钙的凝结硬化速度最快（故需掺入适量石膏作缓凝剂），也是水化热最大的矿物。其强度值最低，但形成最快，3d 几乎接近最终强度。但其耐化学侵蚀性最差，且硬化时体积收缩最大。

4）铁铝酸四钙的水化速度也较快，仅次于铝酸三钙，其水化热中等，且有利于提高水泥抗拉（折）强度。

水泥是几种熟料矿物的混合物，改变矿物成分间比例时，水泥性质即发生相应的变化，可制成不同性能的水泥。如增加 C_3S 含量，可制成高强、早强水泥（我国水泥标准规定的 R 型水泥）。若增加 C_2S 含量而减少 C_3S 含量，水泥的强度发展慢，早期强度低，但后期强度高，其更大的优势是水化热降低。若提高 C_4AF 的含量，可制得抗折强度较高的道路水泥。

4.1.4　硅酸盐水泥的水化与凝结硬化

水泥与适量的水拌和后，最初形成具有可塑性的浆体。随着水化反应的进行，水化产物逐渐增多（浆体中的水也逐渐减少），水泥浆体逐渐变稠，继而开始失去可塑性（称初凝）。随着水化反应继续进行，水泥浆体完全失去可塑性（称终凝），并形成一定的初始强度。从水泥与水拌和、经初凝至终凝的这一过程称为水泥的"凝结"。随后凝结了的水泥浆体随着水泥水化的不断进行强度逐步提高，并最终形成坚硬的水泥石，这一过程称为"硬化"。水泥的水化贯穿凝结、硬化过程的始终。在几十年龄期的水泥制品中，仍有未水化的水泥颗粒。水泥的水化、凝结、硬化过程如图 4.4 所示。

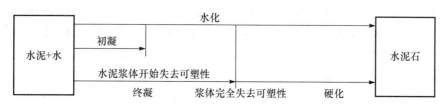

图 4.4　水泥的水化、凝结与硬化示意图

1. 水泥的水化反应

水泥加水后，熟料矿物开始与水发生水化反应，生成水化产物，并放出一定的热量，其反应式为

$$2(3CaO \cdot SiO_2) + 6H_2O \longrightarrow 3CaO \cdot 2SiO_2 \cdot 3H_2O + 3Ca(OH)_2$$

硅酸三钙　　　　　　　水化硅酸钙（凝胶体）　氢氧化钙（晶体）

$$2(2CaO \cdot SiO_2) + 4H_2O \longrightarrow 3CaO \cdot 2SiO_2 \cdot 3H_2O + Ca(OH)_2$$

硅酸二钙　　　　　　　水化硅酸钙（凝胶体）　氢氧化钙（晶体）

$$3CaO \cdot Al_2O_3 + 6H_2O \longrightarrow 3CaO \cdot Al_2O_3 \cdot 6H_2O$$

铝酸三钙　　　　　　　水化铝酸钙（晶体）

$$4CaO \cdot Al_2O_3 \cdot Fe_2O_3 + 7H_2O \longrightarrow 3CaO \cdot Al_2O_3 \cdot 6H_2O + CaO \cdot Fe_2O_3 \cdot H_2O$$

铁铝酸四钙　　　　　　水化铝酸钙（晶体）　　水化铁酸钙（凝胶体）

在四种熟料矿物中，C_3A 的水化速度最快，若不加以抑制，则水泥的凝结过快，影响正常使用。为了调节水泥凝结时间，在水泥中需加入适量石膏共同粉磨。石膏主要起缓凝作用，其机理为：熟料与石膏一起迅速溶解于水，并开始水化，形成石膏、石灰饱和溶液，而熟料中水化最快的 C_3A 的水化产物 $3CaO \cdot Al_2O_3 \cdot 6H_2O$ 在石膏、石灰的饱和溶液中很快形成高硫型水化硫铝酸钙，又称钙矾石，反应式为

$$3CaO \cdot Al_2O_3 \cdot 6H_2O + 3(CaSO_4 \cdot 2H_2O) + 19H_2O \longrightarrow 3CaO \cdot Al_2O_3 \cdot 3CaSO_4 \cdot 31H_2O$$

水化铝酸钙　　　　　　石膏　　　　　　　　水化硫铝酸钙（钙矾石晶体）

钙矾石是一种针状晶体，不溶于水，且形成时体积膨胀 1.5 倍。钙矾石在水泥熟料

颗粒表面形成一层较致密的保护膜，封闭熟料组分的表面，阻滞水分子及离子的扩散，延缓了熟料颗粒，特别是 C_3A 的水化速度，从而起到"缓凝"作用。此外，在水泥水化早期形成的水化硫铝酸钙晶体交错地填充于水泥石的空隙中，从而增加水泥石的致密性，有利于提高水泥强度，尤其是利于早期强度的发展。但如果石膏掺量过多，会引起水泥体积安定性不良。

硅酸盐水泥主要水化产物有水化硅酸钙凝胶体、水化铁酸钙凝胶体，氢氧化钙晶体、水化铝酸钙晶体和水化硫铝酸钙晶体。在完全水化的水泥石中，水化硅酸钙约占 50%，氢氧化钙约占 25%。

2. 硅酸盐水泥的凝结与硬化

水泥的凝结硬化是个非常复杂的物理化学过程，可分为以下几个阶段。

水泥颗粒与水接触后，首先是最表层的水泥与水发生水化反应，生成水化产物，组成水泥-水-水化产物混合体系。反应初期，水化速度很快，不断形成新的水化产物并扩散到水中，使混合体系很快成为水化产物的饱和溶液。此后，水泥继续水化所生成的产物不再溶解，而是以分散状态的颗粒析出，附在水泥粒子表面，形成凝胶膜包裹层，使水泥在一段时间内反应缓慢，水泥浆的可塑性基本上保持不变。

由于水化产物不断增加，凝胶膜逐渐增厚而破裂并继续扩展，水泥粒子又在一段时间内加速水化。这一过程可重复多次。由水化产物组成的水泥凝胶在水泥颗粒之间形成了网状结构。水泥浆逐渐变稠，并失去塑性而出现凝结现象。此后，由于水泥水化反应的继续进行，水泥凝胶不断扩展而填充颗粒之间的孔隙，使毛细孔愈来愈少，水泥石就具有愈来愈高的强度和胶结能力。

综上所述，水泥的凝结硬化是一个由表及里、由快到慢的过程。较粗颗粒的内部很难完全水化。因此，硬化后的水泥石是由水泥水化产物凝胶体（内含凝胶孔）及结晶体、未完全水化的水泥颗粒、毛细孔（含毛细孔水）等组成的不匀质结构体。

3. 影响硅酸盐水泥凝结、硬化的因素

水泥的凝结硬化过程也就是水泥强度发展的过程，受到许多因素的影响，有内部的和外界的，其主要影响因素分析如下：

1）矿物组成。矿物组成是影响水泥凝结硬化的主要内因，如前所述，不同的熟料矿物成分单独与水作用时，水化反应的速度、强度发展的规律、水化放热是不同的，因此改变水泥的矿物组成，其凝结硬化将产生明显的变化。

2）水泥细度。水泥颗粒的粗细程度直接影响水泥的水化、凝结硬化、强度、干缩及水化热等。水泥的颗粒粒径一般在 $7 \sim 200 \mu m$。颗粒越细，与水接触的比表面积越大，水化速度快且较充分，水泥的早期强度和后期强度都高。但水泥颗粒过细，需水性增大，在硬化时收缩也增大；且水泥颗粒过细，在生产过程中消耗的能量增多，机械损耗也加大，生产成本增加，因而水泥的细度应适中。

3）石膏掺量。石膏掺入水泥中的目的是调节水泥的凝结时间。需注意的是石膏的掺入要适量。掺量过少，不足以抑制 C_3A 的水化速度；过多掺入石膏，其本身会生成一种促凝物质，反而使水泥快凝；如果石膏掺量超过规定的限量，则会在水泥硬化过程中仍有一部分石膏与 C_3A 及 C_4AF 的水化产物 $3CaO \cdot Al_2O_3 \cdot 6H_2O$ 继续反应，生成水化硫铝酸钙针状晶体，体积膨胀，使水泥石强度降低，严重时还会导致水泥体积安定性不良。适宜的石膏掺量主要取决于水泥中 C_3A 的含量和石膏的品种及质量，同时与水泥细度及熟料中 SO_3 的含量有关，一般生产水泥时石膏掺量占水泥质量的 3%～5%，具体掺量应通过试验确定。

4）水灰比。拌和水泥浆时，水与水泥的质量比称为水灰比。从理论上讲，水泥完全水化所需的水灰比为 0.22 左右。但拌和水泥浆时，为使浆体具有一定的流动性和可塑性，所加入的水量通常要大大超过水泥充分水化时所需用水量，多余的水在成型时也会占据空间，因而会在硬化的水泥石内形成毛细孔。因此，拌和水越多，硬化水泥石中的毛细孔就越多，当水灰比为 0.4 时完全水化后水泥石的总孔隙率为 29.6%，而水灰比为 0.7 时水泥石的孔隙率高达 50.3%。水泥石的强度随其孔隙增加而降低。因此，在不影响施工的条件下，水灰比小，则水泥浆稠，易于形成胶体网状结构，水泥的凝结硬化速度快，同时水泥石整体结构内毛细孔少，强度也高。

5）温、湿度。温度对水泥浆体凝结硬化的影响很大，提高温度，可加速水泥的水化速度，有利于水泥早期强度的形成。就硅酸盐水泥而言，提高温度可加速其水化，使早期强度能较快发展，但对后期强度可能会产生一定的影响（因而硅酸盐水泥不适宜用于蒸汽养护、压蒸养护的混凝土工程）。而在较低温度下进行水化，虽然凝结硬化慢，但水化产物扩散、分布均匀，结构较致密，可获得较高的最终强度。但当温度低于 0℃ 时，强度不仅不增长，而且还会因水的结冰而导致水泥石被冻坏。

湿度是保证水泥水化的一个必备条件，水泥的凝结硬化实质是水泥的水化过程。因此，在干燥环境中，水化浆体中的水分蒸发，导致水泥不能充分水化，同时硬化也将停止，并会因干缩而产生裂缝。

在工程中，保持环境的温、湿度，使水泥石强度不断增长的措施称为养护。水泥混凝土在浇筑后的一段时间里应十分注意控制温、湿度的养护。

6）龄期。龄期指水泥在正常养护条件下所经历的时间。水泥的凝结、硬化是随龄期的增长而渐进的过程。在适宜的温、湿度环境中，随着水泥颗粒内各熟料矿物水化程度的提高，凝胶体不断增加，毛细孔相应减少。水泥的强度增长可持续若干年。在水泥水化作用的最初几天内强度增长最为迅速，如水化 7d 的强度可达到 28d 强度的 70% 左右，28d 以后的强度增长明显减缓，如图 4.5 所示。

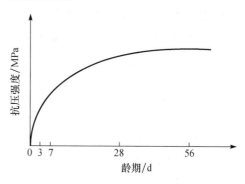

图 4.5 硅酸盐水泥强度发展与龄期的关系

水泥的凝结、硬化除受上述主要因素影响之外，还与水泥的存放时间、受潮程度及掺入的外加剂种类等因素有关。

4.1.5 硅酸盐水泥的技术要求

《通用硅酸盐水泥》（GB 175—2007）对通用硅酸盐水泥的细度、凝结时间、体积安定性、化学指标、强度等作了如下规定。

1. 细度

细度是指水泥颗粒的粗细程度。水泥细度的评定可采用筛分析法和比表面积法。筛分析法是用 $80\mu m$ 的方孔筛对水泥试样进行筛分析试验，用筛余百分数表示；比表面积法是指单位质量的水泥粉末所具有的总表面积，以 m^2/kg 表示，水泥颗粒越细，比表面积越大，可用勃氏比表面积仪测定。标准规定，硅酸盐水泥细度作为选择性指标，以比表面积表示，不小于 $300m^2/kg$。

2. 凝结时间

凝结时间分初凝和终凝。初凝为水泥加水拌和开始至水泥标准稠度的净浆开始失去可塑性所需的时间；终凝为水泥加水拌和开始至标准稠度的净浆完全失去可塑性所需的时间。

标准规定，硅酸盐水泥的初凝不小于 45min，终凝不大于 390min（6.5h）。水泥的凝结时间是采用标准稠度的水泥净浆，在规定温度及湿度的环境下，用水泥净浆时间测定仪测定的。凝结时间的规定对工程有着重要的意义。水泥制品（如混凝土构件）施工过程中的搅拌、运输、浇筑、成型等工序均应在水泥初凝前完成，所以水泥的初凝不能过快；当浇筑完毕后，为了使混凝土尽快凝结、硬化、产生强度，顺利地进入下一道工序，水泥的终凝不能太慢。标准中规定，凡凝结时间不符合规定者为不合格品。

3. 标准稠度用水量

在进行水泥的凝结时间、体积安定性等测定时，为了使所测得的结果有可比性，要求必须采用标准稠度的水泥净浆来测定。水泥净浆达到标准稠度所需用水量即为标准稠度用水量，以水占水泥质量的百分数表示，用标准维卡仪测定。对于不同的水泥品种，水泥的标准稠度用水量各不相同，一般为 24%～33%。

水泥的标准稠度用水量主要取决于熟料矿物组成、混合材料的种类及水泥细度。

4. 体积安定性

水泥的体积安定性是指水泥浆体在凝结硬化过程中体积变化的均匀性。当水泥浆体硬化过程发生不均匀变化时，会导致膨胀开裂、翘曲等现象，称为体积安定性不良。安定性不良的水泥会使混凝土构件产生膨胀性裂缝，从而降低建筑物质量，引起严重事故。因此，标准规定，水泥的体积安定性不合格，应作为不合格品，不得用于工程中。

引起水泥体积安定性不良的原因主要是：

1）水泥中含有过多的游离氧化钙和游离氧化镁。当水泥原料比例不当、煅烧工艺不正常或原料质量差（$MgCO_3$ 含量高）时，会产生较多游离状态的氧化钙和氧化镁（f-CaO，f-MgO），它们与熟料一起经历了 1450℃ 的高温煅烧，属严重过火的氧化钙、氧化镁，水化极慢，在水泥凝结硬化后很长时间才进行熟化。生成的 $Ca(OH)_2$ 和 $Mg(OH)_2$ 在已经硬化的水泥石中膨胀，使水泥石出现开裂、翘曲、疏松和崩溃等现象，甚至完全破坏。

2) 石膏掺量过多。当石膏掺量过多时，在水泥硬化后，残余石膏与固态水化铝酸钙反应生成水化硫铝酸钙，体积增大约 1.5 倍，从而导致水泥石开裂。

国标规定，硅酸盐水泥的体积安定性经沸煮法（分标准法和代用法）检验必须合格。

用沸煮法只能检测出 f-CaO 造成的体积安定性不良。f-MgO 产生的危害与 f-CaO 相似，但由于氧化镁的水化作用更缓慢，其含量过多造成的体积安定性不良必须用压蒸法才能检验出来。石膏造成的体积安定性不良则需长时间在温水中浸泡才能发现。由于后两种原因造成的体积安定性不良都不易检验，所以国家标准对水泥中 MgO、SO_3 的含量做了规定，见表 4.3。

表 4.3　通用硅酸盐水泥的化学指标（摘自 GB 175—2007）

品　种	代　号	不溶物（质量分数）/%	烧失量（质量分数）/%	三氧化硫（质量分数）/%	氧化镁（质量分数）/%	氯离子（质量分数）/%
硅酸盐水泥	P. I	≤0.75	≤3.0	≤3.5	≤5.0①	≤0.06③
	P. II	≤1.50	≤3.5			
普通硅酸盐水泥	P. O	—	≤5.0	≤3.5	≤6.0②	
矿渣硅酸盐水泥	P. S. A	—	—		—	
	P. S. B	—	—			
火山灰质硅酸盐水泥	P. P	—	—	≤3.5	≤6.0②	
粉煤灰硅酸盐水泥	P. F	—	—			
复合硅酸盐水泥	P. C	—	—			

① 如果水泥压蒸试验合格，则水泥中氧化镁的含量（质量分数）允许放宽至 6.0%。
② 如果水泥中氧化镁的含量（质量分数）大于 6.0% 时，需进行水泥压蒸安定性试验并合格。
③ 当有更低要求时，该指标由买卖双方协调确定。

5. 化学指标

《通用硅酸盐水泥》（GB 175—2007）中还对不溶物、烧失量、三氧化硫、氧化镁、氯离子等化学指标提出了要求，见表 4.3。

标准中将水泥的碱含量作为选择性指标，并作出了规定：水泥中碱含量按 $Na_2O+0.658K_2O$ 计算值来表示。若使用活性骨料，用户要求提供低碱水泥时，水泥中碱含量不得大于 0.60%，或由供需双方商定。

6. 强度及等级

强度是水泥力学性质的一项重要指标，是确定水泥强度等级的依据。根据《水泥胶砂强度检验方法》（GB/T 17671—1999）（ISO 法）的规定，将水泥、标准砂和水按规定比例（水泥：标准砂：水＝1：3.0：0.5）用规定方法制成规格为 40mm×40mm×160mm 的标准试件，在标准养护的条件下养护，测定其 3d、28d 的抗压强度、抗折强度。按照 3d、28d 的抗压强度、抗折强度，将硅酸盐水泥分为 42.5、42.5R、52.5、52.5R、62.5、62.5R 六个强度等级。为提高水泥的早期强度，现行标准将水泥分为普通型和早强型（用 R 表示）。各等级、各龄期的强度值不得低于表 4.4 中的数值，否则为不合格品。

表 4.4　通用水泥各龄期的强度值（摘自 GB 175—2007）

品　种	强度等级	抗压强度/MPa		抗折强度/MPa	
		3d	28d	3d	28d
硅酸盐水泥	42.5	≥17.0	≥42.5	≥3.5	≥6.5
	42.5R	≥22.0		≥4.0	
	52.5	≥23.0	≥52.5	≥4.0	≥7.0
	52.5R	≥27.0		≥5.0	
	62.5	≥28.0	≥62.5	≥5.0	≥8.0
	62.5R	≥32.0		≥5.5	
普通硅酸盐水泥	42.5	≥17.0	≥42.5	≥3.5	≥6.5
	42.5R	≥22.0		≥4.0	
	52.5	≥23.0	≥52.5	≥4.0	≥7.0
	52.5R	≥27.0		≥5.0	
矿渣硅酸盐水泥 火山灰硅酸盐水泥 粉煤灰硅酸盐水泥 复合硅酸盐水泥	32.5	≥10.0	≥32.5	≥2.5	≥5.5
	32.5R	≥15.0		≥3.5	
	42.5	≥15.0	≥42.5	≥3.5	≥6.5
	42.5R	≥19.0		≥4.0	
	52.5	≥21.0	≥52.5	≥4.0	≥7.0
	52.5R	≥23.0		≥4.5	

由于水泥的强度随着放置时间的延长而降低，为了保证水泥在工程中的使用质量，生产厂家在控制出厂水泥 28d 强度时均留有一定的富余强度，通常富余系数为1.06～1.18。

7. 水化热

水泥与水发生水化反应所放出的热量称为水化热，通常用 J/kg 表示。水化热的大小主要与水泥的细度及矿物组成有关。颗粒愈细，水化热愈大；矿物中 C_3A、C_3S 含量愈多，水化放热愈高。大部分的水化热集中在早期放出，3～7d 以后逐步减少。

水化热在混凝土工程中既有有利的影响，也有不利的影响。高水化热的水泥在大体积混凝土工程中是非常不利的（如大坝、大型基础、桥墩等），这是由于水泥水化释放的热量积聚在混凝土内部，散发非常缓慢，混凝土内部温度升高，而温度升高又加速了水泥的水化，使混凝土表面与内部形成过大的温差而产生温差应力，致使混凝土受拉而开裂破坏。因此，在大体积混凝土工程中应选择低热水泥。但在混凝土冬季施工时，水化热却有利于水泥的凝结、硬化和防止混凝土受冻。

8. 密度与堆积密度

硅酸盐水泥的视密度一般为 3.1～3.2g/cm³。水泥在松散状态时的堆积密度一般为900～1300kg/cm³，紧密堆积状态可达 1400～1700kg/cm³。

根据国家标准《通用硅酸盐水泥》（GB 175—2007）规定，凡化学指标、凝结时间、安定性、强度中任一项不符合标准规定，均为不合格品。

4.1.6 水泥石的腐蚀

硅酸盐水泥硬化后，在正常使用条件下水泥石的强度会不断增长，具有较好的耐久性。但如果水泥石长期处在侵蚀性介质中（如流动的淡水、酸性或盐类溶液、强碱等），会逐渐受到侵蚀变得疏松，强度下降，甚至破坏，这种现象称为水泥石的腐蚀。水泥石的腐蚀主要有以下四种类型。

1. 软水的侵蚀（溶出性侵蚀）

硅酸盐水泥属于水硬性胶凝材料，对于一般江、河、湖水等具有足够的抵抗能力。但是对于软水如冷凝水、雪水、蒸馏水、碳酸盐含量甚少的河水及湖水时，水泥石会遭受腐蚀。其腐蚀原因如下：

当水泥石长期与软水接触时，水泥石中的氢氧化钙会被溶出，在静水及无压水的情况下氢氧化钙很快处于饱和溶液中，使溶解作用中止，此时溶出仅限于表层，危害不大。但在流动水及压力水的作用下，溶解的氢氧化钙会不断流失，而且水愈纯净，水压愈大，氢氧化钙流失的愈多。其结果是一方面使水泥石变得疏松，另一方面也使水泥石的碱度降低，导致了其他水化产物的分解溶蚀，最终使水泥石破坏。

当环境水中含有重碳酸盐 $Ca(HCO_3)_2$ 时，由于同离子效应的缘故，氢氧化钙的溶解受到抑制，从而减轻了侵蚀作用。重碳酸盐还可以与氢氧化钙起反应，生成几乎不溶于水的碳酸钙。生成的碳酸钙积聚在水泥石的孔隙中，形成了致密的保护层，阻止了外界水的侵入和内部氢氧化钙的扩散析出：

$$Ca(HCO_3)_2 + Ca(OH)_2 \longrightarrow 2CaCO_3 + 2H_2O$$

因此，对需与软水接触的混凝土构件，预先在空气中放置一段时间，使水泥石中的氢氧化钙与空气中的 CO_2 作用形成碳酸钙外壳，则可对溶出性侵蚀起到一定的保护作用。

2. 酸性腐蚀

1）碳酸水的腐蚀。雨水、泉水及某些工业废水中常溶解有较多的 CO_2，当超过一定浓度时，将会对水泥石产生破坏作用，其反应式为

$$Ca(OH)_2 + CO_2 + H_2O \longrightarrow CaCO_3 + 2H_2O$$
$$CaCO_3 + CO_2 + H_2O \Longrightarrow Ca(HCO_3)_2$$

上述第二个反应式是可逆反应，若水中含有较多的碳酸，超过平衡浓度时，上式向右进行。水泥石中的 $Ca(OH)_2$ 经过上述两个反应式转变为 $Ca(HCO_3)_2$ 而溶解，进而导致其他水泥水化产物分解和溶解，使水泥石结构破坏。若水中的碳酸含量不高，低于平衡浓度时，则反应进行到第一个反应式为止，对水泥石并不起破坏作用。

2）一般酸的腐蚀。在工业污水和地下水中常含有无机酸（HCl、H_2SO_4、HPO_3 等）和有机酸（醋酸、蚁酸等），各种酸对水泥都有不同程度的腐蚀作用，它们与水泥石中的 $Ca(OH)_2$ 作用后生成的化合物或溶于水或体积膨胀而导致破坏。腐蚀作用最快的是无机酸中的盐酸、氢氟酸、硝酸、硫酸和有机酸中的醋酸、蚁酸和乳酸等。

例如，盐酸与水泥石中的 $Ca(OH)_2$ 作用生成极易溶于水的氯化钙，导致溶出性化学侵蚀：

$$2HCl+Ca(OH)_2 \longrightarrow CaCl_2+2H_2O$$

硫酸与水泥石中的 $Ca(OH)_2$ 作用：

$$H_2SO_4+Ca(OH)_2 \longrightarrow CaSO_4 \cdot 2H_2O$$

生成的二水石膏在水泥石孔隙中结晶产生体积膨胀。二水石膏也可以再与水泥石中的水化铝酸钙作用，生成高硫型水化硫铝酸钙。生成高硫型的水化硫铝酸钙含有大量的结晶水，体积膨胀 1.5 倍，破坏作用更大。由于高硫型水化硫铝酸钙呈针状晶体，故俗称"水泥杆菌"。

3. 盐类的腐蚀

1）镁盐的腐蚀。海水及地下水中常含有氯化镁、硫酸镁等镁盐，它们可与水泥石中的氢氧化钙起置换反应，生成易溶于水的氯化钙和松软无胶结能力的氢氧化镁：

$$MgCl_2+Ca(OH)_2 \longrightarrow CaCl_2+Mg(OH)_2$$

2）硫酸盐的腐蚀。硫酸钠、硫酸钾等对水泥石的腐蚀同硫酸的腐蚀，而硫酸镁对水泥石的腐蚀则具有镁盐和硫酸盐的双重腐蚀作用。

4. 强碱腐蚀

碱类溶液如浓度不大时一般无害。但铝酸盐含量较高的硅酸盐水泥遇到强碱（如氢氧化钠）作用后会被腐蚀破坏。氢氧化钠与水泥熟料中未水化的铝酸盐作用，生成易溶的铝酸钠，出现溶出性侵蚀：

$$3CaO \cdot Al_2O_3+6NaOH \longrightarrow 3Na_2O \cdot Al_2O_3+3Ca(OH)_2$$

另外，当水泥石被氢氧化钠溶液浸透后，又在空气中干燥，与空气中的二氧化碳作用生成碳酸钠，碳酸钠在水泥石毛细孔中结晶沉积，可使水泥石胀裂。

综上所述，水泥石破坏有三种表现形式：一是溶解型侵蚀，主要是水泥石中的 $Ca(OH)_2$ 溶解，使水泥石中的 $Ca(OH)_2$ 浓度降低，进而引起其他水化产物的溶解；二是离子交换反应型侵蚀，侵蚀性介质与水泥石中的 $Ca(OH)_2$ 发生离子交换反应，生成易溶解或是没有胶结能力的产物，破坏水泥石原有的结构；三是膨胀型侵蚀，水泥石中的水化铝酸钙与硫酸盐作用形成膨胀性结晶产物，产生有害的内应力，引起膨胀性破坏。

水泥石腐蚀是内外因并存的。内因是水泥石中存在引起腐蚀的组分氢氧化钙和水化铝酸钙，且水泥石本身结构不密实，有渗水的毛细管渗水通道；外因是在水泥石周围有以液相形式存在的侵蚀性介质。

除上述四种腐蚀类型外，对水泥石有腐蚀作用的还有其他一些物质，如糖、酒精、动物脂肪等。水泥石的腐蚀是一个极其复杂的物理化学过程，很少是单一类型的腐蚀，往往是几种类型腐蚀作用同时存在，相互影响，共同作用。

4.1.7 水泥石腐蚀的防止措施

1. 根据侵蚀性介质选择合适的水泥品种

如采用水化产物中氢氧化钙含量少的水泥，可提高对淡水等侵蚀的抵抗能力；采用含水化铝酸钙低的水泥，可提高对硫酸盐腐蚀的抵抗能力；选择混合材料掺量较大的水泥，可提高抗各类腐蚀（除抗碳化外）的能力。

2. 提高水泥的密实度，降低孔隙率

硅酸盐水泥水化理论水灰比为 0.22 左右，而实际施工中水灰比为 0.40~0.70，多余的水分在水泥石内部形成连通的孔隙，腐蚀介质就易渗入水泥石内部，从而加速了水泥石的腐蚀。在实际工程中，可通过降低水灰比、仔细选择骨料、掺外加剂、改善施工方法等措施提高水泥石的密实度，从而提高水泥石的抗腐蚀性能。

3. 加保护层

用耐腐蚀的材料，如石料、陶瓷、塑料、沥青等覆盖于水泥石的表面，防止侵蚀性介质与水泥石直接接触，达到抗侵蚀的目的。

4.1.8 硅酸盐水泥的性质与应用

1. 硅酸盐水泥的性质

1) 快凝快硬高强。与硅酸盐系列的其他品种水泥相比，硅酸盐水泥凝结（终凝）快、早期强度（3d）高、强度等级高（低为 42.5，高为 62.5）。

2) 抗冻性好。由于硅酸盐水泥未掺或掺很少量的混合材料，故其抗冻性好。

3) 抗腐蚀性差。硅酸盐水泥水化产物中有较多的氢氧化钙和水化铝酸钙，耐软水及耐化学腐蚀能力差。

4) 碱度高，抗碳化能力强。碳化是指水泥石中的氢氧化钙与空气中的二氧化碳反应生成碳酸钙的过程。碳化对水泥石（或混凝土）本身是有利的，但碳化会使水泥石（混凝土）内部碱度降低，从而失去对钢筋的保护作用。

5) 水化热大。硅酸盐水泥中含有大量的 C_3A、C_3S，在水泥水化时放热速度快且放热量大。

6) 耐热性差。硅酸盐水泥中的一些重要成分在 250℃ 温度时会发生脱水或分解，使水泥石强度下降，当受热 700℃ 以上时将遭受破坏。

7) 耐磨性好。硅酸盐水泥强度高，耐磨性好。

2. 硅酸盐水泥的应用

1) 适用于早期强度要求高的工程及冬季施工的工程。
2) 适用于重要结构的高强混凝土和预应力混凝土工程。
3) 适用于严寒地区、遭受反复冻融的工程及干湿交替的部位。
4) 不能用于大体积混凝土工程。
5) 不能用于高温环境的工程。
6) 不能用于海水和有侵蚀性介质存在的工程。
7) 不适宜蒸汽或蒸压养护的混凝土工程。

4.2 混合材料及掺和材料的硅酸盐水泥

凡在硅酸盐水泥熟料和适量石膏的基础上，掺入一定量的混合材料共同磨细制成的水硬性胶凝材料，均属于掺混合材料的硅酸盐水泥。掺混合材料的目的是调整水泥强度等级，改善水泥的某些性能，增加水泥的品种，扩大使用范围，降低水泥成本和提高产量，并且充分利用工业废料。

4.2.1 混合材料

用于水泥中的混合材料，根据其是否参与水化反应分为活性混合材料和非活性混合材料。

1. 活性混合材料

活性混合材料是指具有潜在活性的矿物材料。所谓潜在活性，是指单独不具有水硬性，但在石灰或石膏的激发与参与下可一起和水反应，而形成具有水硬性化合物的性能。硅酸盐水泥熟料水化后会产生大量的氢氧化钙，并且水泥中需掺入适量的石膏，因此在硅酸盐水泥中具备了使活性混合材料发挥潜在活性的条件。通常将氢氧化钙、石膏称为活性混合材料的"激发剂"，二者分别称为碱性激发剂和硫酸盐激发剂，但硫酸盐激发剂必须在有碱性激发剂条件下才能发挥作用。

水泥中常用的活性混合材料有粒化高炉矿渣、火山灰质混合材料及粉煤灰。

1）粒化高炉矿渣。将炼铁高炉中的熔融矿渣经水淬等急冷方式处理而成的松软颗粒称为粒化高炉矿渣，又称水淬矿渣，其中主要的化学成分是 CaO、SiO_2 和 Al_2O_3，约占 90%以上。急速冷却的矿渣结构为不稳定的玻璃体，具有较高的潜在活性。如果熔融状态的矿渣缓慢冷却，其中的 SiO_2 等形成晶体，活性极小，称为慢冷矿渣，则不具有活性。

2）火山灰质混合材料。凡是天然的或人工的以活性氧化硅 SiO_2 和活性氧化铝 Al_2O_3 为主要成分，其含量一般可达 65%～95%，具有火山灰活性的矿物材料，都称为火山灰质混合材料。按其成因分为天然的和人工的两类。天然火山灰主要是火山喷发时随同熔岩一起喷发的大量碎屑沉积在地面或水中的松软物质，包括浮石、火山灰、凝灰岩等。人工火山灰是将一些天然材料或工业废料经加工处理而成，如硅藻土、沸石、烧黏土、煤矸石、煤渣等。

3）粉煤灰。粉煤灰是发电厂燃煤锅炉排出的细颗粒废渣，其颗粒直径一般为 0.001～0.050mm，呈玻璃态实心或空心的球状颗粒，表面比较致密，粉煤灰的成分主要是活性氧化硅 SiO_2、活性氧化铝 Al_2O_3 和活性 Fe_2O_3 及一定量的 CaO，根据 CaO 的含量可分为低钙粉煤灰（CaO 含量低于 10%）和高钙粉煤灰。高钙粉煤灰通常活性较高，因为所含的钙绝大多数是以活性结晶化合物存在的，如 C_3A，CS。此外，其所含的钙离子量使铝硅玻璃体的活性得到增强。

2. 非活性混合材料

在水泥中主要起填充作用而不参与水泥水化反应或水化反应很微弱的矿物材料称为非活性混合材料。将它们掺入水泥中，主要是为了提高水泥产量，调节水泥强度等级。

实际上非活性混合材料在水泥中仅起填充和分散作用，所以又称为填充性混合材料、惰性混合材料。磨细的石英砂、石灰石、黏土、慢冷矿渣及各种废渣等都属于非活性材料。另外，凡不符合技术要求的粒化高炉矿渣、火山灰质混合材料及粉煤灰均可作为非活性混合材料使用。

3. 掺活性混合材料的硅酸盐水泥的水化特点

掺活性混合材料的硅酸盐水泥在与水拌和后，首先是水泥熟料水化，水化生成的 $Ca(OH)_2$，作为活性"激发剂"，与活性混合材料中的活性 SiO_2 和活性 Al_2O_3 反应，即"二次水化反应"，生成具有水硬性的水化硅酸钙和水化铝酸钙，其反应式为

$$xCa(OH)_2 + SiO_2 + nH_2O \longrightarrow xCaO \cdot SiO_2 \cdot (x+n)H_2O$$
$$yCa(OH)_2 + Al_2O_3 + mH_2O \longrightarrow yCaO \cdot Al_2O_3 \cdot (y+m)H_2O$$

当有石膏存在时，石膏可与上述反应生成的水化铝酸钙进一步反应生成水硬性的低钙型水化硫铝酸钙。

与熟料的水化相比，"二次水化反应"具有的特点是速度慢、水化热小、对温度和湿度较敏感。

4.2.2　矿渣水泥、火山灰水泥、粉煤灰水泥、复合水泥

1. 定义

凡由硅酸盐水泥熟料和粒化高炉矿渣、适量石膏磨细制成的水硬性胶凝材料称为矿渣硅酸盐水泥（简称矿渣水泥）。水泥中粒化高炉矿渣掺加量按质量百分比计为 20%～50% 时，代号为 P.S.A；水泥中粒化高炉矿渣掺加量按质量百分比计为 50%～70% 时，代号为 P.S.B。允许用不超过水泥质量的 8% 的非活性混合材料或不超过水泥质量的 5% 的窑灰代替粒化高炉矿渣。

凡由硅酸盐水泥熟料和火山灰质混合材料、适量石膏磨细制成的水硬性胶凝材料称为火山灰质硅酸盐水泥（简称火山灰水泥），代号 P.P。水泥中火山灰质混合材料掺量按质量百分比计为 20%～40%。

凡由硅酸盐水泥熟料和粉煤灰、适量石膏磨细制成的水硬性胶凝材料称为粉煤灰硅酸盐水泥（简称粉煤灰水泥），代号 P.F。水泥中粉煤灰掺量按质量百分比计为 20%～40%。

凡由硅酸盐水泥熟料、两种或两种以上规定的混合材料、适量石膏磨细制成的水硬性胶凝材料称为复合硅酸盐水泥（简称复合水泥）代号 P.C，水泥中混合材料总掺加量按质量百分比计大于 20%，但不超过 50%。允许用不超过水泥质量 8% 的窑灰代替部分混合材料，掺矿渣时混合材料掺量不得与矿渣硅酸盐水泥重复。

2. 技术要求

根据《通用硅酸盐水泥》（GB 175—2007）规定，这四种水泥的技术要求如下。

1）细度、凝结时间、体积安定性。

细度：以筛余量表示，要求 80μm 方孔筛筛余不大于 10%，或 45μm 方孔筛筛余不大于 30%。

凝结时间：初凝不小于 45min，终凝不大于 600min（10h）。

体积安定性：沸煮法安定性必须合格。

2）氧化镁、三氧化硫含量等化学指标。水泥中不溶物、烧失量、氧化镁、三氧化硫的含量不得超过规定指标，见表 4.3。

3）强度等级。这四种水泥的强度等级按 3d、28d 的抗压强度和抗折强度划分为 32.5、32.5R、42.5、42.5R、52.5、52.5R 六个强度等级。各龄期强度值见表 4.4。

3. 性质与应用

矿渣硅酸盐水泥、火山灰质硅酸盐水泥、粉煤灰硅酸盐水泥及复合硅酸盐水泥都是在硅酸盐水泥熟料的基础上加入大量活性混合材料再加适量石膏磨细而制成的，所加活性混合材料在化学组成与化学活性上基本相同，因而存在有很多共性。但各活性混合材料自身又有性质与特征的差异，又使得这四种水泥又有各自的特性。

（1）四种水泥的共性

1）凝结硬化慢，早期强度低，后期强度发展较快。这四种水泥的水化反应分两步进行：首先是熟料矿物的水化，生成水化硅酸钙、氢氧化钙等水化产物；其次是生成的氢氧化钙和掺入的石膏分别作为"激发剂"与活性混合材料中的活性 SiO_2 和活性 Al_2O_3 发生二次水化反应，生成水化硅酸钙、水化铝酸钙等新的水化产物。

由于四种水泥中熟料含量少，二次水化反应又比较慢，早期强度低。但后期由于二次水化反应的不断进行及熟料的继续水化，水化产物不断增多，使得水泥强度发展较快，后期强度可赶上甚至超过同强度等级的硅酸盐水泥及普通硅酸盐水泥。

2）抗软水、抗腐蚀能力强。由于水泥中熟料少，水化生成的氢氧化钙及水化铝酸三钙含量少，加之二次水化反应还要消耗一部分氢氧化钙，水泥中造成腐蚀的因素大大削弱，使得水泥抵抗软水、海水及硫酸盐腐蚀的能力增强，适宜用于水工、海港工程及受侵蚀性作用的工程。

3）水化热低。由于水泥中熟料少，即水化放热量高的 C_3A、C_3S 含量相对减少，且"二次水化反应"的速度慢、水化热较低，使水化放热量少且慢，适用于大体积混凝土工程。

4）湿热敏感性强，适宜高温养护。这四种水泥在低温下水化明显减慢，强度较低，采用高温养护可加速熟料的水化，并大大加快活性混合材料的水化速度，大幅度地提高早期强度，且不影响后期强度的发展。与此相比，普通水泥、硅酸盐水泥在高温下养护，虽然早期强度可提高，但后期强度发展受到影响，比一直在常温下养护的强度低。主要原因是硅酸盐水泥、普通水泥的熟料含量高，熟料在高温下水化速度较快，短时间内生成大量的水化产物，这些水化产物对未水化的水泥颗粒的后期水化起阻碍作用，因此硅酸盐水泥、普通水泥不适合于高温养护。

5）抗碳化能力差。由于这四种水泥的水化产物中氢氧化钙含量少，碱度较低，抗碳化的缓冲能力差，其中尤以矿渣水泥最为明显。

6）抗冻性差、耐磨性差。由于加入较多的混合材料，水泥的需水量增加，水分蒸发后易形成毛细管通路或粗大孔隙，水泥石的孔隙率较大，导致抗冻性差和耐磨性差。

（2）四种水泥的特性

1）矿渣水泥。

① 耐热性强。矿渣水泥中矿渣含量较大，硬化后氢氧化钙含量少，且矿渣本身又

是高温形成的耐火材料，故矿渣水泥的耐热性好，适用于高温车间、高炉基础及热气体通道等耐热工程。

② 保水性差、泌水性大、干缩性大。粒化高炉矿渣难以磨得很细，加上矿渣玻璃体亲水性差，在拌制混凝土时泌水性大，容易形成毛细管通道和粗大孔隙，在空气中硬化时易产生较大干缩。

2）火山灰水泥。

① 抗渗性好。火山灰混合材料含有大量的微细孔隙，使其具有良好的保水性，并且在水化过程中形成大量的水化硅酸钙凝胶，使火山灰水泥的水泥石结构密实，从而具有较高的抗渗性。

② 干缩大、干燥环境中表面易"起毛"。火山灰水泥水化产物中含有大量胶体，长期处于干燥环境时，胶体会脱水，产生严重的收缩，导致干缩裂缝。因此，使用时特别注意加强养护，使较长时间保持潮湿状态，以避免产生干缩裂缝。对于处在干热环境中施工的工程，不宜使用火山灰水泥。

3）粉煤灰水泥。

① 干缩性小、抗裂性高。粉煤灰呈球形颗粒，比表面积小，吸附水的能力小，因而这种水泥的干缩性小，抗裂性高，但致密的球形颗粒保水性差，易泌水。

② 早强低、水化热低。粉煤灰由于内比表面积小，不易水化，所以活性主要在后期发挥。因此，粉煤灰水泥早期强度、水化热比矿渣水泥和火山灰水泥还要低，特别适用于大体积混凝土工程。

4）复合水泥。复合水泥与矿渣水泥、火山灰水泥、粉煤灰相比，掺混合材料种类不是一种而是两种或两种以上，多种混合材料互掺，可弥补一种混合材料性能的不足，明显改善水泥的性能，适用范围更广。

4.2.3 普通硅酸盐水泥

1. 定义

凡由硅酸盐水泥熟料、大于 5% 但小于等于 20% 的混合材料、适量石膏磨细制成的水硬性胶凝材料称为普通硅酸盐水泥（简称普通水泥），代号 P.O。允许用不超过水泥质量 8% 的非活性混合材料或不超过水泥质量 5% 的窑灰代替活性混合材料。

2. 技术要求

根据《通用硅酸盐水泥》（GB 175—2007），对普通水泥的主要技术要求如下：
1）细度。同硅酸盐水泥，用比表面积表示，不小于 $300 \mathrm{m}^2/\mathrm{kg}$。
2）凝结时间。同矿渣水泥等四种水泥，初凝不小于 45min，终凝不大于 600min（10h）。
3）强度和强度等级。根据 3d 和 28d 龄期的抗折和抗压强度，将普通硅酸盐水泥划分为 42.5、42.5R、52.5、52.5R 共四个强度等级。各强度等级水泥的各龄期强度不得低于国家标准规定的数值（表 4.4）。

3. 普通硅酸盐水泥的主要性能及应用

普通水泥中绝大部分仍为硅酸盐水泥熟料、适量石膏及较少的混合材料（与以上所介绍的四种水泥相比），故其性质介于硅酸盐水泥与以上四种水泥之间，更接近于硅酸盐水泥，具体表现为：

1）早期强度略低。

2）水化热略低。

3）耐腐蚀性略有提高。

4）耐热性稍好。

5）抗冻性、耐磨性、抗碳化性略有降低。

在应用范围方面，与硅酸盐水泥基本相同，甚至在一些不能用硅酸盐水泥的地方也可采用普通水泥，使得普通水泥成为建筑行业应用面最广、使用量最大的水泥品种。

以上所介绍的硅酸盐系列六大品种水泥其组成、性质及适用范围见表 4.5。

表 4.5　六种常用水泥的组成、性质及应用的异同点

项　目		硅酸盐水泥 P.Ⅰ、P.Ⅱ	普通水泥 P.O	矿渣水泥 P.S	火山灰水泥 P.P	粉煤灰水泥 P.F	复合水泥 P.C
组成		硅酸盐水泥熟料、适量石膏、不加或加入很少（0～5%）的混合材料	硅酸盐水泥熟料、适量石膏、加少量（6%～15%）的混合材料	硅酸盐水泥熟料、适量石膏、加20%～70%的粒化高炉矿渣	硅酸盐水泥熟料、适量石膏、加20%～50%的火山灰质混合材料	硅酸盐水泥熟料、适量石膏、加20%～40%的粉煤灰	硅酸盐水泥熟料、适量石膏、加15%～50%的两种或两种以上的混合材料
性质		强度（早期、后期）高 抗碳化性好 水化热大 耐腐蚀性差 耐热性差 耐磨性好 抗冻性好	早期强度稍低、后期强度高 抗碳化性较好 水化热略小 耐腐蚀性稍差 耐热性稍差 耐磨性较好 抗冻性好	共性：①早期强度低、后期强度高；②水化热小；③耐腐蚀性好；④抗冻性差；⑤抗碳化性差；⑥对温度和湿度敏感，适合湿热养护			
				泌水性大 抗渗性差 耐热性好 干缩较大	保水性好 抗渗性好 干缩大 耐磨性差	泌水性大且快 抗渗性差 干缩小 抗裂性好 耐磨性差	早期强度较前三种水泥稍高 干缩较大
应用	优先使用	早期强度要求较高的混凝土 严寒地区有抗冻要求的混凝土 抗碳化要求较高的混凝土 渗大量混合材料的混凝土 有耐磨要求的混凝土		水下混凝土 海港混凝土 大体积混凝土 耐腐蚀性要求较高的混凝土 湿热养护混凝土			
		高强度混凝土	普通气候及干燥环境中的混凝土	有耐热性要求的混凝土	有抗渗性要求的混凝土	受荷载较晚的混凝土	—
	可以使用	一般工程	高强度混凝土 水下混凝土 耐热混凝土 湿热养护混凝土	普通气候环境下的混凝土			
				抗冻性要求较高的混凝土 有耐磨性要求的混凝土	—	—	早期强度要求较高的混凝土
	不宜或不得使用	大体积混凝土 耐腐蚀性要求较高的混凝土		早期强调要求较高的混凝土，低温或冬季施工的混凝土；抗冻性要求较高的混凝土，抗碳化要求较高的混凝土			
		耐热混凝土湿热养护混凝土	—	抗渗性要求高的混凝土	干燥环境中的、有耐磨要求的混凝土	干燥环境中的、有耐磨要求的混凝土 有抗渗要求的混凝土	—

4.3 其他品种水泥

4.3.1 快硬硅酸盐水泥

1. 定义

凡以硅酸盐水泥熟料和适量石膏磨细制成的,以 3d 抗压强度表示强度等级的水硬性胶凝材料称为快硬硅酸盐水泥,简称快硬水泥。

快硬水泥制造过程与硅酸盐水泥基本相同,只是适当增加了熟料中硬化快的矿物的含量,如硅酸三钙为 50%～60%,铝酸三钙为 8%～14%,铝酸三钙和硅酸三钙的总量应不少于 60%～65%,同时适当增加石膏的掺量(达 8%)及提高水泥细度,通常比表面积达 450m²/kg。

2. 技术要求

1)凝结时间。初凝时间不得早于 45min,终凝时间不得迟于 10h。
2)体积安定性。用沸煮法检验必须合格。
3)强度。快硬水泥以 3d 强度定等级分为 32.5、37.5、42.5 三种,各龄期强度不得低于表 4.6 中的数值。

表 4.6 快硬水泥各龄期强度值

强度等级	抗压强度/MPa			抗折强度/MPa		
	1d	3d	28d	1d	3d	28d
32.5	15.0	32.5	52.5	3.5	5.0	7.2
37.5	17.0	37.5	57.5	4.0	6.0	7.6
42.5	19.0	42.5	62.5	4.5	6.4	8.0

3. 性质

1)凝结硬化快,但干缩性较大。
2)早期强度及后期强度均高,抗冻性好。
3)水化热大,耐腐蚀性差。

4. 应用

主要用于紧急抢修工程、军事工程、冬季施工和混凝土预制构件,但不能用于大体积混凝土工程及经常与腐蚀介质接触的混凝土工程。此外,由于快硬水泥细度大,易受潮变质,故在运输和储存中应注意防潮,一般储期不宜超过一个月。已风化的水泥必须对其性能重新检验,合格后方可使用。

4.3.2 明矾石膨胀水泥

一般硅酸盐水泥在空气中凝结硬化时通常都表现为收缩,收缩值的大小与水泥品种、矿物组成、细度、石膏掺量及水灰比大小等因素有关。收缩将使混凝土内部产生微裂缝，影响混凝土的强度及耐久性。

膨胀水泥在硬化过程中能产生一定体积的膨胀，由于这一过程发生在浆体完全硬化之前，所以能使水泥石结构密实而不致破坏。膨胀水泥根据膨胀率大小和用途不同可分为膨胀水泥（自应力＜2.0MPa）和自应力水泥（自应力≥2.0MPa）。膨胀水泥用于补偿一般硅酸盐水泥在硬化过程中产生的体积收缩或微小膨胀。自应力水泥实质上是一种依靠水泥本身膨胀而产生预应力的水泥。在钢筋混凝土中，钢筋约束了水泥膨胀而使水泥混凝土承受了预压应力，这种压应力能免于产生内部微裂缝，当其值较大时还能抵消一部分外界因素所产生的拉应力，从而有效地改善混凝土抗拉强度低的缺陷。

1. 明矾石膨胀水泥定义

根据《明矾石膨胀水泥》（JC/T 311—2004），以硅酸盐水泥熟料为主（58％～63％）、天然明矾石（铝质材料12％～15％）、无水石膏（9％～12％）和粒化高炉矿渣或粉煤灰（15％～20％）按适当比例混合，共同磨细制成的具有膨胀性能的水硬性胶凝材料称为明矾石膨胀水泥。

明矾石膨胀水泥加水后，其硅酸盐水泥熟料中的矿物水化生成的 $Ca(OH)_2$ 和 C_3AH_6 分别同明矾石 $[K_2SO \cdot Al_2(SO_4)_3 \cdot 4Al(OH)_3]$、石膏作用生成大量体积膨胀的钙矾石 $(CaO \cdot Al_2O_3 \cdot 3CaSO_4 \cdot 31H_2O)$，填充于水泥石中的毛细孔中，并与水化硅酸钙相互交织在一起，使水泥石结构密实，这就是明矾石水泥强度高和抗渗性好的主要原因。明矾石膨胀水泥的膨胀源均来自于生成钙矾石的多少，调整各种组成的配合比，控制生成钙矾石数量，可以制得不同膨胀值的膨胀水泥。

2. 技术要求

1）细度。比表面积不低于 $400m^2/kg$。

2）凝结时间。初凝时间不早于45min，终凝时间不迟于6h。

3）限制膨胀率。3d应不小于0.015％，28d应不小于0.10％。

4）强度。按3d、7d、28d的强度值将明矾石膨胀水泥划分为32.5、42.5、52.5三个等级，各等级、各龄期强度不得低于表4.7中的数值。

表4.7　明矾石膨胀水泥的强度要求（摘自 JC/T 311—2004）

强度等级	抗压强度/MPa			抗折强度/MPa		
	3d	7d	28d	3d	7d	28d
32.5	13.0	21.0	32.5	3.0	4.0	6.0
42.5	17.0	27.0	42.5	3.5	5.0	7.5
52.5	23.0	33.0	52.5	4.0	5.5	8.5

3. 性质

1）明矾石膨胀水泥在约束膨胀下（如内部配筋或外部限制）能产生一定的预应力，从而提高混凝土和砂浆的抗裂能力，满足补偿收缩的要求，可减少或防止混凝土和砂浆的开裂。

2）该水泥强度高，后期强度持续增长，空气稳定性良好。

3）与钢筋有良好的粘结力，其原因主要是产生的膨胀力转化为压力，从而提高粘结力。

4. 应用

明矾石膨胀水泥主要用于可补偿收缩混凝土、防渗抹面及防渗混凝土（如各种地下建筑物、地下铁道、储水池、道路路面等），构件的接缝，梁、柱和管道接头，固定机器底座和地脚螺栓等。

4.3.3 白色硅酸盐水泥

凡以适当成分的生料烧至部分熔融，所得以硅酸钙为主要成分、氧化铁含量很少的白硅酸盐水泥熟料，再加入适量石膏，共同磨细制成的水硬性胶凝材料称为白色硅酸盐水泥。

硅酸盐系列水泥的颜色通常呈灰色，主要是因为含有较多的氧化铁及其他杂质。白水泥的生产工艺与硅酸盐水泥基本相同，关键是严格控制水泥原料的铁含量，严防在生产过程中混入铁质（以及锰、铬等氧化物）。

1. 白水泥的技术性质

1）细度。白水泥的细度要求为 $80\mu m$ 方孔筛筛余不得大于 10%。

2）凝结时间。初凝时间不得早于 45min，终凝时间不得迟于 12h。

3）体积安定性。用沸煮法检验必须合格，同时熟料中氧化镁含量不得超过 4.5%，水泥中三氧化硫不得超过 3.5%。

4）强度。按 3d、28d 的强度值将白水泥划分为 325、425 和 525 三个等级，各等级、各龄期强度不得低于表 4.8 中的数值。

表 4.8　白色硅酸盐水泥的强度要求（摘自 GB 2015—2005）

强度等级	抗压强度/MPa		抗折强度/MPa	
	3d	28d	3d	28d
32.5	12.0	32.5	3.0	6.0
42.5	17.0	42.5	3.5	6.5
52.5	22.0	52.5	4.0	7.0

5）白度。白度是白水泥的一项重要的技术性能指标。目前白水泥的白度是通过光电系统组成的白度计对可见光的反射程度确定的。将白水泥样品装入压样器中，压成表面平整的白板，置于白度仪中测定白度，以其表面对红、绿、蓝三原色光的反射率与氧化镁标准白板的反射率比较，用相对反射百分率表示。白水泥按白度分为特级、一级、二级和三级四个等级，各等级白度不得低于表 4.9 中的数值。

表 4.9　白水泥各等级白度

等级	特级	一级	二级	三级
白度	86	84	80	75

2. 应用

白水泥具有强度高、色泽洁白等特点，在建筑装饰工程中常用来配制彩色水泥浆，用于建筑物内、外墙的粉刷及天棚、柱子的粉刷，还可用于贴面装饰材料的勾缝处理；配制各种彩色砂浆，用于装饰抹灰，如常用的水刷石、斩假石等，模仿天然石材的色彩、质感，具有较好的装饰效果；配制彩色混凝土，制作彩色水磨石等。

3. 白水泥在应用中的注意事项

1）在制备混凝土时粗细骨料宜采用白色或彩色的大理石、石灰石、石英砂和各种颜色的石屑，不能掺有其他杂质，以免影响其白度及色彩。

2）白水泥的施工和养护方法与普通硅酸盐水泥相同，但施工时底层及搅拌工具必须清洗干净，以免影响白水泥的装饰效果。

4.3.4　中热硅酸盐水泥、低热硅酸盐水泥和低热矿渣硅酸盐水泥

中热硅酸盐水泥简称中热水泥，是以适当成分的硅酸盐水泥熟料，加入适量石膏，经磨细制成的具有中等水化热的水硬性胶凝材料，代号 P.MH。

低热硅酸盐水泥简称低热水泥，是以适当成分的硅酸盐水泥熟料，加入适量石膏，经磨细制成的具有低水化热的水硬性胶凝材料，代号 P.LH。

低热矿渣硅酸盐水泥简称低热矿渣水泥，是以适当成分的硅酸盐水泥熟料，加入矿渣、适量石膏，经磨细制成的具有低水化热的水硬性胶凝材料，代号 P.SLH。水泥中矿渣掺量按水泥质量百分比计为 $20\%\sim60\%$，允许用不超过混合材料总量 50% 的磷渣或粉煤灰代替部分矿渣。

低热矿渣水泥和中热水泥主要通过限制水化热较高的 C_3A 和 C_3S 含量得以实现。根据《中热硅酸盐水泥、低热硅酸盐水泥及低热矿渣硅酸盐水泥》（GB 200—2003），其具体技术要求如下。

1. 熟料中 C_3A、C_3S 的含量

1）熟料中的 C_3A 的含量：中热水泥和低热水泥不得超过 6%，对于低热矿渣水泥不得超过 8%。

2）熟料中 C_3S 的含量：中热水泥不得超过 55%，低热水泥不得超过 40%。

2. 游离 CaO、MgO 及 SO_3 含量

1）游离 CaO 对于中热水泥和低热水泥不得超过 1.0%，低热矿渣水泥不得超过 1.2%。

2）MgO 含量不宜超过 5%，如水泥经压蒸安定性试验合格，允许放宽到 6%。

3）SO_3 含量不得超过 3.5%。

3. 细度、凝结时间

细度要求：比表面积 $\geqslant 250 \text{m}^2/\text{kg}$。初凝时间不早于 60min，终凝时间不得迟于 10h。

4. 强度

中热水泥和低热水泥为 42.5 强度等级；低热矿渣水泥为 32.5 强度等级。各龄期强度值详见表 4.10。

表 4.10 中、低热水泥及低热矿渣水泥各龄期强度值

品 种	强度等级	抗压强度/MPa			抗折强度/MPa		
		3d	7d	28d	3d	7d	28d
中热水泥	42.5	12.0	22.0	42.5	3.0	4.5	6.5
低热水泥	42.5	—	13.0	42.5	—	3.5	6.5
低热矿渣水泥	32.5	—	12.0	32.5	—	3.0	5.5

5. 水化热

低热矿渣水泥和中热水泥要求水化热不得超过表 4.11 的规定。

表 4.11 中、低热水泥各龄期水化热值

品 种	强度等级	水化热/(kJ/kg)	
		3d	28d
中热水泥	42.5	251	293
低热水泥	42.5	230	260
低热矿渣水泥	32.5	197	230

中热水泥主要适用于大坝溢流面或大体积建筑物的面层和水位变化区等部位，要求低水化热和较高耐磨性、抗冻性的工程；低热水泥和低热矿渣水泥主要适用于大坝或大体积混凝土内部及水下等要求低水化热的工程。

4.3.5 铝酸盐水泥

凡以铝酸钙为主的铝酸盐水泥熟料，磨细制成的水硬性胶凝材料，称为铝酸盐水泥，代号为 CA。

1. 铝酸盐水泥的矿物成分与水化反应

铝酸盐水泥的主要矿物成分是铝酸一钙（$CaO \cdot Al_2O_3$，简写为 CA），此外还有少量硅酸二钙和其他铝酸盐。

铝酸盐水泥按 Al_2O_3 的质量分数分为四类：

CA-50，50%≤Al_2O_3 含量<60%；

CA-60，60%≤Al_2O_3 含量<68%；

CA-70，68%≤Al_2O_3 含量<77%；

CA-80，77%≤Al_2O_3 含量。

铝酸盐水泥的水化和硬化过程主要是铝酸一钙的水化和结晶过程，其水化反应如下：

温度低于 20℃时

$$CaO \cdot Al_2O_3 + 10H_2O \longrightarrow CaO \cdot Al_2O_3 \cdot 10H_2O$$
$$CAH_{10}$$

温度为 20～30℃时

$$2(CaO \cdot Al_2O_3) + 11H_2O \longrightarrow 2CaO \cdot Al_2O_3 \cdot 8H_2O + Al_2O_3 \cdot 3H_2O$$
$$C_2AH_8 \qquad 铝胶$$

温度高于 30℃时

$$3(CaO \cdot Al_2O_3) + 12H_2O \longrightarrow 3CaO \cdot Al_2O_3 \cdot 6H_2O + 2Al_2O_3 \cdot 3H_2O$$
$$C_3AH_6 \qquad 铝胶$$

在较低温度下，水化物主要是 CAH_{10} 和 C_2AH_8，为细长针状和板状结晶连生体，形成骨架，析出的铝胶填充于骨架空隙中，形成密实的水泥石，所以铝酸盐水泥水化后密实度大、强度高。经 5～7d 后，水化物的数量很少增加。因此，铝酸盐水泥的早期强度增长很快，24h 即可达到极限强度的 80% 左右，后期强度增长不显著。在温度大于 30℃时，水化生成物为 C_3AH_6，密实度较小，强度则大为降低。

值得注意的是，低温下形成的水化产物 CAH_{10} 和 C_2AH_8 都是亚稳定体，在温度高于 30℃的潮湿环境中会逐渐转变为稳定的 C_3AH_6。高温高湿条件下，上述转变极为迅速。晶体转变过程中释放出大量的结晶水，使水泥中固相体积减少 50% 以上，强度大大降低。可见，铝酸盐水泥正常使用时，虽然硬化快，早期强度很高，但后期强度会大幅度下降，在湿热环境下尤为严重。

2. 铝酸盐水泥的技术性质

根据《铝酸盐水泥》（GB 201—2000），铝酸盐水泥的主要技术要求如下：

1）细度：比表面积不小于 $300m^2/kg$ 或 0.045mm 筛筛余不大于 20%。

2）凝结时间：凝结时间要求见表 4.12。

表 4.12　铝酸盐水泥的凝结时间

水泥类型	初凝时间/min	终凝时间/h
CA-50	不早于 30	不迟于 6
CA-70		
CA-80		
CA-60	不早于 60	不迟于 18

3）强度：强度试验按国家标准 GB/T 17671—1999 规定的方法进行，但水灰比应按 GB 201—2000 的规定调整，各类型、各龄期强度值不得低于表 4.13 规定的数值。

表 4.13　铝酸盐水泥胶砂强度

水泥类型	抗压强度/MPa				抗折强度/MPa			
	6h	1d	3d	28d	6h	1d	3d	28d
CA-50	20	40	50	—	3.0	5.5	6.5	—
CA-60	—	20	45	85	—	2.5	5.0	10.0
CA-70	—	25	30	—	—	5.0	6.0	—
CA-80	—	25	30	—	—	4.0	5.0	—

3. 主要性质及应用

(1) 快硬早强，后期强度下降

铝酸盐水泥加水后迅速与水发生水化反应。其 1d 强度可达到极限强度的 80% 左右，3d 达到 100%。在低温环境下（5～10℃）能很快硬化，强度高，而在温度超过 30℃ 以上的环境下强度急剧下降。因此，铝酸盐水泥适用于紧急抢修、低温季节施工、早期强度要求高的特殊工程，不宜在高温季节施工。

另外，铝酸盐水泥硬化体中的晶体结构在长期使用中会发生转移，引起强度下降，因此一般不宜用于长期承载的结构工程中。

(2) 耐热性强

铝酸盐水泥硬化时不宜在较高温度下进行，但硬化后的水泥石在高温下（1000℃ 以上）仍能保持较高强度（约 53%），主要是因为在高温下各组分发生固相反应成烧结状态，代替了水化结合。因此，铝酸盐水泥有较好的耐热性，如采用耐火的粗细骨料（如铬铁矿等），可以配制成使用温度为 1300～1400℃ 的耐热混凝土，用于窑炉炉衬。

(3) 水化热高，放热快

铝酸盐水泥硬化过程中放热量大且主要集中在早期，1d 内即可放出水化热总量的 70%～80%，因此适合于寒冷地区的冬季施工，但不宜用于大体积混凝土工程。

(4) 抗渗性及耐侵蚀性强

硬化后的铝酸盐水泥石中没有氢氧化钙，且水泥石结构密实，因而具有较高的抗渗、抗冻性，同时具有良好的抗硫酸盐、盐酸、碳酸等侵蚀性溶液的能力。铝酸盐水泥适用于有抗硫酸盐要求的工程，但铝酸盐水泥对碱的侵蚀无抵抗能力。

(5) 不得与硅酸盐水泥、石灰等能析出 $Ca(OH)_2$ 的材料混合使用

铝酸盐水泥水化过程中遇到 $Ca(OH)_2$ 将出现"闪凝"现象，无法施工，而且硬化后强度很低。此外，铝酸盐制品也不能进行蒸汽养护。

4.4 水泥的选用、验收、储存及保管

水泥作为建筑材料中最重要的材料之一，在工程建设中发挥着巨大的作用，正确选择、合理使用水泥，严格质量验收并且妥善保管就显得尤为重要，它是确保工程质量的重要措施。

4.4.1 水泥的选用

水泥的选用包括水泥品种的选择和强度等级的选择两方面。水泥强度等级应与所配制的混凝土或砂浆的强度等级相适应。在此重点考虑水泥品种的选择。

1. 按环境条件选择水泥品种

环境条件主要指工程所处的外部条件，包括环境的温、湿度及周围所存在的侵蚀性介质的种类及浓度等。如严寒地区的露天混凝土应优先选用抗冻性较好的硅酸盐水泥、普通水泥，而不得选用矿渣水泥、粉煤灰水泥、火山灰水泥；若环境具有较强的侵蚀性

介质时，应选用掺混合材料的水泥，而不宜选用硅酸盐水泥。

2. 按工程特点选择水泥品种

冬季施工及有早强要求的工程应优先选用硅酸盐水泥，而不得使用掺混合材料的水泥；对大体积混凝土工程，如大坝、大型基础、桥墩等，应优先选用水化热较小的低热矿渣水泥和中热硅酸盐水泥，不得使用硅酸盐水泥；有耐热要求的工程，如工业窑炉、冶炼车间等，应优先选用耐热性较高的矿渣水泥、铝酸盐水泥；军事工程、紧急抢修工程应优先选用快硬水泥、双快水泥；修筑道路路面、飞机跑道等优先选用道路水泥。

4.4.2 水泥的验收

1. 品种验收

水泥袋上应清楚标明：产品名称，代号，净含量，强度等级，生产许可证编号，生产者名称和地址，出厂编号，执行标准号，包装年、月、日。掺火山灰质混合材料的普通水泥还应标上"掺火山灰"字样。包装袋两侧应印有水泥名称和强度等级，硅酸盐水泥和普通硅酸盐水泥的印刷采用红色，矿渣水泥的印刷采用绿色，火山灰、粉煤灰水泥和复含水泥采用黑色。

2. 数量验收

水泥可以袋装或散装，袋装水泥每袋净含量 50kg，且不得少于标志质量的 98%，随机抽取 20 袋，总质量不得少于 1000kg。其他包装形式由双方协商确定，但有关袋装质量要求必须符合上述原则规定。散装水泥平均堆积密度为 1450kg/m³，袋装压实的水泥为 1600kg/m³。

3. 质量验收

水泥出厂前应按品种、强度等级和编号取样试验，袋装水泥和散装水泥应分别进行编号和取样。取样应有代表性，可连续取，亦可从 20 个以上不同部位取等量样品，总量至少 12kg。

交货时水泥的质量验收可抽取实物试样，以其检验结果为依据，也可以水泥厂同编号水泥的检验报告为依据。采取何种方法验收由双方商定，并在合同或协议中注明。

以抽取实物试样的检验结果为验收依据时，买卖双方应在发货前或交货地共同取样和签封，取样数量 20kg，缩分为二等份。一份由卖方保存 40d，一份由买方按标准规定的项目和方法进行检验。在 40d 内买方检验认为水泥质量不符合标准要求时，可将卖方保存的一份试样送水泥质量监督检验机构进行仲裁检验。

以水泥厂同编号水泥的检验报告为验收依据时，在发货前或交货时买方在同编号水泥中抽取试样，双方共同签封后保存 3 个月；或委托卖方在同编号水泥中抽取试样，签封后保存 3 个月。在 3 个月内，买方对水泥质量有疑问时，则买卖双方应将签封的试样送省级或省级以上国家认可的水泥质量监督检验机构进行仲裁检验。

4. 结论

根据《通用硅酸盐水泥》（GB 175—2007），通用硅酸盐水泥凡化学指标、凝结时间、安定性、强度中有任一项不符合标准规定者为不合格品。

4.4.3　水泥的储存与保管

水泥在保管时，应按不同生产厂、不同品种、强度等级和出厂日期分开堆放，严禁混杂；在运输及保管时要注意防潮和防止空气流动，先存先用，不可储存过久。若水泥保管不当，会使水泥因风化而影响水泥正常使用，甚至会导致工程质量事故。

1. 水泥的风化

水泥中的活性矿物与空气中的水分、二氧化碳发生反应，而使水泥变质的现象，称为风化。

水泥中各熟料矿物都具有强烈的与水作用的能力，这种趋于水解和水化的能力称为水泥的活性。具有活性的水泥在运输和储存的过程中易吸收空气中的水及 CO_2，使水泥受潮而成粒状或块状，过程如下。

水泥中的游离氧化钙、硅酸三钙吸收空气中的水分发生水化反应，生成氢氧化钙，氢氧化钙又与空气中的二氧化碳反应，生成碳酸钙并释放出水。这样的连锁反应使水泥受潮加快，受潮后的水泥活性降低、凝结迟缓，强度降低。通常水泥强度等级越高，细度越细，吸湿受潮也越快。在正常储存条件下，储存 3 个月，强度降低 10%～25%；储存 6 个月，强度降低 25%～40%。因此规定，常用水泥储存期为 3 个月，铝酸盐水泥为 2 个月，双快水泥不宜超过 1 个月。过期水泥在使用时应重新检测，按实际强度使用。

水泥一般应入库存放。水泥仓库应保持干燥，库房地面应高出室外地面 30cm，离开窗户和墙壁 30cm 以上。袋装水泥堆垛不宜过高，以免下部水泥受压结块，一般为 10 袋；如存放时间短，库房紧张，也不宜超过 15 袋。袋装水泥露天临时储存时，应选择地势高、排水条件好的场地，并认真做好上盖下垫，以防水泥受潮。若使用散装水泥，可用铁皮水泥罐仓或散装水泥库存放。

2. 受潮水泥的处理

受潮水泥的处理参见表 4.14。

表 4.14　受潮水泥的处理

受潮程度	状况	处理方法	使用方法
轻微	有松块、可以用手捏成粉末，无硬块	将松块、小球等压成粉末，同时加强搅拌	经试验按实际强度使用
较重	部分结成硬块	筛除硬块，并将松块压碎	经试验按实际强度使用，用于不重要的、受力小的部位，或用于砌筑砂浆
严重	呈硬块状	将硬块压成粉末，换取 25% 硬块重量的新鲜水泥做强度试验	同上，严重受潮的水泥只可作掺和料或骨料

习　题

4.1　硅酸盐水泥的矿物组成有哪些？它们与水作用时各表现出什么特征（强度、水化热）？

4.2　硅酸盐水泥的主要水化产物是什么？硬化后水泥石的组成有哪些？

4.3　简述硅酸盐水泥的凝结硬化过程。影响凝结硬化过程的因素有哪些？如何影响？

4.4　为什么在生产硅酸盐水泥时掺入适量的石膏对水泥不起破坏作用，而硬化后水泥石遇到有硫酸盐溶液的环境，产生出石膏时就有破坏作用？

4.5　什么是细度？为什么要对水泥的细度作规定？硅酸盐水泥和普通硅酸盐水泥的细度指标各是什么？

4.6　规定水泥标准稠度及标准稠度用水量有何意义？

4.7　何谓水泥的体积安定性？产生安定性不良的原因是什么？如何进行检测？水泥体积安定性不良如何处理？

4.8　何谓水泥的凝结时间？国家标准为什么要规定水泥的凝结时间？

4.9　水泥中掺入混合材料的目的是什么？硅酸盐水泥常掺入哪几种活性混合材料？

4.10　为什么用不耐水的石灰拌制成的灰土、三合土具有一定的耐水性？

4.11　与硅酸盐水泥和普通水泥相比，粉煤灰水泥、矿渣水泥和火山灰水泥有什么特点（共性）？这几种水泥又各有什么个性？

4.12　下列品种的水泥与硅酸盐水泥相比，它们的矿物组成有何不同？为什么？

(1) 双快水泥；

(2) 白色硅酸盐水泥；

(3) 低热矿渣水泥。

4.13　水泥在运输和存放过程中为何不能受潮和雨淋？储存水泥时应注意哪些问题？

4.14　试述铝酸盐水泥的矿物组成、水化产物及特性。在使用中应注意哪些问题？

4.15　请为下列混凝土工程分别选用合理的水泥品种。

(1) 采用蒸汽养护的预制构件；

(2) 大体积混凝土工程；

(3) 有硫酸盐腐蚀的地下工程；

(4) 严寒地区遭受反复冻融的工程及干湿交替的部位；

(5) 紧急抢修工程以及冬季施工；

(6) 高炉基础；

(7) 海港码头工程。

第5章

混 凝 土

【知识点】

1. 普通混凝土的组成材料及技术要求，普通混凝土的技术性能及影响因素，配合比的设计计算。
2. 其他品种混凝土的组成材料、技术性质及应用。
3. 混凝土的质量控制与强度评定。

【学习要求】

1. 掌握混凝土对各组成材料的技术要求。
2. 掌握混凝土的主要技术性质及影响因素。
3. 掌握混凝土的配合比设计步骤及方法。
4. 掌握几种新型混混凝土（高强、高性能、自密实）的特点及应用。
5. 了解其他品种混凝土的性能及工程应用。
6. 了解混凝土的发展趋势。

5.1 概　　述

5.1.1　混凝土的定义

广义上讲，凡由胶凝材料、粗细骨料（或称集料）和水（或不加水，如以沥青、树脂为胶凝材料的）按适当比例配合、拌和制成的混合物，经一定时间硬化而成的人造石材，统称为混凝土。目前，工程上使用最多的是以水泥为胶结材料，以碎石或卵石为粗骨料，砂为细骨料，加入适量的水（可掺入适量外加剂、掺和料以改善混凝土性能）拌制的水泥混凝土。

5.1.2　混凝土的分类

混凝土通常有以下几种分类方法。

1. 按所用胶凝材料分类

按所用胶凝材料可分为水泥混凝土、沥青混凝土（沥青混合料）、石膏混凝土、水玻璃混凝土、聚合物混凝土等。

2. 按表观密度分类

1）重混凝土。干表观密度大于 $2800kg/m^3$，系用高密度的重晶石、铁矿石、钢屑等作骨料，或同时采用如钡水泥、锶水泥等重水泥配制而成。重混凝土具有防射线功能，又称防辐射混凝土，主要用作核能工程的屏蔽结构。

2）普通混凝土。干表观密度 $2000\sim2800kg/m^3$（一般为 $2400kg/m^3$ 左右），是以水泥作胶凝材料，普通的天然砂石为骨料配制而成的，为建筑工程中常用的混凝土，主要用作各种建筑的承重结构材料。

3）轻混凝土。干表观密度小于 $2000kg/m^3$，是采用陶粒等轻质多孔的骨料，或掺入加气剂或泡沫剂，形成多孔结构的混凝土，主要用作承重结构、保温结构和承重兼保温结构。

3. 按用途分类

按用途可分为结构混凝土、防水混凝土、道路混凝土、防辐射混凝土、耐热混凝土、耐酸混凝土、水工混凝土、大体积混凝土、膨胀混凝土等。

4. 按生产和施工方法分类

按生产和施工方法可分为泵送混凝土、喷射混凝土、碾压混凝土、挤压混凝土、离心混凝土、压力灌浆混凝土、预拌混凝土（商品混凝土）等。

5. 按流动性大小分类

混凝土根据流动性的大小分别用维勃稠度和坍落度表示。混凝土按维勃稠度大小可分为超干硬性混凝土、特干硬性混凝土、干硬性混凝土、半干硬性混凝土，按坍落度大小可分为低塑性混凝土、塑性混凝土、流动性混凝土、大流动性混凝土、流态混凝土。

6. 按强度等级分类

1）低强混凝土，$f_{cu}<30MPa$。

2）中强混凝土，$30MPa\leqslant f_{cu}<60MPa$（C30～C55）。

3）高强混凝土，$60MPa\leqslant f_{cu}<100MPa$。

4）超高强混凝土，$f_{cu}\geqslant100MPa$。

5.1.3 混凝土的特点

1. 优点

普通混凝土在建筑工程中能得到广泛的应用，是因为与其他材料相比有许多优点：

1）原材料资源丰富，价格低廉。混凝土组成材料中，占体积 80% 左右的是砂石，所以原材料丰富，成本低，符合就地取材和经济原则。

2）具有良好的可塑性。在凝结前具有良好的可塑性，可以按工程结构的要求浇筑成各种形状和任意尺寸的整体结构或预制构件。

3）强度高、耐久性好。混凝土硬化后有较高的力学强度（抗压强度可达 120MPa）和良好的耐久性。

4）与钢筋有牢固的粘结力。混凝土与钢筋有相近的线膨胀系数，密实的混凝土与钢筋间能形成较高的粘接强度，二者复合成钢筋混凝土后能互补优缺点，大大扩展了混凝土的应用范围。

5）性能可调整性强。可根据不同要求，通过改变各组成材料的品种、调整配合比配制出不同性能的混凝土。

6）可充分利用工业废料。混凝土中可掺入大量的粉煤灰、矿渣等工业废料（可取代部分水泥和砂），既改善了混凝土性能，降低了成本，又有利于环境保护。

2. 缺点

1）自重大，比强度低。普通混凝土表观密度 $2400kg/m^3$ 左右，对于高层建筑、大跨度建筑不利。由于结构自重大，不利于提高有效承载能力，也不利于施工安装。

2）抗拉强度低。混凝土属脆性材料，其抗拉强度只有其抗压强度的 $1/20 \sim 1/10$。

3）硬化速度慢，生产周期长。混凝土的硬化受温度、湿度影响较大，故需要较长时间的养护才能达到一定的强度。

4）强度波动因素多。混凝土施工过程中，原材料的质量及计量的准确度、成型工艺、养护条件等都会对其强度产生影响。

5）导热系数大。普通混凝土导热系数约为 $1.4W/(m \cdot K)$，是普通砖的两倍。

混凝土的上述缺点正得到不断克服和改进，如采用轻骨料可显著降低混凝土的自重，提高比强度；掺入纤维或聚合物，可提高抗拉强度，大大降低混凝土的脆性；掺入减水剂、早强剂等外加剂，可显著缩短硬化周期，改善力学性能。

5.1.4　混凝土的发展方向

随着现代科学的发展，建筑物正向高层化、大跨度方向发展；随着人类居住范围的扩大及对居住要求的提高，建筑物也在向环境严酷化、使用功能（智能）化方向发展。作为建筑物主要材料之一的混凝土，其发展方向是高强化、高性能化、功能化、绿色化。

高强混凝土一般指强度等级为 C50 及以上的混凝土，能满足高层建筑及特殊结构的受力和使用要求，可显著减小结构截面尺寸，增大工程使用面积与有效空间。

高性能混凝土除要求具有高强度等级（$f_{cu} \geqslant 60MPa$）外，还必须具有良好的工作性、体积稳定性和耐久性。高性能混凝土将是今后混凝土的发展方向之一。

自密实混凝土不需机械振捣，而是依靠自重使混凝土密实。其优点是：在施工现场无振动噪声，可进行夜间施工，不扰民；对工人健康无害；混凝土质量均匀、耐久；钢筋布置较密或构件体型复杂时易于浇筑。

智能混凝土是在混凝土原有组分基础上复合智能组分，使混凝土成为具有自感知和记忆、自适应、自修复特性的多功能材料，可满足结构自我安全检测、防止结构潜在脆性破坏，显著提高混凝土结构的安全性和耐久性。

从节约资源、能源，不破坏环境，更有利于环境，可持续发展，既要满足当代人的要求，又不危及后代等理念出发，绿色混凝土（GC）将成为混凝土主要的发展方向，如废弃混凝土的再生利用。

5.2 普通混凝土的组成材料

普通混凝土的基本组成材料是水泥、水、天然砂和石子，另外还常掺入适量的掺和料和外加剂。砂、石在混凝土中起骨架作用，故也称为骨料（或称集料），它们还起到抵抗混凝土在凝结硬化过程中的收缩作用。在混凝土中，粗骨料起总体的骨架作用，其空隙和表面由水泥砂浆填充和包裹；在水泥砂浆中，砂起骨架作用，其空隙和表面由水泥浆填充和包裹，如图 5.1 所示。在混凝土硬化前，水泥浆起润滑作用，赋予混凝土一定的流动性，便于施工。水泥浆硬化后起胶结作用，把砂石骨料胶结在一起，成为坚硬的人造石材，并产生力学强度。

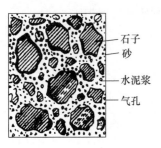

石子
砂
水泥浆
气孔

图 5.1　混凝土的结构

混凝土是一个宏观匀质、微观非匀质的堆聚结构，混凝土的质量和技术性能很大程度上是由原材料的性质及其相对含量所决定的，同时也与施工工艺（配料、搅拌、捣实成型、养护等）有关。

5.2.1　水泥

水泥在混凝土中起胶结作用，正确、合理地选择水泥的品种和强度等级，是影响混凝土工作性、强度、耐久性及经济性的重要因素。

1. 水泥品种的选择

配制混凝土用的水泥品种应当根据工程性质与特点、工程所处环境合理选择。常用水泥品种的选用见表 5.1。

表 5.1　常用水泥的选用参考表

工程特点或所处环境条件		优先选用	可以使用	不得使用
环境条件	在普通气候环境中的混凝土	普通水泥	矿渣水泥、火山灰水泥、粉煤灰水泥、复合水泥	
	在干燥环境中的混凝土	普通水泥	矿渣水泥	火山灰水泥、粉煤灰水泥
	在高湿度环境中或永远处在水下的混凝土	矿渣水泥、火山灰水泥、粉煤灰水泥、复合水泥	普通水泥	
	严寒地区的露天混凝土、寒冷地区处在水位升降范围内的混凝土	普通水泥	矿渣水泥	火山灰水泥、粉煤灰水泥
	严寒地区处在水位升降范围内的混凝土	普通水泥（强度等级≥42.5）		矿渣水泥、火山灰水泥、粉煤灰水泥
	受侵蚀性环境水或侵蚀性气体作用的混凝土	根据侵蚀性介质的种类、浓度等具体条件按专门（或设计）规定选用		

续表

工程特点或所处环境条件		优先选用	可以使用	不得使用
工程特点	厚大体积的混凝土	矿渣水泥、粉煤灰水泥、火山灰水泥	普通水泥	快硬硅酸盐水泥、硅酸盐水泥
	要求快硬的混凝土	快硬硅酸盐水泥、硅酸盐水泥	普通水泥	矿渣水泥、火山灰水泥、粉煤灰水泥
	高强的混凝土	硅酸盐水泥	普通水泥	火山灰水泥、粉煤灰水泥、矿渣水泥
	有抗渗性要求的混凝土	普通水泥、火山灰水泥		矿渣水泥
	有耐磨性要求的混凝土	硅酸盐水泥、普通水泥	矿渣水泥（强度等级≥32.5）	火山灰水泥、粉煤灰水泥

2. 水泥强度等级的选择

水泥强度等级的选择应与混凝土的设计强度等级相适应。原则上是配制高强度等级的混凝土选用高强度等级的水泥，低强度等级的混凝土选用低强度等级的水泥。

若用低强度等级的水泥配制高强度等级的混凝土，则需要较大的水泥用量、较小的水灰比，这不仅不经济，而且会使混凝土变形和水化热增大。若水灰比过小，水泥浆体过于黏稠，会给施工造成困难。

若用高强度等级的水泥配制低强度等级的混凝土，从强度考虑，只需少量水泥（即较大的水灰比）就能满足要求，但水泥用量过少，水灰比过大，会影响混凝土的施工和易性和混凝土的耐久性。

因此，配制混凝土时，水泥的强度等级应与混凝土的强度等级相适应。现将配制混凝土所用的水泥强度等级推荐列于表 5.2 中。

表 5.2　配制混凝土所用水泥强度等级

预配混凝土强度等级	所选水泥强度等级	预配混凝土强度等级	所选水泥强度等级
C7.5～C25	32.5	C50～C60	52.5
C30	32.5、42.5	C65	52.5、62.5
C35～C45	42.5	C70～C80	62.5

5.2.2　细骨料（砂）

混凝土用骨料按其粒径大小不同分为细骨料和粗骨料。公称粒径在 0.16～5.00mm 的岩石颗粒称为细骨料；公称粒径大于 5.00mm 的岩石颗粒称为粗骨料。粗、细骨料的总体积占混凝土体积的 70%～80%，因此骨料的性能对所配制的混凝土性能有很大影响。为保证混凝土的质量，对骨料技术性能的要求主要有：有害杂质含量少；良好的颗粒形状及表面特征，适宜的颗粒级配和粗细程度；质地坚固耐久等。

混凝土的细骨料主要采用天然砂，有时也可采用人工砂。

天然砂是由自然风化、水流搬运和分选、堆积形成的粒径小于 5.00mm 的岩石颗粒，但不包括软质岩、风化岩石的颗粒，按其产源不同可分为河砂、湖砂、山砂、海砂。河砂、湖砂和海砂由于长期受水流的冲刷作用，颗粒表面比较圆滑、洁净，且产源较广，而海砂中常含有贝壳及可溶盐等有害杂质。山砂颗粒多具棱角，表面粗糙，砂中含泥量及有机质等有害杂质较多。

人工砂是经人工处理的机制砂、混合砂的统称。机制砂是由机械破碎、筛分制成的，粒径小于 5.00mm 的岩石颗粒。机制砂颗粒棱角多，较洁净，但片状颗粒及细粉含量较多，且成本较高，一般只在当地缺乏天然砂源时才采用。混合砂是由机制砂和天然砂混合制成的砂。

根据《普通混凝土用砂、石质量及检验方法标准》（JGJ 52—2006），对砂的质量要求如下。

1. 砂的粗细程度和颗粒级配

砂的粗细程度是指不同粒径的砂粒混合在一起后总体的粗细程度。在相同砂用量条件下，细砂的总表面积较大，粗砂的总表面积较小。在混凝土中砂子表面需用水泥浆包裹，赋予流动性和粘结强度，砂子的总表面积愈大，则需要包裹砂粒表面的水泥浆就愈多。在保证流动性相同的前提下，用粗砂配制的混凝土比用细砂配制的混凝土水泥用量要省。

砂的颗粒级配是指砂大小颗粒的组合或搭配情况，直接关系到砂在堆积状态下的空隙率。颗粒级配符合要求的砂，其填充程度高，空隙率小。在混凝土中砂粒之间的空隙是由水泥浆所填充，为达到节约水泥和提高强度的目的，就应尽量减少砂粒之间的空隙。从图 5.2 可以看出：如果用同样粒径的砂，空隙率最大 ［图 5.2（a）］；两种粒径的砂搭配起来，空隙率就减小 ［图 5.2（b）］；三种或更多种粒径的砂搭配，空隙率就更小 ［图 5.2（c）］。因此，要减小砂粒间的空隙，就必须用粒径不同的颗粒搭配。

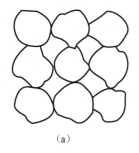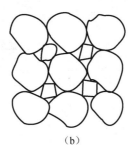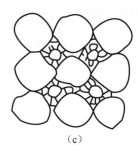

(a)　　　　　　　　　　(b)　　　　　　　　　　(c)

图 5.2　骨料的颗粒级配

在拌制混凝土时，对砂的粗细程度和颗粒级配的要求是粗细程度适宜（总的表面积要小）、颗粒级配良好（总的空隙率要小），目的是节省水泥用量，提高混凝土的密实度与强度。

砂的颗粒级配和粗细程度常用筛分析方法进行测定，即用一套孔径（净尺寸）为 4.75mm、2.36mm、1.18mm、0.60mm、0.30mm、0.15mm 的 6 个标准方孔筛，将 500g 干砂试样由粗到细依次过筛，然后称量余留在各筛上的砂量，并计算出各筛上的分计筛余百分率 a_1、a_2、a_3、a_4、a_5、a_6（各筛上的筛余量占砂样总质量的百分率）及累计筛余百分率 A_1、A_2、A_3、A_4、A_5、A_6（各筛和比该筛粗的所有分计筛余百分率之和）。a_i 及 A_i 的计算方法见表 5.3。

表 5.3　累计筛余百分率与分计筛余百分率的关系

公称粒径（方筛孔径）/mm	分计筛余率 a_i/%	累计筛余率 A_i/%
5.00mm（4.75）	a_1	$A_1 = a_1$
2.50mm（2.36）	a_2	$A_2 = a_{1} + a_2$
1.25mm（1.18）	a_3	$A_3 = a_1 + a_2 + a_3$
630μm（0.60）	a_4	$A_4 = a_1 + a_2 + a_3 + a_4$
315μm（0.30）	a_5	$A_5 = a_1 + a_2 + a_3 + a_4 + a_5$
160μm（0.15）	a_6	$A_6 = a_1 + a_2 + a_3 + a_4 + a_5 + a_6$

　　砂的筛分析应采用方孔筛，除特细砂外，砂的颗粒级配可按公称直径 630μm 筛孔的累计筛余量分成三个级配区（Ⅰ区、Ⅱ区、Ⅲ区），见表 5.4，且砂的颗粒级配应处于表 5.4 中的某一区内。

表 5.4　砂的颗粒级配区

公称粒径（方筛孔径）/mm	级配区		
	Ⅰ区	Ⅱ区	Ⅲ区
5.00mm（4.75）	10～0	10～0	10～0
2.50mm（2.36）	35～5	25～0	15～0
1.25mm（1.18）	65～35	50～10	25～0
630μm（0.60）	85～71	70～41	40～16
315μm（0.30）	95～80	92～70	85～55
160μm（0.15）	100～90	100～90	100～90

注：砂的实际颗粒级配与表中累计筛余相比，除公称粒径为 5.00mm 和 630μm 的累计筛余外，其余公称粒径的累计筛余可稍超出分界线，但超出总量不应大于 5%。

　　以累计筛余百分率为纵坐标，以筛孔尺寸为横坐标，根据表 5.4 的数值可以画出砂三个级配区的筛分曲线，如图 5.3 所示。通过观察所画的砂的筛分曲线是否完全落在三个级配区的任一区内，即可判定该砂级配是否合格。同时，也可根据筛分曲线偏向情况大致判断砂的粗细程度：当筛分曲线偏向右下方时，表示砂较粗；筛分曲线偏向左上方时，表示砂较细。

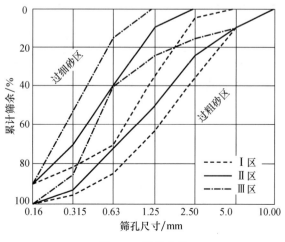

图 5.3　筛分曲线

普通混凝土用砂的颗粒级配应符合以上规定。当天然砂的实际颗粒级配不符合要求时，宜采取相应的技术措施，并经试验证明能确保混凝土质量后方允许使用。

配制混凝土时宜优先选用Ⅱ区砂。当采用Ⅰ区砂时，应适当提高砂率，即增加砂的用量并保持足够的水泥用量，满足混凝土的和易性；当采用Ⅲ区砂时，宜适当降低砂率；当采用特细砂时，应符合相应的规定。配制泵送混凝土，宜选用中砂。

在实际工程中，若砂的级配不合适，可采用人工掺配的方法来改善，即将粗、细砂按适当的比例进行掺和使用；或将砂过筛，筛除过粗或过细颗粒。

砂的粗细程度用细度模数（u_f）表示，其计算公式为

$$u_f = \frac{(A_2 + A_3 + A_4 + A_5 + A_6) - 5A_1}{100 - A_1} \tag{5.1}$$

式中，A_i 为对应的各筛上的累计筛余，计算时不带百分号。砂的粗细程度按细度模数 u_f 分为粗、中、细、特细四级，其范围应符合下列规定：

粗砂，$u_f = 3.7 \sim 3.1$；

中砂，$u_f = 3.0 \sim 2.3$；

细砂，$u_f = 2.2 \sim 1.6$；

特细砂，$u_f = 1.5 \sim 0.7$。

特细砂在普通混凝土中不常用，当采用特细砂时应符合相应的规定。

2. 含泥量、泥块含量和石粉含量

合泥量是指天然砂中粒径小于 $75\mu m$ 的颗粒含量；泥块含量是指砂中原粒径大于 1.18mm，经水浸洗、手捏后小于 0.6mm 的颗粒含量；石粉含量是指人工砂中粒径小于 $75\mu m$ 的颗粒含量。泥和石粉增大骨料的总表面积，提高混凝土的拌和需水量，加剧混凝土的收缩，此外还会影响水泥石与骨料的粘结，降低混凝土的强度与耐久性。泥块在混凝土中形成薄弱部位，降低混凝土的强度与耐久性。

1）天然砂的含泥量和砂中泥块含量应符合表 5.5 的规定。

表 5.5　天然砂中含泥量和砂中泥块含量

混凝土强度等级	≥C60	C55～C30	C25
含泥量（按质量计）/%	≤2.0	≤3.0	≤5.0
泥块含量（按质量计）/%	≤0.5	≤1.0	≤2.0

2）人工砂或混合砂中的石粉含量应符合表 5.6 的规定。

表 5.6　人工砂或混合砂中石粉含量

混凝土强度等级		≥C60	C55～C30	C25
石粉含量 /%	MB<1.4（合格）	≤5.0	≤7.0	≤10.0
	MB≥1.4（不合格）	≤2.0	≤3.0	≤5.0

3. 砂的坚固性

砂的坚固性是指砂在自然风化和其他外界物理化学因素作用下抵抗破裂的能力。

1）天然砂采用饱和硫酸钠溶液浸泡干燥循环法进行试验，砂样经 5 次循环后其质量损失应符合表 5.7 的规定。

表 5.7　砂的坚固性指标

混凝土所处的环境及其性能要求	5 次循环后的质量损失/%
在严寒及寒冷地区室外使用并经常处于潮湿或干湿交替状态下的混凝土	≤8
对于有抗疲劳、耐磨、抗冲击要求的混凝土	
有腐蚀介质作用或经常处于水位变化区的地下结构混凝土	
其他条件下使用的混凝土	≤10

2）人工砂采用压碎指标法进行试验。压碎指标试验是将一定质量（通常 330g）在烘干状态下单粒级（0.30～0.60mm、0.60～1.18mm、1.18～2.36mm 及 2.36～4.75mm 四个粒级）的砂子装入受压钢模内，以每秒钟 500N 的速度加荷，加荷至 25kN 时稳荷 5s 后，以同样速度卸荷，然后用该粒级的下限筛（如粒级为 2.36～4.75mm 时，则其下限筛孔径为 2.36mm 的筛）进行筛分，称出试样的筛余量 G_1 和通过量 G_2，压碎指标 Y_i 可按下式计算

$$Y_i = \frac{G_2}{G_1 + G_2} \times 100\% \tag{5.2}$$

人工砂的总压碎值指标应小于 30%。

4. 有害杂质含量

砂中不应混有草根、树叶、树枝、塑料、煤块、炉渣等杂物。砂中云母、轻物质、硫化物及硫酸盐、有机物、氯盐等有害杂质含量应符合表 5.8 的规定。

表 5.8　砂中有害物质含量

项　目	质量指标
云母含量（按质量计）/%	≤2.0
轻物质（按质量计）/%	≤1.0
硫化物及硫酸盐含量（折算成 SO_3，按质量计）/%	≤1.0
有机物含量（用比色法试验）	颜色不应深于标准色；当颜色深于标准色时应按水泥胶砂强度试验方法进行强度对比试验，抗压强度比不应低于 0.95

云母为表面光滑的层、片状物质，与水泥粘结性差，且呈极完全解理（极易裂开成薄片，解理面大而完整、平滑光亮），影响混凝土的强度和耐久性；轻物质为表观密度小于 2000kg/m³ 的物质，自身强度低，坚固性差，且成型时易上浮，影响混凝土的强度、耐久性和表面质量；硫化物及硫酸盐杂质对水泥有侵蚀作用；有机质影响水泥的水化硬化。

砂中氯离子含量应符合下列规定（**本条为强制性标准**）：

1）对于钢筋混凝土用砂，其氯离子含量不得大于 0.06%。

2）对于预应力混凝土用砂，其氯离子含量不得大于 0.02%（均以干砂质量的百分率计）。

氯化物对钢筋有锈蚀作用，因此对氯离子含量需进行严格控制。通常海砂的氯离子含量较高，所以预应力钢筋混凝土结构不宜采用海砂。

此外，海砂中的贝壳对混凝土的强度和耐久性有较大的影响，其含量应符合表5.9的规定。

表5.9　海砂中贝壳含量

混凝土强度等级	≥C40	C35～C30	C25～C15
贝壳含量（按质量计）/%	≤3	≤5	≤8

对于有抗冻、抗渗或其他特殊要求的小于或等于C25的混凝土用砂，其贝壳含量不应大于5%。

当砂中有害杂质及泥含量多，又无合适砂源时，可过筛和用清水或石灰水（有机质含量多时）冲洗后使用，以符合就地取材原则。

5.2.3　粗骨料

普通混凝土常用的粗骨料有卵石（砾石）和碎石。卵石是由自然风化、水流搬运和分选、堆积形成的公称粒径大于5.00mm的岩石颗粒，按其产源可分为河卵石、海卵石、山卵石等几种，其中河卵石应用较多。碎石是由天然岩石或卵石经机械破碎、筛分制成的公称粒径大于5.00mm的岩石颗粒。

根据《普通混凝土用砂、石质量及检验方法标准》（JGJ 52—2006），混凝土对粗骨料的质量要求主要有以下几方面。

1. 颗粒级配及最大粒径

（1）颗粒级配

粗骨料在混凝土中起总体的骨架作用，应具有良好的颗粒级配，以减少空隙率，增强密实性，从而节约水泥用量，保证混凝土的和易性、强度，减少混凝土的变形，提高混凝土的耐久性。

粗骨料的级配应采用方孔石筛进行筛分测定，普通混凝土用碎石及卵石的颗粒级配范围应符合表5.10的规定。

表5.10　碎石或卵石的颗粒级配范围

级配情况	公称粒径/mm	累计筛余（按质量计）/%											
		方孔筛筛孔边长尺寸/mm											
		2.36	4.75	9.50	16.0	19.0	26.5	31.5	37.5	0.53	63.0	75.0	90
连续粒级	5～10	95～100	80～100	0～15	0	—	—	—	—	—	—	—	—
	5～16	95～100	85～100	30～60	0～10	0	—	—	—	—	—	—	—
	5～20	95～100	90～100	40～80	—	0～10	0	—	—	—	—	—	—
	5～25	95～100	90～100	—	30～70	—	0～5	0	—	—	—	—	—
	5～31.5	95～100	90～100	70～90	—	15～45	—	0～5	0	—	—	—	—
	5～40	—	95～100	70～90	—	30～65	—	—	0～5	0	—	—	—

续表

级配情况	公称粒径/mm	累计筛余（按质量计）/%											
		方孔筛筛孔边长尺寸/mm											
		2.36	4.75	9.50	16.0	19.0	26.5	31.5	37.5	0.53	63.0	75.0	90
单粒粒级	10~20	—	95~100	85~100	—	0~15	0	—	—	—	—	—	—
	16~31.5	—	95~100	—	85~100	—	—	0~10	0	—	—	—	—
	20~40	—	—	95~100	—	80~100	—	—	0~10		0	—	—
	31.5~63	—	—	—	95~100	—	—	75~100	45~75		0~10	0	—
	40~80	—	—	—	—	95~100	—	—	70~100		30~60	0~10	0

粗骨料的级配按供应情况有连续级配和间断级配两种。连续级配是按颗粒尺寸由小到大连续分级（4.75mm~D_{max}），颗粒级差小（$D/d≈2$），每级骨料都占有一定比例，配制的混凝土拌和物和易性好，不易发生分层和离析现象，应用较为广泛。间断级配是人为剔除某些中间粒级颗粒，大颗粒的空隙直接由比它小得多的颗粒去填充，颗粒级差大（$D/d≈6$），从理论上讲可获得较小的空隙率，可最大限度地发挥骨料的骨架作用，减小水泥用量。但用间断级配粗骨料配制的混凝土拌和物易产生分层和离析现象，增加施工困难，尤其是流动性较大的混凝土工程。

单粒级宜用于组合成具有所要求级配的连续粒级，也可与连续粒级配合使用，以改善骨料级配。工程中不宜采用单一的单粒级粗骨料配制混凝土。

（2）最大粒径（D_{max}）

粗骨料公称粒级的上限称为该粒级的最大粒径。骨料的最大粒径大，其总表面积小，用于包裹其表面所需的水泥砂浆量减少，可降低单位用水量，节约水泥用量。但粗骨料的最大粒径也不是越大越好，对于结构混凝土，尤其是高强混凝土，由于水泥浆体在凝结硬化过程中产生不可避免的体积收缩，易在粗骨料与水泥浆体界面上产生拉应力，形成微裂缝，从而影响强度。粗骨料最大粒径越大，此影响越明显。此外，与结构中混凝土受力情况较相似的棱柱体抗压强度与立方体抗压强度的比值也有随粗骨料最大粒径增大而降低的趋势。

根据《混凝土结构工程施工质量验收规范》（GB 50204—2002）规定，混凝土用粗骨料的最大粒径不得超过结构截面最小尺寸的 1/4；且不得超过钢筋最小净距的 3/4；对于混凝土实心板，骨料的最大粒径不宜超过板厚的 1/3，且最大粒径不得超过 40mm；对泵送混凝土，碎石最大粒径与输送管内径之比宜小于或等于 1∶3，卵石宜小于或等于 1∶2.5。

2. 颗粒形状及表面特征

为提高混凝土强度和减小骨料间的空隙，粗骨料比较理想的颗粒形状应是三维长度相等、接近立方体形的颗粒或球形颗粒。粗骨料中的针、片状颗粒（即颗粒的长度大于该颗粒所属粒级的平均粒径 2.4 倍者为针状，厚度小于该颗粒所属粒级的平均粒径 0.4 倍者为片状）含量应少，因为针、片状颗粒不仅本身受力时容易折断，影响混凝土的强度，而且会增大骨料的空隙率和总表面积，使混凝土拌和物的和易性变差，且会影响到混凝土的耐久性。针、片状颗粒含量应符合表 5.11 的规定。

表5.11 针、片状颗粒含量

混凝土强度等级	≥C60	C55~C30	C25
针片状颗粒含量（按质量计）/%	≤8	≤15	≤25

骨料表面特征主要是指骨料表面的粗糙程度及孔隙特征等。它主要影响骨料与水泥石之间的粘结性能，从而影响混凝土的强度，尤其是抗弯强度，这对高强混凝土更为明显。碎石表面粗糙，而且具有吸收水泥浆的孔隙特征，所以它与水泥石的粘结能力较强；卵石表面光滑且少棱角，与水泥石的粘结能力较差，但混凝土拌和物的和易性较好。在其他条件相同的情况下，卵石混凝土流动性较碎石混凝土流动性大（相同的单位用水量条件下），碎石混凝土强度比卵石混凝土强度高（相同水灰比条件下高10%左右）。

3. 杂质含量

粗骨料中常含有一些有害杂质，如泥块、淤泥、硫化物、硫酸盐和有机质，它们的危害作用与在细骨料砂中相同。其含量应符合表5.12的规定。

表5.12 粗骨料的有害杂质含量

混凝土强度等级	≥C60	C55~C30	C25
含泥量（按质量计）/%	≤0.5	≤1.0	≤2.0
泥块含量（按质量计）/%	≤0.2	≤0.5	≤0.7
硫化物及硫酸盐（折算成SO₃，按质量计）/%	≤1.0		
卵石中有机物含量（用比色法试验）	颜色不应深于标准色；当颜色深于标准色时，应配制成混凝土进行强度对比试验，抗压强度比不应低于0.95		

4. 强度

为保证混凝土的强度要求，粗骨料必须具有足够的强度。碎石的强度可用岩石的抗压强度和压碎值指标表示。岩石的抗压强度应比所配制的混凝土强度至少高20%。当混凝土强度等级大于或等于C60时，应进行岩石抗压强度检验。岩石强度首先应由生产单位提供，工程中可采用压碎值指标进行质量控制。

岩石抗压强度检验，是将轧制碎石的母岩制成边长为5cm的立方体（或直径与高均为5cm的圆柱体）试件，在水饱和状态下测定其极限抗压强度值。

压碎指标检验，是将一定质量（G_1）的气干状态下粒径9.50~19.0mm的石子装入一标准圆筒内，放在压力机上，以1kN/s速度均匀加荷至200kN并稳荷5s，然后卸荷，用孔径2.36mm的筛筛除被压碎的细粒，称出留在筛上的试样质量G_2，压碎指标Q_e可按下式计算，即

$$Q_e = \frac{G_1 - G_2}{G_1} \times 100\% \tag{5.3}$$

压碎指标Q_e值愈小，表示粗骨料抵抗受压破坏的能力愈强。普通混凝土用碎石和卵石的压碎指标值见表5.13。

表 5.13 普通混凝土用碎石和卵石的压碎指标

粗骨料品种		混凝土强度等级及压碎值指标	
		C60～C40	≤C35
碎石	沉积岩	≤10	≤16
	变质岩或深成火成岩	≤12	≤20
	喷出的火成岩	≤13	≤30
卵石		≤12	≤16

压碎指标检验操作方便，用于经常性的质量控制。而在选择采石场、或对粗骨料有严格要求以及对质量有争议时，宜采用岩石立方体强度检验。

5. 骨料的坚固性

卵石、碎石在自然风化和其他外界物理化学因素作用下抵抗破裂的能力称为骨料的坚固性。当骨料由于干湿循环或冻融交替等作用引起体积变化而导致混凝土破坏时，即认为坚固性不良。用具有较多开口孔隙结构的岩石，如某些页岩、砂岩等配制的混凝土，较易遭受冰冻及骨料内盐类结晶所导致的破坏。骨料越密实，强度越高，吸水率越小，其坚固性越好；而结构越疏松，矿物成分越复杂、不均匀，其坚固性越差。骨料的坚固性采用硫酸钠溶液法进行试验，卵石和碎石经 5 次循环后其质量损失应符合表 5.14 的规定。

表 5.14 碎石和卵石的坚固性指标

混凝土所处的环境及其性能要求	5 次循环后的质量损失/%
在严寒及寒冷地区室外使用，并经常处于潮湿或干湿交替状态下的混凝土；有腐蚀介质作用或经常处于水位变化区的地下结构或有抗疲劳、耐磨、抗冲击等要求的混凝土	≤8
其他条件下使用的混凝土	≤12

6. 骨料的碱活性

当粗骨料中夹杂着活性氧化硅（活性氧化硅的矿物形式有蛋白石、玉髓和鳞石英等，含有活性氧化硅的岩石有流纹岩、安山岩和凝灰岩等）或活性碳酸盐，而配制混凝土所用水泥又含有较多的碱，就可能产生碱骨料破坏。

对于长期处于潮湿环境的重要混凝土结构所用的砂、石，应进行碱活性检验（**此条为强制性标准**）。进行碱活性检验时，首先应采用岩相法检验碱活性骨料的品种、类型和数量。当检验出骨料中含有活性二氧化硅时，应采用快速砂浆棒法和砂浆长度法进行碱活性检验；当检验出骨料中含有活性碳酸盐类时，应采用岩石柱法进行碱活性检验。

经上述检验，当判定骨料存在潜在碱-碳酸盐反应危害时，不宜用作混凝土骨料；否则，应通过专门的混凝土试验做最后评定。

当判定骨料存在潜在碱-硅反应危害时，应控制混凝土中的碱含量不超过 $3kg/m^3$，或采用能抵制碱-骨料反应的有效措施。

7. 骨料的含水状态

骨料的含水状态可分为干燥状态、气干状态、饱和面干状态和湿润状态等四种，如图5.4所示。干燥状态的骨料含水率等于或接近于零；气干状态的骨料含水率与大气湿度相平衡，但未达到饱和状态；饱和面干状态的骨料其内部孔隙含水达到饱和而其表面干燥；湿润状态的骨料不仅内部孔隙含水达到饱和，而且表面还附着一部分自由水。计算普通混凝土配合比时，一般以干燥状态的骨料为基准，而一些大型水利工程常以饱和面干状态的骨料为基准。

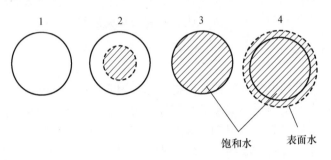

图5.4 骨料的含水状态
1. 干燥状态；2. 气干状态；3. 饱和面干状态；4. 湿润状态

骨料的含水状态常随外界气候条件而变化，尤其是细骨料的含水率的变化更大，即使在同一料场的不同部位，骨料的含水状态也不一样。拌制混凝土时，由于骨料的含水量不同，将影响混凝土的用水量和骨料用量。因此，在拌制混凝土时，必须经常测定骨料的含水率，及时调整混凝土组成材料的用量比例（即调整施工配合比），以保证混凝土质量。

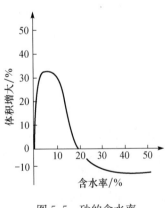

图5.5 砂的含水率

细骨料的堆积密度和体积与其含水状态关系极大。潮湿的砂，由于颗粒表面吸附水膜的存在，砂粒互相粘附，形成疏松的结构，会引起体积显著增加，一般当砂的含水率为5%～8%时，其堆积密度最小而体积最大，这种现象叫做湿胀。当砂的含水率继续增大，随着颗粒表面水膜的增厚，水的自重超过砂颗粒表面的吸附力而发生流动，迁移到砂颗粒间的空隙中去，砂粒相互靠近，所以体积反而缩小。当含水率为20%左右时，湿砂的体积与干砂相近。含水率继续增加，颗粒互相挤紧，湿砂的体积小于干砂。所以，在配置混凝土、建筑砂浆或丈量砂方时应特别注意这一点，砂的用量以重量来控制较为准确。砂的含水率与体积的关系见图5.5。

5.2.4 混凝土拌和及养护用水

水是混凝土的主要组分之一。对混凝土拌和及养护用水的质量要求是：不影响混凝土的凝结和硬化；无损于混凝土强度发展及耐久性；不加快钢筋锈蚀；不引起预应力钢筋脆断；不污染混凝土表面。

1. 混凝土拌和用水

混凝土拌和用水应符合《混凝土用水标准》(JGJ 63—2006)的质量要求，见表 5.15。对于设计使用年限为 100 年的结构混凝土，氯离子含量不得超过 500mg/L；对使用钢丝或经热处理钢筋的预应力混凝土，氯离子含量不得超过 350mg/L。

表 5.15 混凝土拌和用水水质要求（摘自 JGJ 63—2006）

项 目	预应力混凝土	钢筋混凝土	素混凝土
pH	$\geqslant 5.0$	$\geqslant 4.5$	$\geqslant 4.5$
不溶物/(mg/L)	$\leqslant 2000$	$\leqslant 2000$	$\leqslant 5000$
可溶物/(mg/L)	$\leqslant 2000$	$\leqslant 5000$	$\leqslant 10000$
Cl^-/(mg/L)	$\leqslant 500$	$\leqslant 1000$	$\leqslant 3500$
SO_4^{2-}/(mg/L)	$\leqslant 600$	$\leqslant 2000$	$\leqslant 2700$
碱含量/(mg/L)	$\leqslant 1500$	$\leqslant 1500$	$\leqslant 1500$

注：碱含量按 $Na_2O+0.658K_2O$ 计算值来表示。采用非碱活性骨料时，可不检验碱含量。

地表水、地下水、再生水的放射性应符合现行国家标准《生活饮用水卫生标准》(GB 5749)的规定。

被检验水样应与饮用水样进行水泥凝结时间对比试验。对比试验的水泥初凝时间差及终凝时间差均不应大于 30min；同时，初凝和终凝时间应符合现行国家标准《硅酸盐水泥、普通硅酸盐水泥》(GB 175)的规定。

被检验水样应与饮用水样进行水泥胶砂强度对比试验，被检验水样配制的水泥胶砂 3d 和 28d 强度不应低于饮用水配制的水泥胶砂 3d 和 28d 强度的 90%。

混凝土拌和用水不应有漂浮明显的油脂和泡沫，不应有明显的颜色和异味。

混凝土企业设备洗刷水不宜用于预应力混凝土、装饰混凝土、加气混凝土和暴露于腐蚀环境的混凝土，不得用于使用碱活性或潜在碱活性骨料的混凝土。

未经处理的海水严禁用于钢筋混凝土和预应力混凝土（**本条为强制性标准**）。

在无法获得水源的情况下，海水可用于素混凝土，但不宜用于装饰混凝土。

2. 混凝土养护用水

混凝土养护用水可不检验不溶物和可溶物，其他检验项目应符合表 5.15 及 GB 5749 的规定。

总之，混凝土用水按水源可分为饮用水、地表水、地下水、海水以及经适当处理后的工业废水。符合饮用水标准的水可直接用于拌制及养护混凝土。地表水和地下水常溶有较多的有机质和矿物盐类，必须按标准规定检验合格后方可使用。海水中含有较多的硫酸盐和氯盐，影响混凝土的耐久性并加速混凝土中钢筋的锈蚀，因此对于钢筋混凝土和预应力混凝土结构，不得采用海水拌制；对有饰面要求的混凝土，也不得采用海水拌制，以免因表面产生盐析而影响装饰效果。工业废水经检验合格后方可用于拌制混凝土。生活污水的水质比较复杂，不能用于拌制混凝土。

5.2.5 混凝土外加剂

混凝土外加剂是指在混凝土拌和过程中掺入的用以改善混凝土性能的物质。除特殊情况外，外加剂掺量一般不超过水泥用量的 5%。

混凝土工程技术的发展对混凝土性能提出了许多新的要求（大流动性、高强、早强、高耐久性等），这些性能的实现需要应用高性能外加剂。因此，外加剂也就逐渐成为混凝土的第五种成分。

1. 外加剂的分类

混凝土外加剂种类繁多，根据其主要功能可分为四类：

1）改善混凝土拌和物流变性能的外加剂，包括各种减水剂、引气剂和泵送剂等。

2）调节混凝土凝结时间、硬化性能的外加剂，包括缓凝剂、早强剂和速凝剂等。

3）改善混凝土耐久性的外加剂，包括引气剂、防水剂和阻锈剂、减缩剂等。

4）改善混凝土其他性能的外加剂，包括加气剂、膨胀剂、防冻剂、着色剂、防水剂和泵送剂等。

2. 常用混凝土外加剂

（1）减水剂

减水剂是指在保持混凝土流动性不变的条件下可显著减少拌和用水量；或不减少拌和用水量，可显著提高混凝土流动性的外加剂。减水剂根据作用效果及功能情况可分为普通减水剂、高效减水剂、早强减水剂、缓凝减水剂、缓凝高效减水剂及引气减水剂等。

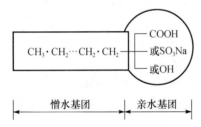

图 5.6 表面活性剂分子结构模型

1）减水剂的作用原理。常用减水剂均属表面活性物质，其分子由亲水基团和憎水基团两个部分组成，见图 5.6。当水泥加水拌和后，由于水泥颗粒间分子凝聚力的作用，水泥浆形成絮凝结构，见图 5.7（a）。在絮凝结构中包裹了一定的拌和水（游离水），

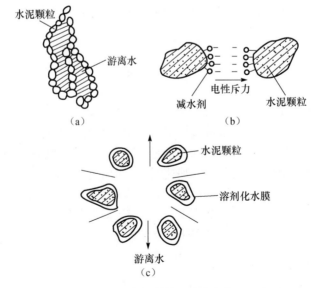

图 5.7 水泥浆的絮凝结构和减水剂作用示意图

从而降低了混凝土拌和物的和易性。如在水泥中加入适量的减水剂，一方面由于减水剂的表面活性作用，憎水基团定向吸附于水泥颗粒表面，亲水基团指向水溶液，使水泥颗粒表面带有相同的电荷，在电斥力作用下水泥颗粒互相分开，如图 5.7（b）所示，絮凝结构解体，包裹的游离水被释放出来，从而有效地增加了混凝土拌和物的流动性。另一方面，当水泥颗粒表面吸附足够的减水剂后，在水泥颗粒表面形成一层稳定的溶剂化水膜层，它阻止了水泥颗粒间的直接接触，并在颗粒间起润滑作用，如图 5.7（c）所示，从而使混凝土拌和物的流动性增大。此外，由于水泥颗粒被有效分散，颗粒表面被水分充分润湿，增大了水泥颗粒的水化面积，使水泥水化充分，有利于提高混凝土的强度。

　　2）减水剂的技术经济效果。根据使用目的不同，在混凝土中加入减水剂，一般可取得以下效果：

　　① 增大流动性。在用水量及水泥用量不变时，混凝土坍落度可增大 100～200mm，显著提高了混凝土的流动性，有利于施工成型，且不影响混凝土的强度及耐久性。

　　② 提高混凝土强度。在保持流动性及水泥用量不变的条件下，可减少拌和用水量 10%～20%，从而降低了水灰比，使混凝土强度得到提高（约 15%～20%），早期强度也得到提高（约 30%～50%），因此缩短了施工周期，提高了模具的利用率。

　　③ 节约水泥。在保持流动性及水灰比不变的条件下，可以在减少拌和水量的同时相应减少水泥用量，即在保持混凝土强度不变时可节约水泥用量 10%～15%，且有利于降低工程成本。

　　④ 改善混凝土的耐久性。由于减水剂的掺入，显著地改善了混凝土的孔结构，使混凝土的密实度提高，透水性降低，从而可提高抗渗、抗冻、抗化学腐蚀及防锈蚀等能力。

　　此外，掺用减水剂后，还可以改善混凝土拌和物的泌水、离析现象，延缓混凝土拌和物的凝结时间，减慢水泥水化放热速度，防止因内外温差而引起的裂缝。

　　3）常用的减水剂。减水剂种类很多，按减水效果可分为普通减水剂和高效减水剂，按凝结时间可分为标准型、早强型、缓凝型三种，按是否引气可分为引气型和非引气型两种，按其化学成分主要有木质素磺酸盐系、萘系、水溶性树脂类、糖蜜类和复合型减水剂等。

　　① 木质素磺酸盐系减水剂。这类减水剂包括木质素磺酸钙（木钙）、木质素磺酸钠（木钠）、木质素磺酸镁（木镁）等。其中，木钙减水剂（又称 M 型减水剂）使用较多。

　　　　木钙减水剂是以生产纸浆或纤维浆剩余下来的亚硫酸浆废液为原料，采用石灰乳中和，经生物发酵除糖、蒸发浓缩、喷雾干燥而制得的棕黄色粉末。

　　　　木钙减水剂的适宜掺量一般为水泥质量的 0.2%～0.3%，其减水率为 10%～15%。木钙减水剂对混凝土有缓凝作用，一般缓凝 1～3h。掺量过多或在低温下，其缓凝作用更为显著，而且还可能使混凝土强度降低，使用时应注意。

　　　　木钙减水剂可用于一般混凝土工程，尤其适用于大体积浇筑、滑模施工、泵送混凝土及夏季施工等。木钙减水剂不宜单独用于冬季施工，在日最低气温低于 5℃时应与早强剂或防冻剂复合使用。木钙减水剂也不宜单独用于蒸养混凝土及预应力混凝土，以免蒸养后混凝土表面出现酥松现象。

② 萘磺酸盐系减水剂。萘系减水剂是用萘或萘的同系物经磺化与甲醛缩合而成。萘系减水剂通常是工业萘或煤焦油中萘、蒽、甲基萘等馏分经磺化、水碱、中和、过滤、干燥而成，一般为棕色粉末。目前，我国生产的主要有 NNO、NF、FDN、UNF、MF、建 I 型等减水剂，其中大部分品牌为非引气型减水剂。

萘系减水剂的适宜掺量为水泥质量的 0.5%～1.0%，减水率为 10%～25%。萘系减水剂的减水增强效果好，对不同品种水泥的适应性较强，适用于配制早强、高强、流态、蒸养混凝土，也适用于最低气温 0℃ 以上施工的混凝土，低于此温度时宜与早强剂复合使用。

③ 水溶性树脂减水剂。这类减水剂是以一些水溶性树脂为主要原料制成的减水剂，如三聚氰胺树脂、古玛隆树脂等。该类减水剂的减水增强效果显著，为高效减水剂，称为"减水剂之王"，我国产品有 SM 树脂减水剂等。

SM 减水剂掺量为水泥质量的 0.5%～2.0%，其减水率为 15%～27%，混凝土 3d 强度提高可 30%～100%，28d 强度可提高 20%～30%，同时能提高混凝土抗渗、抗冻等耐久性能。

SM 减水剂价格昂贵，适于配制高强混凝土、早强混凝土、流态混凝土及蒸养混凝土等。

(2) 早强剂

早强剂是加速混凝土早期强度发展，并对后期强度无显著影响的外加剂。早强剂能加速水泥的水化和硬化，缩短养护期，从而达到尽早拆模、提高模板周转率，加快施工速度的目的。早强剂可以在常温、低温和负温（不低于−5℃）条件下加速混凝土的硬化过程，多用于冬季施工和抢修工程。早强剂主要有无机盐类（氯盐类、硫酸盐类）和有机胺及有机-无机的复合物三大类。

1）氯盐类早强剂。氯盐类早强剂主要有氯化钙、氯化钠、氯化钾、氯化铝及三氯化铁等，其中以氯化钙应用最广。氯化钙为白色粉状物，其适宜掺量为水泥质量的 0.5%～2.0%，能使混凝土 3d 强度提高 50%～100%，7d 强度提高 20%～40%，同时能降低混凝土中水的冰点，防止混凝土早期受冻。但其掺量不宜过多，否则会引起水泥速凝，不利于施工，还会加大混凝土的收缩。

氯化钙对混凝土产生早强作用的主要原因，一般认为是它能与水泥中 C_3A 反应生成复盐 $C_3A \cdot CaCl_2 \cdot 10H_2O$，还与水化析出的氢氧化钙作用，生成复盐 $CaCl_2 \cdot 2Ca(OH)_2 \cdot 12H_2O$。以上两种复盐不溶于水，且本身具有一定的强度。这些复盐的形成，增加了水泥浆中固相的比例，形成强度骨架，有助于水泥石结构的形成。同时，由于氯化钙与氢氧化钙的迅速反应，降低了液相中的碱度，使矿物成分水化反应加快，早期水化物增多，有利于提高混凝土早期强度。

采用氯化钙作早强剂，最大的缺点是含有 Cl^-，会使钢筋锈蚀，并导致混凝土开裂。因此，《混凝土外加剂应用技术规范》（GBJ 119）规定，在钢筋混凝土中，氯化钙的掺量不得超过水泥质量的 1%，在无筋混凝土中掺量不得超过 3%，在使用冷拉和冷拔低碳钢丝的混凝土结构及预应力混凝土结构中不允许掺用氯化钙和含氯盐的早强剂。同时还规定，在下列结构的钢筋混凝土中不得掺用氯化钙和含有氯盐的复合早强剂：在高湿度空气环境中、处于水位频繁升降部位、露天结构或经受水淋的结构；与含有酸、碱或硫酸盐等侵蚀性介质相接触的结构；使用过程中经常处于环境温度为 60℃ 以上的结构；直接靠近直流电源或高压电源的结构等。

为了抑制氯化钙对钢筋的锈蚀作用，常将氯化钙与阻锈剂亚硝酸钠（$NaNO_2$）复合使用。

2）硫酸盐类早强剂。硫酸盐类早强剂主要有硫酸钠、硫代硫酸钠、硫酸钙、硫酸铝、硫酸铝钾等，其中硫酸钠应用较多。硫酸钠分无水硫酸钠（白色粉末）和有水硫酸钠（白色晶粒）。硫酸钠的适宜掺量为水泥用量的 0.5%～2%。当掺量为 1%～1.5% 时，达到混凝土设计强度 70% 的时间可缩短一半左右。

硫酸钠掺入混凝土后产生早强的原因，一般认为是硫酸钠与水泥水化产物氢氧化钙 $Ca(OH)_2$ 作用，生成高分散性的硫酸钙，均匀分布在混凝土中，并极易与 C_3A 反应，能使水化硫铝酸钙迅速生成。同时，由于上述反应的进行，溶液中 $Ca(OH)_2$ 浓度降低，从而促使 C_3S 水化加速，大大加快了水泥的硬化，使混凝土早期强度提高。

硫酸钠对钢筋无锈蚀作用，适用于不允许掺用氯盐的混凝土。但由于它与 $Ca(OH)_2$ 作用生成强碱 NaOH，为防止碱-骨料反应，硫酸钠严禁用于含有活性骨料的混凝土，同时不得用于与镀锌钢材或铝铁相接触部位的结构、外露钢筋预埋件而无防护措施的结构、使用直流电源的工厂及使用电气化运输设施的钢筋混凝土结构。硫酸钠早强剂应注意不能超量掺加，以免导致混凝土产生后期膨胀而开裂破坏，并防止混凝土表面产生"白霜"。

3）有机胺类早强剂。有机胺类早强剂主要有三乙醇胺、三异丙醇胺等，其中早强效果以三乙醇胺为最佳。三乙醇胺不改变水泥水化生成物，但能加速水化速度，在水泥水化过程中起催化作用。

三乙醇胺为无色或淡黄色油状液体，呈碱性，能溶于水，无毒、不燃。三乙醇胺掺量极少，掺量为水泥质量的 0.02%～0.05%，能使混凝土早期强度提高。

三乙醇胺对混凝土稍有缓凝作用，掺量过多会造成混凝土严重缓凝和混凝土后期强度下降，掺量越大强度下降越多，故应严格控制掺量。三乙醇胺单独使用时早强效果不明显，与其他外加剂（如氯化钠、氯化钙、硫酸钠等）复合使用效果更加显著，故一般复合使用。

（3）缓凝剂

缓凝剂是指能延缓混凝土凝结时间，并对混凝土后期强度发展无不利影响的外加剂。缓凝剂主要有四类：糖类，如糖蜜；本质素磺酸盐类，如木钙、木钠；羟基羧酸及其盐类，如柠檬酸、酒石酸；无机盐类，如锌盐、硼酸盐等。常用的缓凝剂是木钙和糖蜜，基中糖蜜的缓凝效果最好。

缓凝剂的作用原理十分复杂，至今尚没有一个比较完满的分析理论。常有以下几种解释：

吸附理论认为缓凝剂通过离子键、氢键或偶极间作用被吸附在未水化水泥颗粒表面上，产生屏蔽而防止水分子靠近，从而阻碍了水化反应。

沉淀理论认为缓凝剂与水泥中某些组分生成了不溶性物质，它包围了水泥颗粒，从而阻碍了水化反应进行。

又有的理论认为是 $Ca(OH)_2$ 晶核上吸附了缓凝剂，妨碍了它的进一步生成、长大，这须使液相中达到一定过饱和以后 $Ca(OH)_2$ 才能继续生长。由于 $Ca(OH)_2$ 不能及时析出，就妨碍了硅酸盐相的进一步水化。

总之，缓凝剂的缓凝作用是由于在水泥颗粒表面形成屏蔽、或形成不溶性物质，使水泥悬浮体的稳定程度提高并抵制水泥颗粒凝聚，从而延缓水泥的水化和凝结。

常用的缓凝剂中，糖蜜缓凝剂是制糖下脚料经石灰处理而成，也是表面活性剂，掺入混凝土拌和物中，能吸附在水泥颗粒表面，形成同种电荷的亲水膜，使水泥颗粒相互排斥，并阻碍水泥水化，从而起缓凝作用。糖蜜的适宜掺量为 0.1%～0.3%，混凝土凝结时间可延长 2～4h，掺量每增加 0.1%，可延长 1h。掺量如大于 1%，会使混凝土长期酥松不硬，强度严重下降。

缓凝剂具有缓凝、减水、降低水化热和增强作用，对钢筋也无锈蚀作用，主要适用于大体积混凝土和炎热气候下施工的混凝土、泵送混凝土及滑模施工的混凝土，以及需长时间停放或长距离运输的混凝土。缓凝剂不宜用于日最低气温 5℃ 以下施工的混凝土，也不宜单独用于有早强要求的混凝土及蒸养混凝土。

（4）引气剂

引气剂是指在混凝土搅拌过程中，能引入大量分布均匀的微小气泡，以减少混凝土拌和物的泌水、离析，改善和易性，并能显著提高硬化混凝土抗冻性、抗渗性等耐久性指标的外加剂。目前，应用较多的引气剂为松香热聚物、松香皂、烷基苯磺酸盐等。

松香热聚物是松香与苯酚、硫酸、氢氧化钠以一定配比经加热缩聚而成的。松香皂是由松香经氢氧化钠皂化而成的。松香热聚物的适宜掺量为水泥质量的 0.005%～0.02%，混凝土的含气量为 3%～5%（不加引气剂的混凝土含气量为 1% 左右），减水率为 8% 左右。

引气剂属憎水性表面活性剂，表面活性作用类似减水剂，区别在于减水剂的界面活性作用主要发生在液-固界面，而引气剂的界面活性作用主要在气-液界面上。由于能显著降低水的表面张力和界面能，使水溶液在搅拌过程中极易产生许多微小的封闭气泡，气泡直径多 50～250μm。同时，因引气剂定向吸附在气泡表面，形成较为牢固的液膜，使气泡稳定而不破裂。由于大量微小、封闭并均匀分布的气泡的存在，混凝土的某些性能得到明显改善或改变。

1）改善混凝土拌和物的和易性。由于大量微小封闭球状气泡在混凝土拌和物内形成，如同滚珠一样，减少了颗粒间的摩擦阻力，使混凝土拌和物流动性增加。同时，由于水分均匀分布在大量气泡的表面，使能自由移动的水量减少，混凝土拌和物的保水性、黏聚性也随之提高。

2）显著提高混凝土的抗冻性、抗渗性。在混凝土内引入大量均匀分布的封闭气泡，可显著降低混凝土的充水程度，即开口孔隙率降低，而总的孔隙率增大，从而显著提高混凝土的抗冻性。大量微小气泡占据于混凝土的孔隙，切断毛细管通道，使抗渗性得到改善。

3）降低混凝土强度。由于大量气泡的存在，减少了混凝土的有效受力面积，使混凝土强度有所降低。一般混凝土的含气量每增加 1%，其抗压强度将降低 4%～6%，抗折强度降低 2%～3%。

引气剂可用于抗渗混凝土、抗冻混凝土、抗硫酸盐侵蚀混凝土、泌水严重的混凝土、贫混凝土、轻混凝土以及对饰面有要求的混凝土等，但引气剂不宜用于蒸养混凝土及预应力混凝土。

（5）防冻剂

防冻剂是指能显降低混凝土冰点，使混凝土液相在负温下不冻结或只部分冻结，以保证水泥的水化作用，并在一定时间内在规定养护条件下获得预期强度的外加剂。常用的防冻剂有氯盐类（氯化钙、氯化钠），氯盐阻锈类（由氯盐与亚硝酸钠复合而成），无氯盐类（以硝酸盐、亚硝酸盐、碳酸盐、乙酸钠或尿素复合而成）。

氯盐类防冻剂适用于无筋混凝土；氯盐阻锈类防冻剂可用于钢筋混凝土；无氯盐类防冻剂可用于钢筋混凝土工程和预应力钢筋混凝土工程。硝酸盐、亚硝酸盐、碳酸盐易引起钢筋的应力腐蚀，故此类防冻剂不适用于预应力混凝土以及与镀锌钢材相接触部位的钢筋混凝土结构。另外，含有六价铬盐、亚硝酸盐等有毒成分的防冻剂、严禁用于饮水工程及与仪器接触的部位。

防冻剂用于负温条件下施工的混凝土。目前，国产防冻剂品种适用于 $0 \sim -20\text{℃}$ 的气温，当在更低气温下施工时，应增加其他混凝土冬季施工措施，如暖棚法、原料（砂、石、水）预热法等。

（6）速凝剂

速凝剂是指能使混凝土迅速凝结硬化的外加剂。速凝剂主要有无机盐类和有机物类两类。我国常用的速凝剂是无机盐类，主要有红星Ⅰ型、711型、728型、8604型等。在满足施工要求的前提下，速凝剂以最小掺量为宜。

速凝剂掺入混凝土后，能使混凝土在 5min 内初凝，10min 内终凝，1h 就可产生强度，1d 强度提高 $2 \sim 3$ 倍，但后期强度会下降，28d 强度约为不掺时的 $80\% \sim 90\%$。

速凝剂主要用于矿山井巷、铁路隧道、引水涵洞、地下工程以及喷锚支护时的喷射混凝土或喷射砂浆工程。

（7）减缩剂

减缩剂是能显著减小混凝土干缩值的外加剂。混凝土很大的一个缺点是在干燥条件下产生收缩，这种收缩导致了硬化混凝土的开裂和其他缺陷的形成和发展，使混凝土的使用寿命大大降低。在混凝土中加入减缩剂能大大降低混凝土的干燥收缩，掺入适量的减缩剂能使混凝土的 28d 收缩值减少 $50\% \sim 80\%$，最终收缩值减少 $25\% \sim 50\%$。

混凝土减缩剂减少混凝土收缩的机理：从本质上讲，减缩剂是表面活性剂，可降低水的表面张力，从而减小毛细孔张力。混凝土干缩就是由于干燥环境下，毛细孔中水蒸发形成毛细管张力而引起的，所以混凝土减缩剂对减少混凝土的干缩和自缩有较大作用。

3. 外加剂的选择和使用

《混凝土外加剂应用技术规范》（GB 50119—2003）规定了普通减水剂、高效减水剂、引气剂、引气减水剂、缓凝剂、缓凝减水剂、缓凝高效减水剂、早强剂、早强减水剂、防冻剂、膨胀剂、泵送剂、防水剂及速凝剂等十四种外加剂在混凝土中的应用。在混凝土工程中，合理选择和正确使用外加剂，可显著改善混凝土的技术性能，取得良好的技术经济效益。

（1）外加剂品种的选择

外加剂品种、品牌很多，效果各异，且外加剂与水泥间存在"适宜性"。在选择外加剂时，应根据工程特点、所处环境及现场材料条件，参考有关资料，通过试验确定。常用混凝土外加剂的品种、特点及应用范围见表 5.16。严禁使用对人体产生危害、对环境产生污染的外加剂（**此条为强制性条文**）。

表 5.16　各类外加剂的品种、特点及适用范围

外加剂类型	主要品种	主要特点	适用范围
普通减水剂与高效减水剂	普通减水剂： 木质素磺酸盐类：木质素磺酸钙（木钙）、木质素磺酸钠（木钠）、木质素磺酸镁（木镁）及丹宁等	1. 在保证混凝土工作性及强度不变条件下可节约水泥用量 2. 在保证混凝土工作性及水泥用量不变条件下可减少用水量，提高混凝土强度及耐久性 3. 在保持混凝土用水量及水泥用量不变条件下可增大混凝土流动性	1. 用于日最低气温 5℃以上的混凝土施工 2. 各种预制及现浇混凝土、钢筋混凝土及预应力混凝土 3. 大模板施工、滑模施工、大体积混凝土、泵送混凝土以及流动性混凝土 4. 不宜单独用于蒸养混凝土
	高效减水剂： 1. 多环芳香族磺酸盐类：萘和萘的同系物与甲醛缩合的盐类、胺基磺酸盐等 2. 水溶性树脂磺酸盐类：磺化三聚氰胺树脂、磺化古玛隆树脂等 3. 脂肪族类：聚羧酸盐类、聚丙烯酸盐类、脂肪族羟甲基磺酸高缩聚物等 4. 其他：改性木质素磺酸钙、改性丹宁等	1. 在保证混凝土工作性及水泥用量不变条件下可大幅度减少用水量，可制备早强、高强混凝土。 2. 在保证混凝土用水量及水泥用量不变条件下可大幅度提高混凝土的流动性，制备大流动性混凝土 3. 在保证混凝土工作性及水泥用量不变条件下显著降低水灰比，提高抗渗、抗冻、抗化学腐蚀及防锈蚀等能力，改善混凝土的耐久性 此外，掺用减水剂后，还可以改善混凝土拌和物的泌水、离析现象	1. 用于日最低气温 0℃以上的混凝土施工 2. 用于钢筋密集、截面复杂、空间窄小混凝土不易振捣的部位 3. 制备早强、高强混凝土以及流动性混凝土 4. 凡普通减水剂适用的范围高效减水剂水适用
引气剂及引气减水剂	1. 松香树脂类：松香热聚物、松香皂类等 2. 烷基和烷基芳烃磺酸盐类：十二烷基磺酸盐 3. 烷基苯磺酸盐类：烷基苯酚聚氧乙烯醚等 4. 脂肪醇磺酸盐类：脂肪醇聚氧乙烯醚、脂肪醇聚氧乙烯磺酸钠等 5. 其他：蛋白质盐、石油磺酸盐等可采用引气剂与减水剂复合而成的引气减水剂多	1. 在混凝土中引入大量独立封闭的、分布均匀的微小气泡，可改善混凝土拌和物的工作性，以减少混凝土内部的泌水、离析 2. 改善混凝土内部孔隙结构，能显著提高硬化后混凝土的抗冻性，并改善混凝土的抗渗性等耐久性指标 3. 引气量大，混凝土强度会降低，混凝土强度降低多	1. 用于有抗冻融要求的混凝土 2. 用于抗渗混凝土、抗硫酸盐混凝土、泌水严重的混凝土、贫混凝土、轻骨料混凝土、人工骨料配制的混凝土、高性能混凝土及有饰面要求的混凝土 3. 不宜用于蒸养混凝土及预应力混凝土

缓凝剂、缓凝减水剂及缓凝高效减水剂	1. 糖类：糖钙、葡萄糖酸盐等 2. 木质素磺酸盐类：木质素磺酸钙(钠)等 3. 羟基羧酸及其盐类：柠檬酸、酒石酸钾钠等 4. 无机盐类：锌盐、磷酸盐等 5. 其他：胺盐及其衍生物、纤维素醚等 可采用由缓凝剂与高效减水剂复合而成的缓凝高效减水剂	1. 能延缓混凝土凝结时间(2~4h)，并对混凝土后期强度发展无不利影响 2. 降低水化热峰值及推迟热峰出现的时间 3. 缓凝剂具有缓凝、减水和增强作用，对钢筋也无锈蚀作用	1. 大体积混凝土、碾压混凝土、炎热气候条件下施工的混凝土，大面积停浇筑或长距离运输的混凝土，自流平免振混凝土，滑模施工或拉模施工的混凝土 2. 宜用于日最低气温 5℃以上施工的混凝土，不宜单独用于有早强要求的混凝土及蒸养混凝土
早强剂及早强减水剂	1. 强电解质无机盐类早强剂：硫酸盐、硫酸复盐、硝酸盐、亚硝酸盐、氯盐等 2. 水溶性有机化合物：三乙醇胺、甲酸盐、乙酸盐、丙酸盐等 3. 其他有机化合物、无机盐复合物 混凝土工程中可采用由早强剂与减水剂复合而成的早强减水剂	1. 能加速混凝土早期强度发展，并对后期强度无显著影响 2. 通过加速水泥的水化和硬化，促进混凝土早强的发展，缩短养护期，加快施工速度，从而达到早拆模，提高模板周转周期的目的 3. 氯盐类早强剂还有能降低混凝土中水的冰点、防止混凝土早期受冻的作用，但氯盐会加速钢筋的锈蚀	1. 蒸养混凝土及常温、低温和最低温度不低于 $-5℃$ 环境中施工的有早强要求的混凝土工程 2. 炎热环境条件下不宜使用早强剂、早强减水剂 3. 下列结构中严禁使用含有氯盐配制的早强剂及早强减水剂(此条为强制性条文——6.2.3条)：(1)预应力混凝土结构；(2)相对湿度大于 80%环境中使用的结构、露天结构及经常受水淋、受水流冲刷的结构；(3)大体积混凝土；(4)直接接触酸、碱或其他侵蚀性介质的结构；(5)经常处于 60℃以上的结构，需经蒸养的钢筋混凝土预制构件；(6)有装饰要求的结构，尤其是要求色彩一致的结构；(7)薄壁结构；(8)使用冷拉钢筋或冷拔低碳钢丝的结构；(9)骨料具有碱活性的混凝土结构。4. 在下列结构中严禁采用含有强电解质无机盐类的早强剂及早强减水剂(此条为强制性条文——6.2.4条)：(1)与镀锌钢材或铝铁相接触部位的结构，以及有外露钢筋预埋铁件而无防护措施的结构；(2)使用直流电源的结构以及距离直流电源 100m 以内的结构

续表

外加剂类型	主要品种	主要特点	适用范围
防冻剂	1. 强电解质无机盐类：氯盐类、氯盐阻锈类、无氯盐类 2. 水溶性有机化合物类 3. 有机化合物与无机盐复合类 4. 复合型防冻剂：复合早强、引气、减水等	1. 能显著降低混凝土冰点，使混凝土液相在负温下不冻结或只部分冻结，以保证水泥的水化作用，并在一定时间内规定养护条件下获得预期强度 2. 强电解质无机盐类防冻剂还具有早强剂的作用，但氯盐类防冻剂会加速钢筋的锈蚀；硝酸盐、亚硝酸盐、碳酸盐易引起钢筋的应力腐蚀	1. 氯盐类防冻剂一般适用于无筋混凝土（符合以上的强制性条文 6.2.3 条、6.2.4 条） 2. 亚硝酸盐、碳酸盐的防冻剂严禁用于预应力混凝土结构（此为强制性条文） 3. 含有六价铬盐、亚硝酸盐等有害成分的防冻剂严禁用于饮水工程及与食品接触的工程 4. 含有硝胺、尿素等产生刺激性气味的防冻剂严禁用于办公、居住等建筑工程 5. 有机化合物与无机盐复合类及复合型防冻剂可用于素混凝土、钢筋混凝土及预应力混凝土工程
膨胀剂	1. 硫铝酸钙类 2. 硫铝酸钙-氧化钙类 3. 氧化钙类	能使混凝土在凝结硬化过程中产生适度膨胀，在钢筋和邻近位约束下，可在钢筋混凝土结构中建立一定的预压应力，可大致抵消混凝土在硬化过程中产生的干缩拉应力，补偿部分水化热引起的温差应力，从而防止或减少结构产生的有害裂缝	1. 补偿收缩混凝土 2. 填充用膨胀混凝土 3. 灌浆用膨胀砂浆 4. 自应力混凝土 5. 含硫铝酸钙类、硫铝酸钙-氧化钙类膨胀剂的混凝土（砂浆）不得用于长期环境温度为 80℃以上的工程，氧化钙类膨胀剂配制的混凝土（砂浆）不得用于海水或有侵蚀性水的工程
泵送剂	混凝土工程中，泵送剂主要由普通（高效）减水剂、缓凝剂、引气剂和保塑剂等复合而成	改善混凝土和易性，不离析泌水、黏聚性好，可配制具有一定含气量和缓凝性能的大坍落度混凝土	泵送施工混凝土；特别适用于大体积混凝土、高层建筑和超高层建筑、滑模施工、水下灌注桩等
防水剂	无机化合物类、有机化合物类、混合物类、复合类等	改善混凝土（砂浆）的耐久性，降低其在静水压力下透水性	工业与民用建筑的屋面、地下室、地下工程、水泵站等有防水抗渗要求的混凝土工程，含氯盐的防水剂可用于素混凝土、钢筋混凝土工程，严禁用于预应力混凝土工程
速凝剂	粉状速凝剂：以铝酸盐、碳酸盐等为主要成分 液体速凝剂：以铝酸盐、水玻璃等为主要成分	速凝剂能使混凝土迅速凝结硬化（5min 内初凝、10min 内终凝，1h 就可产生强度、1d 强度提高 2～3 倍，但后期强度会下降，28d 强度约为不掺时的 80%～90%）	喷射法施工的喷射混凝土；其他需要速凝的混凝土（地下工程支护、边坡加固，深基坑护壁、修复加固、堵漏用混凝土等）

（2）外加剂掺量的确定

外加剂掺量应以胶凝材料总量的百分比表示，或以 mL/kg 胶凝材料表示。

混凝土外加剂均有适宜掺量。掺量过小，往往达不到预期效果；掺量过大，则会影响混凝土质量，甚至造成质量事故。因此，应通过试验试配，确定最佳掺量。如：掺引气剂时应严格控制掺量及含气量，含气量不宜超过表 5.17 的规定。

表 5.17　掺引气剂及引气减水剂混凝土含气量

粗骨料最大粒径/mm	20	25	40	50	80
混凝土含气量/%	5.5	5.0	4.5	4.0	3.5

（3）外加剂的掺加方法

外加剂的掺量相对很少，必须保证其均匀分散，一般不能直接加入混凝土搅拌机内，而是与一定量的拌和水搅拌均匀后掺入。掺入方法会因外加剂不同而异，其效果也会因掺入方法不同而存在差异，故应严格按产品技术说明操作。如：减水剂有同掺法、后掺法、分掺法等三种方法。同掺法为减水剂在混凝土搅拌时一起掺入；后掺法是搅拌好混凝土后间隔一定时间然后再掺入；分掺法是一部分减水剂在混凝土搅拌时掺入，另一部分在间隔一段时间后再掺入。实践证明，后掺法最好，能充分发挥减水剂的功能。

（4）外加剂的储运保管

混凝土外加剂大多为表面活性物质或电解质盐类，具有较强的反应能力，敏感性较高，对混凝土性能影响很大，所以在储存和运输中应加强管理。失效的、不合格的、长期存放、质量未经试验检测的禁止使用；不同品种类别的外加剂应分别储存运输；应注意防潮、防水、避免受潮后影响功效；有毒性的外加剂必须单独存放，专人管理；有强氧化性的外加剂必须进行密封储存。同时，还必须注意储存期不得超过外加剂的有效期。

5.3　混凝土的主要技术性质

混凝土的各组成材料按一定比例配合、搅拌而成的尚未凝固的材料称为混凝土拌和物，又称新拌混凝土。新拌混凝土应具备的性能主要是满足施工要求，即拌和物必须具有良好的和易性，便于施工，并保证良好的浇筑质量；混凝土拌和物凝结硬化后应具有足够的强度、较小的变形性能和必要的耐久性，所以混凝土的主要技术性质有和易性、强度、变形性能和耐久性。

5.3.1　和易性

1. 和易性的概念

和易性（也称工作性）是指混凝土拌和物在一定的施工条件下（如设备、工艺、环境等）易于各工序（搅拌、运输、浇筑、捣实）施工操作，并能保证混凝土均匀、密实、稳定的性能。和易性是一项综合性的技术指标，包括流动性、黏聚性、保水性等三方面性能。

　　流动性是指混凝土拌和物在自重或机械振捣作用下易于流动并均匀密实地填满模板的性能。流动性的大小反映混凝土拌和物的稀稠、软硬程度，直接影响浇捣施工的难易程度，流动性大，混凝土易于浇捣成型。

　　黏聚性是指混凝土拌和物在施工过程中各组成材料之间有一定的黏聚力，使混凝土保持整体均匀和稳定的性能，在运输和浇筑过程中不致产生分层和离析现象。

　　保水性是指混凝土拌和物在施工过程中具有一定的保持内部水分的能力。保水性差，拌和物会产生泌水现象，影响混凝土的整体均匀性，并在混凝土内部形成贯通的毛细通道，使混凝土的密实性、强度降低，耐久性变差。

　　混凝土拌和物的流动性、黏聚性、保水性三者之间既互相联系，又互相矛盾。如黏聚性好则保水性一般也较好，但流动性可能较差；当增大流动性时，黏聚性和保水性往往变差。因此，在实际工程中，应在流动性满足施工要求的条件下使拌和物具有良好的黏聚性和保水性。

2. 和易性的测定及评定

　　我国现行标准《普通混凝土拌和物性能试验方法标准》（GB/T 50080—2002）规定，用坍落度和维勃稠度来测定混凝土拌和物的流动性，并辅以直观经验来评定黏聚性和保水性，以此综合评定和易性。

　　（1）坍落度法

　　坍落度法是将被测定的拌和物按规定的方法装入坍落度筒内，分层插实，装满刮平后，垂直平衡向上提起坍落度筒，拌和物因自重而坍落，量出筒高与混合料试体最高点间的高差，以 mm 为单位（结果精确到5mm），即为该拌和物的坍落度，见图5.8。

　　测定坍落度后，观察拌和物的黏聚性和保水性。黏聚性的评定是用捣棒在已坍落的混凝土锥体侧面轻轻敲打，如果锥体逐渐下沉，则表示黏聚性良好。若锥体突然倒塌、部分崩裂或产生离析现象，则表示黏聚性差。保水性是通过观察拌和物中稀浆的析出程度来评定，如在向坍落度筒内加料及坍落度筒提起后无稀浆或仅有少量稀浆

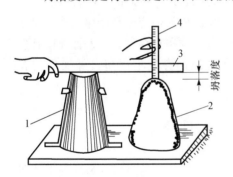

图5.8　混凝土拌和物坍落度试验
1. 坍落度筒；2. 新拌混合料试体；
3. 木尺；4. 钢尺

析出，则表示拌和物的保水性良好。

　　混凝土拌和物的流动性根据坍落度值不同可分为：

　　流态混凝土，坍落度值为 220～200mm；

　　大流动性混凝土，坍落度值大于 160mm；

　　流动性混凝土，坍落度值为 100～150mm；

　　塑性混凝土，坍落度值为 50～90mm；

　　低塑性混凝土，坍落度值为 10～40mm。

　　坍落度法适用于最大粒径不大于 40mm、坍落度不小于 10mm 的混凝土拌和物。当拌和物的坍落度值小于 10mm 时，为干硬性混凝土，须用维勃稠度法测定其流动性。

（2）维勃稠度法（V.B 稠度值）

此方法是瑞士 V. Bahrner 提出的测定混凝土混合料的一种方法，经国际标准化协会推荐，我国将此法定为干硬性混凝土流动性的评定方法。

维勃稠度法的试验原理如图 5.9 所示。将坍落度筒置于容器之内，并固定在规定的振动台上。先在坍落度筒内按规定方法填满混凝土拌和物，抽出坍落度筒，然后将附有滑杆的透明圆板放在拌和物顶部，开动振动台，至圆板的全部面积与混凝土拌和物接触时为止，测定所经过的时间（秒数），作为拌和物的稠度值，称为维勃稠度。

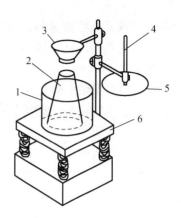

图 5.9　维勃稠度仪
1. 圆柱形容器；2. 坍落度筒；
3. 喂料斗；4. 滑杆；
5. 透明圆盘；6. 振动台

维勃稠度法适用于粗骨料最大粒径不大于 40mm，维勃稠度在 5～30s 之间的拌和物稠度的测定。根据维勃稠度值将混凝土拌和物分为：

超干硬性混凝土，维勃稠度≥31s；

特干硬性混凝土，维勃稠度 30～21s；

干硬性混凝土，维勃稠度 20～11s；

半干硬性混凝土，维勃稠度 10～5s。

3. 和易性的选用

选择新拌水泥混凝土的流动性（坍落度），应根据构件截面尺寸大小、钢筋疏密程度和捣实方法来确定。对无筋厚大结构、钢筋配置稀、易于施工的结构，可以选用较小的坍落度；反之，对断面尺寸较小、形状复杂或配筋特密的结构，则应选用较大的坍落度。一般在便于操作和保证捣固密实的条件下，尽可能选用较小的坍落度，以节约水泥，或提高强度及耐久性，具体选择可参考表 5.18。

表 5.18　混凝土坍落度的适宜范围

序　号	结构特点	坍落度/mm	
		机械振捣	人工捣实
1	无筋的厚大结构或配筋稀疏的构件	10～30	20～40
2	板、梁和大型及中型截面的柱子等	35～50	55～70
3	配筋较密的结构（薄壁、筒仓、细柱等）	55～70	75～90
4	配筋特密的结构	75～90	90～120

4. 影响和易性的主要因素

（1）水泥浆的用量（单位用水量）

单位用水量是指每立方米混凝土中水的用量。混凝土拌和物中的水泥浆赋予混凝土拌和物以一定的流动性。在水灰比不变的情况下，单位用水量愈大，则水泥浆愈多，拌和物的流动性愈大。但若水泥浆过多，将会出现流浆现象，使拌和物的黏聚性变差，同时对混凝土的强度及耐久性也会产生一定的影响。水泥浆过少，不能填满骨料间隙或不能很好地包裹骨料表面时，拌和物的流动性减小，且会产生崩塌现象，黏聚性也变差。因此，混凝土拌和物中水泥浆的用量应以满足流动性要求为度，不宜过量。

（2）水泥浆的稠度（水灰比）

水灰比是指水泥混凝土中水的用量与水泥用量之比（W/C）。在单位用水量不变的情况下，水灰比愈小，水泥浆就愈稠，混凝土拌和物的流动性就愈小，但黏聚性和保水性好。若水灰比过小，水泥浆过于干稠，即使增加单位用水量（增加水泥浆的数量），也不能提高拌和物的流动性，会使施工困难，不能保证混凝土的密实性。较大的水灰比会使拌和物的流动性加大，但会造成黏聚性和保水性不良，而产生流浆、离析、分层现象。需注意的是，水灰比不是由流动性要求确定的，而是由混凝土强度及耐久性要求确定的。造成水灰比过大或过小，是由于所选择的水泥强度等级与所配制的混凝土强度不相适应。

工程实践表明，在一定的范围内，混凝土拌和物流动性主要取决于单位用水量，即通常所说的单位用水量定则。对同样的骨料，如果单位用水量一定，单位体积水泥用量增减 50～100kg（W/C 产生变化），混凝土拌和物的坍落度大体可保持不变，但对黏聚性和保水性会产生影响。如果单纯加大用水量，会降低混凝土的强度和耐久性。因此，对混凝土拌和物流动性的调整，应在保证水灰比不变的条件下，以调整水泥浆量的方法来进行。

（3）砂率

砂率是指混凝土中砂的质量占砂石总质量的百分率（β_s）。砂率的变动，会使骨料的空隙率和骨料的总表面积有明显改变，因而对混凝土拌和物的和易性产生显著的影响。如果砂率过小，则砂的用量少，粗骨料的用量增多（在水泥浆用量一定的条件下），就显得没有足够多的水泥砂浆去填充粗骨料的空隙、包裹粗骨料的表面。若不能保证粗骨料之间有足够的水泥砂浆包裹层，混凝土拌和物的流动性降低，其黏聚性和保水性也差。砂率过大时，在水泥浆用量不变的情况下，砂的用量大，则用于填充砂的空隙、包裹砂的表面的水泥浆显得少，减弱了水泥浆的润滑作用，也会导致混凝土拌和物流动性降低，但黏聚性和保水性会有所改善。因此，砂率的选择不宜过大，更不宜过小，应适当。当砂率适宜时，砂不但填满石子间的空隙，而且还能保证石子表面有一定厚度的砂浆包裹层，以减小粗骨料间的摩擦阻力，使混凝土拌和物有较好的流动性、黏聚性和保水性。这个适宜的砂率称为合理砂率。合理砂率的概念有两种：其一，在用水量及水泥用量一定的情况下，能使混凝土拌和物获得最大的流动性，同时具有良好的黏聚性和保水性时的砂率，如图 5.10 所示；其二，在保持混凝土拌和物获得所要求的流动性及良好的黏聚性与保水性，且水灰比一定的前提下，使水泥用量为最少时的砂率，如图 5.11 所示。

（4）组成材料性质的影响

水泥对和易性的影响主要表现在水泥的需水性上。需水量大的水泥品种，达到相同的坍落度，需要较多的用水量。如以普通硅酸盐水泥所配制的混凝土拌和物的流动性和保水性较好。矿渣水泥所配制的混凝土拌和物的流动性较大，但黏聚性差，易泌水。火山灰水泥需水量大，在相同加水量条件下，流动性显著降低，但黏聚性和保水性较好。

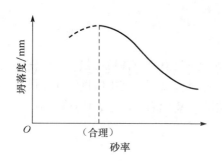

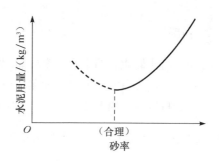

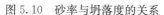

图 5.10　砂率与坍落度的关系　　　　图 5.11　砂率与水泥用量的关系

骨料的种类、颗粒级配和粗细程度对混凝土拌和物的和易性影响也较大。碎石比卵石表面粗糙，且含有棱角，在相同条件下所配制的混凝土拌和物流动性较卵石配制的小。级配良好、较粗的砂石，空隙率小、总表面积小，在水泥浆量相同的情况下，包裹骨料表面的水泥浆较厚，和易性好。

（5）外加剂

外加剂（如减水剂、引气剂等）对拌和物的和易性有很大的影响。例如，在拌制混凝土时加入适量的减水剂能使混凝土拌和物在不增加水泥浆用量的条件下显著提高流动性；若掺入适量减水剂，又不要求增大混凝土流动性，也不改变水泥的用量，则可显著减少单位用水量，从而有效地改善混凝土拌和物的黏聚性和保水性，也能提高强度和耐久性。

（6）时间和温度

搅拌后的混凝土拌和物随着时间的延长而逐渐变得干稠，坍落度降低，流动性下降，这种现象称为坍落度损失，从而使和易性变差。其原因是一部分水已与水泥水化，一部分水被骨料吸收，一部分水蒸发，以及混凝土凝聚结构的逐渐形成，致使混凝土拌和物的流动性变差。由于混凝土拌和物流动性的这种变化，在施工中测定和易性的时间，一般以搅拌后约 15min 为宜。

混凝土拌和物的和易性也受温度的影响。因为环境温度升高，水分蒸发及水化反应加快，使流动性降低。温度升高 10℃，坍落度会降低 20～40mm。因此，施工中为保证一定的和易性，必须注意环境温度的变化，采取相应的措施。

5. 改善混凝土和易性的措施

在实际施工中，可采用如下措施改善混凝土拌和物的和易性：

1）选用适当的水泥品种和强度等级。

2）通过试验，采用合理砂率，有利于提高混凝土的质量和节约水泥。

3）改善砂、石（特别是石子）的级配。

4）在可能条件下尽量采用较粗的砂、石。

5）当混凝土拌和物坍落度太小时，保持水灰比不变，适量增加水泥浆的用量。

6）适当控制混凝土施工搅拌时间，确保拌和均匀。

7）有条件时尽量掺用外加剂（减水剂、引气剂等）。

5.3.2　强度

强度是混凝土硬化后的主要力学性能。混凝土强度有立方体抗压强度、棱柱体抗压强度、抗拉强度、抗弯强度、抗剪强度和与钢筋的粘结强度等。其中以抗压强度最大，抗拉强度最小（为抗压强度的 1/20～1/10），因此结构工程中混凝土主要用于承受压力。

1. 混凝土的立方体抗压强度与强度等级

（1）立方体抗压强度

混凝土的抗压强度是指其标准试件在压力作用下直到破坏时单位面积所能承受的最大压力。混凝土结构构件常以抗压强度为主要设计依据。

根据《普通混凝土力学性能试验方法标准》（GB/T 50080—2002），制作 150mm×150mm×150mm 的标准立方体试件，在标准条件（温度 20℃±2℃，相对湿度 95% 以上）下，养护到 28d 龄期，所测得的抗压强度值为混凝土立方体试件抗压强度，简称立方体抗压强度，以 f_{cu} 表示。

在实际的混凝土工程中，其养护条件（温度、湿度）不可能与标准养护条件一样，为了能说明工程中混凝土实际达到的强度，往往把混凝土试件放在与工程实际相同的条件下养护，再按所需的龄期测得立方体试件抗压强度值，作为工地混凝土质量控制的依据。

测定混凝土立方体试件抗压强度，也可以按粗骨料最大粒径的尺寸而选用不同的试件尺寸。但是在计算其抗压强度时，应乘以换算系数，见表 5.19，以得到相当于标准试件的试验结果。

表 5.19　混凝土试件不同尺寸的强度换算系数

骨料最大粒径/mm	试件尺寸/(mm×mm×mm)	换算系数
≤31.5	100×100×100	0.95
≤40	150×150×150	1
≤63	200×200×200	1.05

注：对于强度等级≥C60 的混凝土，宜采用标准试件；采用非标准试件时，换算系数应由试验来确定。

（2）立方体抗压强度标准值

立方体抗压强度标准值（以 $f_{cu,k}$ 表示）系指按标准方法制作和养护的立方体试件，在 28d 龄期，用标准试验方法测得的抗压强度总体分布中的一个值，强度低于该值的百分率不超过 5%（即具有强度保证率为 95% 的立方体抗压强度值），按下式计算，即

$$f_{cu,k} = \bar{f}_{cu} - 1.645\sigma \tag{5.4}$$

式中：$\bar{f}_{cu}$——混凝土立方体抗压强度平均值，MPa；

1.645——按正态分布，具有 95% 的强度保证率系数；

σ——强度标准差，MPa。

（3）强度等级

《混凝土结构设计规范》（GB 50010—2010）规定：根据混凝土抗压强度标准值，将混凝土划分为 C15、C20、C25、C30、C35、C40、C45、C50、C55、C60、C65、C70、C75 及 C80 共 14 个强度等级。素混凝土结构的混凝土强度等级不应低于 C15；钢

筋混凝土结构的混凝土强度等级不应低于 C20；采用强度等级 400MPa 及以上的钢筋时，混凝土强度等级不应低于 C25；预应力混凝土结构的混凝土强度等级不宜低于 C40，且不应低于 C30；承受重复荷载的钢筋混凝土构件，混凝土强度等级不应低于 C30。

2. 混凝土的轴心抗压强度（f_{cp}）

混凝土的棱柱体形或圆柱体形试件所测得的轴心抗压强度更接近于混凝土在结构中的实际受力情况，因而在钢筋混凝土结构计算中，常采用混凝土的轴心抗压强度 f_{cp} 作为设计依据。

轴心抗压强度采用 150mm×150mm×300mm 的棱柱体作为标准试件，如有必要，也可采用非标准尺寸的棱柱体试件，但其高宽比（h/a）应在 2～3 的范围。轴心抗压强度值 f_{cp} 比同截面的立方体抗压强度值 f_{cu} 小。棱柱体试件高宽比（h/a）越大，轴心抗压强度越小，但当 h/a 达到一定值后，强度不再降低。在立方体抗压强度 f_{cu} 在 10～55MPa 范围内时，轴心抗压强度与立方体抗压强度之比 $f_{cp}/f_{cu}≈0.70～0.80$，值得注意的是，此比值有随粗骨料最大粒径增大而降低的趋势。

3. 混凝土的抗拉强度（f_{ts}）

混凝土的抗拉强度只有抗压强度的 1/20～1/10，并且这个比值随着混凝土强度等级的提高而降低。由于混凝土受拉时呈脆性断裂，破坏时无显著变形，故在钢筋混凝土结构设计中不考虑混凝土承受拉力，而是在混凝土中配以钢筋，由钢筋来承受结构中的拉力。但混凝土抗拉强度对于混凝土抗裂性具有重要作用，它是结构设计中确定混凝土抗裂度的主要指标，有时也用它来间接衡量混凝土与钢筋间的粘结强度，并预测由于干湿变化和温度变化而产生裂缝的情况。

用轴向拉伸试件测定混凝土的抗拉强度，荷载不易对准轴线，夹具处常发生局部破坏，难以准确测定其抗拉强度，故我国目前采用由劈裂抗拉强度试验法间接得出混凝土的抗拉强度，称为劈裂抗拉强度（f_{ts}）。标准规定，劈裂抗拉强度采用边长为 150mm 的立方体试件，在试件的两个相对的表面上加上垫条。当施加均匀分布的压力，就能在外力作用的竖向平面内产生均匀分布的拉应力，这个方法不但大大简化了抗拉试件的制作，并且能较正确地反映试件的抗拉强度。

劈裂抗拉强度计算公式为

$$f_{ts} = \frac{2P}{\pi A} = \frac{0.637P}{A} \tag{5.5}$$

式中：f_{ts}——混凝土劈裂抗拉强度，MPa；

　　　P——破坏荷载，N；

　　　A——试件劈裂面积，mm^2。

试验证明，在相同条件下，混凝土用轴拉法测得的抗拉强度较用劈裂法测得的劈裂抗拉强度略小，二者比例约为 0.9。混凝土的劈裂抗拉强度与混凝土标准立方体抗压强度（f_{cu}）之间的关系可用经验公式表达如下，即

$$f_{ts} = 0.35 f_{cu}^{3/4} \tag{5.6}$$

4. 混凝土与钢筋的粘结强度

在钢筋混凝土结构中，为使钢筋和混凝土能有效协同工作，混凝土与钢筋之间必须要有适当的粘结强度。这种粘结强度主要来源于混凝土与钢筋之间的摩擦力、钢筋与水泥之间的粘结力及变形钢筋的表面的机械啮合力。通常粘结强度与混凝土抗压强度成正比。此外，粘结强度还受其他许多因素影响，如钢筋尺寸及变形钢筋种类、钢筋在混凝土中的位置（水平钢筋或垂直钢筋）、加载类型（受拉钢筋或受压钢筋）以及干湿变化、温度变化等。

目前，还没有一种较适当的标准试验能准确测定混凝土与钢筋的粘结强度，为了对比不同混凝土与钢筋的粘结强度，美国材料试验学会（ASTMC234）提出了一种拔出试验方法。混凝土试件为边长 150mm 的立方体，其中埋入 ϕ19mm 的标准变形钢筋，试验时以不超过 34MPa/min 的加荷速度对钢筋施加压力，直到钢筋发生屈服，或混凝土裂开，或加荷端钢筋滑移超过 2.5mm。记录出现上述三种中任一情况时的荷载值 P，用下式计算混凝土与钢筋的粘结强度，即

$$f_N = \frac{P}{\pi dL} \tag{5.7}$$

式中：f_N——粘结强度，MPa；

P——测定的荷载值，N；

d——钢筋直径，mm；

L——钢筋埋入混凝土中的长度，mm。

5. 影响混凝土强度的因素

硬化后的混凝土是由砂石作骨架，水泥石作胶结材料而形成的弹塑性体。对抵抗外力而言，混凝土中主要的薄弱环节是水泥石、水泥石与骨料的界面。所以，混凝土的强度主要取决于水泥石强度及其与骨料的粘结强度。水泥石的强度主要取决于水泥强度等级、水灰比，而粘结强度取决于水泥石的强度及骨料的性质。此外，混凝土的强度还受施工质量、养护条件及龄期的影响。

（1）影响混凝土强度的主要因素

影响混凝土强度的主要因素是水泥强度等级和水灰比。

在水灰比不变时，水泥强度等级愈高，则硬化水泥石的强度愈高，对骨料的胶结力就愈强，配制成的混凝土强度也就愈高。在水泥强度等级相同的条件下，混凝土的强度主要取决于水灰比，水灰比越低，混凝土强度越高。从理论上讲，水泥水化时所需的结合水只占水泥质量的 22% 左右，但在拌制混凝土拌和物时，为了获得施工所要求的流动性，常常需加入较多的水，如普通混凝土，其水灰比一般为 0.4～0.7。当混凝土硬化后，多余的水分就残留在混凝土中或蒸发后形成气孔或通道，大大降低了混凝土的密实程度，即抵抗荷载的有效断面，而且可能在孔隙周围引起应力集中，从而降低了混凝土的强度。因此，在水泥强度等级相同的情况下，水灰比愈大，在成型时混凝土内多余的水分越多，水泥石的强度愈低，与骨料粘结力愈小，混凝土强度也愈小。但是如果水灰比过小，拌和物过于干稠，在一定的施工振捣条件下，混凝土不能被振捣密实，出现

较多的蜂窝、孔洞，混凝土强度反而会下降。

瑞士学者 J. Bolomey 在 1930 年提出混凝土立方体抗压强度与水泥强度和水灰比的直线关系。我国根据大量工程实践的研究和经验统计，建立了如下的混凝土强度与水灰比、水泥强度等因素之间的线性关系经验公式，即

$$f_{cu} = \alpha_a f_{ce} \left(\frac{C}{W} - \alpha_b \right) \tag{5.8}$$

式中：f_{cu}——混凝土 28d 龄期的立方体抗压强度，MPa；

　　　C/W——灰水比；

　　　f_{ce}——水泥的实际强度，MPa；

　　　α_a、α_b——回归系数，与骨料及水泥的品种有关。

水泥厂为保证水泥出厂强度，所生产水泥的实际强度要高于其强度的标准值（$f_{ce,k}$），在无法取得水泥实际强度数据时，可用式 $f_{ce} = \gamma_c \cdot f_{ce,k}$ 代入，其中 γ_c 为水泥强度值的富余系数，根据各地区统计资料取得，一般为 1.06～1.18。

回归系数 α_a、α_b 应根据工程所使用的水泥、骨料，通过试验由建立的灰水比与强度关系式确定。不具备统计资料时，则可按《普通混凝土配合比设计规程》（JGJ/T 55—2000）提供的取用：碎石，$\alpha_a = 0.46$，$\alpha_b = 0.07$；卵石 $\alpha_a = 0.48$，$\alpha_b = 0.33$。

经验公式（5.8）适用于强度等级小于 C60 的混凝土。

（2）骨料的影响

当骨料级配良好、砂率适当时，由于组成了坚强密实的骨架，有利于混凝土强度的提高。如果混凝土骨料中有害杂质较多，品质低，级配不好时，会降低混凝土的强度。

由于碎石表面粗糙、有棱角，提高了骨料与水泥砂浆之间的机械啮合力和粘结力。当水灰比小于 0.4 时，用碎石拌制的混凝土比用卵石拌制的混凝土强度要高约 38%。但随着水灰比增大，两者差异变小。

骨料的强度对混凝土的强度也会产生一定的影响。一般骨料强度越高，所配制的混凝土强度越高。对于普通混凝土此影响并不明显，但对于高强度混凝土影响较明显。骨料粒形以三维长度相等或相近的球形或立方体形为好，若针片状颗粒含量增多，会增加混凝土中骨料的总表面积，增加混凝土的薄弱环节，导致混凝土强度下降。

（3）集浆比的影响

集浆比即集料用量与水泥浆用量之比。集浆比对混凝土强度也有一定的影响，特别是高强度的混凝土更为明显。试验表明，在水灰比一定时，水泥浆量偏少，则拌和物流动性小，不易密实成型，强度会降低；随着水泥浆数量的增加，拌和物流动性提高，易于密实成型，强度也随之提高。但过多的水泥浆体易使硬化的混凝土产生较大的收缩，形成较多的孔隙和裂缝，混凝土强度会随之降低。

（4）养护温度及湿度的影响

混凝土强度的产生和发展取决于水泥的水化，而温度和湿度是影响水泥水化速度和程度的重要因素。混凝土成型后，必须在一定时间内保持适当的温度和足够的湿度，以使水泥充分水化，这就是混凝土的养护。养护温度高，水泥水化速度加快，混凝土的强度发展也快；反之，在低温下混凝土强度发展迟缓，如图 5.12 所示。当温度降至冰点

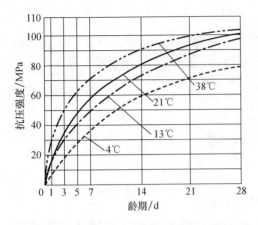

图 5.12　养护温度对混凝土强度的影响

以下时，则由于混凝土中的水分大部分结冰，不但水泥停止水化，强度停止发展，严重时由于混凝土孔隙中的水结冰，产生体积膨胀（约9%），而对孔壁产生相当大的压应力（可达 100MPa），使混凝土结构遭到破坏。实践证明，混凝土冻结时间越早，强度损失越大，所以冬季施工时要特别注意保温养护。

不同品种的水泥对温度有不同的适应性。对于硅酸盐水泥和普通水泥，若养护温度过高（超过40℃），水泥水化速度加快，生成的大量水化物来不及转移和扩散，对结构产生一定的破坏作用，也影响水泥的后期水化，使混凝土后期强度降低。而对于掺大量混合材料的水泥（矿渣水泥、粉煤灰水泥、火山灰水泥）而言，由于混合材料的二次水化反应，提高养护温度不但能加快水泥的早期水化，提高混凝土的早期强度，而且对混凝土后期强度增长有利。

成型后的混凝土结构中必须有足够的水分才能保证水泥水化反应的顺利进行，使混凝土强度得到充分发展。若成型后的混凝土处于干燥环境之下，混凝土中的水分会很快从表面蒸发，从而在表面形成干缩裂缝。混凝土内部的水分在渗透压的作用下向表面迁移，继而从表面蒸发，造成混凝土内部结构疏松，强度降低、耐久性变差。图 5.13 为保湿养护时间对混凝土强度的影响。为此，施工规范规定，在混凝土浇筑成型后，必须保证足够的湿度，应在 12h 内进行覆盖，以防止水分蒸发。在夏季施工的混凝土，要特别注意浇水保湿。使用硅酸盐水泥、普通水泥和矿渣水泥时，浇水保湿应不少于 7d；使用火山灰水泥和粉煤灰水泥，或在施工中掺用

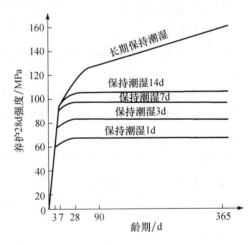

图 5.13　混凝土强度与保湿养护时间的关系

缓凝型外加剂，或混凝土有抗渗要求时，保湿养护应不少于14d。

（5）龄期的影响

龄期是指混凝土在正常养护条件下所经历的时间。在正常养护的条件下，混凝土的强度将随龄期的增长而不断发展，最初 7～14d 内强度发展较快，以后逐渐缓慢，28d 达到设计强度。但不同的水泥品种强度增长的速度不同，如矿渣水泥配制的混凝土 7d 强度约为 28d 强度的 42%～54%，普通水泥配制的混凝土 7d 强度约为 28d 强度的 58%～65%。28d 后强度仍在发展，其增长过程可延续数十年之久，混凝土强度与龄期的关系从图 5.13 中也可看出。

普通水泥制成的混凝土，在标准养护条件下，混凝土强度的发展大致与其龄期的常

用对数成正比关系（龄期不少于 3d），即

$$\frac{f_n}{f_{28}} = \frac{\lg n}{\lg 28} \tag{5.9}$$

式中：f_n——nd 龄期混凝土的抗压强度，MPa；

f_{28}——28d 龄期混凝土的抗压强度，MPa；

n——养护龄期（d），$n \geqslant 3$。

根据上式，可以由所测混凝土的早期强度估算其 28d 龄期的强度，或者可由混凝土的 28d 强度推算 28d 前混凝土达到某一强度需要养护的天数，来确定混凝土拆模、构件起吊、放松预应力钢筋、制品养护、出厂等日期。但由于影响强度的因素很多，故按此式计算的结果只能作为参考。

（6）试验条件对混凝土强度测定值的影响

试验条件是指试件的尺寸、形状、表面状态、加荷速度以及试验时试件的温度和湿度等。试验条件不同，会影响混凝土强度的试验值。

1）试件尺寸。相同的混凝土试件尺寸越小，测得的强度越高。试件尺寸影响强度的主要原因是，当试件尺寸大时，内部孔隙、缺陷等出现的几率也大，从而引起强度测定值的降低。

2）试件的形状。当试件受压面积（$a \times a$）相同，而高度（h）不同时，高宽比（h/a）越大，抗压强度越小。这是由于试件受压时，试件受压面与试件承压板之间的摩擦力对试件相对于承压板的横向膨胀起着约束作用，该约束有利于强度的提高，见图 5.14。愈接近试件的端面，这种约束作用就愈大，在距端面大约 $\sqrt{3}a/2$ 的范围以外约束作用才消失。通常称这种约束作用为环箍效应，见图 5.15。环箍效应也与试件尺寸的大小有关，由于压力机上、下压板的弹性模量并非无限大（压板会产生变形），因而在抗压试验过程中，试件的尺寸愈小，环箍效应愈明显。我国标准规定，采用 150mm×150mm×150mm 的立方体试件作为标准试件，当采用非标准的其他尺寸试件时，所测得的抗压强度应乘以表 5.19 所列的换算系数。

3）表面状态。混凝土试件承压面的状态也是影响混凝土强度的重要因素。当试件受压面上有油脂类润滑剂时，试件受压时的环箍效应大大减小，试件将出现直裂破坏（图 5.16），测出的强度值也较低。

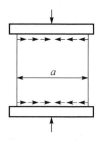

图 5.14 压力机压板
对试件的约束作用

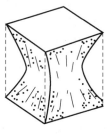

图 5.15 试件破坏
后残存的棱锥体

图 5.16 不受压板约束
时试件的破坏情况

4）加荷速度。加荷速度越快，测得的混凝土强度值也越大。当加荷速度超过 1.0MPa/s 时，这种趋势更加显著。因此，我国标准规定，混凝土抗压强度试验的加荷

速度为 0.3～0.8MPa/s，且应连续均匀地进行加荷。此外，试验机的压板刚度（由压力机的量程决定）对测定结果也有一定的影响。

5）试验时试件的湿度和温度。测定时试件越潮湿，则测得的强度值越低；测定时试件的温度越高，测得的强度值越低。

6. 提高混凝土强度的措施

(1) 采用高强度等级水泥或早强型水泥

在混凝土配合比相同的情况下，水泥的强度等级越高，混凝土的强度越高。采用早强型水泥可提高混凝土的早期强度，有利于加快施工进度。

(2) 采用低水灰比的干硬性混凝土

干硬性混凝土的特点是单位用水量小，水灰比小，一般为 0.3～0.5，大大减少了拌和物中的游离水分，从而减少了混凝土内部的孔隙，显著提高混凝土的密实性和强度。经验表明，在水泥用量相同的情况下，干硬性混凝土的强度比塑性混凝土的强度高 40%～80%。但由于干硬性混凝土成型时需采用强力振捣，对于现浇混凝土工程施工难度较大。

(3) 采用湿热处理养护混凝土

湿热处理可分为蒸汽、蒸压养护两类。

常压蒸汽养护，是将浇筑完毕的混凝土构件经 1～3h 的预养后，放在 90% 以上相对湿度、温度不低于 60℃ 的常压蒸汽中进行养护。不同品种的水泥配制的混凝土其蒸养适应性不同。蒸汽养护最适于掺活性混合材料的矿渣水泥、火山灰水泥及粉煤灰水泥制备的混凝土。因为蒸汽养护可加速活性混合材料内的活性 SiO_2 及活性 Al_2O_3 与水泥水化析出 $Ca(OH)_2$ 的反应，使混凝土不仅提高早期强度，而且后期强度也有所提高，其 28d 强度可提高 10%～20%。而对普通硅酸盐水泥和硅酸盐水泥制备的混凝土进行蒸汽养护，其早期强度也能得到提高，但因在水泥颗粒表面过早形成水化产物凝胶膜层，阻碍水分继续深入水泥颗粒内部，使后期强度增长速度反而减缓，其 28d 强度比标准养护 28d 的强度约低 10%～15%。因此，蒸汽养护最适宜的温度随水泥的品种而不同，硅酸盐水泥或普通水泥混凝土，一般在 60～80℃ 条件下蒸养 5～8h 为宜；而矿渣水泥、粉煤灰水泥或火山灰水泥混凝土，蒸养温度可达 90℃，蒸养时间不宜超过 12h。

蒸压养护是将浇筑好的混凝土构件经 8～10h 的预养后，放在 175℃ 的温度及 8 个大气压的压蒸锅内进行养护。在高温的条件下，水泥水化所析出的氢氧化钙不仅能与活性的氧化硅结合，而且能与结晶状态的氧化硅相化合，生成含水硅酸盐结晶，使水泥的水化加速，硬化加快，而且混凝土的强度也大大提高。蒸压养护对掺有活性混合材料的水泥更为有效。

(4) 采用机械搅拌和振捣

机械搅拌比人工拌和能使混凝土拌和物更均匀，特别是在拌和低流动性混凝土拌和物时效果更显著。采用机械振捣，可使混凝土拌和物的颗粒产生振动，暂时破坏水泥浆体的凝聚结构，从而降低水泥浆的黏度，减小骨料间的摩擦阻力，提高混凝土拌和物的流动性，使混凝土拌和物能很好地充满模型，混凝土内部孔隙大大减少（尤其是高频振动时，能进一步排除混凝土中的气泡），从而使密实度和强度大大提高。一般来说，当用水量愈少，水灰比愈小时，通过振动捣实的效果也愈显著，见图 5.17。

采用二次搅拌工艺（造壳混凝土）可改善混凝土骨料与水泥砂浆之间的界面缺陷，有效提高混凝土强度，获得更佳的振动效果。

（5）掺入混凝土外加剂、掺和料

在混凝土中掺入早强剂可提高混凝土早期强度；掺入减水剂可减少用水量，降低水灰比，提高混凝土强度。此外，在混凝土中掺入高效减水剂的同时掺入磨细的矿物掺和料（如硅灰、优质粉煤灰、磨细矿渣等），可显著提高混凝土拌和物的和易性，改善混凝土的孔隙结构，提高混凝土的强度和耐久性。这些材料已成为配制高强度混凝土、超高强混凝土、泵送混凝土和高性能混凝土的重要组成材料。

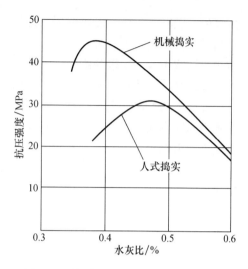

图 5.17 振捣方法对混凝土强度的影响

5.3.3 变形性能

混凝土的变形分非荷载作用下的变形和荷载作用下的变形。非荷载作用下的变形有沉降收缩、化学收缩、干湿变形、碳化收缩及温度变形；荷载作用下的变形根据荷载的作用特点分为短期荷载作用下的变形及长期荷载作用的变形——徐变。

1. 非荷载作用下的变形

（1）沉降收缩

混凝土拌和物在刚成型后，固体颗粒下沉，表面产生泌水，而使混凝土的体积减小，又称为塑性收缩，其值约为 1%，取决于混凝土拌和物的黏聚性和保水性。在桥梁墩台等大体积混凝土中，由于沉降收缩可能产生沉降裂缝。

（2）化学收缩

由于水泥水化生成物的固体体积比反应前物质（水泥＋水）的总体积小，从而引起混凝土的收缩，称为化学收缩。化学收缩是不可恢复的。其收缩量随混凝土硬化龄期的延长而增加，一般在混凝土成型后 40d 内增长较快，以后逐渐趋于稳定。化学收缩值很小〔约为水泥浆体的 1%，$(4 \sim 100) \times 10^{-6}$ mm/mm〕，且在混凝土中，由于骨料的骨架作用（占体积的 70% 左右），水泥浆的用量（30% 左右）相对较少，因此化学收缩对普通混凝土结构没有破坏作用。但对水泥用量较高的高强混凝土及水泥浆用量较大的流动性混凝土，化学收缩可能导致在混凝土内部产生微细裂缝，从而影响强度和耐久性。

（3）干湿变形

混凝土周围环境湿度的变化会引起混凝土的干湿变形，表现为干缩湿胀。

混凝土在干燥环境中硬化时，由于毛细孔水的蒸发，毛细孔中形成负压，随着空气湿度的降低，负压逐渐增大，产生收缩力，导致混凝土收缩。同时，水泥凝胶体颗粒的吸附水也发生部分蒸发，凝胶体因失水而产生紧缩。混凝土的这种体积收缩是不能完全恢复的。混凝土产生干燥收缩后，即使长期再放在水中，也仍有残余变形保留下来。通常情况下，残余收缩为收缩量的 30％～60％。当混凝土在潮湿环境中或水中硬化时，体积收缩减小或产生轻微膨胀（约为水泥浆体的 1％），这是由凝胶体中胶体粒子的吸附水膜增厚，胶体粒子间的距离增大所致。

混凝土的湿胀变形量很小，一般无破坏作用，对于水泥浆用量较大的混凝土，早期在水中养护形成的湿胀还可抵消化学收缩。但干缩变形对混凝土危害较大，干缩能使混凝土表面出现拉应力而导致开裂，严重影响混凝土的强度和耐久性。

混凝土的干燥收缩与水泥的品种、水泥的用量和用水量及骨料的性质有关。如采用矿渣水泥比用普通水泥的收缩要大；采用高强度等级的水泥，由于水泥颗粒较细，混凝土的收缩也大；水泥用量大或水灰比大，收缩量也较大；骨料级配好，弹性模量大，收缩小。

（4）碳化收缩

水泥水化产物中的氢氧化钙与空气中的二氧化碳反应形成碳酸钙而引起的混凝土体积收缩称为碳化收缩。碳化收缩的程度与空气的相对湿度有关，当相对湿度为 30％～50％时收缩值最大。碳化收缩往往与干缩同时发生，在混凝土表面产生拉应力，导致表面产生微细裂缝。

（5）温度变形

混凝土与其他材料一样，也会随着温度的变化产生热胀冷缩的变形。混凝土的温度线胀系数为 $(1\sim1.5)\times10^{-5}\,mm/(mm\cdot℃)$。温度变形对大体积混凝土及大面积混凝土工程极为不利，工程中常采用留伸缩缝的方法避免因温度变化而产生裂缝等破坏。

在混凝土硬化初期，水泥水化放出较多热量，而混凝土又是热的不良导体，散热很慢，使混凝土内部温度升高，温度升高又促使水泥的水化，放出更多的水化热，从而造成混凝土内外温差变大，有时可达 50～80℃，这将使混凝土产生内胀外缩，结果在混凝土外表产生很大的拉应力，严重时使混凝土产生裂缝。因此，在大体积混凝土施工时，常采取用低热水泥、减少水泥用量、掺加缓凝剂及采用人工降温等措施，以减少因温度变形而引起的混凝土质量问题。

2. 荷载作用下的变形

（1）短期荷载作用下的变形

1）混凝土的弹塑性变形。混凝土在荷载作用下既不呈完全弹性体，也不呈完全塑性体，而是弹塑性体，即受力时既产生弹性变形，又产生塑性变形，其应力与应变的关系呈曲线，如图 5.18 所示。

在静力试验的加荷过程中，若加荷至应力为 σ，应变为 ε 的 A 点，然后将荷载逐渐卸去，则卸荷时的应力-应变曲线如 AC 所示（为曲线，微向上弯曲）。卸荷后能恢复的应变 $\varepsilon_弹$ 是由混凝土的弹性性质引起的，称为弹性应变；剩余的不能恢复的应变 $\varepsilon_塑$ 则是由混凝土的塑性性质引起的，称为塑性应变。

2）混凝土的弹性模量。在应力-应变曲线上任一点的应力 σ 与其应变 ε 的比值称为混凝土在该应力下的变形模量。从图 5.18 中可看到，变形模量随应力的增加而减小。

当应力（σ）小于 $(0.3\sim0.5)f_{cp}$ 时，在重复荷载作用下，每次卸荷载都在应力-应变曲线中残留一部分塑性变形 $\varepsilon_{塑}$，但随着重复次数的增加，$\varepsilon_{塑}$ 的增量减小，最后曲线稳定于 $A'C'$ 线，它与初始切线大致平行，如图 5.19 所示。根据《普通混凝土力学性能试验方法》（GB/T 50081—2002）中"静力受压弹性模量试验"的规定，采用 150mm×150mm×300mm 的棱柱体作为标准试件，应力下限取 0.5MPa，应力上限取轴心抗压强度的 1/3，经四次反复加荷与卸荷后，所测得的最后一次的变形计算其弹性模量。

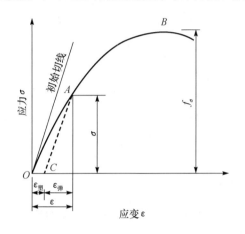

图 5.18　混凝土在压力作用下的
应力-应变曲线

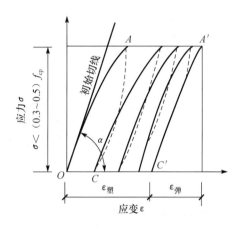

图 5.19　低应力下重复荷载的
应力-应变曲线

　　混凝土与组成材料之间的弹性模量关系为：水泥石＜混凝土＜骨料。因而影响混凝土弹性模量的主要因素有混凝土的强度、骨料的含量及其弹性模量，以及养护条件等。混凝土的强度越高，弹性模量越大，当混凝土的强度等级由 C10 增加至 C60 时，其弹性模量大致由 1.75×10^4 MPa 增加至 3.60×10^4 MPa；骨料的含量越多，弹性模量越大，混凝土的弹性模量越高；混凝土的水灰比较小，养护较好及龄期较长时，混凝土的弹性模量就较大。

　　3）混凝土受压变形与破坏。混凝土在未受力前，其水泥浆与骨料之间及水泥浆内部就已存在着随机分布的不规则的微细原生界面裂缝，此类裂缝往往是由于水泥石在凝结硬化过程中的体积收缩，以及由于水泥石与骨料的线膨胀系数不同，当温度变化时产生界面应力而形成的（骨料的弹性模量愈大、粗骨料的最大粒径愈大，此类裂缝愈多），而混凝土在短期荷载下产生变形则是与裂缝的变化发展密切相关的。当混凝土试件单向静力受压，而荷载不超过极限应力的 30％时，这些裂缝无明显变化，此时荷载（应力）与变形（应变）接近直线关系。当荷载达到 30％～50％极限应力时，裂缝数量有所增加，且稳定地缓慢伸展，因此在这一阶段，应力-应变曲线随裂缝的变化也逐渐偏离直线，产生弯曲。当荷载超过 50％极限应力时，界面裂缝开始扩展，而且逐渐延伸至砂浆基体中。当超过 75％极限应力，在界面裂缝继续发展的同时，砂浆基体中的裂缝也逐渐增生，并与邻近的界面裂缝连接起来，成为连续裂缝，变形加速增大，荷载曲线明显向水平应变轴弯曲。超过极限荷载后，连续裂缝急剧扩展，混凝土的承载能力迅速下降，变形急剧增大而导致试件完全破坏。

　　（2）长期荷载作用下的变形——徐变

　　混凝土在长期荷载作用下，除产生瞬间的弹性变形和塑性变形外，还会产生随时间而增长的非弹性变形，这种变形称为徐变，如图 5.20 所示。这种在长期荷载作用下随时间而增长的变形称为徐变，也称蠕变。在荷载初期，徐变变形增长较快，以后逐渐变慢并稳定下来，最终徐变应变可达（3～15）×10⁻⁴，即 0.3～1.5mm/m。在卸荷后，一部分变形可瞬时恢复，但其值小于在加荷瞬间产生的瞬时变形。在卸荷后的一段时间内变形还会继续恢复，称为徐变恢复。最后残存的不能恢复的变形称为残余变形。

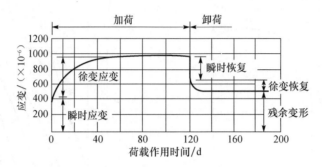

图 5.20 徐变变形与徐变恢复

混凝土的徐变一般认为是由于水泥石中的凝胶体在长期荷载作用下的黏性流动，以及凝胶体内的吸附水在长期荷载作用下向毛细孔中迁移的结果。

影响混凝土徐变的因素主要有水泥石的强度及数量、荷载的大小及加荷的龄期。水灰比较小或水中养护，徐变小；水泥用量大，水泥石相对含量多，徐变大；混凝土所用骨料的弹性模量较大时，徐变较小；荷载大且加荷龄期早，徐变大。

混凝土的徐变对结构物的影响既有利也有弊。有利的是，徐变可减弱钢筋混凝土内的应力集中，使应力较均匀地重新分布；对大体积混凝土则能消除一部分由于温度变形所产生的破坏应力。不利的是，在预应力钢筋混凝土中，混凝土的徐变会造成预应力损失。

5.3.4 混凝土的耐久性

混凝土的耐久性是指混凝土在使用条件下抵抗周围环境各种因素长期作用的能力。根据《混凝土耐久性检验评定标准》（JGJ/T 193—2009），耐久性应包括抗渗性、抗冻性、抗（硫酸盐）侵蚀性、抗氯离子渗透性、混凝土早期抗裂性、抗碳化性、抗碱-骨料反应等。近年来，混凝土结构的耐久性及耐久性设计受到普遍关注，目的是通过提高混凝土结构的耐久性和可靠性，使混凝土在特定环境下达到预期的使用年限。

1. 混凝土的抗渗性

抗渗性是指混凝土抵抗水、油、溶液等介质在压力作用下渗透的能力。抗渗性直接影响到混凝土的抗冻性、抗侵蚀性、抗碳化性及抵抗碱-骨料反应的能力，是决定混凝土耐久性最基本的因素。若混凝土的抗渗性差，不仅周围水等液体物质易渗入内部，而且当遇有负温或环境水中含有侵蚀性介质时，混凝土就易遭受冰冻或侵蚀作用而破坏，对钢筋混凝土还将引起其内部钢筋锈蚀，并导致混凝土保护层开裂与剥落。因此，对地下建筑、水坝、水池、港工、海工等工程，必须要求混凝土具有一定的抗渗性。

混凝土的抗渗性用抗渗等级表示。根据《混凝土耐久性检验评定标准》(JGJ/T 193—2009)相关规定,抗渗等级是以 28d 龄期的标准试件在标准试验方法下进行试验,以每组 6 个试件,4 个试件未出现渗水时所承受的最大静水压来表示,并据此将混凝土划分为 P4、P6、P8、P10、P12 和 >P12 共 6 个等级。《普通混凝土配合比设计规程》(JGJ 55—2000)中规定,抗渗等级等于或大于 P6 级的混凝土称为抗渗混凝土。对于有抗渗要求的结构,应根据所承受的水头、水力梯度、水质条件和渗透水的危害程度等因素确定抗渗等级,具体要求可参见相关标准。

对混凝土抗渗性而言,主要薄弱环节有:

① 内部的孔隙形成的连通渗水孔道。这些孔道除产生于施工振捣不密实外,主要来源于水泥浆中多余水分的蒸发而留下的气孔、水泥浆泌水所形成的毛细孔以及粗骨料下部界面水富集所形成的孔穴。这些渗水通道的多少,主要与水灰比大小有关,因此水灰比是影响抗渗性的决定因素,水灰比增大,抗渗性下降。

② 粗骨料与水泥砂浆的界面。因此,粗骨料最大粒径大,水泥砂浆包裹层薄,混凝土抗渗性差。除此之外,养护方法、外加剂、水泥品种等对混凝土的抗渗性也有影响。

提高混凝土抗渗性的主要措施是:提高混凝土的密实度和改善混凝土中的孔隙结构,减少连通孔隙。可通过降低水灰比、选择好的骨料级配、适当增加砂率、充分振捣和养护、掺入引气剂等方法来实现。

2. 混凝土的抗冻性

抗冻性是指混凝土在饱水状态下经受多次冻融循环作用仍能保持外观的完整性,同时强度也不严重降低的性能。在寒冷地区,特别是与水接触的混凝土,要求具有较高的抗冻性。

混凝土的抗冻性用抗冻等级来表示。根据《混凝土耐久性检验评定标准》(JGJ/T 193—2009)相关规定,抗冻等级是以 28d 龄期的混凝土标准试件在饱水后反复冻融循环(分快冻法和慢冻法),以抗压强度损失不超过 25%,且质量损失不超过 5% 时所能承受的最大的冻融循环次数来确定,并据此将混凝土划分为 F50、F100、F150、F200、F250、F300、F350、F400 和 >F400 共 9 个等级(快冻法),或 D50、D100、D150、D200 和 >D200 共 5 个等级(慢冻法)。《普通混凝土配合比设计规程》(JGJ 55—2000)中规定,抗冻等级等于或大于 F50 级的混凝土称为抗冻混凝土。对于有抗冻要求的结构,应根据气候分区、环境条件、结构构件的重要性及设计使用年限等情况提出相应的抗冻等级要求,具体要求可参见相关标准。

混凝土受冻融破坏的原因是,混凝土内部孔隙中的水在负温下结冰后体积膨胀,对未结冰的水产生挤压作用,形成静水压力,当这种压力产生的内应力超过混凝土的抗拉强度,混凝土就会产生裂缝。多次冻融循环使裂缝不断扩展,导致混凝土强度降低,同时结构表面及边角处混凝土易在水压力作用下脱落,使质量降低。混凝土的密实度、孔隙率和孔隙构造、孔隙的充水程度是影响抗冻性的主要因素。

提高混凝土抗冻性的主要措施有:提高混凝土的密实程度,即用较小的水灰比,捣实充分;改善孔隙结构特征,掺引气剂,在混凝土内部构成互不连通的微细气泡,既可截断毛细管渗水通道，使水分不易渗入内部，又因为气泡具有一定的适应变形的能力，且当开口孔隙中的水结冰形成水压力时，未结冰的水会在水压力作用下向气泡内渗透，从而对冰冻的破坏起到一定的缓冲作用，有效地提高了混凝土的抗冻性。混凝土内这些封闭的微细气泡含量愈多，混凝土的充水程度愈低（$K_充 = P_开/P$，掺入引气剂后开口孔隙率 $P_开$ 降低，而总孔隙率 P 增大），混凝土的抗冻性愈好。但在工程中，含气量应适当控制，过低对提高抗冻性不明显，过高将导致混凝土强度显著降低。加强养护，使水泥充分水化，减小毛细管体积，也有利于提高混凝土的抗冻性。此外，掺入防冻剂，一方面可提高混凝土的早期强度，另一方面水中溶解的盐的浓度增大，使冰点降低，使抗冻性相应有所提高。

3. 混凝土的抗侵蚀性

当混凝土所处环境中含有侵蚀性介质时，混凝土便会遭受侵蚀，通常有软水侵蚀、硫酸盐侵蚀、镁盐侵蚀、碳酸侵蚀、一般酸侵蚀与强碱侵蚀等，其侵蚀机理同水泥石的腐蚀。随着混凝土在地下工程、海岸工程等恶劣环境中的大量应用，对混凝土的抗侵蚀性提出了更高的要求。

抗硫酸盐侵蚀试验的评定指标——抗硫酸盐等级是混凝土抗侵蚀性的一个重要指标，即以 28d 龄期的混凝土标准试件进行抗硫酸盐侵蚀的干湿循环试验，当抗压强度耐蚀系数低于 75%，或者达到规定的干湿循环次数即可停止试验，以此时记录的干湿循环次数为抗硫酸盐等级。《混凝土耐久性检验评定标准》（JGJ/T 193—2009）中将混凝土抗硫酸盐等级划分为 KS30、KS60、KS90、KS120、KS150 和 >KS150 共 6 个等级。

混凝土抗氯离子渗透性能也是评定耐久性的一个重要指标，《混凝土耐久性检验评定标准》（JGJ/T 193—2009）中规定：当采用氯离子迁移系数（RCM 法）划分混凝土抗氯离子渗透性能等级时，应符合表 5.20 的规定，且混凝土测试龄期应为 84d。

表 5.20 混凝土抗氯离子渗透性能的等级划分（RCM 法）

等 级	RCM-Ⅰ	RCM-Ⅱ	RCM-Ⅲ	RCM-Ⅳ	RCM-Ⅴ
氯离子迁移系数 D_{RCM} /($\times 10^{-12}\mathrm{m^2/s}$)	$D_{RCM} \geqslant 4.5$	$3.5 \leqslant D_{RCM} < 4.5$	$2.5 \leqslant D_{RCM} < 3.5$	$1.5 \leqslant D_{RCM} < 2.5$	$D_{RCM} < 1.5$

当采用电通量划分混凝土抗氯离子渗透性能等级时，应符合表 5.21 的规定，且混凝土测试龄期应为 28d。当混凝土中水泥混合材与矿物掺和料之和超过胶凝材料用量的 50% 时，测试龄期可为 56d。

表 5.21 混凝土抗氯离子渗透性能的等级划分（电通量法）

等 级	Q-Ⅰ	Q-Ⅱ	Q-Ⅲ	Q-Ⅳ	Q-Ⅴ
电通量 Q_s/C	$Q_s \geqslant 4000$	$2000 \leqslant Q_s < 4000$	$1000 \leqslant Q_s < 2000$	$500 \leqslant Q_s < 1000$	$Q_s < 500$

此外，混凝土由于化学收缩应力、水化热温度应力而引起的早期裂缝对混凝土抗侵蚀性也有较大的影响。《混凝土耐久性检验评定标准》（JGJ/T 193—2009）中将混凝土早期抗裂性能进行了等级划分，见表 5.22。

表 5.22　混凝土早期抗裂性能的等级划分

等　级	L-Ⅰ	L-Ⅱ	L-Ⅲ	L-Ⅳ	L-Ⅴ
单位面积上的总开裂面积 $c/(mm^2/m^2)$	$c \geqslant 1000$	$700 \leqslant c < 1000$	$400 \leqslant c < 700$	$100 \leqslant c < 400$	$c < 100$

混凝土的抗侵蚀性与所用水泥品种、混凝土的密实度和孔隙特征等有关。密实和孔隙封闭的混凝土，环境水及侵蚀介质不易侵入，抗侵蚀性较强。提高混凝土抗侵蚀性的主要措施是：合理选择水泥品种，降低水灰比，提高混凝土密实度和改善孔结构。

4. 混凝土的碳化

混凝土的碳化是指混凝土内水泥石中的氢氧化钙与空气中的二氧化碳在湿度适宜时发生化学反应，生成碳酸钙和水的过程，也称中性化。混凝土的碳化是二氧化碳由表及里逐渐向混凝土内部扩散的过程。碳化引起水泥石化学组成及组织结构的变化，对混凝土的碱度、强度和收缩产生影响。

碳化对钢筋混凝土结构有不利的影响。首先是碱度降低，减弱了对钢筋的保护作用。这是因为混凝土中水泥水化生成大量的氢氧化钙，使钢筋处在碱性环境中而在表面生成一层钝化膜，保护钢筋不易腐蚀。但当碳化深度穿透混凝土保护层而达到钢筋表面时，钢筋钝化膜被破坏而发生锈蚀，此时产生体积膨胀，致使混凝土保护层产生开裂，开裂后的混凝土更加剧了二氧化碳、水、氧等有害介质的进入，加剧了碳化的进行和钢筋的锈蚀，最后导致混凝土顺着钢筋开裂而破坏。另外，碳化作用会增加混凝土的收缩，引起混凝土表面产生拉应力而出现微细裂缝，从而降低了混凝土的抗拉、抗折强度及抗渗能力。

碳化作用对混凝土也有一些有利影响，即碳化作用产生的碳酸钙填充了水泥石的孔隙，以及碳化时放出的水分有助于未水化水泥的水化，从而可提高混凝土碳化层的密实度，对提高抗压强度有利。如混凝土预制桩往往利用碳化作用来提高桩的表面硬度。

《混凝土耐久性检验评定标准》（JGJ/T 193—2009）中将混凝土抗碳化性能进行了等级划分，见表 5.23。

表 5.23　混凝土抗碳化性能的等级划分

等　级	T-Ⅰ	T-Ⅱ	T-Ⅲ	T-Ⅳ	T-Ⅴ
碳化深度 d/mm	$d \geqslant 30$	$20 \leqslant d < 30$	$10 \leqslant d < 20$	$0.1 \leqslant d < 10$	$d < 0.1$

影响碳化速度的主要因素有环境中二氧化碳的浓度、水泥品种、水灰比、环境湿度等。二氧化碳浓度高（如铸造车间），碳化速度快。当环境中的相对湿度在 $50\% \sim 75\%$ 时，碳化速度最快；当相对湿度小于 25% 或在水中时，碳化将停止。水灰比小的混凝土较密实，二氧化碳和水不易侵入，碳化速度就减慢。掺混合材的水泥，水化产物中氢氧化钙较少，抗碳化的缓冲能力低，抗碳化能力差。

在实际工程中，为减少碳化作用对钢筋混凝土结构的不利影响，可采取以下措施：

1) 在钢筋混凝土结构中采用适当的保护层，使碳化深度在建筑物设计年限内达不到钢筋表面。

2）根据工程所处环境及使用条件，合理选择水泥品种。

3）使用减水剂，改善混凝土的和易性，提高混凝土的密实度。

4）采用水灰比小、单位水泥用量较大的混凝土配合比。

5）加强施工质量控制，加强养护，保证振捣质量，减少或避免混凝土出现蜂窝等质量事故。

6）在混凝土表面涂刷保护层，防止二氧化碳侵入，或在混凝土表面刷石灰浆等。

5. 混凝土的碱-骨料反应

碱-骨料反应是指水泥中的碱（Na_2O、K_2O）与骨料中的活性成分发生化学反应，在骨料表面生成复盐凝胶，这种凝胶吸水后体积膨胀（体积可增加 3 倍以上），从而导致混凝土产生膨胀开裂而破坏的现象。

混凝土发生碱-骨料反应必须具备以下三个条件：

1）水泥中碱含量高。水泥中碱含量按（$Na_2O + 0.658K_2O$）％计算大于 0.6％。

2）砂、石骨料中含有活性成分。根据骨料中活性成分，碱-骨料反应可分为三种类型：

① 碱-硅酸反应，指混凝土中的碱与骨料中的微晶或无定形硅酸发生反应，生成硅酸碱类复盐：

$$2NaOH + SiO_2 + nH_2O \longrightarrow Na_2O \cdot SiO_2 \cdot (n+1)H_2O$$

硅酸碱类复盐呈白色胶体状，硅酸凝胶具有吸水膨胀的性能，导致混凝土产生不均匀膨胀与开裂。这种硅酸称为活性二氧化硅，在火成岩、沉积岩和变质岩中都存在。含活性二氧化硅成分的矿物或岩石有蛋白石、玉髓、鳞石英、珍珠岩、安山岩、凝灰岩、火山角砾岩、硅质板岩等。

② 碱-碳酸盐反应，指混凝土中的碱与具有特定结构的泥质细粒白云石灰岩或泥质细粒的白云岩骨料反应：

$$CaMg(CO_3)_2 + 2NaOH \longrightarrow Mg(OH)_2 + CaCO_3 + Na_2CO_3$$

$$Na_2CO_3 + Ca(OH)_2 \longrightarrow 2NaOH + CaCO_3$$

此反应又称为去（脱）白云化反应。反应将持续进行，直到白云石被完全反应，或碱的浓度被继续反应降到足够低为止。碱-碳酸盐反应产生过量膨胀，导致混凝土结构破坏。

③ 碱-硅酸盐反应，指混凝土中的碱与骨料中的某些层状结构的硅酸盐发生反应，使层状硅酸盐的层间间距增大，骨料发生膨胀，导致混凝土膨胀开裂。

3）有水存在。在无水情况下，混凝土不可能发生碱-骨料反应破坏。

碱-骨料反应缓慢，有一定潜伏期，可经过几年或十几年才会出现，一旦发生碱-骨料反应，则无法阻止破坏的发展。国内外发现因碱-骨料反应而使工程停止使用的案例已很多。我国近期发现具有潜在活性骨料的分布愈来愈广，除长江流域、辽宁等部分地区外，又发现北京地区集料含有矿物玉髓。

在实际工程中，为抑制碱-骨料反应的危害，可采取以下方法：控制水泥总含碱量不超过 0.6％；选用非活性骨料；降低混凝土的单位水泥用量，以降低单位混凝土的含碱量；在混凝土中掺入火山灰质混合材料，以缓解和抑制混凝土的碱-骨料反应；防止水分侵入，设法使混凝土处于干燥状态。

混凝土是最耐久的建筑结构材料，迄今出现的过早破坏（小于 50 年）大都是人为因素造成的（如不合理使用、超载荷工作、偷工减料等）。从目前统计的资料来看，优质均匀的混凝土（即 HPC 混凝土）可保证相当的安全使用期限：重要建筑物在不利环境中为 100 年；混凝土正常环境中为 200 年；特殊用途的混凝土为 300 年；钢筋混凝土预期可达到 500 年。

6. 提高混凝土耐久性的措施

混凝土所处的环境和使用条件不同，对其耐久性的要求也不相同。提高混凝土耐久性的主要措施有：

1）根据混凝土工程的特点和所处的环境条件合理选择水泥品种。

2）选用质量良好、技术条件合格的砂石骨料。

3）控制水灰比及保证足够的水泥用量，是保证混凝土密实度并提高混凝土耐久性的关键。《普通混凝土配合比设计规程》（JGJ 55—2000）规定了工业与民用建筑所用混凝土的最大水灰比和最小水泥用量的限值，见表 5.24。《混凝土结构设计规范》（GB 50010—2010）也规定了不同环境类别下耐久性的要求，除最大水灰比和最小水泥用量要求外，还规定了最大氯离子含量、最大碱含量、最低混凝土强度等级。

表 5.24　混凝土的最大水灰比和最小水泥用量

环境条件		结构物类型	最大水灰比			最小水泥用量/(kg/m³)		
			素混凝土	钢筋混凝土	预应力混凝土	素混凝土	钢筋混凝土	预应力混凝土
干燥环境		正常的居民或办公用房屋内部构件	不做规定	0.65	0.60	200	260	300
潮湿环境	无冻害	（1）高湿度的室内部件 （2）室外部件 （3）在非侵蚀性土和（或）水中的部件	0.70	0.60	0.60	225	280	300
	有冻害	（1）经受冻害的室外部件 （2）在非侵蚀性土和（或）水中且经受冻害的部件 （3）高湿度且经受冻害的室内部件	0.55	0.55	0.55	250	280	300
有冻害和除冰剂的潮湿环境		经受冻害和除冰剂作用的室内、室外部件	0.50	0.50	0.50	300	300	300

注：1）当用活性掺和料取代部分水泥时，表中的最大水灰比及最小水泥用量即为取代前的水灰比和水泥用量。
　　2）配制 C15 级及以下等级的混凝土，可不受本表限制。

4）掺入减水剂或引气剂、适量混合材料，改善混凝土的孔结构，对提高混凝土的抗渗性和抗冻性有良好作用。

5）改善施工操作，保证施工质量（如保证搅拌均匀、振捣密实、加强养护等）。

6）采取适当的防护措施，如在混凝土结构表面加保护层、合成高分子材料浸渍混凝土等。

《混凝土结构设计规范》（GB 50010—2010）对混凝土结构暴露的环境类别划分及按设计使用年限为 50 年所作的结构混凝土材料的耐久性要求分别见表 5.25 和表 5.26。

表 5.25　混凝土结构的环境类别（摘自 GB 50010—2010）

环境类别	条　件
一	室内干燥环境； 无侵蚀性静水浸没环境
二 a	室内潮湿环境； 非严寒和非寒冷地区的露天环境； 非严寒和非寒冷地区与无侵蚀的水或土壤直接接触的环境； 严寒和寒冷地区的冰冻线以下与无侵蚀性的水或土壤直接接触的环境
二 b	干湿交替环境； 水位频繁变动环境； 严寒和寒冷地区的露天环境； 严寒和寒冷地区冰冻线以上与无侵蚀性的水或土壤直接接触的环境
三 a	严寒和寒冷地区冬季水位变动区环境； 受除冰盐影响环境； 海风环境
三 b	盐渍土环境； 受除冰盐作用环境； 海岸环境
四	海水环境
五	受人为或自然的侵蚀性物质影响的环境

表 5.26　混凝土结构的环境类别（摘自 GB 50010—2010）

环境等级	最大水胶比	最低强度等级	最大氯离子含量/%	最大碱含量/(kg/m³)
一	0.60	C20	0.30	不限制
二 a	0.55	C25	0.20	
二 b	0.50 (0.55)	C30 (C25)	0.15	3.0
三 a	0.45 (0.50)	C35 (C30)	0.15	
三 b	0.40	C40	0.10	

注：1）氯离子含量系指其占胶凝材料总量的百分比。

　　2）预应力构件混凝土中的最大氯离子含量为 0.06%；其最低混凝土强度等级宜按表中的规定提高两个等级。

　　3）素混凝土构件的水胶比及最低强度等级的要求可适当放松。

　　4）有可靠工程经验时，二类环境中的最低混凝土强度等级可降低一个等级。

　　5）处于严寒和寒冷地区二 b、三 a 类环境中的混凝土应使用引气剂，并可采用括号中的有关参数。

　　6）当使用非碱活性骨料时，对混凝土中的碱含量可不作限制。

5.4　混凝土的质量控制与强度评定

混凝土质量控制的目的是保证生产的混凝土技术性能满足设计要求。质量控制应贯穿于设计、施工生产及成品检验的全过程，即：

1）控制与检验混凝土组成材料的质量、配合比的设计与调整情况，混凝土拌和物的水灰比、稠度、均匀性等。

2）生产全过程各工序，如计量、搅拌、浇筑、养护、拆模及生产人员、机器设备、用具等的检验与控制。

3）混凝土成品质量的控制与评定、信息反馈与调控等。

5.4.1 混凝土质量波动的因素

造成混凝土质量波动的因素很多，但从管理学范畴来归纳，可分为两种因素。

（1）正常因素（又称偶然因素、随机因素）

正常因素是指施工中不可避免的正常变化因素，如水泥、砂、石等组成材料质量的波动，称量时的微小误差，操作人员技术上的微小差异，环境温度、湿度的变化等，这些因素既是不可避免的，也是无法或难以控制的。受正常因素的影响而引起的质量波动是正常波动，工程上是允许的。

（2）异常因素（系统因素）

异常因素是指施工中出现的不正常情况，如组成材料选用错误、称量错误、不遵守相关操作规程等。这些因素对混凝土质量影响很大，且是可以避免和控制的。受异常因素影响引起的质量波动是异常波动，工程上是不允许的。

5.4.2 混凝土强度的质量控制

由于混凝土质量的波动将直接反映到其最终的强度上，而混凝土的抗压强度与其他性能有较好的相关性，因此，工程上常以混凝土的抗压强度作为评定和控制其质量的主要指标。

1. 混凝土强度的波动规律

处于正常控制下的混凝土，其强度的波动应服从正态分布规律（图 5.21）。正态分布是一形状如钟的曲线，以平均强度为对称轴，距离对称轴越远，出现的概率越小。对称轴两侧曲线上各有一个拐点，拐点至对称轴的水平距离等于标准差（σ），曲线与横坐标之间的面积为概率的总和，等于 100%。在数理统计方法中，常用强度平均值、标准差、变异系数和强度保证率等统计参数来评定混凝土质量。

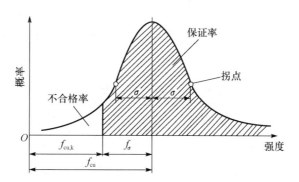

图 5.21 混凝土强度正态分布曲线及保证率

（1）强度平均值（$\overline{f}_{cu}$）

$$\overline{f}_{cu} = \frac{1}{n} \sum_{i=1}^{n} f_{cu,i} \tag{5.10}$$

式中：n——试件组数；

$f_{cu,i}$——第 i 组试验值。

平均强度反映混凝土总体强度的平均值，但并不反映混凝土强度的波动情况。

（2）标准差（σ）

标准差也称均方差，反映混凝土强度的离散程度，也反映了施工生产的管理水平。σ 值越大，强度分布曲线就越宽而矮，离散程度越大，则混凝土质量越不稳定。σ 是评定混凝土质量均匀性的重要指标，可按下式计算，即

$$\sigma = \sqrt{\frac{\sum_{i=1}^{n}(f_{cu,i}-\overline{f}_{cu})^2}{n-1}} = \sqrt{\frac{\sum_{i=1}^{n}f_{cu,i}^2 - n\overline{f}_{cu}^2}{n-1}} \tag{5.11}$$

（3）变异系数（C_v）

变异系数又称离差系数，能更合理地反映混凝土质量的均匀性。C_v 值越小，说明该混凝土质量越稳定。C_v 可按下式计算，即

$$C_v = \frac{\sigma}{\overline{f}_{cu}} \tag{5.12}$$

2. 混凝土强度保证率（P）

强度保证率是指混凝土强度总体分布中，大于设计要求的强度等级值的概率 P（%）。以正态分布曲线的阴影部分来表示（图 5.21）。强度正态分布曲线下的面积为概率的总和，等于 100%。强度保证率可按如下方法计算：

首先计算出概率度 t，即

$$t = \frac{\overline{f}_{cu} - f_{cu,k}}{\sigma} \tag{5.13}$$

或

$$t = \frac{\overline{f}_{cu} - f_{cu,k}}{C_v \cdot \overline{f}_{cu}} \tag{5.14}$$

根据标准正态分布曲线方程，可得到概率度 t 与强度保证率 P（%）的关系，如表 5.27 所示。

表 5.27　不同 t 值的保证率 P

t	0.00	0.50	0.84	1.00	1.20	1.28	1.40	1.60	1.645	1.70	1.81	1.88	2.00	2.05	2.33	3.00
P/%	50.0	69.2	80.0	84.1	88.5	90.0	91.9	94.5	95.0	95.5	96.5	97.0	97.7	99.0	99.4	99.87

工程中 P（%）值可根据统计周期内混凝土试件强度不低于要求强度等级标准值的组数与试件总数之比求得，即

$$P = \frac{N_0}{N} \times 100\% \tag{5.15}$$

式中：N_0——统计周期内，同批混凝土试件强度大于或等于规定强度等级值的组数；

N——统计周期内同批混凝土试件总组数，$N \geqslant 25$。

根据以上数值，按表 5.28 可确定混凝土生产质量水平。

表 5.28 混凝土生产质量水平（摘自 GB 50164—1992）

评定指标	生产质量水平 / 强度等级 / 生产场所	优良		一般	
		<C20	≥C20	<C20	≥C20
混凝土强度标准差 σ/MPa	商品混凝土厂和预制混凝土构件厂	≤3.0	≤3.5	≤4.0	≤5.0
	集中搅拌混凝土的施工现场	≤3.5	≤4.0	≤4.5	≤5.5
强度等于或大于混凝土强度等级值的百分率 P	商品混凝土厂、预制混凝土构件厂及集中搅拌混凝土的施工现场	≥95		≥85	

3. 混凝土配制强度

根据《普通混凝土配合比设计规程》（JGJ 55—2000）规定，工业与民用建筑及一般构筑物所采用的普通混凝土配制强度按下式计算，其强度保证率为 95%，其表达式为

$$f_{cu,o}=f_{cu,k}+1.645\sigma \tag{5.16}$$

式中：$f_{cu,o}$——混凝土配制强度，MPa；

$f_{cu,k}$——混凝土立方体抗压强度标准值，MPa；

σ——混凝土强度标准差，MPa；

1.645——对应强度保证率为 95%时的概率度。

5.4.3 混凝土强度的评定

根据《混凝土强度检验评定标准》（GB/T 50107—2010）规定，混凝土强度评定可分为统计方法及非统计方法两种。

1. 统计方法评定

（1）标准差已知方案

当连续生产的混凝土，条件在较长时间内保持一致，且同一品种、同一混凝土的强度变异性保持稳定时，一个验收批的样本容量应为连续的 3 组试件组成，其强度应同时满足下列规定，即

$$\left.\begin{aligned} m_{f_{cu}} &\geq f_{cu,k}+0.7\sigma_0 \\ f_{cu,min} &\geq f_{cu,k}-0.7\sigma_0 \end{aligned}\right\} \tag{5.17}$$

验收批混凝土立方体抗压强度的标准差应按下式计算，即

$$\sigma_0=\sqrt{\frac{\sum\limits_{i=1}^{n} f_{cu,i}^2-nm_{f_{cu}}^2}{n-1}} \tag{5.18}$$

当混凝土强度等级不高于 C20 时，其强度的最小值尚应满足下式要求，即

$$f_{cu,min}\geq 0.85 f_{cu,k} \tag{5.19}$$

当混凝土强度等级不低于 C20 时，其强度的最小值尚应满足下式要求，即

$$f_{cu,min} \geqslant 0.90 f_{cu,k} \tag{5.20}$$

式中：$m_{f_{cu}}$——同一验收批混凝土立方体抗压强度的平均值，精确到 0.1，N/mm^2；

$f_{cu,k}$——混凝土立方体抗压强度的标准值，精确到 0.1，N/mm^2；

$f_{cu,min}$——同一验收批混凝土立方体抗压强度的最小值，精确到 0.1，N/mm^2；

σ_0——验收批混凝土立方体抗压强度的标准差，精确到 0.1，N/mm^2，当检验批混凝土强度标准差 σ_0 计算值小于 $2.5N/mm^2$ 时应取 $2.5N/mm^2$；

$f_{cu,i}$——前一个检验期内同一品种、同一强度等级的第 i 组混凝土试件的立方体抗压强度代表值，该检验期不应少于 60d，也不得大于 90d；

n——前一验收期的样本容量，在该期间内样本容量不应少于 45。

（2）标准差未知方案

当混凝土的生产条件在较长时间内不能保持一致，混凝土强度变异性不能保持稳定，或前一个检验期内的同一品种混凝土无足够多的强度数据可用于确定统计计算的标准差时，检验评定只能直接根据每一验收批抽样的强度数据来确定。

强度评定时，应由不少于 10 组的试件组成一个验收批，其强度应同时满足下列要求，即

$$\left. \begin{array}{l} m_{f_{cu}} \geqslant f_{cu,k} + \lambda_1 \cdot S_{f_{cu}} \\ f_{cu,min} \geqslant \lambda_2 \cdot f_{cu,k} \end{array} \right\} \tag{5.21}$$

同一检验批混凝土立方体抗压强度标准差应按下式计算，即

$$S_{f_{cu}} = \sqrt{\frac{\sum\limits_{i=1}^{n} f_{cu,i}^2 - nm_{f_{cu}}^2}{n=1}} \tag{5.22}$$

式中：$S_{f_{cu}}$——同一验收批混凝土立方体抗压强度标准差，精确到 0.1，N/mm^2，当检验批混凝土强度标准差 $S_{f_{cu}}$ 计算值小于 $2.5N/mm^2$ 时应取 $2.5N/mm^2$；

λ_1，λ_2——合格判定系数，按表 5.29 取用。

表 5.29 混凝土强度的统计法合格判定系数

试件组数	10～14	15～24	≥25
λ_1	1.15	1.05	0.95
λ_2	0.90	0.85	

2. 非统计方法评定

对某些小批量零星混凝土的生产，因其试件数量有限（试件组数＜10），不具备按统计方法评定混凝土强度的条件，可采用非统计方法评定。

按非统计方法评定混凝土强度时，其强度应同时满足下列要求，即

$$\left. \begin{array}{l} m_{f_{cu}} \geqslant \lambda_3 \cdot f_{cu,k} \\ f_{cu,min} \geqslant \lambda_4 \cdot f_{cu,k} \end{array} \right\} \tag{5.23}$$

式中：λ_3，λ_4——合格评定系数，应按表 5.30 取用。

表 5.30　混凝土强度的非统计法合格评定系数

混凝土强度等级	<C60	≥C60
λ_3	1.15	1.10
λ_4	0.95	

3. 混凝土强度的合格性判定

1）混凝土强度应分批进行检验评定，当检验结果满足式（5.17）、式（5.19）或式（5.20），或式（5.21），或式（5.23）的规定时，则该批混凝土强度应评定为合格；当不能满足上述规定时，该批混凝土强度应评定为不合格。

2）对评定为不合格批的混凝土，可按国家现行的有关标准进行处理。

5.5　普通混凝土的配合比设计

普通混凝土的配合比设计即确定混凝土中各组成材料数量之间的比例关系。配合比常用的表示方法有两种：一种是以 1m³ 混凝土中各项材料的质量表示，如水泥（m_c）300kg、砂（m_s）720kg、石子（m_g）1200kg、水（m_w）180kg；另一种是以各项材料相互间的质量比来表示（以水泥质量为1），将上例换算成质量比为：水泥：砂：石子：水＝1：2.40：4.00：0.60，或写成：1：2.40：4.00，$W/C=0.60$。

5.5.1　混凝土配合比设计的基本要求

1）满足混凝土结构设计要求的强度等级。
2）满足混凝土施工所要求的和易性。
3）满足工程所处环境要求的混凝土耐久性。
4）在满足上述要求的前提下，考虑经济原则，节约水泥，降低成本。

5.5.2　混凝土配合比设计的资料准备

在设计混凝土配合比之前，必须通过调查研究及统计分析，掌握下列基本资料：

1）了解工程设计要求的混凝土强度等级，施工单位的施工管理水平，以便确定混凝土配制强度。

2）了解工程的性质特点及结构的体积尺寸，以便选择合理的水泥品种，确定所配制拌和物的流动性、所选用粗骨料的最大粒径等。

3）了解工程所处环境对混凝土耐久性的要求，以便选择合理的水泥品种，确定所配制混凝土的最大水灰比和最小水泥用量，以及对骨料的技术要求。

4）掌握原材料的性能指标，包括：水泥的品种、强度等级、密度，砂、石骨料的种类、表观密度、级配、最大粒径，拌和用水的水质情况，外加剂的品种、性能、适宜掺量等。

5.5.3　混凝土配合比设计中的三个参数

混凝土配合比设计实质上就是确定水泥、水、砂与石子这四项基本组成材料用量之

间的比例关系，即：水与水泥之间的比例关系，常用水灰比表示；砂与石子之间的比例
关系，常用砂率表示；水泥浆与骨料之间的比例关系，常用单位用水量来反映。水灰
比、砂率、单位用水量是混凝土配合比的三个重要参数，在配合比设计中正确地确定这
三个参数，就能满足混凝土配合比设计的四项基本要求。

确定这三个参数的基本原则是：在满足混凝土强度和耐久性的基础上，确定混凝土
的水灰比；在满足混凝土施工要求的和易性基础上，根据粗骨料的种类和规格确定混凝
土的单位用水量；砂的数量应以填充石子空隙后略有富余的原则来确定。

5.5.4 混凝土配合比设计的步骤

混凝土配合比设计步骤为：首先按照已选择的原材料性能及对混凝土的技术要求进
行初步计算，得出"初步计算配合比"，并经过实验室试拌调整，得出满足和易性要求
的"基准配合比"。然后经过强度检验（如有抗渗、抗冻等其他性能要求，应当进行相
应的检验），定出满足设计和施工要求并比较经济的"实验室配合比"。最后根据现场
砂、石的实际含水率对试验室配合比进行调整，求出"施工配合比"。

1. 初步计算配合比的确定

（1）计算配制强度（$f_{cu,o}$）

根据《普通混凝土配合比设计规程》（JGJ 55—2000），试配强度按下式计算，即

$$f_{cu,o} = f_{cu,k} + 1.645\sigma \tag{5.24}$$

式中：$f_{cu,o}$——混凝土配制强度，MPa；

$f_{cu,k}$——设计要求的混凝土强度等级，MPa；

1.645——强度保证率为 95% 时所对应的概率度；

σ——混凝土强度标准差，MPa。

1）遇有下列情况时应提高混凝土配制强度：

① 现场条件与实验室条件有显著差异时。

② C30 级及其以上强度等级的混凝土，采用非统计方法评定时。

2）标准差 σ 的确定方法如下：

① 应根据同类混凝土的统计资料计算确定。计算时，强度试件组数不应少于 25 组。

② 混凝土强度等级为 C20 和 C25 级，其强度标准差计算值小于 2.5MPa 时，计算
配制强度用的标准差应取不小于 2.5MPa；当混凝土强度等级等于或大于 C30
级，其强度标准差计算值小于 3.0MPa 时，计算配制强度用的标准差应取不小
于 3.0MPa。

③ 施工单位无历史统计资料时，σ 可按表 5.31 取用。

表 5.31 混凝土 σ 的取值

混凝土强度等级	<C20	C20~C35	>C35
σ/MPa	4.0	5.0	6.0

（2）计算水灰比（W/C）

混凝土强度等级小于 C60 级时，混凝土水灰比可根据强度公式按下式计算，即

$$\frac{W}{C} = \frac{\alpha_a \cdot f_{ce}}{f_{cu,o} + \alpha_a \cdot \alpha_b \cdot f_{ce}} \qquad (5.25)$$

式中：α_a，α_b——回归系数；

　　　f_{ce}——水泥 28d 抗压强度实测值，MPa。

回归系数 α_a 和 α_b 取决于工程所使用的水泥、骨料的性质，不同的组成材料、不同的配比其值不同。可通过试验由建立的该混凝土的灰水比与强度关系式确定，但在初步配合比设计中可按表 5.32 采用。

表 5.32　回归系数 α_a、α_b 选用表

石子品种系数	碎石	卵石
α_a	0.46	0.48
α_b	0.07	0.33

水泥 28d 抗压强度实测值 f_{ce} 可采用快速测定方法推定，也可按下式确定，即

$$f_{ce} = \gamma_c \cdot f_{ce,k} \qquad (5.26)$$

式中：γ_c——水泥强度等级值的富余系数，可按实际统计资料确定；

　　　$f_{ce,k}$——水泥强度等级值，MPa。

为了保证混凝土的耐久性，需要控制水灰比及水泥用量。水灰比不得大于表 5.24 中的最大水灰比值，如计算所得的水灰比大于规定的最大水灰比值时，应取规定的最大水灰比值。

（3）选取 1m³ 混凝土的用水量（m_{wo}）

1）干硬性和塑性混凝土用水量的确定。

① 水灰比在 0.40～0.80 范围时，根据粗骨料的品种、粒径及施工要求的混凝土拌和物稠度，其用水量可按表 5.33 选取。

表 5.33　干硬性和塑性混凝土的用水量（kg/m³）

拌和物稠度		卵石最大粒径/mm				碎石最大粒径/mm			
项目	指标	10	20	31.5	40	16	20	31.5	40
维勃稠度 /s	16～20	175	160	—	145	180	170	—	155
	11～15	180	165	—	150	185	175	—	160
	5～10	185	170	—	155	190	180	—	165
坍落度 /mm	10～30	190	170	160	150	200	185	175	165
	35～50	200	180	170	160	210	195	185	175
	55～70	210	190	180	170	220	205	195	185
	75～90	215	195	185	175	230	215	205	195

注：1）本表用水量系采用中砂时的平均取值。采用细砂时，每立方米混凝土用水量增加 5～10kg；采用粗砂时，则可减少 5～10kg。

　　2）掺用各种外加剂或掺和料时，用水量应相应调整。

② 水灰比小于 0.40 的混凝土以及采用特殊成形工艺的混凝土用水量应通过试验确定。

2）流动性和大流动性混凝土的用水量宜按下列步骤计算：

① 以表 5.33 中的坍落度 90mm 的用水量为基础，按坍落度每增大 20mm 用水量增

加 5kg 计算出未掺外加剂时的混凝土的用水量。

② 掺外加剂时的混凝土用水量可按下式计算，即

$$m_{wa} = m_{wo}(1-\beta) \tag{5.27}$$

式中：m_{wa}——掺外加剂混凝土每立方米混凝土的用水量，kg；

$\quad\quad m_{wo}$——未掺外加剂混凝土每立方米混凝土的用水量，kg；

$\quad\quad \beta$——外加剂的减水率，%。

③ 外加剂的减水率应经试验确定。

（4）计算 $1m^3$ 混凝土的水泥用量（m_{co}）

根据已初步确定的水灰比（W/C）和选用的单位用水量（m_{wo}），可计算出水泥用量（m_{co}）。

$$m_{co} = \frac{m_{wo}}{W/C} = m_{wo} \cdot C/W \tag{5.28}$$

为了保证混凝土的耐久性，由上式计算得出的水泥用量还应满足表 5.24 规定的最小水泥用量的要求，如计算得出的水泥用量少于规定的最小水泥用量，则应取规定的最小水泥用量值。

（5）选用合理的砂率值（β_s）

合理砂率可通过试验确定，或按下列规定确定：

1）坍落度为 $10\sim60mm$ 的混凝土砂率，可根据粗骨料品种、粒径及水灰比按表 5.34 选取。

表 5.34 混凝土的砂率（%）

水灰比 W/C	卵石最大粒径/mm			碎石最大粒径/mm		
	10	20	40	16	20	40
0.40	26~32	25~31	24~30	30~35	29~34	27~32
0.50	30~35	29~34	28~33	33~38	32~37	30~35
0.60	33~38	32~37	31~36	36~41	35~40	33~38
0.70	36~41	35~40	34~39	39~41	38~43	36~41

注：1）本表数值系中砂的选用砂率，对细砂或粗砂可相应地减小或增大砂率。

2）一个单粒级粗骨料配制混凝土时，砂率应适当增大。

3）对薄壁构件，砂率取偏大值。

2）坍落度大于 60mm 的混凝土砂率，可经试验确定，也可在表 5.34 的基础上按坍落度每增大 20mm、砂率增大 1% 的幅度予以调整。

3）坍落度小于 10mm 的混凝土，其砂率应经试验确定。

（6）计算粗、细骨料的用量（m_{go} 及 m_{so}）

粗、细骨料的用量可用质量法或体积法求得。

1）质量法（又称假定容重法）。普通混凝土的表观密度一般为 $2350\sim2450kg/m^3$，混凝土强度等级高，其值大，平均为 $2400kg/m^3$。

$$\left.\begin{array}{l} m_{co} + m_{so} + m_{go} + m_{wo} = m_{cp} \\[2mm] \dfrac{m_{so}}{m_{so} + m_{go}} = \beta_s \end{array}\right\} \tag{5.29}$$

式中：m_{co}——1m³ 混凝土的水泥用量，kg；

m_{go}——1m³ 混凝土的粗骨料用量，kg；

m_{so}——1m³ 混凝土的细骨料用量，kg；

m_{wo}——1m³ 混凝土的用水量，kg；

β_s——砂率，%；

$m_{c\varphi}$——1m³ 混凝土拌和物的假定重量（kg），其值可取 2350～2450kg。

解联立两式，即可求出 m_{go}，m_{so}。

2）体积法。假定混凝土拌和物的体积等于各组成材料绝对体积和混凝土拌和物中所含空气体积之总和。

$$\left. \begin{array}{l} \dfrac{m_{co}}{\rho_c}+\dfrac{m_{so}}{\rho_s}+\dfrac{m_{go}}{\rho_g}+\dfrac{m_{wo}}{\rho_w}+0.01\alpha=1 \\[2mm] \dfrac{m_{so}}{m_{so}+m_{go}}=\beta_s \end{array} \right\} \tag{5.30}$$

式中：ρ_c——水泥表观密度，为 2900～3100kg/m³；

ρ_g——粗骨料的观表观密度，kg/m³；

ρ_s——细骨料的表观密度，kg/m³；

ρ_w——水的密度，可取 1000kg/m³；

α——混凝土的含气量百分数，在不使用引气型外加剂时可取 1。

解联立两式，即可求出 m_{go}，m_{so}。

通过以上六个步骤，可确定出每立方米中水、水泥、砂和石子的用量，得出初步计算配合比 $m_{co} : m_{wo} : m_{so} : m_{go}$ 供试配用。

以上混凝土配合比计算公式和表格均以干燥状态骨料（系指含水率小于 0.5% 的细骨料和含水率小于 0.2% 的粗骨料）计。

2. 试配，确定基准配合比

初步配合比是否满足和易性要求，必须通过试验进行验证和调整，直到混凝土拌和物的和易性符合要求为止，然后提出供检验强度用的基准配合比。

1）按初步计算配合比，称取实际工程中使用的材料进行试拌，混凝土搅拌方法应与生产时用的方法相同。

2）混凝土配合比试配时，每次混凝土的最小搅拌量应符合表 5.35 的规定；当采用机械搅拌时，其搅拌量不应小于搅拌机额定搅拌量的 1/4。

表 5.35　混凝土试配的最小搅拌量

骨料最大粒径/mm	拌和物数量/L
31.5 及以下	15
40	25

3）试配时材料称量的精确度：骨料为 ±1%；水泥、水及外加剂均为 ±0.5%。

4）混凝土搅拌均匀后，检查拌和物的和易性。当拌和物坍落度或维勃稠度不能满足要求，或黏聚性和保水性不良时，应在保持水灰比不变的条件下相应调整用水量或砂率，直到符合要求为止。然后测定其表观密度，计算供强度试验用的基准配合比。具体调整方法见表 5.36。

表 5.36　混凝土拌和物和易性的调整方法

不能满足要求的情况	调整方法
流动性小于要求，但黏聚性和保水性好	保持水灰比不变，增加水泥和水用量。每增大 10mm 坍落度，需增加水泥浆 5%～8%
流动性大于要求，但黏聚性和保水性好	保持水灰比不变，减少水泥和水用量，相应增加砂、石量（砂率不变）。每减少 10mm 坍落度，需增加骨料 2%～5%
流动性合适，但黏聚性和保水性差	增加砂率（保持砂、石总量不变，提高砂用量，减少石子用量）
流动性大于要求，且黏聚性和保水性差	首先保持砂率不变，增加砂、石变用量，使流动性满足要求；若黏聚性和保水性仍差，则适当增加砂的用量，减少石子用量

经调整后得基准配合比 $m_{cj} : m_{wj} : m_{sj} : m_{gj}$。

3. 检验强度，确定实验室配合比

（1）检验强度

经过和易性调整后得到的基准配合比需进行强度检验，确定其水灰比，以满足混凝土的强度要求。强度检验时应至少采用三个不同的配合比，其一为基准配合比，另外两个配合比的水灰比宜较基准配合比分别增加或减少 0.05，而其用水量与基准配合比相同，砂率可分别增加或减少 1%（砂、石用量可不变）。每种配合比制作一组（三块）试件，并经标准养护到 28d 时进行抗压强度测定。

制作的混凝土立方体试件的边长，应根据石子最大粒径按表 5.19 中的规定选定。

（2）确定实验室配合比

1）水灰比的确定方法有两种：一是图解法，以灰水比为横坐标、强度为纵坐标所作的灰水比与强度关系应为一直线。根据混凝土配制强度，由图中找出对应的灰水比。二是计算法，以三组灰水比与强度值列方程组，求出 α_a、α_b、f_{ce}，代入混凝土强度关系式，根据混凝土配制强度计算相应的灰水比（水灰比）。

2）根据以下原则确定每立方米混凝土的材料用量：

① 用水量 m_w。应在基准配合比用水量的基础上，根据制作强度试件时测得的坍落度或维勃稠度进行调整。

② 水泥用量 m_c。以用水量乘以选定出来的灰水比。

③ 粗骨料 m_g 和细骨料 m_s 的用量。应在基准配合比的基础上，按选定的灰水比进行调整后确定。

（如根据强度试验选定出来的水灰比与基准配合比之水灰比相差不大，一般就取基准配合比用水量，砂、石的用量也可不变。）

3）根据实测的混凝土表观密度 $\rho_{c,t}$，按下列方式对配合比进行校正：

① 计算混凝土表观密度计算值 $\rho_{c,c}$。

$$\rho_{c,c} = m_c + m_s + m_g + m_w$$

② 计算混凝土配合比校正系数 δ。

$$\delta = \frac{\rho_{c,t}}{\rho_{c,c}}$$

③ 当混凝土表观密度实测值与计算值之差的绝对值不超过计算值的 2%时，可不进

行校正；当二者之差超过 2% 时，应将配合比中每项材料的用量乘以校正系数，即为确定的设计（实验室）配合比。

4. 施工配合比

设计配合比是以干燥材料为基准的，而工地存放的砂、石是露天堆放，都含有一定的水分，所以现场配制混凝土应根据砂、石的含水情况对配合比进行修正，计算施工配合比。

假定工地存放砂的含水率为 $a\%$，石子的含水率为 $b\%$，以水泥用量为 1（砂、石的用量分别为 X、Y）换算的施工配合比为

水泥：　　1
砂：　　　$X' = X(1 + a\%)$
石：　　　$Y' = Y(1 + b\%)$
水灰比：　$W'/C = W/C - X \cdot a\% - Y \cdot b\%$

5.5.5　普通混凝土配合比设计实例

【例 5.1】　某框架结构工程现浇钢筋混凝土梁，混凝土的设计强度等级为 C30，施工要求坍落度为 35～50mm（混凝土由机械搅拌、机械振捣），根据施工单位历史统计资料，混凝土强度标准差 $\sigma = 5.0$MPa。采用的原材料如下：

水泥：硅酸盐水泥，强度等级 42.5，强度富余系数 $\gamma_c = 1.1$，视密度 $\rho_c = 3100$kg/m^3。

砂：中砂，视密度 $\rho_s = 2650$kg/m^3。

石子：碎石，视密度 $\rho_g = 2700$kg/m^3，最大粒径 31.5mm。

水：自来水。

试设计混凝土配合比（按干燥材料计算）。

施工现场砂含水率 3%，碎石含水率 1%，求施工配合比。

解

1. 初步配合比的计算

(1) 计算试配强度 $f_{cu,o}$
$$f_{cu,o} = f_{cu,k} + 1.645\sigma = 30 + 1.645 \times 5.0 = 38.2\text{MPa}$$

(2) 计算水灰比 W/C

1) 水泥实际强度。
$$f_{ce} = \gamma_c \cdot f_{ce,k} = 1.1 \times 42.5 = 46.8\text{MPa}$$

2) 计算水灰比。由于是碎石，$\alpha_a = 0.46$，$\alpha_b = 0.07$，则
$$\frac{W}{C} = \frac{\alpha_a \cdot f_{ce}}{f_{cu,o} + \alpha_a \cdot \alpha_b \cdot f_{ce}} = \frac{0.46 \times 46.8}{38.2 + 0.46 \times 0.07 \times 46.8} = 0.54$$

由于框架结构梁处于干燥环境，查表 5.24，$(W/C)_{max} = 0.65$，符合要求。

(3) 确定单位用水量（m_{wo}）

查表 5.33，取 $m_{wo} = 185$kg。

（4）计算水泥用量（m_{co}）

$$m_{co} = \frac{m_{wo}}{W/C} = \frac{185}{0.54} = 343\text{kg}$$

查表 5.24，最小水泥用量为 260kg，故满足规定要求。

（5）确定合理砂率（β_s）

根据骨料及水灰比情况，查表 5.34，取 $\beta_s = 33\%$。

（6）计算砂（m_{so}）石（m_{go}）用量

1）用质量法计算。假定混凝土容重为 $m_{cp} = 2400\text{kg/m}^3$，可得方程

$$\left.\begin{array}{l} m_{so} + m_{go} = 2400 - 185 - 343 \\ \dfrac{m_{so}}{m_{so} + m_{go}} = 0.33 \end{array}\right\}$$

可求得

$$\left.\begin{array}{l} m_{so} = 616\text{kg} \\ m_{go} = 1256\text{kg} \end{array}\right\}$$

2）用体积法计算。取 $\alpha = 1$，可得方程

$$\left.\begin{array}{l} \dfrac{343}{3100} + \dfrac{185}{1000} + \dfrac{m_{so}}{2650} + \dfrac{m_{go}}{2700} + 0.01 \times 1 = 1 \\ \dfrac{m_{so}}{m_{so} + m_{go}} = 0.33 \end{array}\right\}$$

可求得

$$\left.\begin{array}{l} m_{so} = 613\text{kg} \\ m_{go} = 1251\text{kg} \end{array}\right\}$$

用质量法和体积法计算结果会有一定的差异，在工程中是允许的。质量法快捷简便，但对于掺引气剂混凝土或要求计算结果相对准确时则使用体积法。

以上实例，按体积法，则初步配合比为

$$m_{co} = 343\text{kg}, \quad m_{so} = 613\text{kg}, \quad m_{go} = 1251\text{kg}, \quad m_{wo} = 185\text{kg}$$

用比例法表示为 1：1.79：3.65：0.54。

2. 和易性评定、调整，确定基准配合比

（1）计算试拌材料用量

粗骨料最大粒径为 31.5mm，最小拌和量为 15L，其材料用量为：

水泥：343×0.015＝5.15kg

水：　185×0.015＝2.78kg

砂：　613×0.015＝9.20kg

石子：1251×0.015＝18.77kg

（2）和易性评定及调整

搅拌均匀后做和易性试验，测得的坍落度为 20mm，不符合要求。增加 5% 的水泥浆，测得坍落度为 40mm，黏聚性、保水性均良好。试拌调整后的各材料用量为：水泥，5.41kg；水，2.92kg；砂，9.20kg；石子，18.77kg。总质量 36.3kg。

（3）计算基准配合比

混凝土拌和物的实测表观密度为 2420kg/m³，则拌制 1m³ 混凝土的材料用量分别为：

水泥： $m_{cj} = \dfrac{5.41}{36.3} \times 2420 = 361 \text{kg}$

砂： $m_{sj} = \dfrac{9.20}{36.3} \times 2420 = 613 \text{kg}$

碎石： $m_{gj} = \dfrac{18.77}{36.3} \times 2420 = 1251 \text{kg}$

水： $m_{wj} = \dfrac{2.92}{36.3} \times 2420 = 195 \text{kg}$

即基准配合比为

$$361 : 613 : 1251 : 195 = 1 : 1.70 : 3.47 : 0.54$$

3. 试验室配合比的确定

（1）水灰比的确定

在基准配合比的基础上，保持用水量、砂、碎石用量不变，分别采用 0.49、0.54、0.59 三种水灰比配制混凝土，制作三组强度试件（经检验，和易性均满足要求）。经标准养护 28d 后，进行强度试验，得出其强度值，见表 5.37。

表 5.37 不同水灰比的混凝土强度

组 别	W/C	C/W	组成材料用量/kg				$f_{cu,28}$
			砂	石	水	水泥	
A	0.49	2.04	9.20	18.77	2.92	5.96	45.3
B	0.54	1.85	9.20	18.77	2.92	5.41	39.5
C	0.59	1.69	9.20	18.77	2.92	4.95	34.2

根据上述三组水灰比与其相对应的强度关系，用作图法得出混凝土配制强度 $f_{cu,0} = 38.2\text{MPa}$ 所对应的灰水比值为 1.82，即水灰比为 0.55，见图 5.22。

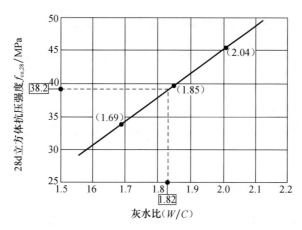

图 5.22 图解法确定灰水比

也可采用计算法，根据混凝土强度公式 $f_{cu}=\alpha_a f_{ce}(C/W-\alpha_b)$，将三组不同灰水比及强度代入公式，联成三元方程组，分别求出 α_a、α_b 及 f_{ce}，将试配强度 $f_{cu,o}$ 代入公式，求得对应的灰水比。

（2）计算各组成材料的用量

根据基准配合比，保持用水量及砂、石用量不变，按以上所求的 $W/C=0.55$ 计算的水泥用量为

$$m_c = \frac{195}{0.55} = 355\text{kg}$$

按此配合比配制混凝土，测得拌和物表观密度为 $\rho_{c,t}=2418\text{kg}$。

计算混凝土表观密度计算值 $\rho_{c,c}$：

$$\rho_{c,c} = 355+613+1251+195 = 2414\text{kg}$$

计算校正系数：

$$\delta = \frac{\rho_{c,t}}{\rho_{c,c}} = \frac{2418}{2414} \approx 1$$

$$\left|\frac{\rho_{c,t}-\rho_{c,c}}{\rho_{c,c}}\right| \times 100\% = \left|\frac{2418-2414}{2414}\right| \times 100\% = 0.17\%$$

小于2%，不需校正。故此混凝土的试验室（设计）配合比为

水泥：砂：石：水 $= 355:613:1251:195 = 1:1.73:3.52:0.55$

4. 换算施工配合比

现场砂、石含水率分别为3%、1%，按以下方法计算施工配合比。

水泥用量： 1
砂的用量： 1.73（1+3%）=1.78
石的用量： 3.52（1+1%）=3.56
水灰比： 0.55-1.73×3%-3.52×1%=0.46

5.5.6 掺减水剂、引气剂和粉煤灰的混凝土配合比的调整

1. 掺减水剂的混凝土配合比的调整（不改变流动性和强度等级，以节省水泥用量为目的）

1）单位用水量根据减水剂的减水率计算。
2）砂率可保持不变，也可适当增大，以满足和易性要求为准。
3）水灰比保持不变。

2. 掺引气剂的混凝土配合比调整

1）单位用水量。掺引气剂后，在混凝土内部引入了大量微小的封闭的气泡，由于气泡具有良好的变形能力，此类气泡在混凝土施工过程（拌和、成型）中起到"滚动轴

承"的作用，有利于提高混凝土拌和物的流动性。因此，掺引气剂后可适当减少单位用水量（减水率 8% 左右）。

2）水灰比。混凝土的强度随着含气量的增大而降低。含气量每增加 1%，混凝土强度降低 5% 左右。掺引气剂后混凝土的试配强度可按下式计算，即

$$f_{cu,o} = \frac{f_{cu,o}}{1-(\alpha-1)\times 5\%} \quad (5.31)$$

式中：α——掺引气剂后混凝土的含气量（普通混凝土的含气量为 1%），计算时不带%。用此式求得的试配强度计算水灰比。

3）砂率。用以上求得的水灰比确定砂率。引气会造成混凝土强度的降低，因而掺引气剂后为保证强度，水灰比要降低，砂率也要相应降低。此外，在混凝土中气泡相当于空砂壳，起到相当砂的作用，所以掺引气剂后砂率应适当降低。

3. 掺粉煤灰混凝土的配合比调整

在混凝土中掺入适量的粉煤灰可以节省水泥的用量、改善混凝土的抗化学侵蚀能力、降低水化热、抑制碱-骨料反应，还可以解决工业废渣对环境的污染，因此在工程中得到广泛的应用。

（1）粉煤灰在混凝土中应用的相关规定

1）应用范围。

Ⅰ级粉煤灰允许用于后张预应力钢筋混凝土构件及跨度小于 6m 的先张预应力钢筋混凝土构件。

Ⅱ级粉煤灰主要用于普通钢筋混凝土和轻骨料钢筋混凝土（经专门试验，或与减水剂复合，也可当Ⅰ级灰使用）。

Ⅲ级粉煤灰主要用于无筋混凝土和砂浆（经专门试验，也可用于钢筋混凝土）。

2）最大限量。在普通钢筋混凝土中，粉煤灰掺量不宜超过基准混凝土水泥用量的 35%，且粉煤灰取代水泥率不宜超过 20%。

预应力钢筋混凝土中，粉煤灰最大掺量不宜超过 20%。其粉煤灰取代水泥率，采用普通硅酸盐水泥时不宜大于 15%，采用矿渣硅酸盐水泥时不宜大于 10%。

轻骨料钢筋混凝土中，粉煤灰掺量不宜超过基准混凝土水泥用量的 30%，其粉煤灰取代水泥率不宜超过 15%。

无筋干硬性混凝土和砂浆中，粉煤灰掺量可适当增加，其粉煤灰取代水泥率不宜超过 40%。

（2）掺粉煤灰混凝土的配合比设计

粉煤灰混凝土的配合比设计以基准混凝土的配合比为基础，按等稠度、等强度等级原则，用超量取代法进行调整（由于粉煤灰的活性较水泥熟料要低，为保证混凝土的强度，改善混凝土的和易性，需采用"超量取代法"）。

其配合比调整方法如下：

1）按设计要求，根据《普通混凝土配合比设计技术规定》（JGJ 55—2000）进行普通混凝土基准配合比设计（不掺粉煤灰），得基准配合比 $m_c : m_s : m_g : m_w$。

2）确定粉煤灰取代水泥率 β_c。查表 5.38。

表 5.38　粉煤灰取代水泥百分率（β_c）

混凝土强度等级	普通硅酸盐水泥	矿渣硅酸盐水泥
C15 以下	15～25	10～20
C20	10～15	10
C25～C30	15～20	10～15

注：1）以 42.5 级水泥配制成的混凝土取表中下限值；以 52.5 级水泥配制的混凝土取上限值。
2）C20 以上的混凝土宜采用Ⅰ、Ⅱ级粉煤灰；C15 以下的素混凝土可采用Ⅲ级粉煤灰。

表 5.39　粉煤灰超量系数（δ_c）

粉煤灰级别	超量系数
Ⅰ	1.0～1.4
Ⅱ	1.2～1.7
Ⅲ	1.5～2.0

注：C25 以上混凝土取下限，其他强度等级混凝土取上限。

3）按所选用的粉煤灰取代水泥率 β_c，计算取代的水泥用量 m_f 和调整后水泥的用量 m_{fc}：

$$m_f = m_c \cdot \beta_c \tag{5.32}$$

$$m_{fc} = m_c - m_f = (1 - \beta_c)m_c \tag{5.33}$$

4）确定粉煤灰的超量系数 δ_c。按表 5.39。

5）按确定的超量系数 δ_c 计算粉煤灰的用量 m_{Fc}：

$$m_{Fc} = m_f \cdot \delta_c \tag{5.34}$$

6）计算因粉煤灰超量取代水泥而多出的体积 V_{Fc}：

$$V_{Fc} = \frac{m_{Fc}}{\rho_F} - \frac{m_c \cdot \beta_c}{\rho_c} \tag{5.35}$$

式中：ρ_F、ρ_c——分别表示粉煤灰和水泥的视密度。

7）在砂用量 m_s 中扣除与 V_{Fc} 同体积的砂，计算砂的用量 m_{se}：

$$m_{se} = m_s - V_{Fc} \cdot \rho_s \tag{5.36}$$

式中：ρ_s——砂的视密度。

8）粉煤灰混凝土的用水量按基准配合比的用水量取用。

9）根据计算的粉煤灰混凝土配合比，通过试配，在保证设计所需和易性的基础上进行混凝土配合比的调整，确定调整后的配合比为 $m_s : m_{Fc} : m_{sc} : m_g : m_w$。

10）根据调整后的配合比，提出现场施工用的粉煤灰混凝土配合比。

5.6　高性能混凝土

混凝土的高性能化是近一二十年才提出的，作为主要的结构材料，混凝土耐久性的重要性不亚于强度和其他性能。不少混凝土建筑因材质劣化引起开裂破坏甚至崩塌，水工、海港工程与桥梁尤为多见，它们破坏的原因往往不是强度不足，而是耐久性不够。因此，早在 20 世纪 30 年代水工混凝土就要求同时按强度和耐久性来设计配合比。随后又将混凝土应具有良好的工作性及较高的体积稳定性作为混凝土设计的要求，从而出现了高性能混凝土的概念。现在，高性能混凝土已成为土木工程领域研究的一个热点。

5.6.1　高性能混凝土的相关定义（术语）

高性能混凝土的出现，把混凝土技术从经验技术转变为高科技技术，代表着当今混凝土发展的总趋势。《高性能混凝土应用技术规程》（CECS207—2006）（中国工程建设标准化协会标准）中，对高性能混凝土所作的相关的定义如下。

1. 高性能混凝土

采用常规材料和生产工艺，能保证混凝土结构要求的各项力学性能，并具有高耐久性、高工作性和高体积稳定性的混凝土。

要满足高性能混凝土的这些性能要求，关键是按照耐久性的要求设计混凝土。混凝土结构的耐久性由混凝土的耐久性和钢筋的耐久性两部分组成。

2. 混凝土的耐久性

混凝土在所处工作环境下，长期抵抗劣化外力与劣化内因的作用，维持其应有性能的能力。

1）劣化外力：导致混凝土及混凝土结构性能降低的主要因素中，与外部环境有关的部分。如：大气中的 CO_2、SO_3、NO_x 等因素使混凝土中性化；海岸地区的氯化物侵入混凝土，使钢筋锈蚀；寒冷地区混凝土受冻融作用；盐碱地的酸碱使混凝土腐蚀等。

2）劣化内因：导致混凝土及混凝土结构性能降低的主要原因中，与内部因素有关的部分。如：各种材料带入的有害氯离子，当达到一定数量时会使钢筋锈蚀；混入的碱活性骨料会引起碱-骨料反应；过高的水灰比、过大的单方水泥用量、不足的混凝土保护层、混凝土浇筑的缺陷等，均会构成混凝土的劣化内因。

3）劣化现象：由劣化外力或劣化内因引起的混凝土结构性能随时间逐渐降低的现象，如中性化（碳化）、盐害、冻害、硫酸盐腐蚀、碱-骨料反应及钢筋锈蚀等。

4）容许劣化状态：伴随着混凝土结构性能降低而出现的劣化状态中，尚能被结构正常使用所容许的最低性能的要求。

高性能混凝土最突出的特点是要求混凝土在严酷的环境中的安全使用期有保证，即将耐久性作为混凝土设计的重要指标。

3. 混凝土的工作性能

混凝土满足施工要求、适宜于施工操作的性能的总称。

高性能混凝土对于新拌混凝土要求具有大流动性、可泵性、自流平、自密实等特点，同时要求对于施工速度、经济、均匀性、安全使用等都能获得保证。

4. 混凝土的体积稳定性

混凝土凝结硬化后，抵抗收缩开裂，保持原有体积稳定的性能。

5. 混凝土的力学性能

混凝土强度与受力变形性能的总称。

早强、高强也是高性能混凝土的基本性能之一。早强、高强有利于加快混凝土工程施工的速度，缩短施工工期。目前，高强（60～80MPa）、超高强（80～120MPa）最高达 130MPa 的混凝土已在土木工程中逐渐推广应用。

5.6.2 高性能混凝土设计与使用的基本规定

高性能混凝土必须具有设计要求的强度等级，在设计使用年限内必须满足结构承载和正常使用功能要求。

高性能混凝土应针对混凝土结构所处环境和预定功能进行耐久性设计。应选用适当的水泥品种、矿物微细粉，以及适当的水胶比，并采用适当的化学外加剂。

处于多种劣化因素综合作用下的混凝土结构宜采用高性能混凝土。根据混凝土结构所处的环境条件，高性能混凝土应满足下列一种或几种技术要求：

1）水胶比不大于 0.38。

2）56d 龄期的 6h 总导电量小于 1000C。

3）300 次冻融循环后相对动弹性模量大于 80%。

4）胶凝材料抗硫酸盐腐蚀试验的试件 15 周膨胀率小于 0.4%，混凝土最大水胶比不大于 0.45。

5）混凝土中可溶性碱总含量小于 $3.0 kg/m^3$。

高性能混凝土在脱模后宜以塑料薄膜覆盖，保持表面潮湿，进行保温养护。

5.6.3 高性能混凝土原材料

1. 水泥

配制高性能混凝土可采用硅酸盐水泥、普通硅酸盐水泥、矿渣硅酸盐水泥、火山灰质硅酸盐水泥及粉煤灰硅酸盐水泥、复合硅酸盐水泥，也可采用中热硅酸盐水泥、低热硅酸盐水泥、低热矿渣硅酸盐水泥及抗硫酸盐硅酸盐水泥。

采用的水泥必须符合现行有关国家标准的规定，且在一般情况下高性能混凝土不应采用立窑水泥。

2. 骨料

1）细骨料。细骨料应选择质地坚硬、级配良好的中、粗河砂或人工砂。

2）粗骨料。配制 C60 以上强度等级高性能混凝土的粗骨料，应选择级配良好的碎石或碎卵石。岩石的抗压强度与混凝土的抗压强度等级之比不低于 1.5，或其压碎值 Q_a 小于 10%。

粗骨料的最大粒径不宜大于 25mm，且宜采用 10～25mm 和 5～10mm 两级粗骨料配合。

粗骨料中针片状颗粒含量应小于 5%，不得混入风化颗粒。

粗、细骨料应为非碱活性骨料，在一般情况下不宜使用碱活性骨料。如果采用碱活性骨料，必须按相关规定检验骨料碱活性，进行专门的试验论证，并采取相应的预防措施。

粗、细骨料其他性能指标应符合现行相关标准的规定。

3. 矿物微细粉

矿物微细粉是指平均粒径≤10μm、具有潜在水硬性的矿物质粉体材料。在高性能混凝土的材料组成上，必须含有矿物微细粉，这是一种改善混凝土结构构造、改善界面、提高性能的重要成分。在高性能混凝土中常掺入一、两种或同时掺入两种以上这类材料。

常用的矿物微细粉为硅粉、粉煤灰、磨细矿渣粉、天然沸石粉、偏高岭土粉及复合微细粉等。所选用矿物微细粉除必须对混凝土及钢材无害、且满足各自相应标准的质量要求外，还应符合下列要求：

1) 宜选用Ⅰ级粉煤灰；当采用Ⅱ级粉煤灰时，应先通过试验证明能达到所要求的性能指标方可采用。

2) 矿物微细粉等量取代水泥的最大用量宜为：

① 硅粉不大于10%；粉煤灰不大于30%；磨细矿渣粉不大于40%；天然沸石粉不大于10%；偏高岭土粉不大于15%；复合微细粉不大于40%。

② 当粉煤灰超量取代水泥时，超量值不宜大于25%。

4. 化学外加剂

为达到混凝土的高性能要求，其组成材料中必须含有矿物微细粉和高效减水剂，矿物微细粉与高效减水剂双掺是高性能混凝土组成材料的最大特点。双掺能够最好地发挥矿物微细粉在高性能混凝土中的填充效应，使高性能混凝土具有更好的流动性、强度和耐久性。

高性能混凝土中使用的外加剂必须符合《混凝土外加剂》（GB 8076）和《混凝土外加剂应用技术规程》（GB 50119）的规定，并对混凝土及钢筋无害。所使用的减水剂必须是高效减水剂，其减水率应不低于20%。

工程中宜采用氨基磺酸系高效减水剂或聚羧酸高效减水剂。

5.6.4　高性能混凝土的配合比设计

高性能混凝土配合比设计应根据混凝土结构工程要求，保证施工要求的工作性、结构混凝土强度与耐久性。

耐久性设计应以混凝土结构在使用环境中的劣化外力作用下，在设计使用年限内劣化不超过容许劣化状态为目标。温度、湿度、太阳辐射热以及混凝土中性化等为一般劣化外力，是混凝土结构耐久性设计中必须考虑的。盐害、冻害以及酸性土壤、腐蚀性物质等对混凝土结构的作用为特殊劣化外力，按混凝土结构所处环境条件而定。

高性能混凝土配合比设计包括：试配强度的确定（满足强度要求）；基本参数的确定（满足工作性要求）；抗碳化耐久性设计、抗冻害耐久性设计、抗盐害耐久性设计、抗硫酸盐腐蚀耐久性设计、抵制碱-骨料反应有害膨胀（满足耐久性要求）等。

1. 试配强度的确定

高性能混凝土试配强度应按下式确定，即

$$f_{cu,o} \geqslant f_{cu,k} + 1.645\sigma \tag{5.37}$$

式中：$f_{cu,o}$——混凝土试配强度，MPa；
　　　$f_{cu,k}$——设计强度标准值，MPa；

σ——混凝土强度标准差，当无统计数据时商品混凝土可取 4.5MPa。

由于高性能混凝土对结构耐久性要求的提高，往往由于耐久性方面的要求，混凝土抗压强度超过结构因素所需的值。如英吉利海峡隧道衬里，按结构要求的混凝土设计强度为 45MPa，但为了满足设计寿命为 120 年的要求，混凝土的平均抗压强度提高到 63MPa。又如青马大桥，原来混凝土桥墩的强度按结构设计要求 43MPa 足够了，但是按《混凝土抗氯离子渗透性试验方法》（ASTMC1202）测定混凝土的导电量达不到要求，后来在混凝土中加入了 8％硅粉，导电量降到 1000C 以下，满足了要求，但与此同时，混凝土强度也提高到了 63MPa。

2. 基本参数的确定

配制高性能混凝土单方混凝土用水量不宜大于 $175kg/m^3$；胶凝材料总量宜为 $450\sim600kg/m^3$，其中矿物微细粉用量不宜超过胶凝材料总量的 40％；宜采用较低水胶比（根据其耐久性要求确定）；砂率宜为 37％～44％；高效减水剂掺量根据坍落度要求而定（因掺用氨基磺酸系高效减水剂或聚羧酸高效减水剂，有效降低混凝土单方用水量，增大混凝土坍落度，并能控制混凝土坍落度的损失）。

3. 抗碳化耐久性设计

混凝土碳化（中性化）后会失去对钢筋的碱性保护，为确保混凝土抗碳化耐久性能，水胶比宜按下式确定，即

$$x \leqslant \frac{5.83C}{\alpha \times \sqrt{t}} + 38.3 \tag{5.38}$$

式中：x——水胶比，％；

C——钢筋混凝土的保护层厚度（室内的保护层厚度＝室外保护层厚度＋2cm），cm；

α——劣化外力区分系数，室外为 1.0，室内为 1.7；

t——设计使用年限，年。

4. 抗冻害耐久性设计

高性能混凝土的抗冻害耐久性设计主要包括以下内容：

1）抗冻要求的最大水胶比。应根据冻害设计外部劣化因素的强弱（冻害地区可分为微冻地区、寒冷地区、严寒地区），按表 5.40 的规定确定水胶比的最大值。

表 5.40　不同冻害地区或盐冻地区混凝土水胶比最大值

外部劣化因素	混凝土结构所处盐害环境	水胶比（W/B）最大值
微冻地区	准盐害环境地区	0.50
寒冷地区	一般盐害环境地区	0.45
严寒地区	重盐害环境地区	0.40

2）抗冻耐久性指数。高性能混凝土的抗冻性能（冻融循环次数）可采用现行国家标准《普通混凝土长期性能和耐久性能试验方法标准》（GB/T 50082）规定的快冻法测定。应根据混凝土结构所处环境、经受冻融循环次数来确定混凝土的抗冻耐久性指数。

耐久性指数与抗冻性关系按下式确定，即

$$K_{\mathrm{m}} = \frac{PN}{300} \tag{5.39}$$

式中：N——混凝土试件冻融试验至相对动弹性模量 60％时的冻融循环次数，根据所处环境条件而定；

　　　P——经 N 次冻融循环后试件的相对动弹性模量；

　　　K_{m}——混凝土的抗冻耐久性指数。要求见下表 5.41。

表 5.41　高性能混凝土抗冻耐久性指数要求

混凝土结构所处环境条件	冻融循环次数 N	抗冻耐久性指数 K_{m}
严寒地区	≥300	≥0.8
寒冷地区	≥300	0.60～0.79
微冻地区	所要求的冻循环次数	<0.60

注：1) 高性能混凝土的抗冻性也可按现行国家标准《混凝土耐久性检验评定标准》相关规定执行。
　　2) 受海水作用的海港工程混凝土的抗冻性测定时，应以工程所在地海水代替普通水制作混凝土试件。当无海水时可用 3.5％的氯化钠溶液代替海水进行测定。

3) 抗盐冻耐久性要求。受除冰盐冻融作用的高速公路混凝土及钢筋混凝土桥梁混凝土，抗冻性能的测定按《混凝土抗除冰盐冻融试验方法》进行。测定盐冻前后试件单位面积质量的差值后，按下式评价混凝土的抗盐冻性能

$$Q_{\mathrm{s}} = \frac{M}{A} \tag{5.40}$$

式中：Q_{s}——单位面积剥蚀量，$\mathrm{g/m^2}$；

　　　M——试件的总剥蚀量，g；

　　　A——试件受冻面积，$\mathrm{m^2}$。

设计时，应确定混凝土在工程要求的冻融循环次数内满足 $Q_{\mathrm{s}} \leqslant 1500\mathrm{g/m^2}$ 的要求。

4) 对骨料的要求。高性能混凝土的抗冻性需要骨料除应满足 5.6.3 节的要求外，其品质尚应符合表 5.42 的要求。

表 5.42　高性能混凝土的抗冻性对骨料的品质要求

混凝土结构所处环境	细骨料		粗骨料	
	吸水率/％	坚固性（试件质量损失）/％	吸水率/％	坚固性（试件质量损失）/％
微冻地区	≤3.5	≤10	≤3.0	≤12
寒冷地区	≤3.0		≤2.0	
严寒地区				

5) 对引气外加剂的要求。对抗冻性混凝土宜采用引气剂或引气型减水剂。当水胶比小于 0.30 时，可不掺引气剂，若经快速冻融 300 次，相对动弹性模量≥80％，为高抗冻性混凝土。当高性能混凝土的水胶比大于 0.30 时，宜掺入引气剂，使混凝土含气量达 4％～5％，应使混凝土经快速冻融 300 次后相对动弹性模量≥60％。

5. 抗盐害破坏的耐久性设计

抗盐害破坏的耐久性主要考虑混凝土抗氯离子侵蚀的能力。

1）盐害外部劣化因素等级划分。抗盐害耐久性设计时，根据盐害设计劣化因素分为准盐害环境地域（离海岸 250～1000m）、一般盐害环境地域（离海岸 50～250m）、重盐害环境地域（离海岸 50m 以内）。盐湖周边 250m 以内范围也属重盐害环境地域。

2）高性能混凝土中氯离子含量要求。高性能混凝土中氯离子 Cl⁻ 含量宜小于胶凝材料用量的 0.06％，并应符合现行国家标准《混凝土质量控制标准》（GB 50164）的规定。

3）在盐害地域高耐久性混凝土的表面裂缝宽度要求。表面裂缝宽度宜小于 $c/30$（c 为混凝土保护层厚度，单位 mm）。

4）高性能混凝土抗氯离子渗透、扩散性能。按《混凝土抗氯离子渗透性试验方法》，以 56d 龄期、6h 的总导电量（库仑，C）确定。混凝土导电量与抗 Cl⁻ 渗透性及水胶比关系如表 5.43 所示。

表 5.43　根据混凝土导电量试验结果对混凝土进行的分类

6h 导电量/C	氯离子渗透性	可采用的典型混凝土种类
2000～4000	中	中等水胶比（0.40～0.60）普通混凝土
1000～2000	低	低水胶比（<0.40）普通混凝土
500～1000	非常低	低水胶比（<0.38）含矿物微细粉混凝土
<500	可忽略不计	低水胶比（<0.30）含矿物微细粉混凝土

5）抗盐害混凝土对水胶比的要求。水胶比最大值的规定应按盐害劣化外部环境按表 5.40 的规定选取。

6）在盐害地域混凝土结构的钢筋保护层厚度。可参考表 5.44 选择。

表 5.44　盐害地区设计的保护层最小厚度（mm）

结构构件类型			准盐害地区	一般盐害地区	重盐害地区
楼板	室内	有饰面	30	40	40
屋顶板		无饰面	40	50	50
非承重墙	室外	有饰面	60	70	90
柱	室内	无饰面	40	50	50
梁		有饰面	50	60	60
承重墙	室外	无饰面	60	70	90
护坡墙			70	80	90

注：表中所列为使用年限 65 年的混凝土结构所需的最小保护层厚度，实际工程中可根据使用年限长短作适当调整。

6. 抗硫酸盐腐蚀耐久性能设计

高性能混凝土的抗硫酸盐腐蚀性能取决于其组成材料如水泥的品种、矿物质微细粉的品种和数量以及水胶比。

1）水泥及矿物微细粉品种的选择。抗硫酸盐腐蚀耐久性要求所选用的水泥，其矿物组成应符合 C_3A 含量小于 5％、C_3S 含量小于 50％的要求；其矿物微细粉应选用低钙粉煤灰、偏高岭土、矿渣、天然沸石粉或硅粉等。

2）胶凝材料抗硫酸盐腐蚀性能检验。根据《水泥和混凝土抗硫酸盐腐蚀检测方法》规定，进行胶砂试件检验，按表 5.45 评定胶凝材料的抗硫酸盐腐蚀性能。

表 5.45　砂浆膨胀率、抗蚀系数与抗硫酸盐性能

试件膨胀率	抗蚀系数	抗硫酸盐等级	抗硫酸盐性能
>0.4%	<1.0	低	受腐蚀
0.4%~0.35%	1.0~1.1	中	耐腐蚀
0.34%~0.25%	1.2~1.3	高	抗腐蚀
≤0.25%	>1.4	很高	高抗腐蚀

3）抗硫酸盐腐蚀混凝土的最大水胶比。按表 5.46 确定。

表 5.46　抗硫酸盐腐蚀混凝土的最大水胶比

劣化环境条件	最大水胶比
水中或土中 SO_4^{2-} 含量大于 0.2% 的环境	0.45
除环境中含有 SO_4^{2-} 外，混凝土还采用含有 SO_4^{2-} 的化学外加剂	0.40

7. 抑制碱-骨料反应（AAR）的有害膨胀设计

混凝土结构或构件在设计使用期限内不应发生碱-骨料反应而导致开裂和强度下降。AAR 包括碱-硅反应（ASR）和碱-碳酸盐反应（ACR）两大类。

1）抵制碱-硅反应（ASR）破坏的混凝土碱含量限值。如表 5.47 所示。

表 5.47　预防 ASR 破坏的混凝土中碱含量

环境条件	混凝土中最大碱含量/(kg/m³)		
	一般工程结构	重要工程结构	特殊工程结构
干燥环境	不限制	不限制	3.0
潮湿环境	3.5	3.0	2.1
含碱环境	3.0	用非活性骨料	

2）碱-硅反应（ASR）的抵制。按照《砂浆棒法快速检测骨料碱活性》规定的方法进行检测，如骨料中含有碱-硅反应活性，可按《矿物微细粉抵制碱-硅反应效果检测方法》（玻璃砂浆棒法）确定各种微细粉的抑制 ASR 的掺量和效果。

3）碱-碳酸盐反应（ACR）的抵制。按照《骨料-碱碳酸盐反应活性试验方法》（混凝土柱法）进行检测，如骨料中含有碱-碱碳酸盐反应活性，应掺入粉煤灰、沸石与粉煤灰复合粉、沸石与矿渣复合粉或沸石与硅复合粉等（宜采用小混凝土柱法确定其掺量并检验其抵制效果）。

5.6.5　高性能混凝土的施工与验收

1. 原材料管理

1）原材料应按第三节的要求采用。宜在相对固定的、具有一定规模的供应网点采购。进场材料应经材料管理人员和质量管理人员取样检验合格，并办理交验手续后方可使用。

2）各种原材料应在固定的堆放地点存放，并有明确的标志，标明材料名称、品种、生产厂家和生产（或进场）日期，避免误用。粗、细骨料应堆放在具有排水功能的硬质地面上，存放时间不宜超过半年。

3）砂、粗骨料的水分对混凝土性能有明显影响，应准确测定因天气变化引起砂、粗骨料含水量的变化，以便及时调整施工配合比。袋装粉状材料（水泥、微细粉和粉状高效减水剂）要注意防潮，液体外加剂要注意防止沉淀和分层。

2. 高性能混凝土的拌制

1）高性能混凝土必须采用强制式搅拌机拌制。

2）原材料计量应准确，应严格按设计配合比称量，其最大允许偏差应符合下列规定（按重量计）：

① 胶凝材料（水泥、微细粉等）：±1%。

② 化学外加剂（高效减水剂或其他化学添加剂）：±1%。

③ 粗、细骨料：±2%。

④ 拌和用水：±1%。

3）严格测定砂、粗骨料的含水率，一般情况下每班抽测 2 次。使用露天堆放骨料时，应随时根据其含水量变化调整配合比。

4）化学外加剂可采用粉剂和液体外加剂。当采用液体外加剂时，应从混凝土用水量中扣除溶液中的水量；用采用粉剂时，应适当延长搅拌时间，一般不少于 0.5min。

5）拌制第一盘混凝土时，可增加水泥和砂子用量 10%，但保持水灰比不变（考虑搅拌机挂浆）。

6）投料顺序。原材料的投料顺序宜为：粗骨料、细骨材、水泥、微细粉投入（搅拌约 0.5min）——加入拌和水（搅拌约 1min）——加入减水剂（搅拌约 0.5min）——出料。当采用其他投料顺序时，应经试验确定其搅拌时间，保证搅拌均匀。

搅拌的最短时间尚应符合设备说明书的规定。从全部材料投完算起的搅拌时间不得少于 1min。搅拌 C50 以上强度等级的混凝土或采用引气剂、膨胀剂、防水剂和其他添加剂时，应相应延长搅拌时间。

3. 工作性检验

1）搅拌成的高性能混凝土拌和物应立即检验其工作性，包括测定坍落度、扩展度、坍落度损失，观察有无分层、离析，评定均质性情况。

2）高性能混凝土拌和物出厂前应检验其工作性，包括测定坍落度、扩展度，观察有无分层、离析，测定坍落度经时损失等，经检验合格后方可出厂。

3）高性能混凝土拌和物运送到现场后，应在工程项目有关三方见证取样的条件下测定其工作性，经检验合格后方可使用。

4. 高性能混凝土的运输

1）高性能混凝土从搅拌站结束搅拌到施工现场使用不宜超过 120min。在运输过程中，严禁添加计量外用水。当高性能混凝土运输到施工现场时，应抽检坍落度，每 100m³ 混凝土应随机抽检 3～5 次，测得结果应作为施工现场混凝土拌和物质量评定的依据。

2）高性能混凝土应使用搅拌运输车运送，运输车装料前应将筒内的积水排净。

3）混凝土的运送时间应满足合同规定，合同未作规定时宜按 90min 控制（当最高气温低于 25℃时运送时间可延长 30min）。当需延长运送时间时，应采取经过试验验证的技术措施。

4）当确有必要调整混凝土的坍落度时，严禁向运输车内添加计量外用水，而必须在专职技术人员指导下，在卸料前加入外加剂，且加入后采用快速转动料筒搅拌。外加剂的数量和搅拌时间应经试验确定。

5. 高性能混凝土浇筑

1）高性能混凝土的浇筑应采用泵送施工，高频振捣器振动成型。

2）混凝土的自由倾落高度不宜超过 2m；在不出现分层离析的情况下，最大落料高度应控制在 4m 以内。

3）浇筑高性能混凝土应振捣密实，宜采用高频振捣器垂直点振。当混凝土较黏稠时，应加密振点分布。应特别注意二次振捣和二次振捣的时机，确保有效地消除塑性阶段产生的沉缩和表面裂缝。

6. 高性能混凝土养护

1）高性能混凝土必须加强保湿养护，特别是底板、楼面板等大面积混凝土浇筑后，应立即用塑料膜严密覆盖。二次振捣和压抹表面时，可卷起覆盖物操作，然后及时覆盖。混凝土终凝后可用水养护。采用水养护时，水的温度应与混凝土的温度相适应，避免因温差过大而导致混凝土出现裂缝。保湿养护不应少于 14d。

2）当高性能混凝土中胶凝材料用量较大时，应采取覆盖保温养护措施。保温养护期间应控制混凝土内部温度不超过 75℃；应采取措施确保混凝土内外温差不超过 25℃。可通过控制入模温度控制混凝土结构内部最高温度，可通过保湿蓄热养护控制结构内外温差。还应防止混凝土表面温度因环境影响（如暴晒、气温骤降等）而发生剧烈变化。

7. 质量验收

高性能混凝土质量验收应符合现行的国家标准《混凝土质量控制标准》、《混凝土结构工程施工质量验收规范》、《混凝土强度检验评定标准》等规定。

5.7　自密实混凝土

自密实混凝土技术的发展已有近 30 年的历史，在国内也已应用了近 20 年，近年来自密实混凝土在我国的发展应用速度加快，应用领域也进一步拓展。

《自密实混凝土应用技术规程》（CECS 203—2006）将自密实混凝土（self-compacting concrete，SCC）定义为：具有高流动性、不离析，具有均匀性和稳定性，浇筑时依靠其自重流动，无需振捣而达到密实的混凝土。

这种混凝土的优点有：在施工现场无振动噪声；可进行夜间施工，不扰民；对工人健康无害；混凝土质量均匀、耐久；钢筋布置较密或构件体型复杂时也易于浇筑；施工速度快，现场劳动量小。

5.7.1 自密实混凝土组成材料

1. 水泥

自密实混凝土可选用硅酸盐水泥、普通硅酸盐水泥、矿渣硅酸盐水泥、火山灰硅酸盐水泥、粉煤灰硅酸盐水泥、复合硅酸盐水泥。使用矿物掺和料的自密实混凝土，宜选用硅酸盐水泥或普通硅酸盐水泥。

2. 矿物掺和料

1）粉煤灰。用于自密实混凝土的粉煤灰应符合现行国家标准《用于水泥和混凝土中的粉煤灰》（GB/T 1596）中的Ⅰ级或Ⅱ级粉煤灰的技术性能指标要求。强度等级高于C60的自密实混凝土宜选用Ⅰ级粉煤灰。

2）粒化高炉矿渣粉。用于自密实混凝土的粒化高炉矿渣粉应符合现行国家标准《用于水泥和混凝土中的粒化高炉矿渣粉》（GB/T 18046）的技术性能指标要求。

3）沸石粉。用于自密实混凝土的沸石粉应符合表5.48的要求。

表5.48　沸石粉技术性能指标

项目	级别及技术性能指标	
	Ⅰ	Ⅱ
吸铵值/(mol/100g)	130	100
比表面积/(m²/kg)	700	500
需水比/%	110	150
活性指数/%	90	85

4）硅灰。比表面积≥15 000m²/kg，二氧化硅含量≥85％。

5）复合矿物掺和料。由几种矿物复合磨细而成，按性能指标（28d活性指数）分为F105、F95、F75级，其技术性能指标应符合表5.49的要求。

表5.49　复合矿物掺和料技术性能指标

项目		级别及技术性能指标		
		F105	F95	F75
比表面积（≥）/(m²/kg)		450	400	350
细度（0.045mm方孔筛筛余）(≤)/%		10		
活性指数/%	7d (≥)	90	70	50
	28d (≥)	105	95	75
流动度比（≥）/%		85	90	95
含水量（≤）/%		1.0		
三氧化硫（≤）/%		4.0		
烧失量（≤）/%		5.0		
氯离子（≤）/%		0.02		

6) 惰性掺和料。试验研究表明，自密实混凝土中也可采用惰性掺和料（如石灰石粉、窑灰等），起填充和分散作用，但其主要技术性能应符合相关规定（三氧化硫≤4.0%、烧失量≤3.0%、氯离子≤0.02%、比表面积≥350m²/kg、流动度比≥90%、含水量≤1.0%）。

在自密实混凝土中水泥、掺和料和骨料中粒径小于0.075mm的颗粒的组合称为粉体（powder）。

3. 细骨料

细骨料宜选用第Ⅱ级配区的中砂，砂的含泥量应不超过3.0%，泥块含量应不超过1.0%。

4. 粗骨料

粗骨料宜采用连续级配或两个单粒径级配的石子，最大粒径不宜大于20mm；石子的含泥量应不超过1.0%，泥块含量应不超过0.5%；针片状颗粒含量应不超过8%；石子空隙率宜小于40%。

5. 水

自密实混凝土拌和用水应符合现行《混凝土用水标准》。

6. 外加剂

自密实混凝土必须要掺加减水剂，减水剂应选用高效减水剂，宜选用聚羧酸系高性能减水剂。当需要提高混凝土拌和物的黏聚性时，自密实混凝土中可掺入增黏剂。

5.7.2 自密实混凝土性能

对自密实混凝土而言，工程所需的性能包括自密实性能、施工性、强度、耐久性等。与普通混凝土相比，自密实混凝土特有的性能要求为自密实性能，其他性能可能参照普通混凝土的规范要求。

1. 自密实混凝土自密实性能等级和性能

自密实混凝土的自密实性能包括流动性、抗离析性和填充性。

（1）试验和评定的方法

可分别采用坍落扩展度试验及扩展时间试验、V漏斗试验和U形箱试验进行检测。

1）坍落扩展度及扩展时间。用坍落度筒测量混凝土坍落度之后，随即测量混凝土拌和物坍落扩展终止后扩展面相互垂直的两个直径，其两直径的平均值（mm）即坍落扩展度。

用坍落度筒测量混凝土坍落度时，自坍落度筒提起开始计时至坍落扩展度达到500mm的时间（s）即扩展时间。

2）V漏斗试验。采用V形漏斗，检验自密实混凝土抗离析性能的一种试验方法。将混凝土拌和物装满V形漏斗，从开启出料口底盖开始计时，记录拌和物全部流出出料口所经历的时间（s）。

3）U形箱试验。采用规定的U形箱，检测自密实混凝土拌和物通过钢筋间隙，并自行填充至箱内各个部位能力的一种试验方法。

根据测定将自密实性能分为三级，其指标应符合表5.50的要求。

表5.50　混凝土自密实性能等级指标

性能等级	一级	二级	三级
U型箱试验填充高度/mm	320以上 （隔栅型障碍1型）	320以上 （隔栅型障碍2型）	320以上 （无障碍）
坍落扩展度/mm	700±50	650±50	600±50
T50/s	5～20	3～20	3～20
V漏斗通过时间/s	10～25	7～25	4～25

（2）自密实性能等级的选用

自密实性能等级应根据结构物的结构形状、尺寸、配筋状态等选用。对于一般的钢筋混凝土结构物及构件可采用自密实性能等级二级。

一级：适用于钢筋的最小净间距为35～60mm、结构形状复杂、构件断面尺寸小的钢筋混凝土结构物及构件的浇筑。

二级：适用于钢筋的最小净间距为60～200的钢筋混凝土结构物及构件的浇筑。

三级：适用于钢筋的最小净间距200mm以上、断面尺寸大、配筋量少的钢筋混凝土结构物及构件的浇筑，以及无筋结构的浇筑。

（3）影响自密实性能的主要因素

自密实混凝土要求混凝土具有较大流动性的同时又具有较高的浆体黏性，以防止离析。实现的原理是：增加粉体材料用量（同时减少粗骨料用量），选用优质高效减水剂和高性能减水剂，提高浆体的黏性和流动性，以利于充分包裹与分割粗、细骨料颗粒，使骨料悬浮在粉体浆体中，形成自密实性能。影响自密实性能的主要因素有：

1）单位用水量和水粉比。单位用水量和水粉比是影响自密实混凝土流动性能和抗离析性能的重要因素。

单位用水量指每立方米混凝土中水的用量（m³）。

水粉比指单位体积中拌和水与单位体积中粉体量的体积之比。

单位用水量或水粉比过大将会导致自密实混凝土的流动性过大、抗离析性能不佳；单位用水量或水粉比过小将会导致自密实混凝土的流动性不足、过于黏稠。这两种情况都将导致自密实性能不能满足要求。

2）粉体的种类和粉体的构成。虽然选用不同的粉体种类和粉体构成即使在相同的水粉比情况下会存在流动性能和抗离析性能的差别，但根据大量的试验经验，对于常用的水泥、粉煤灰、矿粉、硅粉以及骨料中的粉体材料，只要选择的水粉比和用水量在一定范围内，均能配制出满足自密实性能要求的自密实混凝土。

3）粗骨料最大粒径和用量。粗骨料最大粒径对自密实性能影响较大，通常最大粒径越大自密实性能越差，因而规定粗骨料最大粒径不宜大于20mm。从保证自密实混凝土良好的钢筋间隙通过性能和模板狭窄部的填充性能考虑，应采用较小的单位体积粗骨料量。

4）外加剂。选用优质高性能减水剂可提高浆体的黏性和流动性。对于低强度等级的混凝土，由于其水胶比较大，往往属于贫混凝土，如果仅靠增加单位体积粉体量仍不能满足材料的抗离析性能时，可以掺用增黏剂予以改善。

2. 硬化后自密实混凝土的性能

自密实混凝土强度等级应满足配合比设计强度等级的要求。自密实混凝土的弹性模量、长期性能和耐久性等其他性能应符合设计或相关标准的要求。一般情况下，为了满足自密实性能，往往需要较高的粉体用量，由于高效、高性能减水剂的使用，其单位用水量并没有增加，就使得自密实混凝土的水胶比较低，且控制较为严格，所以比较容易满足设计强度等级要求。自密实混凝土的最高强度可超过 100MPa，经常用于高强和高耐久性混凝土结构。影响自密实混凝土硬化后性能的主要因素如下。

（1）水泥强度等级和水胶比

自密实混凝土的强度主要取决于水泥强度和水灰比，普通混凝土强度公式仍然适用。但通常按照强度设计得到的水泥体积用量不能满足自密实性能设计要求的粉体用量，为实现自密实性，必须在保证强度设计的前提下提高粉体数量。通常采用的方法有以下三种：一是直接增加水泥的用量至满足粉体数量要求，该方法的直接影响是降低了水灰比，提高了混凝土的强度等级；二是使用活性掺和料超量取代水泥，该方法可在保证强度的前提下增加粉体的用量（水泥和活性掺和料统称为胶凝材料，单位体积用水量与胶凝材料用量的质量比称为水胶比）；三是直接增加惰性掺和料至满足自密实性能要求。可见，在方法一和方法二的情况下，影响强度的主要因素为水泥强度等级和水胶比。

（2）粉体构成

自密实混凝土浆体总量较大，粉体用量（由胶凝材料及部分惰性材料组成）也必须较大。如果胶凝材料单用水泥，混凝土强度会提高，但会引起混凝土早期水泥热较大、硬化混凝土收缩较大，不利于提高混凝土的耐久性和体积稳定性，因此，在胶凝材料中掺用优质活性矿物掺和料（从而增加粉体量）成为最佳选择。常用的粉体材料有粉煤灰、粒化高炉矿渣、沸石粉、硅灰等，掺的材料不同、掺量的比例不同，混凝土性能也会有所不同。如掺粉煤灰在保证设计强度的条件下，更有利于提高混凝土的后期强度及耐久性，掺硅灰则可显著提高混凝土的强度及耐久性。

（3）混凝土含气量

混凝土含气量不仅影响混凝土强度，而且影响其抗冻性，含气量增大，抗冻性提高，但强度有会下降。一般情况下，自密实混凝土含气量的选定主要考虑粗骨料的最大粒径、混凝土设计强度以及混凝土结构所处的环境条件等因素。

5.7.3 自密实混凝土配合比设计

1. 配合比设计基本规定

1）自密实混凝土配合比应根据结构物的结构条件、施工条件以及环境条件所要求的自密实性能进行设计，在综合强度、耐久性和其他必要性能要求的基础上提出实验配合比。

2）自密实混凝土自密实性能的确认应按工程结构条件、施工条件的要求。

3）在进行自密实混凝土的配合比设计调整时，应考虑水胶比对自密实混凝土设计强度的影响和水粉比对自密实性能的影响。

4）配合比设计宜采用绝对体积法。

5）对于某些低强度等级的自密实混凝土，仅靠增加粉体量不能满足浆体黏性时，可通过试验确认后添加增黏剂。

6）自密实混凝土宜采用增加粉体材料用量和选用优质高效减水剂或高性能减水剂，改善浆体的黏性和流动性。

2. 组成材料的选择

自密实混凝土的材料包括粉体、骨料、外加剂等。

（1）粉体的选定

粉体的选择直接影响到自密实性能，而且会影响凝结时间、水化热造成的温升特性、强度以及收缩等性能。粉体应根据结构物的结构条件、施工条件以及环境条件所需的新拌混凝土性能和硬化混凝土性能选定。

（2）骨料的选定

包括粗骨料和细骨料，粗骨料最大粒径不宜大于 20mm。骨料应根据新拌混凝土性能和硬化混凝土所需的性能选定。

（3）外加剂的选定

所选的外加剂应在其适宜掺量范围内，能够获得所需的新拌混凝土性能，并对硬化混凝土性能无负面影响。

3. 初期配合比设计

（1）确定单位体积粗骨料用量（V_g）

单位体积粗骨料用量按自密实等级参照表 5.51 选用。

表 5.51　单位体积粗骨料用量

混凝土自密性能等级	一级	二级	三级
单位体积粗骨料绝对体积/m³	0.28～0.30	0.30～0.33	0.32～0.35

（2）确定单位体积用水量（V_w）、水粉比（W/p）和单位体积粉体量（V_p）

单位体积用水量、水粉比和单位体积粉体量的选择，应根据粉体的种类和性质以及骨料的品质进行选定，并保证自密实混凝土所需的性能。

1）单位体积用水量宜为 155～180kg。

2）水粉比根据粉体的种类和掺量有所不同，按体积比宜取 0.80～1.15。

3）根据单位体积用水量和水粉比计算得到单位体积粉体量。

$$V_p = \frac{V_w}{W/p} \tag{5.41}$$

单位体积粉体量宜为 $0.16\sim0.23m^3$。

计算自密实混凝土单位体积浆体量 (V_w+V_p)，宜为 $0.32\sim0.40m^3$。

（3）确定含气量 (V_a)

自密实混凝土的含气量应根据粗骨料最大粒径、强度、混凝土结构的环境条件等因素确定，宜为 $1.5\%\sim4.0\%$。有抗冻要求时应根据抗冻性确定新拌混凝土的含气量。

（4）计算单位体积细骨料量 (V_s)

单位体积细骨料量应由单位体积粉体量、骨料中粉体含量、单位体积粗骨料量、单位体积用水量和含气量确定，采用绝对体积法计算。因细骨料中含有粉体，计算时应予以考虑。

（5）确定单位体积胶凝材料体积用量 (V_{ce})

单位体积胶凝材料体积用量可由单位体积粉体量减去惰性粉体掺和料体积量以及骨料中小于 0.075mm 的粉体颗粒体积量确定。

（6）计算水灰比 (W/C) 与理论单位体积水泥用量 (M_{co})

应根据工程设计的强度等级要求，按现行《普通混凝土配合比设计规程》（JGJ 55）计算出水灰比 (W/C)，再根据拟定的单位体积用水量 (V_w) 计算得到相应的理论单位体积水泥用量 (M_{co})。

（7）确定实际单位体积活性矿物掺和料量 (M_{ce}) 和实际单位体积水泥用量 (M_c)

应根据活性矿物掺和料的种类和工程设计强度确定活性矿物掺和料的取代系数，然后通过胶凝材料体积用量、理论水泥用量和取代系数计算出单位体积活性矿物掺和料量和实际单位体积水泥用量。

（8）计算水胶比 (W/M_{ce})

应根据拟定的单位体积用水量、实际单位体积水泥用量以及单位体积活性矿物掺和料量计算出自密实混凝土的水胶比（常用质量比）。

（9）试配确定外加剂掺量

高效减水剂或高性能减水剂及必要时掺加的增黏剂等外加剂掺量，应根据所需的自密实混凝土性能经过试配确定。

4. 配合比的调整与确定

（1）验证新拌混凝土的质量

根据以上初期配合比进行试拌，验证是否满足新拌混凝土的性能要求（自密实性能），必要时可进行调整，调整方法如下：

1）当试拌混凝土不能达到所需的新拌混凝土性能时，应对外加剂、单位体积用水量、单位体积粉体量（水粉比）和单位体积粗骨料量进行适当调整。如要求性能中包括含气量，也应加以适当调整。

2）当上述调整仍不能满足要求时，应对使用材料进行变更。如变更较难时，应对配合比重新进行综合分析，调整新拌混凝土性能目标值，重新设计配合比。

（2）验证硬化混凝土质量

新拌混凝土性能满足要求后，应验证硬化后混凝土性能是否符合设计要求。当不符合要求时，应对材料和配合比进行适当调整，重新进行试拌和试验，再次确认。

5. 配合比的表示方法

自密实混凝土配合比的表示方法按表 5.52 的规定。

表 5.52 配合比表示方法

		体积用量/L	质量用量/kg
自密实混凝土强度等级			
自密实性能等级			
坍落扩展度目标值/mm			
V 形漏斗通过时间目标值（或 T_{50} 时间）/s			
水胶比			
水粉比			
含气量/%			
粗骨料最大粒径/mm			
单位体积粗骨料绝对体积/m³			
单位体积材料用量		体积用量/L	质量用量/kg
水 W			
水泥 C			
掺和料			
细骨料 S			
粗骨料 G			
外加剂	高性能减水剂		
	其他外加剂		

注：1）当掺和料为多种材料时，分别以不同栏目表示。
　　2）液体外加剂中的含水量，计入单位体积用水量。

6. 自密实混凝土配合比设计案例

【案例一】

（1）设计要求

密实性能：二级。

强度等级：C60。

（2）原材料

水泥：P.O.42.5，$R_{28}=56$MPa，表观密度 3.10g/cm³。

粉煤灰：Ⅰ 级粉煤灰，表观密度 2.30g/cm³。

细骨料：河砂，2 区中砂，表观密度 2.67g/cm³，小于 0.075mm 的细粉含量 2%。

粗骨料：碎石，5～20mm 连续级配，表观密度 2.70g/cm³。

外加剂：聚羧酸系高性能减水剂。

（3）初期配合比设计

1）确定单位体积粗骨料体积用量（V_s）。根据自密实性能等级，参照表 5.51，选取 $V_s=0.32$，单位体积粗骨料体积用量为 320L，质量为 $320 \times 2.7=864.0$kg。

2）确定单位体积用水量（V_w）、水粉比（W/p）和单位体积粉体量（V_p）。考虑到掺入粉煤灰配制 C60 等级和自密实混凝土，而且粗细骨料粒型级配良好，选择较低的单位用水量 165.0L 和水粉比 0.80。通过计算，$V_p=V_w/(W/p)=165.0/0.80=$

206.3L，为粉体体积用量，粉体体积比为 0.2063，介于推荐值 0.16～0.23 之间，浆体量为 0.2063＋0.165＝0.3713，满足推荐值 0.32～0.4 的要求。

3）确定含气量（V_a）。根据经验以及使用外加剂的性能设定自密实混凝土的含气量为 1.5%，即 15L。

4）计算单位体积细骨料量（V_s）。因为细骨料中含有 2.0% 的粉体，所以根据

$$V_g + V_p + V_w + V_a + (1-2.0\%)V_s = 1000L$$

可以计算出单位体积细骨料的用量

$$V_s = (1000 - 320 - 206.3 - 165 - 15)/98.0 = 299.7L（质量为 800.2kg）$$

5）计算单位体积胶凝材料体积用量（V_{ce}）。因为未使用惰性掺和料，所以单位体积胶凝材料体积用量为

$$V_{ce} = V_p - 2\%V_s = 206.3 - 2\% \times 299.7 = 200.3L$$

6）计算水灰比（W/C）与理论水泥用量（M_{co}）。按照《普通混凝土配合比设计规程》（JGJ 55）进行计算（过程略），结果如下：$W/C = 0.32$。根据已拟定的用水量 165kg，理论水泥用量为 515.6kg，约合 166.3L。

7）计算单位体积掺和料量和实际水泥用量（M_c）。通过以上计算可知满足强度要求的单位体积水泥体积为 166.3L，但不能满足自密实性能计算出的 200.3L 粉体的要求（若使用惰性掺和料则可以直接加入 200.3－166.3＝34L 来补充粉体数量的不足；在没有惰性掺和料情况下，可采用活性矿物掺和料来补充粉体数量的不足，如本例以掺常用粉煤灰为例）。根据粉煤灰在混凝土中应用的有关规定，采用超量取代法，超量系数为 1.5，设取代水泥率为 X，可根据下式计算出取代率 X 的值，从而计算出取代水泥质量（M_c）及粉煤灰掺入量（M_f）：

$$M_{co} \times (1-X)/\rho_c + M_{co} \times X \times 1.5/\rho_f = V_{ce}$$
$$515.6 \times (1-X)/3.1 + 515.6 \times X \times 1.5/2.3 = 200.3$$
$$X = 20\%$$
$$M_c = 515.6 \times (1-20\%) = 412.5kg$$
$$M_f = 515.6 \times 20\% \times 1.5 = 154.7kg$$

8）计算水胶比（W/M_{ce}）。

$$W/M_{ce} = W/(M_c + M_f) = 165/(412.5 + 154.7) = 0.29$$

9）通过试验确定聚羧酸系高性能减水剂用量为胶凝材料用量的 1.5%。

10）配合比设计表示方法见表 5.53。

表 5.53　配合比设计表示方法（案例一）

自密实混凝土强度等级	C60
自密实性能等级	二级
坍落扩展度目标值/mm	650±60
V 形漏斗通过时间目标值/s	3～20
水胶比（质量）	0.29
水粉比	0.80
含气量/%	1.5

续表

粗骨料最大粒径/mm	20	
单位体积粗骨料绝对体积/m³	0.32	
单位体积材料用量	体积用量/L	质量用量/kg
水 W	165	165
水泥 C	133.1	412.5
掺和料	67.3	154.7
细骨料 S	299.7	800.2
粗骨料 G	320	864.0
外加剂 高性能减水剂	1.5%	8.51
其他外加剂	无	

11）试验验证。按照初期设计配合比进行混凝土试验验证，见表5.54。

表5.54　混凝土试验验证

坍落扩展度	V形漏斗通过时间	U型箱A型高度	28d立方体抗压强度
680mm	12s	350mm	74MPa

自密实混凝土的配合比设计可分为自密实性能设计和强度设计两大部分。配合比设计的步骤并不应拘泥于自密实性能设计和强度设计的先后顺序，而应注重其核心的参数指标能够满足工作性能和强度等级的要求。

【案例二】

用 P.O42.5 水泥、Ⅰ级粉煤灰、S95 磨细矿渣粉、中砂、5～20mm 碎石、高性能减水剂配制高强自密实混凝土。

1）通过计算水灰比取 0.33，选取 175kg 单位体积用水量，则水泥单位体积用量为 530kg。

2）采取Ⅰ级粉煤灰等量取代水泥 12%，S95 矿渣等量取代水泥 30%。通过计算得到水泥单位体积用量 307kg（98L），粉煤灰 64kg（29L），矿渣粉 159kg（57L），则胶凝材料总质量为 530kg（184L）。

3）对比自密实混凝土所推荐的单位体积粉体量 160～230L，水粉比 0.8～1.15，单位体积浆体量 320～400L。

粉体量 184L，满足推荐范围；水粉比 175/184＝0.95 满足推荐范围；浆体量 184＋175＝359L 满足推荐范围。

4）通过对比，浆体构成完成满足规范的推荐范围，无需进一步调整。

5）按自密实混凝土的性能要求，选用石子体积用量为 300L，质量为 810kg。

6）设计含气量为 3%，则可计算出单位体积砂的用量为 311L，质量为 824kg。

7）由上得到自密实混凝土初步配合比，见表5.55。

表5.55　配合比设计（案例二）

自密实混凝土强度等级	C60
自密实性能等级	二级
坍落扩展度目标值/mm	650±60

续表

	体积用量/L	质量用量/kg
V 形漏斗通过时间目标值/s	3～20	
水胶比（质量）	0.33	
水粉比	0.95	
含气量/%	3	
粗骨料最大粒径/mm	20	
单位体积粗骨料绝对体积/m³	0.30	
单位体积材料用量	体积用量/L	质量用量/kg
水 W	175	175
水泥 C	98	307
粉煤灰 F	29	64
S95 矿渣粉 K	57	159
细骨料 S	311	824
粗骨料 G	300	810
外加剂　高性能减水剂	—	—
外加剂　其他外加剂	无	

5.7.4　自密实混凝土生产与运输

1. 生产与质量控制

1) 原材料计量允许偏差。原材料计量允许偏差应符合表 5.56 的规定。

表 5.56　原材料计量允许偏差

序　号	原材料品种	水泥/%	骨料/%	水/%	外加剂/%	掺和料/%
1	每盘计量允许偏差	±2	±3	±1	±1	±2
2	累计计量允许偏差	±1	±2	±1	±1	±1

2) 宜采用强制式搅拌机搅拌。当采用其他类型的搅拌设备时，应根据需要适当延长搅拌时间。

3) 投料顺序。宜先投入细骨料、水泥及掺和料搅拌 20s 后，再投入 2/3 的用水量和粗骨料搅拌 30s 以上，然后加入剩余水量和外加剂搅拌 30s 以上。当在冬季施工时，应先投入骨料和全部净用水量后搅拌 30s 以上，然后再投入胶凝材料搅拌 30s 以上，最后加外加剂搅拌 40s 以上。

4) 混凝土的检验规则除应符合现行国家标准《预拌混凝土》（GB/T 14902）的规定外，尚应进行下列项目的检验：

① 混凝土出厂时应检验其流动性、抗离析性和填充性。

② 混凝土强度试件的制作方法：将混凝土搅拌均匀后直接倒入试模内，不得使用振动台和插捣方法成型。

2. 运输

1) 应采用运输车运输。运输车在接料前应将车内残留的其他品种的混凝土清洗干净，并将车内积水排尽。

2）运输过程中严禁向车内的混凝土加水。

3）混凝土运输时间应符合规定，未作规定时宜在 90min 内卸料完毕。当最高气温低于 25℃时，运送时间可延长 30min。混凝土的初凝时间应根据运输时间和现场情况加以控制，当需延长运送时间时，应采用相应技术措施，并应通过试验验证。

4）卸料前搅拌运输车应高速旋转 1min 以上方可卸料。

5）在混凝土卸料前，如需对混凝土扩展度进行调整时，加入外加剂后混凝土搅拌车应高速旋转 4min，使混凝土均匀一致，经检测合格后方可卸料。外加剂的种类、掺量应事先试验确定。

5.8 轻骨料混凝土

《轻骨料混凝土技术规程》（JGJ 51—2002）定义：用轻粗骨料、轻砂（或普通砂）、水泥和水配制而成的干表观密度不大于 1950kg/m³ 的混凝土称为轻骨料混凝土。

5.8.1 轻骨料混凝土分类

1. 按用途分类

轻骨料混凝土按用途分类见表 5.57。

表 5.57 轻骨料混凝土按用途分类

类别名称	混凝土强度等级的合理范围	混凝土干表观密度等级的合理范围/(kg/m³)	用途
保温轻骨料混凝土	LC5.0	≤800	主要用于保温的围护结构、热工构筑物
结构保温轻骨料混凝土	LC5.0	800～1400	主要用于既承重又保温的围护结构
	LC7.5		
	LC10		
	LC15		
结构轻骨料混凝土	LC15	1400～1900	主要用于承重构件或构筑物
	LC20		
	LC25		
	LC30		
	LC35		
	LC40		
	LC45		
	LC50		
	LC55		
	LC60		

2. 按细骨料品种分类

1）全轻混凝土。由轻砂作细骨料配制而成，如浮石全轻混凝土、陶粒陶砂全轻混凝土等。

2）砂轻混凝土。由普通砂，或部分普通砂和部分轻砂作细骨料配制而成，如粉煤灰陶粒砂轻混凝土、黏土陶粒砂轻混凝土等。

3）大孔轻骨料混凝土。由轻粗骨料，水泥和水配制而成的无砂或少砂混凝土。

4）次轻混凝土。在轻骨料中掺入适量普通粗骨料，干密度大于 1950kg/m³、小于或等于 2300kg/m³ 的混凝土。

5.8.2　轻骨料分类及要求

轻骨料可分为轻粗骨料和轻细骨料两种。

凡粒径大于 4.75mm、堆积密度小于 1000kg/m³ 的轻质骨料称为轻粗骨料。用于保温及结构保温的轻粗骨料，其最大粒径不宜大于 40mm；用于结构的轻粗骨料，其最大粒径不宜大于 20mm。

凡粒径不大于 4.75mm、堆积密度小于 1200kg/m³ 的轻质骨料称为轻细骨料（或轻砂，其细度模数不宜大于 4.0；其大于 4.75mm 的累计筛余量不宜大于 10%）。

轻粗骨料的堆积密度直接影响所配制的轻骨料混凝土的表观密度和性能，轻粗骨料按堆积密度（kg/m³）分为 8 个等级：300，400，500，600，700，800，900 及 1000。

轻粗骨料的强度对混凝土强度有很大影响，通常以筒压强（将轻骨料装入 ϕ115mm×100mm 的带底圆筒内，上面加 ϕ113mm×70mm 的冲压模，取冲压模压入深度为 2cm 时的压力值，除以承压面积 100cm²，为轻骨料筒压强度值）来间接反映轻粗骨料颗粒强度。

轻骨料均为多孔结构，其吸水率都比普通砂、石大，因此将显著影响混凝土拌和物的和易性以及水灰比和强度的发展。在设计轻骨料混凝土配合比时，必须根据轻骨料的 1h 吸水率计算附加用水量。国家标准对轻骨料 1h 的吸水率的规定是：除对轻砂和天然轻粗骨料的吸水率不作规定外，其他轻骨料的吸水率不应大于 22%。

5.8.3　轻骨料混凝土的主要技术性质

1. 轻骨料混凝土密度等级

按干表观密度（kg/m³）可分为 14 个等级：600，700，800，900，1000，1100，1200，1300，1400，1500，1600，1700，1800 及 1900。

2. 轻骨料混凝土拌和物的和易性

由于轻骨料具有颗粒表观密度小、表面粗糙、表面积大、易于吸水等特点，其拌和物适用的流动性范围较窄，过大就会使轻骨料上浮、离析；过小则捣实困难。流动性的大小主要决定于用水量。轻骨料吸水率大，一部分被骨料吸收，其数量相当于 1h 的吸水量，这部分水称为附加用水量，其余部分称为净水量，这就保证了拌和物获得所要求的流动性和水泥水化的进行。净用水量可根据混凝土的用途及要求的流动性来选择。

3. 轻骨料混凝土的强度

轻骨料混凝土的强度等级按立方体抗压强度标准值划分为 LC5.0，LC7.5，LC10，

LC20，LC25，LC30，LC35，LC40，LC45，LC50、LC55、LC60 等 13 个等级。

由于轻骨料多为多孔结构，强度低，轻骨料的强度是决定轻骨料混凝土强度的主要因素，反映在轻骨料混凝土强度上有两方面的特点：首先是轻骨料会导致混凝土强度下降，用量愈多，混凝土强度降低愈多，而其表观密度也减小；其次，每种骨料只能配制一定强度的混凝土，如欲配制高于此强度的混凝土，即使用降低水灰比的方法来提高砂浆的强度，也不可能使混凝土的强度明显提高。

4. 轻骨料混凝土的变形性能

轻骨料混凝土的干缩变形及碳化收缩较普通混凝土大，易产生干缩裂缝。

轻骨料混凝土的温度变形较普通混凝土小。普通混凝土的温度线膨胀系数为 $(1\sim1.5)\times10^{-5}$ mm/（mm·℃），轻骨料混凝土的温度线膨胀系数，当温度为 $0\sim100$℃时为 $(7\sim10)\times10^{-6}$ mm/（mm·℃）。

轻骨料混凝土的弹性模量较普通混凝土低很多，强度等级低（密度等级小）的轻骨料混凝土其弹性模量更低。

轻骨料混凝土的徐变也较普通混凝土大。

5. 轻骨料混凝土的热物理性能

轻骨料混凝土的导热系数较普通混凝土低，密度等级 $600\sim1900$ 的轻骨料混凝土在干燥条件下的导热系数是 $0.18\sim1.01$W/（m·K），在平衡含水条件下的导热系数是 $0.25\sim1.15$W/（m·K），而普通混凝土的导热系数是 1.28W/（m·K）左右。轻骨料混凝土的比热容与普通混凝土相差不大，普通混凝土约为 0.88J/（g·K），轻骨料混凝土在干燥条件下稍小 $[0.84$J/（g·K）$]$，而在平衡含水条件下稍大 $[0.92$J/（g·K）$]$。

6. 轻骨料混凝土的耐久性

轻骨料混凝土的耐久性包括抗冻、抗碳化等，其性能较普通混凝土要差，因此应根据不同使用条件选择抗冻标号、抗碳化等级。

5.8.4 轻骨料混凝土的配合比设计

1. 一般要求

1）轻骨料混凝土的配合比设计主要应满足抗压强度、密度和稠度的要求，并以合理使用材料和节约水泥为原则。必要时尚应符合对混凝土性能（如弹性模量、碳化和抗冻性等）的特殊要求。

2）轻骨料混凝土中的轻骨料宜采用同一品种的轻骨料。为改善某些性能而掺入另一品种粗骨料或加入化学外加剂、矿物掺和料时，必须通过试验确定合理掺量。

3）砂轻混凝土和全轻混凝土宜采用松散体积法进行配合比计算，砂轻混凝土也可采用绝对体积法。配合比计算中粗细骨料用量均以干燥状态为基准。

2. 轻骨料混凝土的配合比计算与调整

1）根据设计要求的轻骨料混凝土的强度等级、混凝土的用途确定粗细骨料的种类和最大粒径。

2）测定粗骨料的堆积密度、筒压强度和 1h 吸水率，并测定细骨料的堆积密度。

3）计算轻骨料混凝土的试配强度。

混凝土的试配强度应按下式确定，即

$$f_{cu,o} \geq f_{cu,k} + 1.645\sigma \tag{5.42}$$

式中符号含义及标准差 σ 的取值同普通混凝土配合比设计。

4）选择轻骨料混凝土的水泥用量。不同试配强度的轻骨料混凝土的水泥用量可按表 5.58 选用。

表 5.58 轻骨料混凝土的水泥用量（kg/m³）

混凝土试配强度	轻骨料密度等级						
	400	500	600	700	800	900	1000
<5.0	260～320	250～300	230～280				
5.0～7.5	280～360	260～340	240～320	220～300	—	—	—
7.5～10	—	280～370	260～350	240～320	—	—	—
10～15	—	—	280～350	260～340	240～330	—	—
15～20	—	—	300～400	280～380	270～370	260～360	250～350
20～25	—	—	330～400	320～390	310～380	300～370	
25～30	—	—	380～450	360～430	360～430	350～420	
30～40	—	—	420～500	390～490	380～480	370～470	
40～50	—	—	—	430～530	420～520	410～510	
50～60	—	—	—	450～550	440～540	430～530	

注：1）表中横线以上为采用 32.5 级水泥时水泥用量值。
2）表中下限值适用于圆球型和普通型轻骨料，上限值适用于碎石型轻骨料和全轻混凝土。
3）最高水泥用量不宜超过 550kg/m³。

5）根据施工稠度要求，选择净用水量。轻骨料混凝土的净用水量根据稠度（坍落度或维勃稠度）和施工要求可按表 5.59 选用。

表 5.59 轻骨料混凝土的净用水量

轻骨料混凝土用途		稠 度		净用水量/(kg/m³)
		维勃稠度/s	坍落度/mm	
预制构件及制品	（1）振动加压成型	10～20	—	100～140
	（2）振动台成型	5～10	0～10	140～180
	（3）振捣棒或平板振动器振实	—	30～80	165～215
现浇混凝土	（1）机械振捣	—	50～100	180～225
	（2）人工振捣或钢筋密集	—	≥80	200～230

注：1）表中值适用于圆球型和普通型轻骨料，对碎石型轻骨料，宜增加 10kg 左右的用水量。
2）掺加外加剂时，宜按其减水率适当减少用水量，并按施工稠度要求进行调整。
3）表中值适用于砂轻混凝土；若采用轻砂时，宜取轻砂 1h 吸水率为附加水量；若无轻砂吸水率数据时，可适当增加用水量，并按施工稠度要求进行调整。

轻骨料混凝土配合比中的水灰比应以净水灰比表示。配制全轻混凝土时，可采用总水灰比表示，但应加以说明。

轻骨料混凝土用水量根据施工的稠度要求掺入，但需满足最大水灰比和最小水泥用量的限值，应符合表 5.60 的规定。

表 5.60　轻骨料混凝土最大水灰比和最小水泥用量

混凝土所处环境条件	最大水灰比	最小水泥用量/(kg/m³)	
		配筋混凝土	素混凝土
不受风雪影响混凝土	不作规定	270	250
受风雪影响的露天混凝土；位于水中及水位升降范围内的混凝土和潮湿环境中的混凝土	0.50	325	300
寒冷地区位于水位升降范围内的混凝土和受水压或除冰作用的混凝土	0.45	375	350
寒冷地区位于水位升降范围内和受硫酸盐、除冰盐等腐蚀的混凝土	0.40	400	375

注：1）严寒地区指最寒冷月份的月平均温度低于 −15℃者，寒冷地区指最寒冷月份的月平均温度低于 −5～−15℃者。
　　2）水泥用量不包括掺和料。
　　3）寒冷和严寒地区用的轻骨料混凝土应掺入引气剂，其含气量宜为 5%～8%。

6）根据混凝土的用途，选择轻骨料混凝土的砂率。轻骨料混凝土的砂率可按表 5.61 选用。当采用松散体积法设计配合比时，表中数值为松散体积砂率；当采用绝对体积法设计配合比时，表中数值为绝对体积砂率。

表 5.61　轻骨料混凝土的砂率

轻骨料混凝土用途	细骨料品种	砂率/%
预制构件	轻砂	35～50
	普通砂	30～40
现浇混凝土	轻砂	—
	普通砂	35～45

注：1）当混合使用普通砂和轻砂作细骨料时，砂率宜取中间值，宜按普通砂和轻砂的混合比例进行插入计算。
　　2）当采用圆球型粗骨料时，砂率宜取表中值下限；采用碎石型时，则宜取上限。

7）根据粗细骨料的类型选用粗细骨料的总体积，计算每立方米混凝土的粗细骨料的用量。

当采用松散体积法设计配合比时，粗细骨料松散状态的总体积可按表 5.62 选用。

表 5.62　粗细骨料总体积

轻骨料粒径	细骨料品种	粗细骨料总体积/m³
圆球型	轻砂	1.25～1.5
	普通砂	1.10～1.40
普通型	轻砂	1.30～1.60
	普通砂	1.10～1.50
碎石型	轻砂	1.35～1.65
	普通砂	1.10～1.60

粗细骨料的用量按下式计算，即

$$\left.\begin{array}{l} V_s = V_t \times S_p \\ m_s = V_s \times \rho_{Ls} \\ V_a = V_t - V_s \\ m_a = V_a \times \rho_{La} \end{array}\right\} \tag{5.43}$$

式中：V_s，V_a，V_t——每立方米细骨料、粗骨料和粗细骨料的松散体积，m^3；

$\quad\quad m_s$，m_a——每立方米细骨料和粗骨料的用量，kg；

$\quad\quad S_p$——砂率，%；

$\quad\quad \rho_{Ls}$，ρ_{La}——细骨料和粗骨料的堆积密度，kg/m^3。

注：采用绝对体积法，其计算原理同普通混凝土配合比计算中用体积法计算砂、石用量。

8）根据净用水量和附加水量，按下式计算总用水量，即

$$m_{wt} = m_{wn} + m_{wa} \tag{5.44}$$

式中：m_{wt}——每立方米混凝土的总用水量，kg；

$\quad\quad m_{wn}$——每立方米混凝土的净用水量，kg；

$\quad\quad m_{wa}$——每立方米混凝土的附加用水量（kg），根据粗骨料的预湿处理方法和细骨料的品种按表 5.63 规定计算。

表 5.63　附加水量的计算

项　目	附加水量（m_{wa}）
粗骨料预湿，细骨料为普砂	$m_{wa} = 0$
粗骨料不预湿，细骨料为普砂	$m_{wa} = m_a \cdot \omega_a$
粗骨料预湿，细骨料为轻砂	$m_{wa} = m_s \cdot \omega_s$
粗骨料不预湿，细骨料为轻砂	$m_{wa} = m_a \cdot \omega_a + m_s \cdot \omega_s$

注：1）ω_a、ω_s 分别为粗、细骨料的 1h 吸水率。

　　2）当轻骨料含水时，必须在附加水量中扣除自然含水量。

9）按下式计算混凝土干表观密度，即

$$\rho_{cd} = 1.15 m_c + m_a + m_s \tag{5.45}$$

式中：ρ_{cd}——轻骨料混凝土的干表观密度，kg/m^3。

若计算的混凝土干表观密度与设计要求的干表观密度相比误差大于 2%，则应按上式重新调整和计算配合比。

注：掺粉煤灰轻骨料混凝土配合比调整的方法同普通混凝土。在《轻骨料混凝土应用规程》（JGJ 51—2002）颁布实施后，放宽了轻骨料混凝土中粉煤灰掺量的要求。

5.8.5　轻骨料混凝土施工技术特点

1）轻骨料混凝土拌和用水中，应考虑 1h 吸水量或采用将轻骨料预湿处理再进行搅拌的方法。

2）轻骨料混凝土拌和物中轻骨料容易上浮，因此应使用强制式搅拌机，搅拌时间应略长。但对强度低而易破碎的轻骨料，应严格控制搅拌时间。施工中最好采用加压振捣，并掌握振捣的时间。

3）轻骨料混凝土拌和物的工作性比普通混凝土差，为获得与普通混凝土相同的工

作性，应适当增加水泥浆或砂浆的用量。轻骨料混凝土拌和物搅拌后，宜尽快浇筑，以防坍落度损失。当产生拌和物稠度损失或离析较重时，浇筑前应采用二次拌和，但不得二次加水。

4）轻骨料混凝土易产生干缩裂缝，必须加强早期养护。采用蒸汽养护时，应适当控制静停时间及升温速度。

5.9 其他混凝土

5.9.1 高强混凝土（HSC）

高强混凝土并没有确切而固定的含义，不同国家、不同地区因混凝土技术发展水平不同而有差异。《普通混凝土配合比设计》（JGJ 55—2000）中，将高强混凝土（high-strength concrete）定义为：强度等级为 C60 及以上的混凝土。

高强混凝土的特点是强度高、耐久性好、变形小，能适应现代工程结构向大跨度、重载和承受恶劣环境条件发展的需要。使用高强混凝土可获得显著的工程效益和经济效益。高效减水剂及超细掺和料的使用使在普通施工条件下制得高强混凝土成为可能。但高强混凝土的脆性比普通混凝土大，强度的拉压比降低。

高强混凝土配合比的设计应根据《高强混凝土结构技术规程》（CECS 104—99）的相关规定，按《普通混凝土配合比设计规程》（JGJ 55—2000）规定的有关计算方法和步骤进行。

1. 配制高强混凝土所用的材料

1）应选用质量稳定、强度等级不低于 42.5 级的硅酸盐水泥或普通硅酸盐水泥。对立窑生产的水泥，宜根据其质量稳定性慎重选用。

2）对强度等级为 C60 级的混凝土，其粗骨料的最大粒径不应大于 31.5mm；对强度等级高于 C60 级的混凝土，其粗骨料的最大粒径不应大于 25mm；针、片状颗粒含量不宜大于 5.0%；含泥量不应大于 0.5%，泥块含量不宜大于 0.2%。其他质量指标应符合现行国家标准《普通混凝土用碎石或卵石质量标准及检验方法》（JGJ 53）的规定。

粗骨料应选用质地坚硬、级配良好的石灰岩、花岗岩、辉绿岩等碎石或碎卵石。骨料母体岩石的立方体抗压强度应比所配制的混凝土强度高 20% 以上。仅当有可靠依据时方可采用卵石配制。

3）细骨料宜选用质地坚硬、级配良好的河砂或人工砂，其细度模数宜大于 2.6，含泥量不应大于 2.0%，泥块含量不宜大于 0.5%。其他质量指标应符合现行国家标准《普通混凝土用砂质量标准及检验方法》（JGJ 52）的规定。

4）配制高强混凝土时应掺用高效减水剂或缓凝高效减水剂。

5）配制高强混凝土时应掺用活性较好的矿物掺和料，且宜复合使用矿物掺和料。

配制高强混凝土的矿物掺和料可选用粉煤灰、磨细矿渣、磨细天然沸石岩和硅粉等。

① 粉煤灰。用作高强混凝土掺和料的粉煤灰一般应选用Ⅰ级灰。对强度等级较低

的高强混凝土，通过试验也可选用Ⅱ级灰。粉煤灰的性能宜符合相关的要求，应尽可能选用需水量比小且烧失量低的粉煤灰。

② 磨细矿渣。用作高强混凝土掺和料的磨细矿渣应符合下列质量要求：

  比表面积宜大于 $4000cm^2/g$；

  需水量比宜不大于 105%；

  烧失量宜不大于 5%。

③ 磨细天然沸石岩。用作高强混凝土掺和料的天然沸石岩应选用斜发沸石或丝光沸石，不宜选用方沸石、十字沸石及菱沸石。

  磨细天然沸石粉应符合下列质量要求：

  铵离子净交换量不小于 110meq/100g（斜发沸石）或 120meq/100g（丝光沸石）；

  细度 0.08mm 方孔筛筛余不大于 10%；

  抗压强度比不大于 90%。

④ 硅粉。用作高强混凝土掺和料的硅粉应符合下列质量要求：

  二氧化硅含量不小于 85%；

  比表面积（BET-N_2 吸收法）不小于 180 000cm^2/g；

  密度约 2200kg/m^3；

  平均粒径 0.1～0.2μm。

6) 拌制高强混凝土的水其质量应符合《混凝土拌和用水标准》（JGJ 63—2006）的规定。

7) 为防止发生破坏性碱骨料反应，当结构处于潮湿环境且骨料有碱活性时，每立方米混凝土拌和物（包括外加剂）的含碱总量（$Na_2O + 0.658K_2O$）不宜大于 3kg，超过时应采取抑制措施。

8) 为防止钢筋锈蚀，钢筋混凝土中的氯盐含量（以氯离子重量计）不得大于水泥重量的 0.2%；当结构处于潮湿或有腐蚀性离子的环境时，氯盐含量应小于水泥用量的 0.1%；对于预应力混凝土，氯盐含量应小于水泥重量的 0.06%。

2. 高强混凝土配合比计算

高强混凝土配合比的计算方法和步骤按普通混凝土的方法进行，同时还应满足以下原则：

1) 配制强度。高强混凝土的配制强度按普通混凝土配制强度的方法确定，即

$$f_{cu,o} = f_{cu,k} + 1.645\sigma \tag{5.46}$$

2) 水灰比。基准配合比中的水灰比可根据现有试验资料选取。一般水灰比宜小于 0.35；对于 C80～C100 的超高强混凝土，水灰比宜小于 0.30；对于 C100 上的特高强混凝土，水灰比宜小于 0.26。

3) 选择用水量。配制高强混凝土其用水量可按表 5.33 确定。掺高效减水剂后，一般用水量宜控制在 160～180kg/m^3；对于 C80～C100 的超高强混凝土，其用水量宜控制在 130～150kg/m^3。

4) 水泥用量。高强混凝土的水泥用量一般控制在 400～500kg/m^3，最大不应超过

$550kg/m^3$，水泥和矿物掺和料的总量不应大于 $600kg/m^3$。

5）选择砂率。配制高强混凝土所用的砂率及所采用的外加剂和矿物掺和料的品种、掺量应通过试验确定。高强混凝土砂率一般控制在 $\beta_s=24\%\sim30\%$，对于泵送工艺宜控制在 $\beta_s=33\%\sim42\%$。

6）粗骨料用量：在干燥捣实状态条件下，每立方米混凝土的粗骨料体积含量为 $0.4m^3$ 左右，即每立方米混凝土中的粗骨料为 $1050\sim1100kg$。

7）矿物掺和料。粉煤灰掺量不宜大于胶结材料总量的 30%，磨细矿渣不宜大于50%，天然沸石岩粉不宜大于 10%，硅粉不宜大于 10%。宜使用复合掺和料，其掺量不宜大于胶结材料总量的 50%。

8）高效减水剂掺量。高效减水剂掺量宜为胶结材料总量的 0.4%～1.5%。为提高拌和物的工作性和减少混凝土坍落度在运输浇筑过程中的损失，可采用复合缓凝高效减水剂、载体流化剂，或滞水后掺、多次添加等方法。

3. 试配、调整及确定试验室配合比

高强混凝土配合比的试配与确定的步骤按普通混凝土的方法进行。当采用三个不同的配合比进行混凝土强度试验时，其中一个为基准配合比，另外两个配合比的水灰比宜较基准配合比分别增加和减少 0.02～0.03。

4. 验证试验室配合比

高强混凝土试验室配合比确定后，尚应用该配合比进行不少于 6 次的重复试验进行验证，其平均值不应低于配制强度。

5. 高强混凝土的拌制

1）拌制高强混凝土不得使用自落式搅拌机（宜用强制式）。

2）混凝土原材料均按重量计量，计量的允许偏差为：水泥和掺和料，±1%；粗细骨料，±2%；水和化学外加剂，±1%。

3）配制高强混凝土必须准确控制用水量。砂石中的含水量应及时测定，并按测定值调整用水量和砂、石用量。高强混凝土的配料和拌和应采用自动计量装置。当需要手工操作时，应严格控制拌和物出机时的均匀性和稳定性。

严禁在拌和物出机后加水，必要时可适当添加高效减水剂。

4）高效减水剂可采用粉剂或水剂，并宜采用后掺法。当采用水剂时，应在混凝土用水量中扣除溶液用水量；当采用粉剂时，应适当延长搅拌时间（不少于 30s）。

6. 高强混凝土的施工

1）长距离运输拌和物应使用混凝土搅拌车，短距离运输可利用现场的一般运送设备。装料前应清除运输车内积水。

2）混凝土自由倾落的高度不应大于 3m。当拌和物水胶比偏低且外加掺和料后有较好黏聚性时，在不出现分层离析的条件下允许增加自由倾落高度，但不应大于 6m。

3）浇筑高强混凝土必须采用振捣器捣实。一般情况下宜采用高频振捣器，且垂直点振，不得平拉。当混凝土拌和物的坍落度低于 120mm 时应加密振点。

4）高强混凝土浇筑完毕后，必须立即覆盖养护或立即喷洒或涂刷养护剂，以保持混凝土表面湿润。养护日期不少于 7d。

5）为保证混凝土质量，防止混凝土开裂，高强混凝土的入模温度应根据环境状况和构件所受的内、外约束程度加以限制。养护期间混凝土的内部最高温度不宜高于 75℃，并应采取措施使混凝土内部与表面的温度差小于 25℃。

5.9.2　大体积混凝土

随着我国国民经济的发展和工业与民用建筑物的发展，冶金、电力、石化等行业超大型生产设备的发展，大体积混凝土施工工程也越来越多。《大体积混凝土施工规范》（GB 50496—2009）对大体积混凝土的定义是：混凝土结构物实体最小几何尺寸不小于 1m 的大体量混凝土，或预计会因混凝土中胶凝材料水化引起的温度变化和收缩而导致有害裂缝产生的混凝土。

大体积混凝土设计和施工中必须考虑的主要问题是：由于水泥水化热引起混凝土浇筑体内部温度剧烈变化，产生温度应力；混凝土浇筑体早期塑性收缩和混凝土硬化过程中的收缩增大，产生收缩应力，这两种应力导致混凝土体积变形而产生裂缝的现象。

1. 大体积混凝土用原材料

大体积混凝土原材料的选择及配合比的设计除应符合工程设计所规定的强度等级、耐久性、抗渗性、体积稳定性等要求外，尚应符合大体积混凝土施工工艺特性的要求，并应符合合理使用材料、减少水泥用量、降低混凝土绝热温升值的要求。

（1）水泥

配制大体积混凝土所用水泥的选择主要是考虑水化热的大小及释放速度，所用水泥其性能指标除必须符合国家现行有关标准的规定外，还应符合下列规定：

1）应选用中、低热硅酸盐水泥或低热矿渣硅酸盐水泥，大体积混凝土施工所用水泥其 3d 天的水化热不宜大于 240kJ/kg，7d 天的水化热不宜大于 270kJ/kg。当采用硅酸盐水泥或普通硅酸盐水泥时，应采取相应措施延缓水化热的释放。

2）当混凝土有抗渗指标要求时，所用水泥的铝酸三钙含量不宜大于 8%。

3）所用水泥在搅拌站的入机温度不应大于 60℃。

（2）骨料

骨料的选择除应符合国家现行标准《普通混凝土用砂、石质量及检验方法标准》（JGJ 52）的有关规定外，尚应符合下列规定：

1）细骨料宜采用中砂，其细度模数宜大于 2.3，含泥量不大于 3%。

2）粗骨料宜选用粒径 5～31.5mm，连续级配，含泥量不大于 1%。

3）应选用非碱活性的粗骨料。

4）当采用非泵送施工时，粗骨料的粒径可适当增大。

（3）混合材料

为降低大体积混凝土的水化热，节省水泥用量，常用粉煤灰和粒化高炉矿渣粉取代部分水泥。但是随着粉煤灰掺量的增加，混凝土的抗拉强度会降低，虽然粉煤灰掺量的增加对降低水化热能够起到一定的作用，但和其损失的抗拉强度相比就显得不偿失，因此应控制粉煤灰和粒化高炉矿渣的掺量。

粉煤灰和粒化高炉矿渣粉，其质量应符合现行国家标准《用于水泥和混凝土中的粉煤灰》（GB 1596）和《用于水泥和混凝土中的粒化高炉矿渣粉》（GB/T 18046）的有关规定。

（4）外加剂

大体积混凝土应掺用缓凝剂、减水剂及引气剂等外加剂。所用外加剂的质量及应用技术除应符合现行国家标准《混凝土外加剂》（GB 8076）、《混凝土外加剂应用技术规范》（GB 50119）和有关环境保护的规定外，尚应符合下列要求：

1）外加剂的品种、掺量应根据工程所用胶凝材料经试验确定。

2）应提供外加剂对硬化混凝土收缩等性能的影响。由于大体积混凝土施工时所采用的外加剂对于硬化混凝土的收缩会产生很大的影响，所以对于大体积混凝土施工时采用的外加剂，应将其收缩值作为一项重要指标并必须加以控制。

3）耐久性要求较高或寒冷地区的大体积混凝土宜采用引气剂或引气减水剂。

2. 大体积混凝土配合比设计

大体积混凝土配合比设计除应符合现行国家现行标准《普通混凝土配合比设计规范》（JGJ 55）外，尚应符合下列规定：

1）采用混凝土 60d 或 90d 强度作为指标时，应将其作为混凝土配合比的设计依据。

2）所配制的混凝土拌和物，到浇筑工作面的坍落度不宜低于 160mm。

3）拌和水用量不宜大于 175kg/m³。

4）粉煤灰掺量不宜超过胶凝材料用量的 40%；矿渣粉的掺量不宜超过胶凝材料用量的 50%；粉煤灰和矿渣粉掺和料的总量不宜大于混凝土中胶凝材料用量的 50%。

5）水胶比不宜大于 0.55。

6）砂率宜为 38%～42%。

7）拌和物泌水量宜小于 10L/m³。

在混凝土制备前，应进行常规配合比试验，并应进行水化热、泌水率、可泵性等对大体积混凝土控制裂缝所需的技术参数的试验；必要时其配合比设计应当通过试泵送。

3. 大体积混凝土设计与施工的基本规定

（1）结构设计上的要求

大体积混凝土工程除应满足设计规范及生产工艺的要求外，尚应符合下列要求：

1）大体积混凝土的设计强度等级宜在 C25～C40 的范围内，并可利用混凝土 60d 或 90d 的强度作为混凝土配合比设计、混凝土强度评定及工程验收的依据。

2）大体积混凝土的结构配筋除应满足结构强度和构造要求外，还应结合大体积混凝土的施工方法配置控制温度和收缩的构造钢筋。

3）大体积混凝土置于岩石类地基上时，宜在混凝土垫层上设置滑动层。

4）设计中宜采用减少大体积混凝土外部约束的技术措施。

（2）温度控制上的要求

大体积混凝土工程施工前，宜对施工阶段大体积混凝土浇筑体的温度、温度应力及收缩应力进行试算，并确定施工阶段大体积混凝土浇筑体的升温峰值、里表温差及降温速率的控制指标，制订相应的温控技术措施。温控指标宜符合下列规定：

1）混凝土浇筑体在入模温度基础上的温升值不宜大于 50℃。

2）混凝土浇筑块体的里表温差（不含混凝土收缩的当量温度）不宜大于 25℃。

3）混凝土浇筑体的降温速率不宜大于 2.0℃/d。

4）混凝土浇筑体表面与大气温差不宜大于 20℃。

（3）施工组织管理上的要求

大体积混凝土施工应编制施工组织设计或施工技术方案。大体积混凝土施工前，应做好各项施工前准备工作，并与当地气象台、站联系，掌握近期气象情况。必要时，应增添相应的技术措施。在冬期施工时，尚应符合国家现行有关混凝土冬期施工的标准。

5.9.3 发泡混凝土（现浇轻质泡沫混凝土）

发泡混凝土又名泡沫混凝土或轻质混凝土，是以水泥为主要胶凝材料，添加一定量的水、外加剂拌和成浆体，再与发泡剂、水、气混合发泡而成的泡沫进行机械混合后，现场浇筑或入模凝固形成具有良好保温隔热等特性的混凝土制品，广泛应用于建筑屋面找坡、保温工程、地暖的隔热层，也可用于修建运动场和田径跑道、作夹芯构件、制作园林假山等。

1. 发泡混凝土的特性

发泡混凝土中含有大量封闭的孔隙，使其具有独特的物理力学性能。

1）干体积密度小。发泡混凝土的干体积密度为 300～1800kg/m³，常用发泡混凝土的密度等级为 300～1200kg/m³。近年来，表观密度为 160kg/m³ 的超轻泡沫混凝土也在建筑工程中获得了应用。

2）保温隔热性能好。由于发泡混凝土中含有大量封闭的细小孔隙，具有良好的保温隔热性能，这是普通混凝土所不具备的。通常密度等级在 300～1200kg/m³ 范围的发泡混凝土导热系数为 0.08～0.3W/(m·K)，热阻约为普通混凝土的 10～20 倍。

3）隔音耐火性能好。发泡混凝土属多孔材料，因而具有良好的隔音性能。泡沫混凝土是无机材料，不会燃烧，因而具有良好的耐火性。

4）整体性能好。发泡混凝土可现场浇筑施工，与主体工程结合紧密。

5）低弹性，减振性好。发泡混凝土的多孔性使其具有较低的弹性模量，从而使其对冲击载荷具有良好的吸收和分散作用。

6）生产施工方便。发泡混凝土可采用泵送施工工艺，能实现垂直高度 200m 的输送。发泡混凝土也可在预制厂内生产成各种各样的制品。

7）耐久性好。发泡混凝土中的气泡是相对独立的、封闭的，因而发泡混凝土吸水率较低，具有良好的抗渗性、抗冻性。

2. 现浇轻质泡沫混凝土的原材料及配合比

（1）现浇轻质泡沫混凝土的性能指标与原材料

现浇轻质泡沫混凝土可在加工厂进行预加工或现场浇筑施工而成，适用于现浇混凝土地面、楼面、屋面。其物理性能应符合表 5.64 的要求。

表 5.64　现浇轻质泡沫混凝土性能指标

项　目	指　标						
干体积密度/(kg/m³)	300	400	500	600	700	800	900
抗压强度/MPa	≥0.5	≥0.7	≥1.0	≥1.5	≥2.5	≥3.5	≥4.5
导热系数/[W/(m·K)]	0.07	0.085	0.10	0.12	0.14	0.18	0.22
蓄热系数/[W/(m·K)]	3.42			4.06		4.70	
吸水率/%	16～23			14～20			

现浇轻质泡沫混凝土的原材料主要是水泥、发泡剂，也可掺入早强剂、防冻剂、憎水剂等外加剂。

1）水泥。现浇轻质泡沫混凝土中水泥是重要的原材料，且目前大部分的现浇泡沫混凝土采用纯水泥浆制得，所以水泥质量至关重要，应采用 32.5 级及以上强度等级的水泥，并应符合《通用硅酸盐水泥》（GB 175）标准的要求。

2）发泡剂。现浇轻质泡沫混凝土采用的发泡剂应质量可靠、性能良好，严禁使用过期、变质的发泡剂，液体发泡剂目测应均匀、无明显沉淀物。

（2）现浇轻质泡沫混凝土的配合比设计

泡沫混凝土配合比的设计与普通混凝土的配合比设计有本质的区别，泡沫混凝土的配合比设计是根据泡沫混凝土的目标容重来配制。应先配制水泥浆液，后计算所需泡沫体积，将水泥浆和泡沫混合均匀后即制得泡沫混凝土。实际进行现浇轻质泡沫混凝土的配合比计算时，可按以下步骤：

1）确定单位体积现浇轻质泡沫混凝土水泥用量。

$$m_c = 0.812m \tag{5.47}$$

式中：m_c——拟配制泡沫混凝土单位体积的水泥用量；

　　　m——泡沫混凝土的干体积密度，kg/m³。

注：适用于采用纯水泥制作泡沫混凝土。因为纯水泥制得的泡沫混凝土导热系数低、强度较高，配制方便，性能容易控制，所以目前多为以纯水泥配制泡沫混凝土。

2）确定单位体积现浇轻质泡沫混凝土用水量。

$$m_w = 0.227m_c \tag{5.48}$$

式中：m_w——拟配制泡沫混凝土单位体积的用水量，kg；

　　　m_c——拟配制泡沫混凝土单位体积的水泥用量，kg。

注：此步计算出的用水量为配制水泥浆所需要的用水量，不包括配制发泡剂的用水量。

3）确定单位体积现浇轻质泡沫混凝土泡沫体积。

$$V_p = 1 - \frac{m_c}{\rho_c} - \frac{m_w}{\rho_w} \tag{5.49}$$

式中：V_p——拟配制泡沫混凝土泡沫体积，m³；

　　　ρ_c——水泥的表观密度，kg/m³；

　　　ρ_w——水的密度，kg/m³。

注：因为发泡剂种类不同，其发泡倍数也不一致，此步是计算单位体积现浇轻质泡

沫混凝土中需要的泡沫体积，泡沫的配制要根据发泡剂的使用说明书来确定。

4) 配制现浇轻质泡沫混凝土应选择三个不同的配合比，其中一个为基准配合比，另外两个配合比的发泡剂用量分别增减 1%，每个配合比各取 3 组试件检测，经试验检测其工作性能后确定最终施工配合比。

3. 现浇泡沫混凝土施工要点

1) 现浇泡沫混凝土施工配合比要根据设计要求采用验证的配合比进行施工。

2) 现浇泡沫混凝土施工应使用专用设备制取，主要施工机械包括搅拌机、泡沫生成器、上料机等；现浇泡沫混凝土应随制随用，留置时间不宜大于 30min。

3) 水泥浆配制按配合比进行预搅拌，要求浆料均匀，不允许有团块及大颗粒存在，稠度合适，有较好的黏性和分散性。然后在浆料中加入制备好的泡沫，进行混合搅拌，混合要求均匀，上部没有泡沫漂浮，下部没有泥浆块，稠度合适，具有一定的浇筑高度，且浇筑后不塌陷。

4) 现浇泡沫混凝土浇筑时应按一定的顺序操作。出料口离基层不宜太高，防止破泡，一般不得超过 1m。大面积浇筑时，可采用分区逐片浇筑的方法，用模板将施工面分割成若干小片，逐片施工。一次浇筑高度不宜超过 20cm，当浇筑高度大于 20cm 时应分层浇筑，以免下部现浇轻质泡沫混凝土浆体承压过大而破泡，待初凝后进行二次浇筑。

5) 现浇轻质泡沫混凝土初凝前应采用专用刮板刮平。

5.9.4　抗渗混凝土（防水混凝土）

《普通混凝土配合比设计规程》（JGJ 55—2000）中将混凝土的抗渗等级划分为 P4、P6、P8、P10、P12 和 >P12 共 6 个等级。其中，抗渗等级等于或大于 P6 级的混凝土为抗渗混凝土（impermeable concrete）。

1. 抗渗（防水）混凝土抗渗等级的选择

防水混凝土的抗渗等级应根据防水混凝土的最大作用水头与最小设计壁厚的比值，按表 5.65 中的要求来确定。

表 5.65　防水混凝土抗渗等级

最大水头与混凝土壁厚的比值		设计抗渗等级/MPa
$H_a = \dfrac{H}{h}$	<10	0.6
	10～15	0.8
	15～25	1.2
	25～35	1.6
	>35	2.0

注：H_a 为最大作用水头与混凝土最小壁厚的比值；H 为最大作用水头；h 为混凝土最小壁厚。

2. 抗渗混凝土用原材料

1) 水泥。优先选用普通硅酸盐水泥或火山灰硅酸盐水泥；强度等级应与混凝土所需的结构强度相适应，以保证每立方米混凝土中水泥的用量不会过多，也不宜过少。

2）粗骨料。宜采用连续级配，其最大粒径不宜大于 40mm，含泥量不得大于 1.0%，泥块含量不得大于 0.5%。

3）细骨料。含泥量不得大于 3.0%，泥块含量不得大于 1.0%。

4）矿物掺和料。矿物掺和料能改善混凝土的孔结构，提高混凝土的抗渗性等耐久性能。

5）外加剂。掺用防水剂、膨胀剂、引气剂、减水剂或引气减水剂，均可提高混凝土抗渗性能。

3. 抗渗混凝土配合比设计

抗渗混凝土配合比的计算方法和试配步骤除应遵守《普通混凝土配合比设计规程》（JGJ 55—2000）的相关规定（工作性、强度等）外，尚应符合混凝土的抗渗要求。

（1）试配用配合比的确定

提高混凝土的抗渗性是通过控制最大水灰比、最小水泥等胶凝材料的用量，选用较高的砂率、适当的外加剂品种及掺量等途径来达到的，因此配合比计算应符合下列规定：

1）每立方混凝土中的水泥和矿物掺和料总量不宜小于 320kg。

2）砂率宜为 35%～45%。

3）试配用最大水灰比应符合表 5.66 的规定。

表 5.66　抗渗混凝土最大水灰比

抗渗等级	最大水灰比	
	C20～C30	C30 以上
P6	0.60	0.55
P8，P12	0.55	0.50
P12 以上	0.50	0.45

注：水灰比还必须满足强度的要求。按常规计算所得到的满足强度要求的水灰比及试配用的三个水灰比都要小于本表规定的限值，以便满足抗渗配合比的确定。

4）掺用引气剂的抗渗混凝土，其含气量宜控制在 3%～5%。

（2）试配及抗渗试验

抗渗混凝土试配时应进行抗渗试验。为确定满足混凝土强度要求的水灰比，通常需用三组（或多组）水灰比的试件测定强度，但进行抗渗试验通常只用最大水灰比的配合比进行，应符合下列规定：

1）试配要求的抗渗水压值应比设计值提高 0.2MPa。

2）试配时，宜用水灰比最大的配合比做抗渗试验，其试验结果应符合下式要求，即

$$P_t \geqslant \frac{P}{10} + 0.2 \tag{5.50}$$

式中：P_t——6 个试件中 4 个未出现渗水时的最大水压值，MPa；

P——设计要求的抗渗等级值。

掺引气剂的混凝土还应进行含气量试验。

5.9.5　泵送混凝土

为了使混凝土施工适应狭窄的施工场地以及适用于大体积混凝土结构物和高层建筑，多采用泵送混凝土（pumped concrete）。泵送混凝土系指拌和物的坍落度不小于100mm，并用泵送施工的混凝土。它能一次连续完成水平运输和垂直运输，效率高、节约劳动力，因而近年来在国内外引起重视，逐步得到推广。

泵送混凝土拌和物必须具有较好的可泵性。所谓可泵性，即拌和物具有顺利通过管道、摩擦阻力小、不离析、不阻塞和黏聚性良好的性能。

1. 泵送混凝土原材料

为了保证混凝土有良好的可泵性，对原材料的要求是：

1）水泥。泵送混凝土应选用硅酸盐水泥、普通硅酸盐水泥、矿渣硅酸盐水泥、粉煤灰硅酸盐水泥，不宜采用火山灰质硅酸盐水泥。

2）粗骨料。粗骨料宜采用连续级配，其针片状颗粒含量不宜大于10%。粗骨料最大粒径与输送管径之比宜符合表5.67的规定。

表 5.67　粗骨料最大粒径与输送管径之比

石子品种	泵送高度/m	粗骨料最大粒径与输送管径比
碎石	<50	≤1:3.0
	50～100	≤1:4.0
	>100	≤1:5.0
卵石	<50	≤1:2.5
	50～100	≤1:3.0
	>100	≤1:4.0

3）细骨料。泵送混凝土宜采用中砂，其通过0.315mm筛孔的颗粒含量不应小于15%。

4）掺和料与外加剂。泵送混凝土应掺用泵送剂或减水剂，并宜掺用粉煤灰或其他活性矿物掺和料，以改善混凝土的可泵性。

2. 泵送混凝土配合比设计

泵送混凝土配合比计算和试配除应按《普通混凝土配合比设计规程》（JGJ 55）的规定进行外，尚应符合下列规定：

1）泵送混凝土的用水量与水泥和矿物掺和料的总量之比不宜大于0.60。

2）泵送混凝土的水泥用量和矿物掺和料的总量不宜小于300kg/m³。

3）泵送混凝土的砂率应比普通混凝土取值高，宜为35%～45%，坍落度要求高，砂率取值大。

4）掺用引气型外加剂的泵送混凝土，在配合比设计时应对混凝土含气量予以控制，其值不宜超过4%。

3. 泵送混凝土坍落度选择

泵送混凝土试配时要求的坍落度应按下式计算，即

$$T_t = T_p + \Delta T \tag{5.51}$$

式中：T_t——试配时要求的坍落度值；

T_p——入泵时要求的坍落度值；

ΔT——试验测得在预计时间内的坍落度经时损失值。

泵送混凝土入泵时的坍落度可按表 5.68 选用。

表 5.68 混凝土入泵坍落度选用表

泵送高度/m	30 以下	30～60	60～100	100 以上
坍落度/mm	100～140	140～160	160～180	180～200

5.9.6 碾压混凝土

碾压混凝土近年发展较快，可用于大体积混凝土结构（如水工大坝、大型基础）、工业厂房地面、公路路面及机场道面等。在大面积混凝土工程中，采用碾压混凝土，或者在碾压混凝土中再加入钢纤维，成为钢纤维碾压混凝土，则其力学性能及耐久性还可进一步改善。

碾压混凝土具有施工快、强度高、缩缝少、水泥用量少、造价低、减少施工环境污染等优点。它是低水灰比、坍落度为零的水泥混凝土，经振动压路机振动、碾压成型。其组成材料及配合比设计情况要求简述如下。

水泥：与普通混凝土水泥要求基本一致。对级配好的碎石，水泥用量一般为 8%～13%（以干重量计），对集料级配差且含软质骨料多（达 5% 左右）的材料可取高限。

集料：根据国内外经验，粗集料使用连续级配，集料的最大粒径一般为 15～20mm，最大的不超过 40mm。细浆料含砂率不超过 28%～30%。

水：与普通水泥混凝土要求相同。

掺配料：可掺入粉煤灰、炉渣粉、石英粉等，经过充分拌和后作为结合料。我国目前工程实际中粉煤灰掺量为 20%～40%，而国外最高达 80%，目的是抵制水化热、改善混凝土内部孔结构、提高性能和降低造价。

配合比设计：碾压混凝土配合比设计可采用传统的设计方法，即绝对体积法或假定容重法计算。W/C 一般为 0.3～0.4，水泥用量约为 200～260kg/m³。

用于大体积混凝土的碾压混凝土的浇筑机具与普通混凝土不同，其平整使用推土机，振实用碾压机，层间处理用刷毛机，切缝用切缝机，整个施工过程的机械化程度高、施工效率高、劳动条件好、采用干硬性混凝土、且可大量掺用粉煤灰，所以与普通混凝土相比，浇筑工期可缩短 1/3～1/2，用水量可减少 20%，水泥用量可减少 30%～60%。

5.9.7 聚合物混凝土

聚合物混凝土是由有机聚合物、无机胶凝材料和骨料结合而成的一种新型混凝土。聚合物混凝土体现了有机聚合物和无机胶凝材料的优点，克服了水泥混凝土的一些缺点。聚合物混凝土按其组合及制作工艺可分以下三种。

1. 聚合物水泥混凝土（PCC）

将聚合物乳液（和水分散体）掺入普通混凝土中制成的混凝土称聚合物水泥混凝土。聚合物的硬化和水泥的水化同时进行，聚合物能均匀分布于混凝土内，填充水泥水化物和骨料之间的空隙，与水泥水化物结合成一个整体，从而改善混凝土的抗渗性、耐磨性及抗冲击性。由于其制作简便，成本较低，实际应用较多，目前主要用于现场灌筑无缝地面、耐腐蚀性地面及修补混凝土路面、机场跑道面层和做防水层等。

2. 聚合物浸渍混凝土（PIC）

聚合物浸渍混凝土是以混凝土为基材（被浸渍的材料），而将聚合物有机单体渗入混凝土中，然后再用加热或放射线照射的方法使其聚合，使混凝土与聚合物形成一个整体。

单体可用甲基丙烯酸甲脂、苯乙烯、丙烯腈、聚酯-苯乙烯等，此外还要加入催化剂和交联剂等。

在聚合物浸渍混凝土中，聚合物填充了混凝土的内部孔隙，除了全部填充水泥浆中的毛细孔外，很可能也大量进入了胶孔，形成连续的空间网络，相互穿插，使聚合物混凝土形成了完整的结构。因此，这种混凝土具有高强度（抗压强度可达 200MPa 以上，抗拉强度可达 10MPa 以上）、高防水性（几乎不吸水、不透水），以及抗冻性、抗冲击性、耐蚀性和耐磨性都有显著提高的特点。

这种混凝土适用于要求高强度、高耐久性的特殊构件，特别适用于储运液体的有筋管、无筋管、坑道管，在国外已用于耐高压的容器，如原子反应堆、液化天然气储罐等。

3. 聚合物胶结混凝土（PC）

聚合物胶结混凝土又称树脂混凝土，是以合成树脂为胶结材料的一种聚合物混凝土。常用的合成树脂是环氧树脂、不饱和聚酯树脂等热固性树脂。这种混凝土具有较高的强度、良好的抗渗性、抗冻性、耐蚀性及耐磨性，并且有很强的粘结力，缺点是硬化时收缩大，耐火性差。这种混凝土适用于机场跑道面层、耐腐蚀的化工结构、混凝土构件的修复、堵缝等。但由于目前树脂的成本较高，限制了其在工程中的实际应用。

5.9.8　纤维混凝土

纤维混凝土是以普通混凝土为基体，外掺各种不连续短纤维或连续长纤维材料而组成的复合材料。纤维材料按材质分有钢纤维、碳纤维、玻璃纤维、石棉及合成纤维等。在纤维混凝土中，纤维的含量、纤维的几何形状及其在混凝土中的分布状况对纤维混凝土的性能有重要影响。通常，纤维的长径比（纤维花纹与直径的比值）为 70～120，掺加的体积率为 0.3%～8%。纤维在混凝土中起增强作用，可提高混凝土的抗压、抗拉、抗弯强度和冲击韧度，并能有效地改善混凝土的脆性。目前钢纤维混凝土在工程中应用最广、最成功，当钢纤维量为混凝土体积的 2% 时，钢纤维混凝土的冲击韧度可提高 10倍以上，初裂抗弯强度提高 2.5 倍，抗拉强度提高 1.2～2.0 倍。混凝土掺入钢纤维后，抗压强度提高不大，但从受压破坏形式来看，破坏时无碎块、不崩裂，基本保持原来的外形，有较大的吸收变形的能力，也改善了韧性，是一种良好的抗冲击材料。目前，纤维混凝土主要用于飞机跑道、高速公路、桥面、水坝覆面、桩头、屋面板、墙板、军事工程等要求高耐磨性、高抗冲击性和抗裂的部位及构件。

5.9.9 防辐射混凝土

能屏蔽 X 射线、γ 射线或中子辐射的混凝土叫防辐射混凝土。材料对射线的吸收能力与其表观密度成正比，因此防辐射混凝土采用重骨料配制，常用的重骨料有重晶石（表观密度 $4000 \sim 4500 kg/m^3$）、赤铁矿、磁铁矿、钢铁碎块等。为提高防御中子辐射性能，混凝土中可掺加硼和硼化物及锂盐等。胶凝材料采用硅酸盐水泥或铝酸盐水泥，最好采用硅酸钡、硅酸锶等重水泥。

防辐射混凝土用于原子能工业及国民经济各部门使用放射性同位素的装置，如反应堆、加速器、放射化学装置等的防护结构。

习　题

5.1　混凝土有哪些组成材料？各组成材料在混凝土硬化前后各起什么作用？

5.2　混凝土对各组成材料的要求分别是什么？

5.3　混凝土拌和物和易性的含义是什么？主要影响因素有哪些？在施工中可采用哪些措施来改善和易性？

5.4　合理砂率有哪两种含义？对普通混凝土而言，砂率选择偏大或偏小对性能有什么影响？

5.5　分别解释立方体抗压强度、立方体抗压强度标准值、强度等级的含义。

5.6　影响混凝土强度的因素有哪些？采用哪些措施可提高混凝土的强度？

5.7　混凝土变形的种类有哪些？各对混凝土有什么影响？采用什么措施可减小混凝土的变形？

5.8　简述混凝土耐久性的概念。它包括哪些内容？工程中如何保证混凝土的耐久性？

5.9　混凝土配合比设计时，应使混凝土满足哪些基本要求？

5.10　混凝土配合比设计时的三个基本参数是什么？怎样确定？

5.11　当按初步配合比配制的混凝土流动性或黏聚性、保水性不能满足要求时，应如何调整？

5.12　在实验室配合比设计时，水灰比是如何确定的？

5.13　什么叫减水剂？减水机理是什么？在混凝土中掺入减水剂有何技术经济效果？

5.14　配制混凝土时，为什么水泥的强度等级应与混凝土的强度等级相适应？

5.15　混凝土在搅拌、运输和成型过程中不能随意加水，而在养护阶段必须用水以保持混凝土结构具有一定的湿度，为什么？

5.16　在混凝土中掺入减水剂（节省水泥）、引气剂后混凝土的配合比应如何调整？

5.17　采用矿渣水泥、卵石和天然砂配制混凝土,水灰比为 0.5,制作 10cm×10cm×10cm 试件三块,在标准条件下养护 7d 后,测得破坏荷载分别为 162kN、167kN、170kN。试求:

(1) 估算该混凝土 28d 的标准立方体抗压强度。

(2) 该混凝土采用的矿渣水泥的强度等级。

5.18　制作钢筋混凝土屋面梁,设计强度等级 C25,施工坍落度要求 30~50mm,根据施工单位历史统计资料,混凝土强度标准差为 $\sigma=4.0$MPa。采用材料:普通水泥 32.5 级,实测强度 35MPa,视密度为 3.0g/cm³;中砂,视密度为 2.60g/cm³;卵石,$D_{max}=31.5$mm,视密度为 2.66g/cm³;自来水。

(1) 求初步配合比。

(2) 若调整试配时加入 10% 水泥浆后满足和易性要求,并测得拌和物的表观密度为 2380kg/m³,求其基准配合比。

(3) 基准配合比经强度检验符合要求。现测得工地用砂的含水率 4%,石子含水率 1%,求施工配合比。

(4) 根据基准配合比,现以 I 级粉煤灰用超量取代水泥法(取代率为 20%,超量系数为 1.4,粉煤灰的视密度为 2.2g/cm³),计算调整后的配合比。

5.19　某混凝土试拌试样经调整后,各种材料的用量分别为水泥 3.1,水 1.86,砂 6.24,碎石 12.84,并测得拌和物的表观密度为 2450kg/m³,试求 1m³ 混凝土的各种材料实际用量。

5.20　已知混凝土的配合比为 1:2.20:4.20,水灰比为 0.60,拌和物的表观密度为 2400kg/m³,若施工工地砂含水率 3%,石子含水率 1%,求施工配合比。若施工时不进行配合比换算,直接以实验室配合比在现场使用,对混凝土的性能有何影响?若采用 32.5 级普通水泥代替 42.5 级普通水泥使用,对混凝土的强度将产生多大的影响?

5.21　高性能混凝土的含义是什么?高性能混凝土的组成材料有哪些?各有什么质量要求?

5.22　高性能混凝土的高性能是通过哪些途径来达到的?

5.23　自密实混凝土的主要特点有哪些?组成材料有哪些?混凝土自密实实现的原理是什么?影响自密实混凝土硬化后性能的主要因素有哪些?

5.24　与普通混凝土配合比设计相比,自密实混凝土配合比设计有什么特点?

5.25　与普通混凝土相比,轻骨料混凝土有哪些特点(主要技术性质上)?

5.26　实现高强混凝土的途径有哪些?

5.27　大体积混凝土设计与施工中应考虑的主要问题是什么?如何解决?

5.28　泡沫混凝土的主要组成材料有哪些?泡沫混凝土的物理、力学特点有哪些?

5.29　在抗渗混凝土配合比设计中,通过什么措施来保证混凝土达到其抗渗等级?

5.30　泵送混凝土对各组成材料有什么要求?泵送混凝土的配合比设计有什么特殊之处?

第6章

建 筑 砂 浆

【知识点】

1. 建筑砂浆的组成材料、技术性质和砌筑砂浆的配合比设计。
2. 抹面砂浆的种类、要求及工程应用。
3. 预拌砂浆的分类、技术要求和施工方法。

【学习要求】

1. 掌握建筑砂浆的组成及其对原材料的质量要求。
2. 掌握砌筑砂浆的技术性质及配合比设计方法。
3. 掌握抹面砂浆的作用和性能。
4. 了解预拌砂浆的概念及发展趋势。

建筑砂浆是由胶凝材料、细骨料和水,有时也加入适量掺和料和外加剂,混合而成的建筑工程材料,在建筑施工过程中主要用作砌筑、抹灰、灌缝和粘贴饰面的材料。

建筑砂浆根据用途可分为砌筑砂浆、抹面砂浆。抹面砂浆包括普通抹面砂浆、装饰砂浆、特种砂浆。建筑砂浆按所用胶凝材料可分为水泥砂浆、石灰砂浆、混合砂浆等。随着环境保护意识的加强及施工工艺的发展,除了现场搅拌砂浆外,也出现了工厂预拌的预拌砂浆。

6.1 砌 筑 砂 浆

根据《砌筑砂浆配合比设计规程》(JGJ 98—2010)中术语的规定,砌筑砂浆指将砖、石、砌块等块材经砌筑成为砌体,起粘结、衬垫和传力作用的砂浆。现场配制砂浆指由水泥、细骨料和水,以及根据需要加入的石灰、活性掺和料或外加剂在现场配制成的砂浆,分为水泥砂浆和水泥混合砂浆。砌筑砂浆在建筑工程中用量很大,起粘结、衬垫及传递应力的作用,并经受环境介质的作用。因此,砌筑砂浆除新拌制后应具有良好的和易性外,硬化后还应具有一定的强度、粘结力和耐久性等。

6.1.1　砌筑砂浆的组成材料

1. 水泥

水泥宜使用通用硅酸盐水泥或砌筑水泥，其品种应根据使用部位的耐久性要求来选择，且应符合现行国家标准《通用硅酸盐水泥》（GB 175）和《砌筑水泥》（GB/T 3183）的规定。水泥强度等级应根据砂浆品种及强度等级的要求进行选择。M15 及以下强度等级的砌筑砂浆宜选用 32.5 级的通用硅酸盐水泥或砌筑水泥；M15 以上强度等级的砌筑砂浆宜选用 42.5 级通用硅酸盐水泥。

2. 砂

砂宜选用中砂，并应符合《普通混凝土用砂、石质量及检验方法标准》（JGJ 52—2006）的规定，且应全部通过 4.75mm 的筛孔。采用中砂拌制砂浆，既能满足和易性要求，又节约水泥，因此应优先选用。砂中含泥量不宜过大，含泥量过大，不但会增加砂浆的水泥用量，还会使砂浆的收缩值增大、耐久性降低，影响砌筑质量。使用人工砂时应控制其石粉的含量，因石粉含量增大会增加砂浆的收缩。

3. 掺加料

常用掺加料有石灰膏、电石膏、粉煤灰、粒化高炉矿渣粉、硅灰、天然沸石粉等无机材料，以改善砂浆的和易性，节约水泥，且利用工业废渣，有利于环境保护。

生石灰熟化成石灰膏时，应用孔径不大于 3mm×3mm 的网过滤，熟化时间不得少于 7d；磨细生石灰粉的熟化时间不得少于 2d。沉淀池中储存的石灰膏应采取防止干燥、冻结和污染的措施。严禁使用脱水硬化的石灰膏。消石灰粉不得直接用于砌筑砂浆中。

制作电石膏的电石渣应用孔径不大于 3mm×3mm 的网过滤，检验时应加热至 70℃后至少保持 20min，并应待乙炔挥发完后再使用。

石灰膏、电石膏试配时的稠度应为 120mm±5mm。

粉煤灰、粒化高炉矿渣粉、硅灰、天然沸石粉应分别符合国家现行标准。粉煤灰不宜采用Ⅲ级粉煤灰。使用高钙粉煤灰时，必须检验安定性指标合格方可使用。

采用保水增稠材料时，应在使用前进行试验验证，并应有完整的型式检验报告。

4. 外加剂

外加剂是指在拌制砂浆过程中掺入的、用以改善砂浆性能的物质。外加剂应符合国家现行有关标准规定，引气型外加剂还应有完整的型式检验报告。

5. 水

水的质量指标应符合《混凝土用水标准》（JGJ 63—2006）中混凝土拌和用水的规定，选用不含有害杂质的洁净水。

砌筑砂浆所用原材料不应对人体、生物与环境造成有害的影响，并应符合现行国家标准《建筑材料放射性核素限量》（GB 6566）的规定。

6.1.2 砌筑砂浆的基本性能

根据《建筑砂浆基本性能试验方法》（JGJ 70—2009）相关规定，砌筑砂浆的基本性能包括新拌砂浆的和易性、硬化后砂浆的强度和粘结力以及抗冻性、抗渗性、收缩值等指标。

1. 新拌砂浆的和易性

和易性是指新拌制的砂浆拌和物的工作性，即在施工中易于操作而且能保证工程质量的性质，包括流动性、稳定性、保水性和凝结时间等方面。和易性好的砂浆，在运输和操作时不会出现分层、泌水等现象，而且容易在粗糙的砖、石、砌块表面铺成均匀、薄薄的一层，保证灰缝既饱满又密实，能够将砖、砌块、石块很好地粘结成整体，而且可操作的时间较长，有利于施工操作。

（1）流动性

流动性又称为稠度，是指新拌制的砂浆在自重或外力作用下流动的性能，用"稠度"表示。稠度指以标准试锥在砂浆内自由沉入 10s 时沉入的深度，用砂浆稠度仪测定，见图 6.1。

稠度的大小与许多因素有关，如水泥的品种和用量、砂子的粗细程度及级配状态、掺加料的品种及掺量、外加剂的品种及掺量、用水量、搅拌时间等。稠度的大小应根据砌体的种类、施工条件和气候条件从表 6.1 中选择。流动性太大，不能保证砂浆层的厚度和粘结强度，同时砂浆层的收缩过大，出现收缩裂缝；但流动性太小，砂浆不容易铺抹开，同样不能保证砂浆层的厚度和强度。流动性选择合适，也有利于提高施工效率，减轻劳动强度。

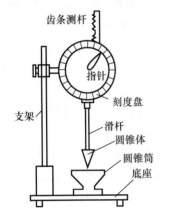

图 6.1　砂浆稠度测定示意图

表 6.1　砌筑砂浆的施工稠度选择

砌体的种类	施工稠度/mm
烧结普通砖砌体、粉煤灰砖砌体	70～90
混凝土砖砌体、普通混凝土小型空心砌块砌体、灰砂砖砌体	50～70
烧结多孔砖砌体、烧结空心砖砌体、轻集料混凝土小型空心砌块砌体、蒸压加气混凝土砌块砌体	50～70
石砌体	30～50

（2）稳定性

稳定性是指砂浆拌和物在运输及停放时保持内部组分稳定、不产生明显分层的性能，用"分层度"表示。分层度可通过分层度试验测定，分层度试验是：首先将砂浆拌和物按稠度测定方法测定其稠度，记为"稠度Ⅰ"；将砂浆装入分层度筒内（分层度筒见图 6.2），静置 30min 后，去掉上节 200mm 砂浆，将剩余的 100mm 砂浆倒入搅拌锅内拌 2min，再测定其稠度，记为"稠度Ⅱ"，前后两次的稠度差即为分层度（mm）。

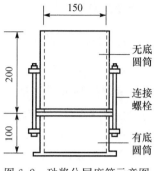

图 6.2　砂浆分层度筒示意图

（3）保水性

砂浆的保水性是指砂浆能够保持水分不容易析出的能力，用"保水性"表示。保水性可通过砂浆的保水性试验进行测定。保水性试验是将拌好的砂浆装入干燥试模中，用医用棉纱和滤纸覆盖砂浆表面进行吸水，2min 后称量并计算吸出水率 w_1（吸出水质量与砂浆中总水量之比），再计算砂浆的保水性，即 $(1-w_1)\times100\%$。

砂浆的分层度和保水性均反映了砂浆的内部组分稳定性，分层度越大，保水性越差，砂浆的内部稳定性越差，可操作性变差。而且砂浆的稳定性（保水性）差，会造成砂浆中水分容易被砖、石等吸收，不能保证水泥水化所需的水分，影响水泥的正常水化，降低砂浆的本身强度和粘结强度。为了提高砂浆的稳定性和保水性，可以加入掺和料（石灰膏等）配成混合砂浆，或加入塑化剂。但是分层度过小（接近于零）或保水性过大（接近于 100%）也不好，会使得砂浆凝结太慢而影响施工速度，同时容易产生干燥收缩裂缝。砌筑砂浆的保水率应符合表 6.2 的要求。

表 6.2　砌筑砂浆的保水率（摘自 JGJ 98—2010）

砂浆种类	保水率/%
水泥砂浆	≥80
水泥混合砂浆	≥84
预拌砌筑砂浆	≥88

（4）表观密度

砂浆的表观密度是指砂浆拌和物捣实后的单位体积质量，用砂浆密度测定仪（由漏斗与容量筒组成）测定，应符合表 6.3 的要求。

表 6.3　砌筑砂浆拌和物的表观密度（摘自 JGJ 98—2010）

砂浆种类	表观密度/(kg/m³)
水泥砂浆	≥1900
水泥混合砂浆	≥1800
预拌砌筑砂浆	≥1800

（5）凝结时间

具有工程实际意义的凝结时间是砂浆拌和物的初凝时间。《建筑砂浆基本性能试验方法》（JGJ 70—2009）规定，砂浆的凝结时间可用砂浆凝结时间测定仪（即贯入阻力仪）测定。

影响砂浆凝结时间的因素很多，有水泥的品种及用量（W/C）、环境温度、外加剂种类及掺量等。

2. 硬化砂浆的技术性质

（1）砂浆的强度

砂浆的强度等级是以 70.7mm×70.7mm×70.7mm 的立方体标准试件，在标准条件（温度为 20℃±2℃，相对湿度为 90％以上）下养护至 28d，测得的抗压强度平均值确定的，分为 M5、M7.5、M10、M15、M20、M25、M30 七个强度等级。

影响砂浆抗压强度的因素很多，其中主要的影响因素是水泥的强度等级和用量（或 W/C）。砂的质量、掺和材料的品种及用量、养护条件（温度和湿度）等对砂浆的强度和强度发展也有一定的影响。

1）用于不吸水底面材料（如石材）的砂浆，其强度取决于水泥强度和水灰比，与混凝土类似，计算公式为

$$f_{m,o} = 0.29 f_{ce} \left(\frac{C}{W} - 0.4 \right) \tag{6.1}$$

式中：$f_{m,o}$——砂浆 28d 抗压强度值，MPa；

f_{ce}——水泥的实测强度，MPa；

C/W——灰水比。

2）用于吸水性较大的底面材料（如砖、砌块）的砂浆，由于砂浆具有保水性，无论原先砂浆中水的多少，经底面材料吸收去部分水后，留在砂浆中的水分大致相同，可视为常量。在这种情况下，砂浆的强度取决于水泥强度和水泥用量，可用下面的经验公式，即

$$f_{m,o} = \frac{\alpha f_{ce} Q_c}{1000} + \beta \tag{6.2}$$

式中：Q_c——每立方米砂浆的水泥用量，kg；

f_{ce}——水泥 28d 时的实测强度值，MPa；

α，β——砂浆的特征系数，其中 $\alpha = 3.03$，$\beta = -15.09$。

（2）粘结力

砌筑砂浆必须具有一定的粘结力，才能将砌筑材料粘结成一个整体。粘结力的大小会影响整个砌体的强度、耐久性、稳定性和抗震性能。影响砂浆粘结力的因素较多，主要是砂浆的抗压强度。一般来说，砂浆的抗压强度越大，粘结力越大。另外，粘结力也与基面的清洁程度、粗糙程度、含水状态、养护条件等有关。

砂浆的粘结力可通过拉伸粘结强度试验测定和评定。

（3）砂浆的变形

砂浆在承受荷载、温度变化、湿度变化时均会发生变形，如果变形量太大，会引起开裂而降低砌体质量。掺太多轻骨料或混合材料（如粉煤灰、轻砂等）的砂浆，其收缩变形较大。

砂浆的变形性能可通过收缩试验测定和评定。

（4）砂浆的耐久性

砂浆应具有经久耐用的性能。潮湿部位、地下或水下砌体应考虑砂浆的抗渗及抗冻

要求。其性能可通过抗冻性试验、抗渗性试验测定和评定。

影响砂浆耐久性的因素有水泥的品种和用量、砂浆内部的孔隙率和孔隙特征。

3. 改善砂浆性能的措施

1）控制胶凝材料的最小用量。根据《砌筑砂浆配合比设计规程》（JGJ 98—2010）规定，砌筑砂浆的稠度、保水率、试配抗压强度等性能应同时满足要求，而影响上述性能的主要因素是胶凝材料的用量。因此，规程中规定了砌筑砂浆中胶凝材料的用量要求，见表 6.4。

表 6.4 砌筑砂浆拌和物的表观密度（摘自 JGJ 98—2010）

砂浆种类	材料用量/(kg/m³)	备 注
水泥砂浆	≥200	指水泥用量
水泥混合砂浆	≥350	指水泥和石灰膏材料总量
预拌砌筑砂浆	≥200	胶凝材料总量，包括水泥和替代水泥的粉煤灰等活性掺和料

2）掺入保水增稠材料、外加剂等。

3）采用机械搅拌，并保证搅拌时间。

对水泥砂浆和水泥混合砂浆，搅拌时间不得少于 120s；对预拌砌筑砂浆和掺有粉煤灰、外加剂、保水增稠材料等的砂浆，搅拌时间不得少于 180s。

6.1.3 砌筑砂浆的配合比设计

砂浆配合比用每立方米砂浆中各种材料的用量来表示。根据《砌筑砂浆配合比设计规程》（JGJ 98—2010）规定，现场配制砌筑砂浆配合比设计按下列步骤进行。

1. 初步配合比的确定

水泥混合砂浆和水泥砂浆的初步配合比可计算确定，也可查规程中相应的材料用量表确定。

（1）水泥混合砂浆的初步配合比确定（计算法）

1）计算砂浆的试配强度 $f_{m,o}$

$$f_{m,o} = k f_2 \tag{6.3}$$

式中：$f_{m,o}$——砂浆的试配强度（MPa），精确至 0.1MPa；

f_2——砂浆强度等级值（MPa），精确至 0.1MPa；

k——系数，按表 6.5 选用。

表 6.5 砂浆强度标准差 σ 及 k 值

砂浆强度等级 / 施工水平	强度标准差 σ/MPa							k
	M5	M7.5	M10	M15	M20	M25	M30	
优良	1.00	1.50	2.00	3.00	4.00	5.00	6.00	1.15
一般	1.25	1.88	2.50	3.75	5.00	6.25	7.50	1.20
较差	1.50	2.25	3.00	4.50	6.00	7.50	9.00	1.25

表 6.5 中砂浆强度标准差的确定应符合下列规定：

① 当有统计资料时，砂浆强度标准差应按下式计算，即

$$\sigma = \sqrt{\frac{\sum_{i=1}^{n} f_{m,i}^2 - n\mu_{fm}^2}{n-1}}$$ （6.4）

式中：$f_{m,i}$——统计周期内同一品种砂浆第 i 组试件的强度，MPa；

μ_{fm}——统计周期内同一品种砂浆第 n 组试件强度的平均值，MPa；

n——统计周期内同一品种砂浆试件的总组数，$n \geqslant 25$。

② 当无统计资料时，砂浆强度标准差可按表 6.5 取值。

2）计算 1m³ 砂浆中水泥的用量 Q_c。

$$Q_c = 1000(f_{m,o} - \beta)/(\alpha \cdot f_{ce})$$ （6.5）

式中：Q_c——每立方米砂浆的水泥用量（kg），精确至 1kg；

f_{ce}——水泥的实测强度（MPa），精确至 0.1MPa；

α，β——砂浆的特征系数，其中 α 取 3.03，β 取 -15.09。

注：无法取得水泥实测强度时，可按以下公式计算，即

$$f_{ce} = \gamma_c \cdot f_{ce,k}$$ （6.6）

式中：f_{ce}——水泥强度等级值，MPa；

γ_c——水泥强度等级值富余系数，宜按实际统计资料确定，无统计资料时可取 1.0。

各地区可用本地区试验资料确定 α，β 值，统计用的试验组数不得少于 30 组。

3）计算 1m³ 砂浆中掺加料（石灰膏）的用量 Q_D。

$$Q_D = Q_A - Q_c$$ （6.7）

式中：Q_A——每立方米砂浆中水泥和石灰膏总量，为经验数据，可取 350kg；

Q_D——每立方米砂浆的石灰膏用量（kg），精确至 1kg。

石灰膏使用时的稠度宜为 120mm±5mm。若石灰膏稠度不在规定范围内，可按表 6.6 进行换算。

表 6.6　石灰膏不同稠度的换算系数

稠度/mm	120	110	100	90	80	70	60	50	40	30
换算系数	1.00	0.99	0.97	0.95	0.93	0.92	0.90	0.88	0.87	0.86

4）确定 1m³ 砂浆中用砂的用量 Q_s。

$$Q_s = \rho'_{0,s} V'_0$$ （6.8）

式中：$\rho'_{0,s}$——砂子干燥状态时的堆积密度（含水量小于 0.5%）值，kg/m³；

V'_0——每立方米砂浆所用砂的堆积体积（m³），取 1m³。

5）选定 1m³ 砂浆中用水量 Q_w。

根据砂浆的稠度及施工现场的气候条件，用水量在 210~310kg 之间选用。

（2）水泥砂浆初步配合比的确定（查表法）

根据 JGJ 98—2010 规定，各种材料的用量可从表 6.7 中参考选用。

表 6.7　每立方米水泥砂浆材料用量（kg/m³）

强度等级	水　泥	砂	用水量
M5	200～230	砂子的堆积密度值	270～330
M7.5	230～260		
M10	260～290		
M15	290～330		
M20	340～400		
M25	360～410		
M30	430～480		

注：1）M15 及 M15 以下强度等级水泥砂浆，水泥强度等级为 32.5 级；M15 以上强度等级水泥砂浆，水泥强度等级 42.5 级。
　　2）当采用细砂或粗砂时，用水量分别取上限或下限。
　　3）稠度小于 70mm 时，用水量可小于下限。
　　4）施工现场气候炎热或干燥季节，可酌量增加用水量。
　　5）试配强度按公式（6.3）计算。

（3）水泥粉煤灰砂浆初步配合比的确定（查表法）

根据 JGJ 98—2010 规定，各种材料的用量可从表 6.8 中参考选用。

表 6.8　每立方米水泥粉煤灰砂浆材料用量（kg/m³）

强度等级	水　泥	粉煤灰	砂	用水量
M5	210～240	粉煤灰掺量可占胶凝材料总量的 15%～25%	砂子的堆积密度值	270～330
M7.5	240～270			
M10	270～300			
M15	300～330			

注：1）表中水泥强度等级为 32.5 级。
　　2）当采用细砂或粗砂时，用水量分别取上限或下限。
　　3）稠度小于 70mm 时，用水量可小于下限。
　　4）施工现场气候炎热或干燥季节，可酌量增加用水量。
　　5）试配强度按公式（6.3）计算。

2. 配合比试配、调整和确定

1）砌筑砂浆试配时，应考虑工程实际要求，采用与工程实际相同的材料，采取机械搅拌并保证拌制的时间。

2）按计算或查表所得的配合比进行试拌时，应按现行行业标准《建筑砂浆基本性能试验方法标准》（JGJ/T 70—2009）测定其稠度和保水率。当不能满足稠度和保水率要求时，应调整材料用量，直到符合要求为止。此符合稠度和保水率要求的配合比即为砂浆的基准配合比。

3）试配时应采用三个不同水泥用量的配合比进行强度校核，其中一个为上述基准配合比，另两个配合比的水泥用量应按基准配合比分别增减 10%。在保证稠度、保水率合格的条件下，可将用水量、石灰膏、保水增稠材料或粉煤灰等活性掺和料用量作相应调整。

4）按现行行业标准《建筑砂浆基本性能试验方法标准》（JGJ/T 70—2009）分别测定不同配合比砂浆的表观密度及强度，并选定符合试配强度及和易性要求、水泥用量最低的配合比作为砂浆的试配配合比。

5）根据上述所测定的砂浆表观密度及所确定的试配配合比，按下列步骤进行校正：

① 计算砂浆的理论表观密度值 ρ_1。

$$\rho_1 = Q_c + Q_D + Q_s + Q_w \qquad (6.9)$$

式中：Q_c，Q_D，Q_s，Q_w——试配配合比中水泥、石灰膏、砂、水的用量，kg；

ρ_1——砂浆的理论表观密度值（kg/m³），精确至 10kg/m³。

② 计算砂浆配合比校正系数 δ。

$$\delta = \rho_c / \rho_1 \qquad (6.10)$$

式中：ρ_c——砂浆的实测表观密度值（kg/m³），精确至 10kg/m³。

③ 当砂浆的实测表观密度与理论表观密度值之比的绝对值不超过理论值的 2% 时，可将上述的试配配合比确定为砂浆的设计配合比；当超过 2% 时，应将试配配合比中每项材料用量乘以校正系数 δ 后确定为砂浆设计配合比。

3. 配合比设计实例

要求设计强度等级为 M10 的水泥石灰混合砂浆，流动性为 70~100mm。采用 32.5 级的矿渣水泥，28d 实测强度值为 37.0MPa；中砂，含水率为 3%，堆积密度为 1360kg/m³；施工水平一般。试计算砂浆的配合比。

设计步骤如下。

（1）计算砂浆的试配强度 $f_{m,o}$

根据施工水平一般，查表 6.5 得 k=1.20。

$$f_{m,o} = kf_2 = 10 \times 1.20 = 12.0\text{MPa}$$

（2）计算水泥用量 Q_c

把 α=3.03，β=−15.09，f_{ce}=37.0MPa 代入公式（6.5），得

$$Q_c = \frac{1000(f_{m,o} - \beta)}{\alpha f_{ce}} = \frac{1000 \times (12.0 + 15.09)}{3.03 \times 37.0} = 242\text{kg}$$

（3）计算石灰膏的用量 Q_D

$$Q_D = Q_A - Q_c = 350 - 242 = 108\text{kg}$$

（4）计算用砂量 $Q_{s,o}$

$$Q_{s,o} = \rho'_{0,s} V'_0 = 1360\text{kg/m}^3 \times 1\text{m}^3 = 1360\text{kg}$$

考虑砂的含水率，实际用砂量

$$Q_s = 1360 \times (1 + 3\%)\text{kg} = 1401\text{kg}$$

（5）确定用水量 Q_w

用水量根据流动性要求掺加。本例可选取 280kg，扣除砂中所含的水量，拌和用水量为

$$Q_w = 280 - 1360 \times 3\% = 239\text{kg}$$

（6）得到初步配合比

水泥：石灰膏：砂：水=242：108：1401：239=1：0.45：5.79：0.99

6.2 抹 面 砂 浆

抹面砂浆是涂抹在建筑物或构筑物的表面，既能保护墙体，又具有一定装饰性的建

筑材料。根据砂浆的使用功能可将抹面砂浆分为普通抹面砂浆、装饰砂浆、特种砂浆（如防水砂浆、绝热砂浆、防辐射砂浆、吸声砂浆、耐酸砂浆等）。对抹面砂浆要求具有良好的工作性，即易于抹成很薄的一层，便于施工，还要有较好的粘结力，保证基层和砂浆层良好粘结，并且不能出现开裂，因此有时加入一些纤维材料（如麻刀、纸筋、有机纤维），有时加入特殊的骨料如陶砂、膨胀珍珠岩等以强化其功能。

6.2.1 普通抹面砂浆

普通抹面砂浆具有保护墙体、延长墙体的使用寿命、兼有一定的装饰效果的作用，其组成与砌筑砂浆基本相同，但胶凝材料用量比砌筑砂浆多，而且抹面砂浆的和易性要求比砌筑砂浆好，粘结力更高。抹面砂浆配合比可以从砂浆配合比速查手册中查得。

为了保证抹面砂浆的施工质量（表面平整，不容易脱落），一般分两层或三层施工。各层砂浆所用砂的技术要求以及砂浆稠度见表 6.9。抹面砂浆层的总厚度不宜太厚，否则容易出现空鼓、脱落。

表 6.9 抹面砂浆的骨料最大粒径及稠度选择

抹面层	沉入度（人工抹面）/mm	砂的最大粒径/mm
底层	100～120	2.5
中层	70～90	2.5
面层	70～80	1.2

底层砂浆是为了增加抹灰层与基层的粘结力。砂浆的保水性要好，以防水分被基层吸收，影响砂浆的硬化。用于砖墙底层的抹灰多用混合砂浆；有防水防潮要求时应采用水泥砂浆；对于板条或板条顶棚多采用石灰砂浆或混合砂浆；对于混凝土墙体、柱、梁、板、顶棚多采用混合砂浆。底层砂浆与基层材料（砌块、烧结砖或石块）的粘结力要强，因此要求基层材料表面具有一定的粗糙程度和清洁程度。

中层主要起找平作用，又称找平层，一般采用混合砂浆或石灰砂浆。找平层的稠度要合适，应能很容易抹平；砂浆层的厚度以表面抹平为宜。有时可省略中层。

面层起装饰作用，多用细砂配制成混合砂浆、麻刀石灰砂浆或纸筋石灰砂浆。在容易受碰撞的部位（如窗台、窗口、踢脚板等）应采用水泥砂浆。在加气混凝土砌块墙体表面上做抹灰时，应采用特殊的施工方法，如在墙面上刮胶、喷水润湿或在砂浆层中夹一层钢丝网片，以防开裂脱落。表 6.10 为常用抹面砂浆配合比及应用范围。

表 6.10 常用抹面砂浆配合比及应用范围

材 料	体积配合比	应用范围
水泥：砂	1：3～1：2.5	潮湿房间的墙裙、踢脚、地面基层
水泥：砂	1：2～1：1.5	地面、墙面、天棚
水泥：砂	1：0.5～1：1	混凝土地面压光
石灰：砂	1：2～1：4	干燥环境中砖、石墙表面
石灰：水泥：砂	1：0.5：4.5～1：1：5	勒脚、檐口、女儿墙及潮湿部位
石灰：黏土：砂	1：1：4～1：1：8	干燥环境墙表面
石灰：石膏：砂	1：0.4：2～1：1：3	干燥环境墙及天花板

材　料	体积配合比	应用范围
石灰：石膏：砂	1：2：2～1：2：4	干燥环境线脚及装饰
石灰膏：麻刀	100：2.5（质量比）	木板条顶棚面层
石灰膏：纸筋	100：3.8（质量比）	木板条顶棚面层
石灰膏：纸筋	1m³ 灰膏掺 3.6kg 纸筋	较高级墙板、天棚
石灰：石膏：砂：锯末	1：1：3：5	用于吸音粉刷

6.2.2　防水砂浆

防水砂浆是具有显著的防水、防潮性能的砂浆，是一种刚性防水材料和堵漏密封材料，一般依靠特定的施工工艺或在普通水泥砂浆中加入防水剂、膨胀剂、聚合物等配制而成，适用于不受振动或埋置深度不大、具有一定刚度的防水工程，不适用于易受振动或发生不均匀沉降的部位。防水砂浆通常是在普通水泥砂浆中掺入外加剂，用人工压抹而成。常采用多层施工，而且涂抹前在湿润的基层表面刮一层树脂水泥浆，同时加强养护防止干裂，以保证防水层的完整，达到良好的防水效果。防水砂浆的组成材料要求为：

1）水泥选用 32.5 级以上的微膨胀水泥或普通水泥，适当增加水泥的用量。

2）采用级配良好、较纯净的中砂，灰砂比为 1：（1.5～3.0），水灰比为 0.5～0.55。

3）选用适用的防水剂，防水剂有无机铝盐类、氯化物金属盐类、金属皂化物类及聚合物。

6.2.3　装饰砂浆

装饰砂浆是一种具有特殊美观装饰效果的抹面砂浆。底层和中层的做法与普通抹面基本相同，面层通常采用不同的施工工艺，选用特殊的材料，得到符合要求的不同的质感、颜色、花纹和图案效果。常用胶凝材料有石膏、彩色水泥、白水泥或普通水泥，骨料有大理石、花岗岩等带颜色的碎石渣或玻璃、陶瓷碎粒等。装饰抹灰按面层做法分为拉毛、弹涂、水刷石、干粘石、斩假石、喷涂等。

1. 拉毛

在水泥砂浆或水泥混合砂浆抹灰中层上抹上水泥混合砂浆、纸筋石灰或水泥石灰浆等，并利用拉毛工具将砂浆拉出波纹和斑点的毛头，做成装饰面层。拉毛一般适用于有声学要求的礼堂、剧院等室内墙面，也常用于外墙面、阳台栏板或围墙等外饰面。

2. 水刷石

用颗粒细小（约5mm）的石渣所拌成的砂浆作面层，待表面稍凝固后立即喷水冲刷表面水泥浆，使其石渣半露。水刷石多用于建筑物的外墙装饰，具有天然石材的质感，经久耐用。

3. 干粘石

将彩色石粒直接粘在砂浆层上。该做法与水刷石相比，既节约水泥、石粒等原材料，又减少湿作业，且提高工效。

4. 斩假石

斩假石又称剁斧石，是在水泥砂浆基层上涂抹水泥石粒浆，待硬化后，用剁斧、齿斧及各种凿子等工具剁出有规律的石纹，使其形成天然花岗岩粗犷的效果。斩假石主要用于室外柱面、勒脚、栏杆、踏步等处的装饰。

5. 弹涂

弹涂是在墙体表面刷一道聚合物水泥浆后，用弹涂器分几遍将不同色彩的聚合物水泥砂浆振弹在已涂刷的基层上，形成 3～5mm 的扁圆形花点，再喷罩甲基硅树脂。弹涂适用于建筑物内、外面，也可用于顶棚饰面。

6. 喷涂

喷涂多用于外墙面，它是用挤压式砂浆泵或喷斗将聚合物水泥砂浆喷涂在墙面基层或底层上，形成饰面层，最后在表面再喷一层甲基硅酸钠或甲基硅树脂疏水剂，以提高饰面层的耐久性和减少墙面污染。

6.2.4　其他特种砂浆

1. 绝热砂浆

采用石灰、水泥、石膏等胶凝材料与膨胀珍珠岩、膨胀蛭石、人造陶粒、陶砂等轻质多孔材料，或采用聚苯乙烯泡沫颗粒，按一定比例配制的砂浆，称为绝热砂浆。它具有质轻、热保温性能好的特点。其热导率约为 $0.07～0.10W/(m \cdot K)$，可用于屋面绝热层、冷库绝热墙壁及工业窑炉管道的绝热层等处。

2. 膨胀砂浆

在砂浆中加入膨胀剂或使用膨胀水泥配制的膨胀砂浆，具有较好的膨胀性或无收缩性，减少收缩，用于嵌逢、修补、堵漏等工程。

3. 防辐射砂浆

在水泥砂浆中加入重晶石粉、重晶石砂，可配制成防射线穿透的防辐射砂浆，多用于医院的放射室、化疗室等。其质量比约为水泥：重晶石粉：重晶石砂＝1：0.25：(4～5)。

6.3　预 拌 砂 浆

随着对环境保护、文明施工要求的提高，逐步取消现场拌制砂浆，采用工业化生产的预拌砂浆势在必行。

根据《预拌砂浆标准》(GB/T 25181—2010) 相关定义，预拌砂浆指专业生产厂生产的湿拌砂浆或干混砂浆。湿拌砂浆指水泥、细骨料、矿物掺和料、外加剂和水，按一定比例，在搅拌站经计量、拌制后，运至使用地点，并在规定时间内使用的拌和物。干混砂浆指由水泥、干燥骨料或粉料、添加剂以及根据性能确定的其他组分，按一定比例，在专业生产厂经计量、混合而成的混合物，在使用地点按规定比例加水或配套组分拌和使用。

6.3.1 预拌砂浆分类与标记

1. 湿拌砂浆的分类

（1）按用途分类

湿拌砂浆按用途分为湿拌砌筑砂浆、湿拌抹灰砂浆、湿拌地面砂浆和湿拌防水砂浆，各自代号见表 6.11。

表 6.11 湿拌砂浆品种及代号（摘自 GB/T 25181—2010）

品　种	湿拌砌筑砂浆	湿拌抹灰砂浆	湿拌地面砂浆	湿拌防水砂浆
代号	WM	WP	WS	WW

（2）按强度等级、抗渗等级、稠度和凝结时间分类

湿拌砂浆按强度等级、抗渗等级、稠度和凝结时间的分类见表 6.12。

表 6.12 湿拌砂浆项目与强度等级、抗渗等级、稠度和凝结时间要求（摘自 GB/T 25181—2010）

项　目	湿拌砌筑砂浆	湿拌抹灰砂浆	湿拌地面砂浆	湿拌防水砂浆
强度等级	M5、 M7.5、 M10、 M15、 M20、 M25、 M30	M5、 M7.5、 M10、 M15、 M20	M15、M20、M25	M10、M15、M20
抗渗等级	—	—	—	P6、P8、P10
稠度/mm	50、70、90	70、90、110	50	50、70、90
凝结时间/h	≥8、≥12、≥24	≥8、≥12	≥4、≥8	≥8、≥12、≥24

2. 干混砂浆的分类

（1）按用途分类

干混砂浆按用途分为干混砌筑砂浆、干混抹灰砂浆、干混地面砂浆、干混普通防水砂浆、干混陶瓷砖粘结砂浆、干混界面砂浆、干混保温板粘结砂浆、干混保温板抹面砂浆、干混聚合物水泥防水砂浆、干混自流平砂浆、干混耐磨地坪砂浆和干混饰面砂浆，各自代号见表 6.13。

表 6.13 干混砂浆品种及代号（摘自 GB/T 25181—2010）

品　种	干混砌筑砂浆	干混抹灰砂浆	干混地面砂浆	干混普通防水砂浆	干混陶瓷砖粘结砂浆	干混界面砂浆
代　号	DM	DP	DS	DW	DTA	DIT
品　种	干混保温板粘结砂浆	干混保温板抹面砂浆	干混聚合物水泥防水砂浆	干混自流平砂浆	干混耐磨地坪砂浆	干混饰面砂浆
代　号	DEA	DBI	DWS	DSL	DFH	DDR

（2）部分干混砂浆按强度等级、抗渗等级的分类

干混砂浆按强度等级、抗渗等级的分类见表 6.14。

表 6.14　干混砂浆项目与强度等级、抗渗等级要求（摘自 GB/T 25181—2010）

项　目	干混砌筑砂浆		干混抹灰砂浆		干混地面砂浆	干混普通防水砂浆
	普通砌筑砂浆	薄层砌筑砂浆	普通抹灰砂浆	薄层抹灰砂浆		
强度等级	M5、M7.5、M10、M15、M20、M25、M30	M5、M10	M5、M10、M15、M20	M5、M10	M15、M20、M25	M10、M15、M20
抗渗等级	—	—	—	—	—	P6、P8、P10

3. 标记

1）湿拌砂浆标记形式为

$$\underset{\text{湿拌砂浆代号}}{W\times\times} \quad \underset{\text{强度等级}}{M\times\times} \quad \underset{\text{/抗渗等级（有要求时）}}{/P\times\times} - \underset{\text{稠度}}{\times\times} - \underset{\text{凝结时间}}{\times\times} - \underset{\text{所执行标准号}}{\times\times}$$

如 WW M15/P8-70-12 GB/T 25181—2010，表示湿拌防水砂浆，其强度等级为 M15，抗渗等级为 P8，稠度为 70mm，凝结时间为 12h。

2）干混砂浆标记形式为

$$\underset{\text{干混砂浆代号}}{D\times\times} - \underset{\text{主要性能或型号}}{\times\times} - \underset{\text{所执行标准号}}{\times\times}$$

如干混砌筑砂浆的强度等级为 M10，其标记为 DW M10-GB/T 25181—2010。

6.3.2　预拌砂浆的主要性能指标

1. 湿拌砂浆的性能要求

（1）表观密度

湿拌砌筑砂浆的表观密度不应小于 1800kg/m³。

（2）稠度允许偏差

对于稠度为 50mm、70mm、90mm 的湿拌砂浆，其稠度允许偏差为 ±10mm；对于稠度为 110mm 的湿拌砂浆，其稠度允许偏差为 -10～+6mm。

（3）强度

湿拌砂浆 28d 抗压强度应大于等于其强度等级值。

（4）抗渗性

湿拌防水砂浆 28d 抗渗压力值应大于等于其抗渗等级要求。

（5）其他性能要求

各类湿拌砂浆的保水率、粘结强度、收缩率、抗冻性要求见表 6.15。

表 6.15　湿拌砂浆其他性能指标（摘自 GB/T 25181—2010）

项　目	湿拌砌筑砂浆	湿拌抹灰砂浆	湿拌地面砂浆	湿拌防水砂浆
保水率/%	≥88	≥88	≥88	≥88
14d 拉伸粘结强度/MPa	—	M5：≥0.15 >M5：≥0.20	—	≥0.20

续表

项　目	湿拌砌筑砂浆	湿拌抹灰砂浆	湿拌地面砂浆	湿拌防水砂浆
28d 收缩值/%	—	≤0.20	—	≤0.15
抗冻性	有抗冻性要求时，应进行抗冻性试验。其冻融循环次数（强度损失≤25%，质量损失≤5%）应满足设计要求			

2. 干混砂浆的性能要求

（1）外观

粉状产品应均匀、无结块。双组分产品液料组分经搅拌后应呈均匀状态、无沉淀。

（2）表观密度

干混普通砌筑砂浆拌和物的表观密度不应小于 1800kg/m³。

（3）强度

干混砂浆 28d 抗压强度应大于等于其强度等级值。

（4）抗渗性

干混普通防水砂浆 28d 抗渗压力值应大于等于其抗渗等级要求。

（5）其他性能要求

各类湿拌砂浆的保水率、粘结强度、收缩率、抗冻性要求见表 6.16。

表 6.16　干混砂浆其他性能指标（摘自 GB/T 25181—2010）

项　目	干混砌筑砂浆		干混抹灰砂浆		干混地面砂浆	干混普通防水砂浆
	普通砌筑砂浆	薄层砌筑砂浆	普通抹灰砂浆	薄层抹灰砂浆		
保水率/%	≥88	≥99	≥88	≥99	≥88	≥88
凝结时间/h	3～9	—	3～9	—	3～9	3～9
2h 稠度损失率/%	≤30	—	≤30	—	≤30	≤30
14d 拉伸粘结强度/MPa	—	—	M5：≥0.15 >M5：≥0.20	≥0.30	—	≥0.20
28d 收缩值/%	—	—	≤0.20	≤0.20	—	≤0.15
抗冻性	有抗冻性要求时，应进行抗冻性试验。其冻融循环次数（强度损失≤25%，质量损失≤5%）应满足设计要求					
干混薄层砌筑砂浆宜用于灰缝厚度不大于 5mm 的砌筑；干混薄层抹灰砂浆宜用于厚度不大于 5mm 的抹灰						

干混陶瓷砖粘结砂浆、干混界面砂浆、干混保温板粘结砂浆、干混保温板抹面砂浆等需符合各自的性能要求。

6.3.3　预拌砌筑砂浆的配合比确定

1. 预拌砂浆对原材料的要求

预拌砌筑砂浆对原材料的要求同 6.1 节砌筑砂浆。

2. 预拌砂浆试验配合比的确定

预拌砌筑砂浆试验配合比确定的方法与步骤同前述现场搅拌砌筑砂浆，但试配时应符合下列要求：

1）在确定湿拌砌筑砂浆稠度时应考虑砂浆在运输和储存过程中的稠度损失。

2）湿拌砌筑砂浆应根据凝结时间要求确定外加剂掺量。

3）干混砌筑砂浆应明确拌制时的加水量范围。

预拌砌筑砂浆试配时应符合下列规定：

1）预拌砌筑砂浆生产前应进行试配，试配强度应按公式（6.3）计算确定，试配时稠度取 70～80mm。

2）预拌砌筑砂浆中可掺入保水增稠材料、外加剂等，掺量应经试配后确定。

预拌砌筑砂浆性能应符合表 6.17 的规定。

表 6.17　预拌砌筑砂浆性能要求（摘自 JGJ 98—2010）

项　目	干混砌筑砂浆	湿拌砌筑砂浆
强度等级	M5、M7.5、M10、M15、M20、M25、M30	M5、M7.5、M10、M15、M20、M25、M30
稠度/mm	—	50、70、90
凝结时间/h	3～8	≥8、≥12、≥24
保水率	≥88	≥88

6.3.4　预拌砂浆出厂检验、包装、贮存和运输

1. 预拌砂浆出厂检验

预拌砂浆产品检验分型式检验、出厂检验和交货检验，其检验项目、取样方法、判定标准等应符合现行标准《预拌砂浆标准》（GB/T 25181—2010）的相关规定。

预拌砂浆出厂前应进行出厂检验，出厂检验的取样试验工作应由供方承担。

2. 预拌砂浆包装

干混砂浆可采用散装或袋装。袋装干混砂浆每袋净含量不应少于其标志质量的99%，随机抽取 20 袋的总质量不应少于标志质量的总和。包装袋上应有标志标明产品名称、商标、加水量范围、净含量、使用说明、贮存条件及保质期、生产日期或批号、生产单位、地址和电话等。

3. 预拌砂浆贮存

干混砂浆在贮存过程中不应受潮和混入杂物。不同品种和规格型号的干混砂浆应分别贮存，不应混杂。

散装干混砂浆应贮存在散装移动筒仓中，筒仓应密闭，且防雨、防潮。砂浆保质期自生产日起为 3 个月。

袋装干混砂浆应贮存在干燥环境中，应有防雨、防潮、防扬尘措施。贮存过程中，包装袋不应破损。

袋装干混砌筑砂浆、抹灰砂浆、地面砂浆、普通防水砂浆、自流平砂浆的保质期自生产日起为 3 个月，其他袋装干混砂浆的保质期自生产日起为 6 个月。

4. 预拌砂浆运输

（1）湿拌砂浆

湿拌砂浆应采用搅拌运输车运送。运输车在装料前装料口应保持清洁，筒体内不应有积水、积浆及杂物。运输车在装料、运送过程中应能保证砂浆拌和物的均匀性，不应产生分层、离析现象。不应向运输车内的砂浆加水。

（2）干混砂浆

干混砂浆运输时应有防扬尘措施，不应污染环境。散装干混砂浆宜采用散装干混砂浆运输车运送，并提交与袋装标志相同内容的卡片，并附产品使用说明书。散装干混砂浆运输车应密封、防水、防潮，并宜有除尘装置。砂浆品种更换时运输车应清空并清理干净。

袋装干混砂浆可采用交通工具运输，运输过程中不得混入杂物，并应有防雨、防潮和防扬尘措施。砂浆搬运时不应摔包，不应自行倾卸。

习　题

6.1　什么是砂浆？砂浆的用途有哪些？

6.2　什么是砌筑砂浆？砌筑砂浆对各组成材料有什么要求？

6.3　砌筑砂浆的主要技术性能有哪些？影响砌筑砂浆性能的因素有哪些？

6.4　砌筑砂浆性能如何测定？如何改善砌筑砂浆的性能？

6.5　防水砂浆中常用的防水剂有哪些？

6.6　何谓抹面砂浆？抹面砂浆有什么用途？其施工有何特点？

6.7　简述预拌砂浆的概念及发展趋势。

6.8　某砌筑工程用水泥石灰混合砂浆，要求砂浆的强度等级为 M7.5，稠度为 70～90mm。所用原材料为：32.5 级矿渣硅酸盐水泥，强度富余系数为 1.1；中砂，堆积密度为 1450kg/m³，含水率为 3%；石灰膏稠度为 120mm。施工水平一般。试计算砂浆的配合比。

第 7 章
建筑钢材

【知识点】

1. 钢材的分类、冶炼方法、标准及选用。
2. 钢材的性能及影响因素。
3. 建筑工程常用的钢种及其制品（钢筋、型钢）。
4. 钢材的防腐与防火。

【学习要求】

1. 掌握钢材的力学性能、工艺性能以及钢材的化学成分对钢材性能的影响。
2. 掌握钢材的常用钢种及建筑工程中常用钢筋及型钢。
3. 掌握钢材腐蚀的类型、原因及防腐蚀的原理和方法。
4. 了解钢材的冶炼方法和分类。
5. 了解钢材的冷加工与时效方法及机理。

金属材料包括黑色金属和有色金属两大类。黑色金属是以铁元素为主要成分的金属及其合金，如铁、钢和合金钢。有色金属是以其他金属元素为主要成分的金属及其合金，如铜、铝、锌、铅等金属及其合金。

钢材强度高、品质均匀，具有一定的弹性和塑性变形能力，能够承受冲击、振动等荷载；钢材的可加工性能好，可以进行各种机械加工，也可以通过铸造的方法将钢铸造成各种形状，还可以通过切割、铆接或焊接等多种方式的联结进行装配施工。因此，钢材是最重要的建筑材料之一。

7.1 钢的冶炼和分类

7.1.1 钢的冶炼

钢是由生铁冶炼而成的。生铁是由铁矿石、熔剂（石灰石）、燃料（焦炭）在高炉中经过还原反应和造渣反应而得到的一种铁碳合金，其中碳、磷和硫等杂质的含量较高。生铁脆、强度低、塑性和韧性差，不能用焊接、锻造、轧制等方法加工。炼钢的过程是把熔融的生铁进行氧化，使含碳量降低到预定的范围，其他杂质含量降低到允许范围。理论上凡含碳量在 2% 以下，含有害杂质较少的铁、碳合金可称为钢。在炼钢的过程中，采用的炼钢方法不同，除去杂质的程度就不同，所得到的钢的质量也有所不同。目前，炼钢方法主要有转炉炼钢法、平炉炼钢法和电炉炼钢法三种。

转炉炼钢法以熔融的铁水为原料，不需要燃料，由转炉底部或侧面吹入高压热空气，使铁水中的杂质在空气中氧化，从而除去杂质。空气转炉炼钢法的缺点是吹炼时容易混入空气中的氮、氢等杂质，同时熔炼时间短，杂质含量不易控制，现已基本不用。采用以纯氧气代替空气吹入炉内的纯氧气顶吹转炉炼钢法，克服了空气转炉法的一些缺点，能有效去除磷、硫等杂质，使钢的质量明显提高。

平炉炼钢法是以铁液或固体生铁、废钢铁和适量的铁矿石为原料，以煤气或重油为燃料，靠废钢铁、铁矿石中的氧或空气中的氧（或吹入的氧气）使杂质氧化而被除去。该方法冶炼时间长（4~12h）、易调整和控制成分、杂质少、质量好，但投资大、需用燃料、成本高。用平炉炼钢法可生产优质碳素钢和合金钢或有特殊要求的钢种。

电炉炼钢法是以电为能源迅速加热生铁或废钢原料。该方法熔炼温度高、温度可自由调节、消除杂质容易，因此炼得的钢质量好，但成本最高，主要用来冶炼优质碳素钢及特殊合金钢。

在炼钢过程中，为保证杂质的氧化，须提供足够的氧，因此，在已炼成的钢液中尚留有一定量的氧。如氧的含量超出 0.05%，会严重降低钢的机械性能。为减少它的影响，在浇铸钢锭之前，要在钢液中加入脱氧剂进行脱氧，常用的脱氧剂有锰铁、硅铁和铝等，铝的脱氧效果最佳，其次是硅铁和锰铁。

根据脱氧程度不同，钢可分为沸腾钢（F）、半镇静钢（b）、镇静钢（Z）和特镇静钢（TZ）四种。

沸腾钢脱氧不完全，钢中含氧量较高，浇铸后钢液在冷却和凝固的过程中氧化铁与碳发生化学反应，生成 CO 气体外逸，气泡从钢液中冒出，呈"沸腾"状，故称沸腾钢。因仍有不少气泡残留在钢中，故钢的质量较差。沸腾钢中碳和有害杂质（磷、硫等）的偏析较严重，钢的致密程度较差，因此沸腾钢的冲击韧性和可焊性差，尤其是低温冲击韧性更差，但钢锭收缩孔减少，成品率较高，成本低。

镇静钢脱氧比较完全，在冷却和凝固时没有气体析出，无"沸腾"现象。镇静钢质量好，但钢锭的收缩孔大，成品率低，成本高。

半镇静钢是加入适量的锰铁、硅铁、铝作为脱氧剂，脱氧程度介于沸腾钢和镇静钢之间。

钢水铸锭后用来轧制各种型材，轧制方法有冷轧和热轧两种。建筑钢材主要经热轧而成，热轧能提高钢材的质量。热轧能够消除钢材中的气泡，细化晶粒。但轧制次数、停轧温度对钢材性能有一定影响。如轧制次数少，停轧温度高，则钢材强度稍低。

7.1.2 钢的分类

钢的分类常根据不同的需要而采用不同的分类方法，常用的分类方法如下：

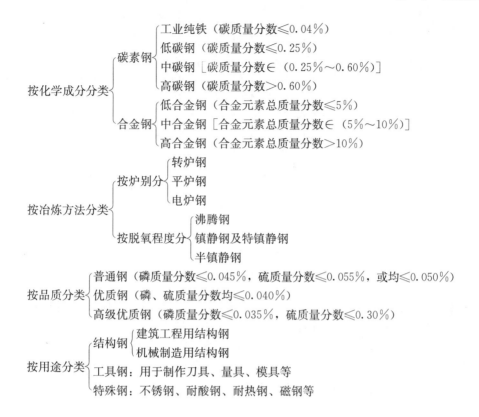

7.2　钢的主要化学成分及组成对钢材性能的影响

7.2.1　化学成分对钢材性质的影响

碳素钢中除了铁和碳元素之外，还含有硅、锰、磷、硫、氮、氧、氢等元素。它们的含量决定了钢材的性能，尤其是某些元素为有害杂质（如磷、硫等），在冶炼时，应通过控制和调节限制其含量，以保证钢的质量。

碳：是影响钢材性能的主要元素之一，在碳素钢中，随着含碳量的增加，其强度和硬度提高，塑性和韧性降低。当含碳量大于 1% 后，脆性增加，硬度增加，强度下降。含碳量大于 0.3% 时，钢的可焊性显著降低。此外，含碳量增加，钢的冷脆性和时效敏感性增大，耐大气锈蚀性降低。含碳量对热轧碳素钢性质的影响见图 7.1。

硅：含量在 1% 以内时，可提高钢的强度、疲劳极限、耐腐蚀性及抗氧化性，对塑性和韧性影响不大，但对可焊性和冷加工性能有所影响。硅可作为合金元素，用以提高合金钢的强度。

锰：可提高钢材的强度、硬度及耐磨性，能消减硫和氧引起的热脆性，改善钢材的热加工性能。锰可作为合金元素，提高合金钢的强度。

磷：是碳素钢中的有害杂质，常温下能提高钢的强度和硬度，但会使塑性和韧性显著降低，低温时更甚，即引起所谓"冷脆性"。磷可提高钢的耐磨性和耐腐蚀性能。

硫：是碳素钢中的有害杂质。在焊接时易产生脆裂现象，称为热脆性，使钢的可焊性显著降低。含硫过量，还会降低钢的韧性、耐疲劳性等机械性能及耐腐蚀性能。

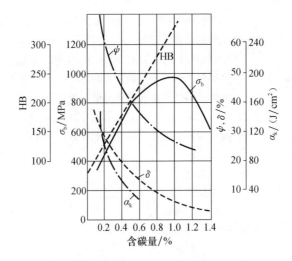

图 7.1　含碳量对热轧碳素钢性质的影响

氧：是碳素钢中的有害杂质。含氧量增加，使钢的机械强度降低，塑性和韧性降低，冷加工性能下降。氧可促进时效作用，还能使热脆性增加，使可焊性变差。

氮：能使钢的强度提高，塑性特别是韧性显著下降。氮还会加剧钢的时效敏感性和冷脆性，使可焊性变差。但若在含氮的钢中，适量加入 Al、Ti、V 等元素，形成它们的氮化物，则可达到细化晶粒、改善性能的目的。

7.2.2　钢的组织

钢材中铁和碳原子的结合有三种基本形式，即固溶体、化合物和机械混合物。

固溶体是以铁为溶剂、碳为溶质所形成的固体溶液，铁保持原来的晶格，碳溶解其中。化合物是 Fe、C 化合成渗碳体（Fe_3C），其晶格与原来的晶格不同。机械混合物是由上述固溶体和化合物混合而成的。

钢的组织就是由以上三种基本形式的单一形式或多种形式构成的，其基本组织有铁素体、渗碳体和珠光体三种。三种基本组织的力学性质见表 7.1。

表 7.1　钢材的基本组织成分及力学性质

名　　称	组织成分	抗拉强度/MPa	延伸率/%	硬度 HB
铁素体	钢的晶体中溶有少量的碳，接近于钝铁	343	40	80
珠光体	由一定比例的铁素体和渗碳体所组成，碳含量为 0.80%	833	10	200
渗碳体	碳化铁晶粒 Fe_3C	343 以下	0	600

1）铁素体是碳在铁中的固溶体，由于铁原子间的空隙很小，对碳的溶解度也很小，接近于钝铁，因此铁素体的强度、硬度很小，但它赋予钢材以良好的延展性、塑性和韧性。

2）渗碳体是铁和碳的化合物（Fe_3C），含碳量达 6.67%，性质硬而脆，是碳钢的主要硬度组分。

3）珠光体是铁素体和渗碳体的混合物，其性质介于以上二者之间，取决于二者的含量比。

钢具有何种组织取决于含碳量。当含碳量为 0.8% 时，全部具有珠光体的钢称为共析钢；含碳量低于或高于 0.8% 的钢分别称为亚共析钢和过共析钢。含碳量与钢组织成分的关系见表 7.2。

表 7.2　含碳量与钢的组织关系

名　称	含碳量/%	组织成分
亚共析钢	<0.80	珠光体＋铁素体
共析钢	0.80	珠光体
过共析钢	>0.80	珠光体＋渗碳体

7.3　钢材的主要技术性能

钢材作为主要的受力结构材料，不仅需要具有一定的力学性能，同时还要求具有良好的工艺性能，其主要的力学性能有抗拉性能、冲击韧性、疲劳强度及硬度，而冷弯性能和可焊接性能则是钢材重要的工艺性能。

7.3.1　力学性能

1. 抗拉性能

抗拉性能是建筑钢材最主要的技术性能，通过拉伸试验可以测得强度指标——屈服强度和抗拉强度，同时可测得塑性指标——断后伸长率和断面收缩率。

低碳钢的抗拉性能可用受拉时的应力-应变图来阐明（图 7.2）。

（1）弹性阶段

OA 为弹性阶段。在 OA 范围内，随着荷载的增加，应力和应变成比例增加。如卸去荷载，则恢复原状，这种性质称为弹性。OA 是一直线，在此范围内的变形称为弹性变形。A 点所对应的应力称为弹性极限，用 σ_p 表示。在这一范围内，应力与应变的比值为一常量，称为弹性模量，用 E 表示，即 $E=\sigma/\varepsilon$。弹性模量反映了钢

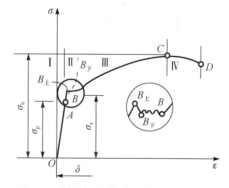

图 7.2　低碳钢拉伸时的应力-应变曲线

材的刚度，是钢材在受力条件下计算结构的重要指标之一。碳素结构钢 Q235 的弹性模量 $E=(2.0\sim2.1)\times10^5\text{MPa}$，弹性极限 $\sigma_p=180\sim200\text{MPa}$。

（2）屈服阶段

AB 为屈服阶段。在 AB 曲线范围内，应力与应变不能成比例变化。应力超过 σ_p 后即开始产生塑性变形。应力到达 $B_上$ 后，变形急剧增加，应力则在不大的范围内波动，直到 B 点止。$B_上$ 是上屈服强度，$B_下$ 是下屈服强度，也可称为屈服极限。当应力到达点 $B_上$ 时，钢材抵抗外力能力下降，发生"屈服"现象。$B_下$ 是屈服阶段应力波动的次低值，它表示钢材在工作状态下允许达到的应力值，即在 $B_下$ 之前，钢材不会发生较大

的塑性变形，故在设计中一般以下屈服强度作为强度取值的依据，用 σ_s 表示。碳素结构钢 Q235 的 σ_s 应不小于 235MPa。

（3）强化阶段

BC 为强化阶段，过 B 点后，抵抗塑性变形的能力又重新提高，变形发展速度比较快，为弹塑性变形，且随着应力的提高而增加。对应于最高点 C 的应力称为抗拉强度或强度极限，用 σ_b 表示。碳素结构钢 Q235 的 σ_b 应不小于 375MPa。

抗拉强度不能直接利用，但屈服强度和抗拉强度的比值（即屈强比 σ_s/σ_b）却能反映钢材的利用率和安全性。σ_s/σ_b 越高，钢材的利用率高，但易发生危险的脆性断裂，安全性降低。如果屈强比太小，安全性高，但利用率低，造成钢材浪费。碳素结构钢 Q235 的屈强比在 0.58～0.63 之间，偏低。工程中常采用冷拉的方法来提高钢材的屈强比。

（4）颈缩阶段

CD 为颈缩阶段。过 C 点，材料抵抗变形的能力明显降低。在 CD 范围内，应变迅速增加（其变形也为弹塑性变形），而应力反而下降，并在某处会发生"颈缩"现象，直至断裂。

将拉断的钢材拼合后，测出标距部分的长度，便可按下式求得断后伸长率 δ，即

$$\delta = \frac{L_1 - L_0}{L_0} \times 100\%$$

式中：L_0——试件原始标距长度，mm；

L_1——试件拉断后标距部分的长度，mm。

以 δ_5 和 δ_{10} 分别表示 $L_0 = 5d_0$ 和 $L_0 = 10d_0$ 时的断后伸长率，d_0 为试件的原直径或厚度。对于同一钢材，$\delta_5 > \delta_{10}$。

也可以用下式计算断面收缩率 ψ，即

$$\psi = \frac{A_0 - A_1}{A_0} \times 100\%$$

式中：A_0——拉伸前截面面积；

A_1——断处的截面面积。

伸长率和断面收缩率反映了钢材的塑性大小，在工程中具有重要意义。塑性大的钢，质软，易加工，冷弯和可焊性好，塑性大的钢材韧性也好。但在结构中，钢的塑性变形大，会影响正常使用。塑性小的钢，质硬脆，超载后会突然断裂而破坏，如含碳量及合金元素含量较高的硬钢。这类钢在外力作用下并没有明显的屈服阶段（图 7.3），通常以 0.2% 残余变形时对应的应力值作为屈服强度，用 $\sigma_{0.2}$ 表示。

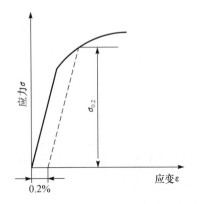

图 7.3　硬钢屈服强度的确定

2. 冲击韧性

冲击韧性是指钢材抵抗冲击荷载作用而不破坏的能力。钢材的冲击韧性是用标准试件（中部加工有 V 形或 U 形缺口）在试验机上进行冲击破坏试验，测定冲击缺口处单位面积上所消耗的功作为冲击韧性指标，用冲击韧性值 α_k（J/cm^2）表示。α_k 越大，表示冲断试件时消耗的功越多，钢材的冲击韧性越好。

3. 疲劳强度

钢材在交变荷载反复作用下，在远低于屈服点时发生突然破坏，这种破坏叫疲劳破坏。疲劳破坏指标用疲劳极限（也称疲劳强度）表示，它是指钢材在交变荷载作用下规定的周期内（$10^6 \sim 10^7$ 次）不发生断裂所能承受的最大应力。

钢材的疲劳破坏是由应力集中现象引起的突然破坏。在交变荷载反复作用下，首先在局部开始形成微细裂纹，裂纹尖端产生应力集中，致使裂纹逐渐扩大，当裂纹扩展到一定范围后会产生突然断裂。从断口可明显分辨出疲劳裂纹扩展区和残留部分的瞬时断裂区。

钢材的疲劳强度与内部组织、成分偏析、夹杂物及各种缺陷有关，也与钢材表面粗糙度、截面的变化、加工损伤和受腐蚀程度等有关。

4. 硬度

硬度是指钢材抵抗硬物压入表面的能力，即材料表面抵抗塑性变形的能力。

测定钢材硬度的方法有布氏法（HB）和洛氏法（HRC），较常用的是布氏法。

布氏法是在布氏硬度机上用一规定直径的硬质钢球，加以一定的压力，将其压入钢材表面，使形成压痕，将压力除以压痕面积所得应力值为该钢材的布氏硬度值，以数字表示，不带单位。数值越大，表示钢材越硬。

钢材的 HB 值与抗拉强度间有较好的相关性。钢材的强度越高，抵抗塑性变形的能力越强，硬度值也就越大。对于低碳钢，HB<175 范围内，有如下关系，即

$$\sigma_b = 0.36HB$$

洛氏法是在洛氏机上根据测量的压痕深度来计算硬度值。

7.3.2　工艺性能

钢材应具有良好的工艺性能，以满足施工工艺的要求。冷弯性能和焊接性能是钢材重要的工艺性能。

1. 冷弯性能

冷弯性能是指钢材在常温下承受弯曲变形的能力。冷弯试验是将钢材按规定弯曲角度与弯心直径弯曲（图 7.4），检查受弯部位的外拱面和两侧面，不发生裂纹、起层或断裂为合格。弯曲角度越大，弯心直径对试件厚度（或直径）的比值越小，则表示钢材冷弯性能越好。

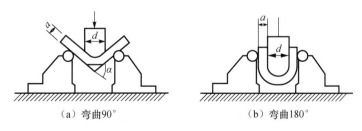

（a）弯曲90°　　　　　　　　（b）弯曲180°

图 7.4　钢材冷弯示意图

d. 弯心直径；*a*. 试件厚度或直径

冷弯是钢材处于不利变形条件下的塑性变形，与均匀变形下所测得的塑性指标（如断后伸长率）相比，冷弯更能反映钢的内部组织状态、内应力及夹杂物等缺陷。

一般来说，钢材的塑性愈大，其冷弯性能愈好。

2. 焊接性能

建筑工程中，钢材间的连接绝大多数采用焊接方式来完成，因此要求钢材具有良好的可焊接性能。

在焊接中，由于高温作用和焊接后急剧冷却作用，焊缝及附近的热影响区域将发生晶体组织及结构变化，并产生局部变形及内应力，使焊缝周围的钢材产生硬脆倾向，降低了钢材的性能。可焊性良好的钢材，焊缝处性质应与钢材焊接前尽可能相同，且焊接处牢固可靠。

钢的化学成分、冶炼质量及冷加工等都可影响焊接性能。含碳量小于 0.25％的碳素钢有良好的可焊性。含碳量超过 0.3％的碳素钢可焊性变差。硫、磷及氧、氮等杂质会使可焊性降低，加入过多的合金元素也将降低可焊性。对于高碳钢及合金钢，为改善焊接质量，一般需要采用预热和焊后处理以保证质量。因此，正确的焊接工艺也是保证焊接质量的重要措施。

7.4 钢材的冷加工强化与时效处理

7.4.1 冷加工强化

将建筑钢材在常温下进行冷加工（冷拉、冷拔和冷轧），使之产生塑性变形，从而提高其强度，相应地降低了塑性和韧性，这种加工方法称为钢材的冷加工处理。

1. 冷拉

冷拉加工就是将热轧钢筋用冷拉设备进行张拉（张拉控制应力应超过屈服强度）。通过冷拉，其屈服强度可提高 20％～30％，而抗拉强度基本不变，塑性和韧性则相应降低。

2. 冷拔

冷拔加工是强力拉拔钢筋，使其通过截面小于原钢筋截面的拔丝模。冷拔作用比纯拉伸的作用强烈，钢筋不仅受拉，同时还受到挤压作用。经过一次或多次冷拔后得到的冷拔低碳钢丝，其屈服点可提高 40％～60％，抗拉强度也得到提高，屈强比显著增大。冷拔后失去了软钢的塑性和韧性，而具有硬钢的性质。

3. 冷轧

冷轧是将圆钢在轧钢机上轧成断面按一定规律变化的钢筋，可提高其强度及与混凝土的粘接力。钢筋在冷轧时，纵向和横向同时产生变形，因而能较好地保持塑性及内部结构的均匀性。

产生冷加工强化的原因是钢材在冷加工过程中产生了塑性变形，而塑性变形是由于晶粒形状的改变（被拉长，或被压扁，甚至变成纤维状）及晶粒间产生滑移（线滑移及面滑移）。在滑移区域，晶粒破碎，晶格扭曲，使晶格畸变密度增大，从而对继续滑移造成阻力，要使它重新产生滑移就必须增加外力，这就意味着屈服强度有所提高，但由于减少了可以利用的滑移面，故钢的塑性降低。另外，在塑性变形中产生了内应力，钢材的弹性模量有所降低。

7.4.2　时效

钢材经冷加工后，随着时间的延长，钢的屈服强度和抗拉强度逐渐提高，而塑性和韧性逐渐降低的现象称为应变时效，简称时效。经过冷拉的钢筋在常温下存放 15～20d，或加热到 100～200℃并保持一定时间，这个过程称为时效处理。前者称为自然时效，后者称为人工时效。

冷拉以后再经时效处理的钢筋，其屈服点进一步提高，抗拉强度也有增长，塑性继续降低。由于时效过程中内应力消减，故弹性模量可基本恢复。钢材的冷拉及时效强化如图 7.5 所示。

时效是由于钢材中的氮及氧原子会向晶格滑移面处集聚，从而使滑移面处晶格畸变密度加剧，钢材的屈服强度和强度极限进一步提高，塑性和韧性进一步降低。

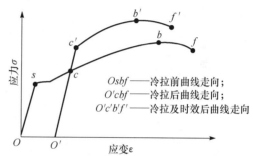

图 7.5　钢材的冷拉及时效强化示意图

钢材中氮、氧含量高，时效敏感性大。受动荷载作用或经常处于中温条件下工作的钢结构，为避免脆性过大、防止出现突然断裂，应选用时效敏感性较小的钢材。

7.5　常用建筑钢材

建筑工程中常用的钢种有碳素结构钢、低合金高强度结构钢及优质碳素钢。常用建筑钢材的形式有钢结构用型钢和钢筋混凝土用钢材。

7.5.1　建筑工程中常用的钢种

1. 碳素结构钢

碳素结构钢是以碳为主要强化元素的钢种，国家标准《碳素结构钢》（GB/T 700—2006）具体规定了它的牌号表示方法、技术要求、试验方法、检验规则等。

（1）牌号表示方法

钢的牌号由代表屈服点的字母、屈服点数值、质量等级符号、脱氧程度符号四个部分按顺序组成。其中，以"Q"代表屈服点，屈服点数值共分 195MPa、215MPa、235MPa、275MPa 四种；质量等级以硫、磷等杂质含量由多到少分别用 A、B、C、D 表示；脱氧程度以 F 表示沸腾钢、Z 及 TZ 分别表示镇静钢与特镇静钢（06 标准中取消了半镇静钢，取消了 255 屈服强度），Z 与 TZ 在钢的牌号中可以省略。

例如，Q235-A · F 表示屈服点为 235MPa、质量等级为 A 级的沸腾钢。

（2）技术要求

碳素结构钢的技术要求包括化学成分、力学性能、冶炼方法、交货状态及表面质量五个方面，碳素结构钢化学成分、力学性能、冷弯性能试验指标应分别符合表 7.3～表 7.5 的规定。

表 7.3　碳素结构钢的化学成分（摘自 GB/T 700—2006）

牌号	统一数字代号[1]	等级	厚度或直径/mm	脱氧方法	化学成分（质量分数，不大于）/%				
					C	Si	Mn	P	S
Q195	U11952	—	—	F、Z	0.12	0.30	0.50	0.035	0.040
Q215	U12152	A	—	F、Z	0.15	0.35	1.20	0.045	0.050
	U12155	B							0.045
Q235	U12352	A	—	F、Z	0.22	0.35	1.40	0.045	0.050
	U12355	B			0.20[2]				0.045
	U12358	C		Z	0.17			0.040	0.040
	U12359	D		T、Z				0.035	0.035
Q275	U12752	A	—	F、Z	0.24	0.35	1.50	0.045	0.050
	U12755	B	≤40	Z	0.21			0.045	0.045
			>40		0.22				
	U12758	C	—	Z	0.20			0.040	0.040
	U12759	D		T、Z				0.035	0.035

① 表中为镇静钢、特殊镇静钢牌号的统一数字，沸腾钢牌号的统一数字代号如下：
Q195F——U11950；Q215AF——U12150，Q215BF——U12153；Q235AF——U12350，Q235BF——U12353；Q275AF——U12750。

② 经双方同意，Q235B 的含碳量可不大于 0.22%。

表 7.4　碳素结构钢的力学性能（摘自 GB/T 700—2006）

牌号	等级	屈服强度[1]（不小于）(N/mm²)						抗拉强度[2]/(N/mm²)	断后伸长率（不小于）/%						冲击试验（V 形缺口）	
		厚度（或直径）/mm							厚度（或直径）/mm						温度/℃	吸收功，（纵向，不小于）/J
		≤16	>16～40	>40～60	>60～100	>100～150	>150～200		≤40	>40～60	>60～100	>100～150	>150～200			
Q195	—	195	185	—	—	—	—	315～430	33							
Q215	A	215	205	195	185	175	165	335～450	31	30	29	27	26		—	—
	B														20	27
Q235	A	235	225	215	215	195	185	375～500	26	25	24	22	21		—	—
	B														20	27[3]
	C														0	
	D														—20	
Q275	A	275	265	255	245	225	215	415～540	22	21	20	18	17		—	—
	B														20	27
	C														0	
	D														—20	

① Q195 的屈服厚度值仅供参与，不作交货条件。

② 厚度大于 100mm 的钢材，抗拉强度只限允许降低 20N/mm²。宽带钢（包括剪切钢板）抗拉强度上限不作交货条件。

③ 厚度小于 25mm 的 Q235B 级钢材，如供方能保证冲击吸收功值合格，经需方同意，可不作检验。

表 7.5　碳素结构钢的冷弯试验指标（摘自 GB/T 700—2006）

牌　号	试样方向	冷弯试验 180°，$B=2a$ [①]	
		厚度（或直径）[②]/mm	
		≤60	>60～100
		弯心直径	
Q195	纵	0	—
	横	0.5a	
Q215	纵	0.5a	1.5a
	横	a	2a
Q235	纵	a	2a
	横	1.5a	2.5a
Q255	纵	1.5a	2.5a
Q275	横	2a	3a

① B 为试样宽度；a 为钢材厚度（直径）。
② 钢材厚度（或直径）大于 100mm 时，冷弯试验由双方协商确定。

（3）性能和应用

钢材随牌号增加，含碳量增加，强度和硬度增加，塑性、韧性和可加工性能逐步降低。硫、磷含量低的 D、C 级钢质量优于 B、A 级钢，可用于重要焊接结构。

建筑工程中应用最广泛的是 Q235 号钢，其含碳量为 $0.17\%\sim0.22\%$，属于低碳钢，具有较高的强度，良好的塑性、韧性以及可焊性，综合性能好，能满足一般钢结构和钢筋混凝土用钢要求，且成本较低。在建筑工程中，Q235 钢可用于轧制各种型钢、轧制 HPB235 光圆钢筋。

Q195、Q215 号钢强度低、塑性和韧性较好，易于冷加工，常用作钢钉、铆钉、螺栓及铁丝等。Q215 号钢经冷加工后可代替 Q235 号钢使用。Q275 号钢强度较高，但塑性、韧性、可焊性较差，不易焊接和冷加工，常用作螺栓配件等机械零件和工具。

2. 低合金高强度结构钢

低合金高强度结构钢是在碳素结构钢的基础上加入总量不超过 5% 的合金元素而形成的钢种。加入合金元素后能显著提高钢材强度，并改善其他性能。常用的合金元素有硅、锰、钛、钒、铬、镍等。钢中加入合金元素后，通过固溶强化、细化晶粒等作用，不仅可以提高钢的强度与硬度，还能改善塑性和韧性。部分合金元素还可与钢中有害杂质硫、氮等形成氧化物，降低其危害。现行国家标准《低合金高强度结构钢》（GB/T 1591—2008）对低合金高强度结构钢的牌号、技术要求等作出了规定。

（1）牌号表示方法

低合金高强度结构钢的牌号是由代表屈服点的"屈"汉语拼音的首位字母 Q、屈服强度数值、质量等级（A、B、C、D、E 五级）三个部分按顺序组成的。

例如，Q345A 表示屈服点为 345MPa、质量等级为 A 级的钢。

（2）技术要求

低合金高强度结构钢的技术要求有化学成分、拉伸性能、冲击性能、弯曲性能等，应满足国家标准《低合金高强度结构钢》（GB/T 1591—2008）的规定。其化学成分及拉伸性能要求见表 7.6、表 7.7。

表 7.6　低合金高强度结构钢的化学成分①,②（摘自 GB/T 1591—2008）

牌号	质量等级	C	Si	Mn	化学成分①,②（质量分数）/% P	S	Nb	V	Ti	Cr	Ni	Cu	N	Mo	B	Als
					不大于											不小于
Q345	A	≤0.20	≤0.50	≤1.70	0.035	0.035	0.07	0.15	0.20	0.30	0.50	0.30	0.012	0.10	—	—
	B	≤0.20			0.035	0.035										—
	C	≤0.18			0.030	0.030										0.015
	D				0.030	0.025										0.015
	E				0.025	0.020										0.015
Q390	A	≤0.20	≤0.50	≤1.70	0.035	0.035	0.07	0.20	0.20	0.30	0.50	0.30	0.015	0.10	—	—
	B				0.035	0.035										—
	C				0.030	0.030										0.015
	D				0.030	0.025										0.015
	E				0.025	0.020										0.015
Q420	A	≤0.20	≤0.50	≤1.70	0.035	0.035	0.07	0.20	0.20	0.30	0.80	0.30	0.015	0.20	—	—
	B				0.035	0.035										—
	C				0.030	0.030										0.015
	D				0.030	0.025										0.015
	E				0.025	0.020										0.015
Q460	C	≤0.20	≤0.60	≤1.80	0.030	0.030	0.11	0.20	0.20	0.30	0.80	0.55	0.015	0.20	0.004	0.015
	D				0.030	0.025										0.015
	E				0.025	0.020										0.015

续表

牌号	质量等级	化学成分①② (质量分数) /%														
		C	Si	Mn	P	S	Nb	V	Ti	Cr	Ni	Cu	N	Mo	B	Als
										不大于						不小于
Q500	C	≤0.18	≤0.60	≤1.80	0.030	0.030										
	D				0.030	0.025	0.11	0.12	0.20	0.60	0.80	0.55	0.015	0.20	0.004	0.015
	E				0.025	0.020										
Q550	C	≤0.18	≤0.60	≤2.00	0.030	0.030										
	D				0.030	0.025	0.11	0.12	0.20	0.80	0.80	0.80	0.015	0.30	0.004	0.015
	E				0.025	0.020										
Q620	C	≤0.18	≤0.60	≤2.00	0.030	0.030										
	D				0.030	0.025	0.11	0.12	0.20	1.00	0.80	0.80	0.015	0.30	0.004	0.015
	E				0.025	0.020										
Q690	C	≤0.18	≤0.60	≤2.00	0.030	0.030										
	D				0.030	0.025	0.11	0.12	0.20	1.00	0.80	0.80	0.015	0.30	0.004	0.015
	E				0.025	0.020										

① 型材及棒材 P、S 含量可提高 0.005%，其中 A 级钢上限可为 0.045%。
② 当细化晶粒元素组合加入时，20(Nb+V+Ti)≤0.22%，20(Mo+Cr)≤0.30%。

表 7.7　低合金高强度结构钢的力学性能（摘自 GB/T 1591—2008）

牌号	质量等级	拉伸试验①,②,③ 下屈服强度(≥)/MPa 公称厚度(直径、边长)/mm									抗拉强度/MPa 公称厚度(直径、边长)/mm							断后伸长率(≥)/% 公称厚度(直径、边长)/mm					
		≤16	>16~40	>40~63	>63~80	>80~100	>100~150	>150~200	>200~250	>250~400	≤40	>40~63	>63~80	>80~100	>100~150	>150~250	>250~400	≤40	>40~63	>63~100	>100~150	>150~250	>250~400
Q345	A	345	335	325	315	305	285	275	265	—	470~630	470~630	470~630	470~630	450~600	450~600	—	20	19	19	18	17	—
	B																						
	C																						
	D																	21	20	20	19	18	—
	E									265							450~600						17
Q390	A	390	370	350	330	330	310	—	—	—	490~650	490~650	490~650	490~650	470~620	—	—	20	19	19	18	—	—
	B																						
	C																						
	D																						
	E																						
Q420	A	420	400	380	360	360	340	—	—	—	520~680	520~680	520~680	520~680	500~650	—	—	19	18	18	18	—	—
	B																						
	C																						
	D																						
	E																						
Q460	C	460	440	420	400	400	380	—	—	—	550~720	550~720	550~720	550~720	530~700	—	—	17	16	16	16	—	—
	D																						
	E																						

续表

牌号	质量等级	下屈服强度（≥）/MPa 公称厚度（直径、边长）/mm									抗拉强度/MPa 公称厚度（直径、边长）/mm							断后伸长率（≥）/% 公称厚度（直径、边长）/mm					
		≤16	>16~40	>40~63	>63~80	>80~100	>100~150	>150~200	>200~250	>250~400	≤40	>40~63	>63~80	>80~100	>100~150	>150~250	>250~400	≤40	>40~63	>63~100	>100~150	>150~250	>250~400
Q500	C																						
	D	500	480	470	450	440	—	—	—	—	610~770	600~760	590~750	540~730	—	—	—	17	17	17	—	—	—
	E																						
Q550	C																						
	D	550	530	520	500	490	—	—	—	—	670~830	620~810	600~790	590~700	—	—	—	16	16	16	—	—	—
	E																						
Q620	C																						
	D	620	600	590	570	—	—	—	—	—	710~880	690~880	670~860	—	—	—	—	15	15	15	—	—	—
	E																						
Q690	C																						
	D	690	670	660	640	—	—	—	—	—	770~940	750~920	730~900	—	—	—	—	14	14	14	—	—	—
	E																						

① 当屈服不明显时，可测量 $\sigma_{0.2}$ 代替下屈服强度。
② 宽度不小于600mm的扁平材，拉伸试验取横向试样；宽度小于600mm的扁平材、型材及棒材取纵向试样，断后伸长率最小值相应提高1%。
③ 厚度>250~400mm的数值适用于扁平材。

（3）性能和用途

低合金高强度结构钢除强度高外，还有良好的塑性和韧性，硬度高，耐磨性好，耐腐蚀性能强，低温韧性好。一般情况下，它的含碳量≤0.2%，因此仍具有较好的可焊性。冶炼碳素钢的设备可用来冶炼低合金高强度结构钢，故冶炼方便，成本低。

在建筑工程中，低合金高强度结构钢可用于制作各类型钢、变形（热轧、冷轧）钢筋、热处理钢筋。

3. 优质碳素钢

碳素钢按有害杂质磷、硫含量可分为普通碳素钢（含磷、硫较高）、优质碳素钢（含磷、硫较低）高级优质钢（含磷、硫更低）和特级优质钢。优质碳素钢按其含碳量多少分为低碳钢（含碳量低，为0.25%~0.5%）和高碳钢（含碳量大于0.5%）。

优质碳素钢常用含碳量的万分之几来表示牌号。如45#，表示含碳量为万分之四十五（0.45%）。《优质碳素钢》（GB/T 699—2008）规定了这类钢的化学成分和机械性能要求。建筑工程中使用含碳量较高的优质碳素钢（60#以上）制作预应力混凝土用钢丝和钢绞线。部分牌号的优质碳素钢机械性能见表7.8。

表7.8 优质碳素钢的机械性能指标（部分）（摘自 GB/T 699—2008）

牌号	力学性能		
	抗拉强度/MPa	断面收缩率/%	断后伸长率/%
	不小于		
40#	570	45	19
45#	600	40	16
50#	630	40	14
55#	645	35	13
60#	675	35	12
65#	695	30	10
70#	715	30	9
75#	1080	30	7
80#	1080	30	6
85#	1130	30	6

7.5.2 钢结构用型钢、钢板

钢结构构件一般直接选用各种型钢，经切割、连接而成，连接方式有铆接、螺栓连接或焊接。

1. 热轧型钢

常用的热轧型钢有角钢、槽钢、工字钢、L型钢和H型钢等。

角钢分等边角钢和不等边角钢两种。等边角钢的规格用边宽×边宽×厚度的毫米数表示，如100×100×10为边宽100mm、厚度10mm的等边角钢。不等边角钢的规格用长边宽×短边宽×厚度的毫米数表示，如 100×80×8 为长边宽 100mm、短边宽 80mm、厚度 8mm 的不等边角钢。我国目前生产的最大等边角钢的边宽为 200mm，最大不等边角钢的两个边宽为 200mm×125mm。角钢的长度一般为 3～19m（规格小者短、大者长）。

L 型钢的外形类似于不等边角钢，其与后者的主要区别是两边的厚度不等，规格表示方法为"腹板高×面板宽×腹板厚×面板厚（单位为 mm）"，如 L250×90×9×13。其通常长度为 6～12m，共有 11 种规格。

普通工字钢，其规格用腰高度（单位为 cm）来表示，也可以腰高度×腿宽度×腰宽度（单位为 mm）表示，如 #30，表示腰高为 300mm 的工字钢；20 号和 32 号以上的普通工字钢，同一号数中又分 a，b 和 a，b，c 类型。其腹板厚度和翼缘宽度均分别递增 2mm。其中，a 类腹板最薄、翼缘最窄，b 类较厚较宽，c 类最厚、最宽。工字钢翼缘的内表面均有倾斜度，翼缘外薄而内厚。我国生产的最大普通工字钢为 63 号。工字钢的长度通常为 5～19m。工字钢由于宽度方向的惯性相应回转半径比高度方向的小得多，因而在应用上有一定的局限性，一般宜用于单向受弯构件。

热轧普通槽钢以腰高度的厘米数编号，也可以腰高度×腿宽度×腰厚度（单位为 mm）表示。规格从 #5～#40 有 30 种，14 号和 25 号以上的普通槽钢同一号数中根据腹板厚度和翼宽度不同亦有 a、b、c 的分类，其腹板厚度和翼缘宽度均分别递增 2mm。槽钢翼缘内表面的斜度较工字钢为小，紧固螺栓比较容易。我国生产的最大槽钢为 40 号，长度为 5～19m（规格小者短、大者长）。槽钢主要用作承受横向弯曲的梁和承受轴向力的杠杆。

热轧型钢分为宽翼缘 H 型钢（代号为 HK）、窄翼缘 H 钢（HZ）和 H 型钢桩 [HU] 三类。其规格以公称高度（单位为 mm）表示，其后标注 a、b、c，表示该公称高度下的相应规格，也可采用"腹板高×翼缘宽×腹板厚×翼缘厚（单位为 mm）"来表示。热轧 H 型钢的通常长度为 6～35m。H 型钢翼缘内表面没有斜度，与外表面平行。H 型钢的翼缘较宽且等厚，截面形状合理，使钢材能高效地发挥作用，其内、外表面平行，便于和其他的钢材交接。HK 型钢适用于轴心受压构件和压弯构件，HZ 型钢适用于压弯构件和梁构件。

2. 冷弯薄壁型钢

建筑工程中使用的冷弯型钢常用厚度为 2～6mm 的薄钢板或钢带（一般采用碳素结构钢或低含金结构钢）经冷弯或模压而成，故也称冷弯薄壁型钢。其表示方法与热轧型钢相同。冷弯型钢属于高效经济截面，由于壁薄、刚度好，能高效地发挥材料的作用，节约钢材，主要用于轻型钢结构。

3. 钢板、压型钢板

建筑钢结构使用的钢板按轧制方式可分为热轧钢板和冷轧钢板两类，其种类视厚度的不同有薄板、厚板、特厚板和扁钢（带钢）之分。热轧钢板按厚度划分为厚板（厚度大于 4mm）和薄板（厚度为 0.35～4mm）两种；冷轧钢板只有薄板（厚度为

0.2～4mm）一种。建筑用钢板主要是碳素结构钢，一些重型结构、大跨度桥梁、高压容器等也采用低合金钢板。一般厚板可用于焊接结构；薄板可用作屋面或墙面等围护结构，以及涂层钢板的原材料。

钢板还可以用来弯曲为型钢。薄钢板经冷压或冷轧成波形、双曲形、V 形等形状，称为压型钢板。彩色钢板（又称为有机涂层薄钢板）、镀锌薄钢板、防腐薄钢板等都可用来制作压型钢板。压型钢板具有单位质量轻、强度高、抗震性能好、施工快、外形美观等特点，主要用于围护结构、楼板、屋面等，还可将其与保温材料等制成复合墙板，用途非常广泛。

7.5.3　钢筋混凝土用钢材

1. 热轧钢筋

热轧钢筋按外形可分为光圆钢筋和带肋钢筋两大类。

（1）热轧光圆钢筋

根据国家标准，钢筋混凝土用钢，第 1 部分《热轧光圆钢筋》（GB 1499.1—2008）规定，热轧光圆钢筋按屈服强度特征值分为 HPB235、HPB300 两个牌号（HPB 为热轧光圆钢筋英文 hot rolled plain bars 的缩写），各牌号的化学成分、力学性能和工艺性能要求见表 7.9、表 7.10。

表 7.9　热轧光圆钢筋牌号及化学成分（摘自 GB 1499.1—2008）

牌　号	化学成分（质量分数，不大于）/%				
	C	Si	Mn	P	S
HPB235	0.22	0.30	0.65	0.045	0.050
HPB300	0.25	0.55	1.50		

表 7.10　热轧光圆钢筋力学性能及工艺性能（摘自 GB 1499.1—2008）

牌　号	屈服强度/MPa	抗拉强度/MPa	断后伸长率/%	最大力总伸长率/%	冷弯试验180°
			不小于		
HPB235	235	370	25.0	10.0	$d=a$
HPB300	300	420			

注：伸长率类型可根据供需双方协议选定。如未经协议确定，则用断后伸长率；仲裁检验时采用最大力总伸长率。

（2）热轧带肋钢筋

根据国家标准，钢筋混凝土用钢，第 2 部分《热轧带肋钢筋》（GB 1499.2—2007）规定，热轧带肋钢筋分为普通热轧钢筋和细晶粒热轧钢筋两类。两类钢的主要金相组织相同，为铁素体加珠光体，但细晶粒热轧钢筋是在热轧过程中通过控轧和控冷工艺形成的细晶粒钢筋。根据屈服强度特征值将热轧带肋钢筋分为 335、400、500 三个级别。热轧带肋钢筋牌号构成及含义见表 7.11。

表 7.11 热轧带肋钢筋牌号、构成及含义（摘自 GB 1499.2—2007）

类 型	牌 号	牌号构成	英文字母含义
普通热轧带肋钢筋	HRB335	HRB＋屈服强度特征值	HRB——hot rolled ribbed bars
	HRB400		
	HRB500		
细晶粒热轧带肋钢筋	HRBF335	HRBF＋屈服强度特征值	HRBF——hot rolled ribbed bars fine
	HRBF400		
	HRBF500		

热轧带肋钢筋各牌号的化学成分、力学性能及工艺性能要求见表 7.12～表 7.14。

表 7.12 热轧带肋钢筋各牌号化学组成（摘自 GB 1499.2—2007）

牌 号	化学成分（质量分数，不大于）/%					
	C	Si	Mn	P	S	C_{eq}
HRB335 HRBF335	0.25	0.80	1.60	0.045	0.045	0.52
HRB400 HRBF400						0.54
HRB500 HRBF500						0.55

注：碳当量 C_{eq} 值可按下式计算：$C_{eq}=C＋Mn/6＋（Cr＋V＋Mo）/5＋（Cu＋Ni）/15$。

表 7.13 热轧带肋钢筋各牌号力学性能（摘自 GB 1499.2—2007）

牌 号	屈服强度/MPa	抗拉强度/MPa	断后伸长率/%	最大力总伸长率/%
	不小于			
HRB335 HRBF335	335	455	17	7.5
HRB400 HRBF400	400	540	16	
HRB500 HRBF500	500	630	15	

注：1）直径 28～40mm 各牌号钢筋的断后伸长率可降低 1%；直径大于 40mm 各牌号钢筋的断后伸长率可降低 2%。
　　2）伸长率类型可根据供需双方协议选定。如未经协议确定，则用断后伸长率；仲裁检验时采用最大力总伸长率。

表 7.14 热轧带肋钢筋各牌号弯曲性能（摘自 GB 1499.2—2007）

牌 号	公称直径 d	弯芯直径
HRB335 HRBF335	6～25	$3d$
	28～40	$4d$
	＞40～50	$5d$
HRB400 HRBF400	6～25	$4d$
	28～40	$5d$
	＞40～50	$6d$
HRB500 HRBF500	6～25	$6d$
	28～40	$7d$
	＞40～50	$8d$

（3）热轧钢筋的选用

根据《混凝土结构设计规范》（GB 50010—2010）规定：纵向受力普通钢筋宜采用 HRB400、HRB500、HRBF400、HRBF500 钢筋，也可采用 HPB300、HRB335、HRBF335 钢筋；梁、柱纵向受力普通钢筋应采用 HRB400、HRB500、HRBF400、HRBF500 钢筋；箍筋宜采用 HRB400、HRBF400、HPB300、HRB500、HRBF500 钢筋，也可采用 HRB335、HRBF335 钢筋。

2. 预应力混凝土用螺纹钢筋

预应力混凝土用螺纹钢筋也称精轧螺纹钢筋，系采用热轧、轧后余热处理或热处理等工艺生产的带有不连续外螺纹的直条钢筋。这类钢筋具有较高强度、较好的塑性、较低的应力松弛，且在任意截面处均可用带有匹配形状的内螺纹的连接器或锚具进行连接或锚固，因而广泛应用于预应力钢筋混凝土中。

现行国家标准《预应力钢筋混凝土用螺纹钢筋》（GB/T 20065—2006）对这类钢筋的强度等级代号、尺寸、外形、技术要求及试验方法等均做了规定。

（1）强度等级代号

预应力钢筋混凝土用螺纹钢筋其代号以"PSB"加屈服强度最小值表示，P、S、B 分别为 prestressing、screw、bars 的英文首位字母。根据其屈服强度最小值分为 PSB 785、PSB 830、PSB 930、PSB 1080 四个强度等级。例如，PSB830 表示屈服强度最小值为 830MPa 的预应力钢筋混凝土用螺纹钢筋。

（2）尺寸与外形

公称直径范围为 18～50mm，标准（GB/T 20065—2006）推荐的公称直径为 25mm、32mm。

预应力钢筋混凝土用螺纹钢筋外形采用螺纹状无纵肋且钢筋两侧螺纹在同一螺旋线上，其外形如图 7.6 所示。

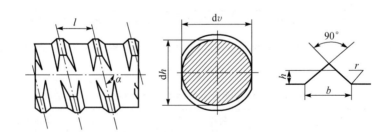

图 7.6　钢筋表面及截面形状

$dh.$ 基圆直径；$dv.$ 基圆直径；$h.$ 螺纹高；$b.$ 螺纹底宽；$l.$ 螺距；$r.$ 螺纹根弧；$\alpha.$ 导角

各公称直径所对应的公称截面面积、有效截面系数、理论截面面积、理论重量见表 7.15。

（3）力学性能

预应力钢筋混凝土用螺纹钢筋各牌号的力学性能指标见表 7.16。

表 7.15　预应力混凝土用螺纹钢筋尺寸及参数（摘自 GB/T 20065—2006）

公称直径/mm	公称截面面积/mm²	有效截面系数	理论截面面积/mm²	理论重量/（kg/m）
18	254.5	0.95	267.9	2.11
25	490.9	0.94	522.2	4.10
32	804.2	0.95	846.5	6.65
40	1256.6	0.95	1322.7	10.34
50	1963.5	0.95	2066.8	16.28

注：1）公称截面面积指不含螺纹的钢筋截面面积。
　　2）理论截面面积指含螺纹的截面面积。
　　3）有效截面系数为钢筋公称截面面积与理论截面面积的比值。

表 7.16　预应力混凝土用螺纹钢筋各牌号力学性能（摘自 GB/T 20065—2006）

级　别	屈服强度/MPa	抗拉强度/MPa	断后伸长率/%	最大力下总伸长率/%	应力松弛性能	
	不小于				初始应力	1000h 后应力松弛率/%
PSB785	785	980	7			
PSB830	830	1030	6	3.5	屈服强度的80%	≤3
PSB930	930	1080	6			
PSB1080	1080	1230	6			

3. 冷轧带肋钢筋

冷轧带肋钢筋是由热轧圆盘条经冷轧后，在其表面带有沿长度方向均匀分布的三面或两面横肋的钢筋，其表面形状如图 7.7、图 7.8 所示，公称直径有 4mm、5mm、6mm。

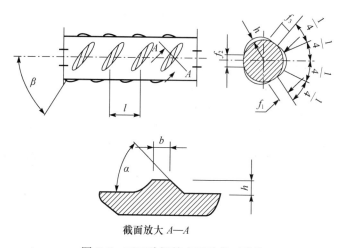

截面放大 A—A

图 7.7　三面肋钢筋表面及截面形状

根据现行标准《冷轧带肋钢筋》（GB 13788—2008）规定，冷轧带肋钢筋的牌号由"CRB"与抗拉强度值组成，"CRB"分别表示"冷轧、带肋、钢筋"。冷轧带肋钢筋按抗拉强度分为 CRB550、CRB650、CRB800、CRB970 四个牌号。

冷轧带肋钢筋是由热轧圆盘条经却冷却后轧制而成的，相当于对热轧钢筋进行了冷

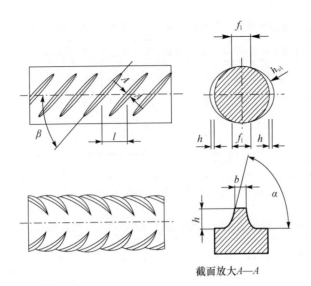

图 7.8　二面肋钢筋表面及截面形状

　　加工强化；又由于允许进行低温回火处理，所以在提高了强度的同时仍保持有较好的塑性。同时，由于表面变形，增强了钢筋与混凝土的握裹力，因此在普通混凝土结构及中、小型预应力混凝土结构中得到了广泛的应用。

　　冷轧带肋钢筋用盘条的参考牌号及化学成分见表 7.17。

表 7.17　冷轧带肋钢筋用盘条参考牌号及化学成分（摘自 GB 13788—2008）

牌　号	盘条牌号	化学成分（质量分数）/%					
		C	Si	Mn	V、Ti	S	P
CRB550	Q215	0.09～0.15	≤0.30	0.25～0.55	—	≤0.050	≤0.045
CRB650	Q235	0.14～0.22	≤0.30	0.3～0.65	—	≤0.050	≤0.045
CRB800	24MnTi	0.19～0.27	0.17～0.37	1.20～1.60	Ti：0.01～0.05	≤0.045	≤0.045
	20MnSi	1.17～0.25	0.40～0.80	1.20～1.60		≤0.045	≤0.045
CRB970	41MnSiV	0.37～0.45	0.60～1.10	1.00～1.40	V：0.05～0.12	≤0.045	≤0.045
	60	0.57～0.65	0.17～0.37	0.50～0.80		≤0.035	≤0.035

　　冷轧带肋钢筋的牌号及其力学性能和工艺性能见表 7.18。

表 7.18　冷轧带肋钢筋各牌号力学性能、工艺性能（摘自 GB 13788—2008）

牌　号	屈服强度 $\sigma_{0.2}$/MPa	抗拉强度 σ_b/MPa	伸长率（≥）/%		弯曲试验 180°	反复弯曲次数	应力松弛初始应力相当于抗拉强度70%，1000h 松弛率（≥）/%
			$A_{11.3}$	A_{100}			
CRB550	500	550	8.0	—	$D=3d$	—	—
CRB650	585	650	—	4.0		3	8
CRB800	720	800	—	4.0		3	8
CRB970	875	970	—	4.0		3	8

　　注：1）对于公称直径（mm）4、5、6 的钢筋，反复弯曲试验的弯曲半径分别取 10mm、15mm、15mm。

　　　　2）$A_{11.3}$ 表示标距为 $11.3\sqrt{s_0}$（s_0 为试样原始截面面积）的试样拉断伸长率，A_{100} 表示标距为 100mm 的试样拉断伸长率。

4. 冷轧扭钢筋

冷轧扭钢筋是由低碳钢热轧圆盘条（使用最多的是 Q235）经专用钢筋冷轧扭机调直、冷轧并冷扭（或冷滚）一次成型，具有规定截面形式和相应节距的连续螺旋状钢筋。现行行业标准《冷轧扭钢筋》（JG 190—2006）对冷轧扭钢筋的分类、标识、生产要求、力学性能和工艺性能等均作出了规定。

（1）分类与标识

冷轧扭钢筋按其截面形状不同分为三种类型，即近似矩形截面的Ⅰ型、近似正方形截面的Ⅱ型、近似圆形截面的Ⅲ型，如图 7.9 所示。

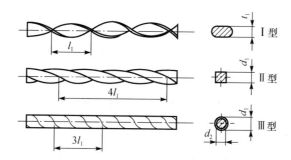

图 7.9　冷轧扭钢筋截面形状类型示意图

冷轧扭钢筋按其强度级别不同分为 550、650 两级。

冷轧扭钢筋的标记由产品名称代号（CTB）、强度级别代号（550 或 650）、标志代号（ϕ^T）、标志直径、截面类型代号（Ⅰ、Ⅱ或Ⅲ）组成。

如 CTB550ϕ^T10-Ⅱ 表示冷轧扭钢筋，强度级别 550，Ⅱ型截面，标志直径 10mm。

（2）公称截面面积和理论质量

冷轧扭钢筋的标志直径是指加工前原材料（母材）的公称直径。在设计及使用中常需要公称截面面积和单位长度理论质量等参数，其值与截面形状、标志直径的关系见表 7.19。

表 7.19　冷轧扭钢筋公称横截面面积和理论质量（摘自 JG 190—2006）

强度级别	型　号	标志直径 d/mm	公称横截面面积 A_s/mm²	理论质量/（kg/m）
CTB550	Ⅰ	6.5	29.50	0.232
		8	45.30	0.356
		10	68.30	0.536
		12	96.14	0.755
CTB550	Ⅱ	6.5	29.20	0.229
		8	42.30	0.332
		10	66.10	0.519
		12	92.74	0.728
	Ⅲ	6.5	29.86	0.234
		8	45.24	0.355
		10	70.69	0.555
CTB650	Ⅲ	6.5	28.20	0.221
		8	42.73	0.335
		10	66.76	0.524

（3）力学性能和工艺性能

冷轧扭钢筋的力学性能和工艺性能见表 7.20。

表 7.20　冷轧扭钢筋的力学性能和工艺性能（摘自 JG 190—2006）

强度级别	型　号	抗拉强度 / (N/mm^2)	伸长率 A/%	180°弯曲试验 弯心直径=3d	应力松弛当 $\sigma_{con}=0.7f_{ptk}$	
					10h	1000h
CTB550	I	≥550	$A_{11.3}$≥4.5	受弯曲部位 钢筋表面不得 产生裂纹	—	—
	II	≥550	A≥10		—	—
	III	≥550	A≥12		—	—
CTB650	III	≥650	A_{100}≥4		≤5	≤8

注：1）d 为冷轧扭钢筋标志直径。

　　2）A、$A_{11.3}$ 分别表示标距 $5.65\sqrt{s_0}$ 或 $11.3\sqrt{s_0}$（s_0 为试样原始截面面积）的试样拉断伸长率，A_{100} 表示标距为 100mm 的试样拉断伸长率。

　　3）σ_{con} 为预应力钢筋张拉控制应力；f_{ptk} 为预应力冷轧扭钢筋抗拉强度标准值。

我国自 20 世纪 80 年代初开始研制冷轧扭钢筋，至今其生产加工及设计使用已趋于成熟，现行技术规程为《冷轧扭钢筋混凝土构件技术规程》（JGJ 115—2006）。

5. 预应力混凝土用钢丝

预应力混凝土用钢丝指冷拉或消除应力的光圆、螺旋肋和刻痕钢丝。根据现行国家标准《预应力混凝土用钢丝》（GB/T 5223—2002），其按加工状态可分为冷拉钢丝和消除应力钢丝两类。消除应力钢丝按松弛性能又分为低松弛级钢丝和普通松弛级钢丝，代号分别为：冷拉钢丝，WCD；低松弛钢丝，WLR；普通松弛钢丝，WNR。钢丝按外形分类及代号为：光圆，P；螺旋肋钢丝，H；刻痕钢丝，I。

预应力混凝土用钢丝的标记方法为

预应力钢丝 直径-抗拉强度-加工状态代号-外形代号-标准号

如标志为：预应力钢丝 4.00-1670-WCD-P-GB/T 5223—2002，表示直径为 4.00mm，抗拉强度为 1670MPa，冷拉光圆钢丝。

冷拉钢丝是由优质碳素钢盘条通过拔丝模或轧辊冷加工而成的产品，由于在冷拔或轧辊过程中钢丝的轴向和径向均产生较大的塑性变形，使钢材得到强化，故其强度和硬度有大幅度提高，但塑性和韧性有所降低。若此钢丝在塑性变形下（轴应变）进行短时热处理，则得到的是低松弛钢丝；若通过矫直工序后在适当温度下进行短时热处理，则制成普通松弛钢丝。若钢丝表面沿着长度方向轧辊出具有规则间隔的肋条，如图 7.10 所示，则为螺旋肋钢丝。若其表面沿着长度方向轧辊出具有规则间隔的压痕，如图 7.11 所示，则为刻痕钢丝，刻痕钢丝可提高钢丝与混凝土的握裹力。

冷拉钢丝、消除应力光圆及螺旋肋钢丝、消除应力刻痕钢丝的力学性能分别见表 7.21～表 7.23。

6. 预应力混凝土用钢铰线

预应力混凝土钢铰线是由索氏化盘条经冷拉后捻制而成，分标准型钢铰线（由冷拉光圆钢丝捻制而成）、刻痕钢铰线（由刻痕钢丝捻制而成）、模拔型钢铰线（捻制后再经冷拔而成）。

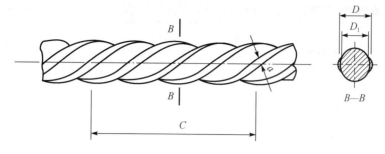

图 7.10　螺旋肋钢丝外形示意图

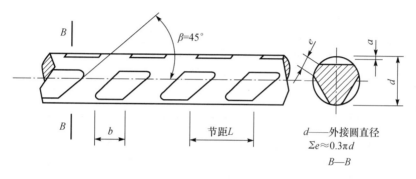

d——外接圆直径
$\Sigma e \approx 0.3\pi d$
B—B

图 7.11　三面刻痕钢丝外形示意图

表 7.21　冷拉钢丝的力学性能（摘自 GB/T 5223—2002）

公称直径 DN/mm	抗拉强度 σ_b (≥) /MPa	屈服强度 $\sigma_{p0.2}$ (≥) /MPa	最大力下总伸长率 L_0 = 200mm 时 δ_{gt} (≥)/%	弯曲次数 次 (≥) /180°	弯曲半径 R/mm	断面收缩率 ψ (≥) /%	每 210mm 扭距的扭转次数 n (≥)	初始应力相当于 70%抗拉强度时，1000h 后应力松弛率 r (≤)/%
3.00	1470	1100	1.5	4	7.5	—	—	8
4.00	1570	1180		4	10	35	8	
	1670	1250						
5.00	1770	1330		4	15		8	
6.00	1470	1100		5	15		7	
7.00	1570	1180		5	20	30	6	
	1670	1250						
8.00	1770	1330		5	20		5	

现行国家标准《预应力混凝土用钢铰线》（GB/T 5224—2003），将钢铰线按结构分为五类：用两根钢丝捻制的钢铰线（代号 1×2），用三根钢丝捻制的钢铰线（代号 1×3），用三根刻痕钢丝捻制的钢铰线（代号 1×3I），用七根钢丝捻制的标准型钢铰线（代号 1×7），用七根钢丝捻制又经模拔的钢铰线（代号 1×7C）。规定其标志为

预应力钢铰线 结构代号-公称直径-强度级别-标准编号

如：预应力钢铰线 1×3I-8.74-1670- GB/T 5224—2003，表示公称直径为 8.74mm、强度级别为 1670MPa 的三根刻痕钢丝捻制的钢铰线。

三种结构钢铰线的外形如图 7.12 所示。

表 7.22　消除应力光圆及螺旋钢丝的力学性能（摘自 GB/T 5223—2002）

公称直径 DN/mm	抗拉强度 $\sigma_b(\geqslant)$ /MPa	屈服强度 $\sigma_{p0.2}$ ($\geqslant$)/MPa		最大力下总伸长率 L_0=200mm δ_{gt} ($\geqslant$)/%	弯曲次数次 ($\geqslant$) /180°	弯曲半径 R/mm	应力松弛性能		
		WLR	WNR				初始应力与公称抗拉强度的百分比	1000h 后应力松弛率 r ($\leqslant$)/%	
								WLR	WNR
4.00	1470	1290	1250		3	10			
	1570	1380	1330						
4.80	1670	1470	1410		4	15	60	1.0	4.5
	1770	1560	1500						
5.00	1860	1580	1580						
6.00	1470	1290	1250	3.5	4	15			
6.25	1570	1380	1330		4	20	70	2.0	8
	1670	1470	1410		4	20			
7.00	1770	1560	1500		4	20			
8.00	1470	1290	1250		4	20			
9.00	1570	1380	1330		4	25	80	4.5	12
10.00	1470	1290	1250		4	25			
12.00					4	30			

表 7.23　消除应力刻痕钢丝的力学性能（摘自 GB/T 5223—2002）

公称直径 DN/mm	抗拉强度 $\sigma_b(\geqslant)$ /MPa	屈服强度 $\sigma_{p0.2}$ ($\geqslant$)/MPa		最大力下总伸长率 L_0=200mm δ_{gt} ($\geqslant$)/%	弯曲次数次 ($\geqslant$) /180°	弯曲半径 R/mm	应力松弛性能		
		WLR	WNR				初始应力与公称抗拉强度的百分比	1000h 后应力松弛率 r ($\leqslant$)/%	
								WLR	WNR
$\leqslant 5.0$	1470	1290	1250						
	1570	1380	1330						
	1670	1470	1410			15	60	1.5	4.5
	1770	1560	1500	3.5	3				
	1860	1580	1580				70	2.5	8
>5.0	1470	1290	1250						
	1570	1380	1330			20	80	4.5	12
	1670	1470	1410						
	1770	1560	1500						

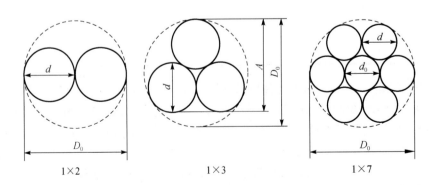

图 7.12　钢铰线外形示意图

表 7.24、表 7.25 为 1×7 结构钢铰线的尺寸参数指标及力学性能指标。

表 7.24　1×7 结构钢铰线的尺寸、参考截面面积、每米质量表（摘自 GB/T 5224—2003）

钢铰线结构	公称直径/mm	直径允许偏差/mm	参考截面面积/mm²	参考质量/(kg/m)	中心钢丝直径加大范围（≥）/%
1×7	9.50	+0.30 −0.15	54.8	430	2.5
	11.10		74.2	582	
	12.70	+0.40 −0.20	98.7	775	
	15.20		140	1101	
	15.70		150	1178	
	17.80		191	1500	
(1×7) C	12.70	+0.40 −0.20	112	890	
	15.20		165	1295	
	18.00		223	1750	

表 7.25　1×7 结构钢铰线的力学性能（摘自 GB/T 5224—2003）

钢铰线结构	公称直径/mm	抗拉强度（≥）/MPa	整根钢铰线的最大力（≥）/kN	规定非比例延伸力（≥）/kN	最大力总伸长率（≥）/%	应力松弛	
						初始负荷相当于最大力的百分数/%	1000h 后应力松弛率（≤）/%
1×7	9.50	1720	94.3	84.9	3.5	60	1.0
		1860	102	91.8			
		1960	107	96.3			
	11.10	1720	128	115			
		1860	138	124			
		1960	145	131			
	12.70	1720	170	153			
		1860	184	166			
		1960	193	174			
	15.20	1740	206	185		70	2.5
		1570	220	198			
		1670	234	211			
		1720	241	217			
		1860	260	234			
		1960	274	247			
	15.70	1770	266	239		80	4.5
		1860	279	251			
	17.80	1720	327	294			
		1860	353	318			
(1×7) C	12.70	1860	208	187			
	15.20	1820	300	270			
	18.00	1720	384	346			

注：规定非比例延伸力值不小于整根钢铰线最大力的 90%。

随着我国经济的发展、科技的进步，近年来，强度高、性能好的预应力钢筋（钢丝、钢铰线）已可充分供应，故在现行国标《混凝土结构设计规范》（GB 50010—2010）中不再列入冷加工钢筋（冷拉钢筋、冷拔低碳钢丝）。

7.6　钢材的选用、防腐与防火

7.6.1　钢材的选用原则

钢材选用时应遵循以下原则。

1. 荷载性质

对经常承受动力或振动荷载的结构，易产生应力集中而引起疲劳破坏，须选用材质好、时效敏感性小的钢材。

2. 使用温度

经常处于低温状态的结构，钢材容易发生冷脆断裂，特别是焊接结构的冷脆倾向更加显著，要求钢材具有良好的塑性和低温冲击韧性。

3. 连接方式

焊接结构在温度变化和受力性质改变时易导致焊缝附近的母体金属出现冷、热裂纹，促使结构早期破坏。因此，焊接结构对钢材化学成分和机械性能要求较严。

4. 钢材厚度

钢材力学性能一般随厚度增大而降低，且钢材经多次轧制后，钢的内部结晶组织更为紧密，强度更高，质量更好，故一般结构用的钢材厚度不宜超过 40mm。

5. 结构的重要性

选择钢材要考虑使用结构的重要性，如大跨度结构、重要的建筑物结构，须相应选用质量更好的钢材。

7.6.2　钢材的腐蚀与防止

钢材在使用中经常与环境中的介质接触，由于环境介质的作用，其中的铁与介质产生化学作用或电化学作用而逐步被破坏，导致钢材腐蚀，亦可称为锈蚀。钢材的腐蚀不仅造成钢材的受力面积减小，降低钢材的承载能力；表面不平还会导致应力集中，大大降低钢材的疲劳强度，尤其是使钢材的冲击韧性显著降低，产生脆断。混凝土中的钢筋锈蚀会产生体积膨胀，造成混凝土顺筋开裂，使结构的安全性和耐久性降低。

影响钢材腐蚀的因素有环境湿度、侵蚀介质性质及浓度、钢材材质及表面状况等。钢材腐蚀的类型分化学腐蚀和电化学腐蚀两类。

1. 化学腐蚀

化学腐蚀是由电解质溶液或各种干燥气体（如 O_2、CO_2、SO_2 等）所引起的一种纯化学性质的腐蚀，无电流产生。这种锈蚀多数是氧化作用，在钢材表面形成疏松的氧化铁。常温下，钢材表面可形成一薄层钝化能力很弱的氧化保护膜，其疏松、易破裂，有害介质可进一步渗入而发生反应，造成锈蚀。在干燥环境下，锈蚀进展缓慢。但在温度或湿度较高的环境条件下，这种锈蚀进展加快。

但钢材在碱性环境中（如混凝土中，由于水泥水化产物中含有 $Ca(OH)_2$，故呈碱性）时，其表面会形成较薄的、致密的、钝化的氧化保护层，此钝化膜可有效地阻止钢筋的进一步生锈。

2. 电化学腐蚀

电化学腐蚀也称湿腐蚀，是由于电化学现象在钢材表面（钢材与电解质溶液接触面）产生局部原电池作用而产生的腐蚀，例如在水溶液中的腐蚀和在大气、土壤中的腐蚀等。

钢材在潮湿的空气中，由于吸附作用，在其表面覆盖一层极薄的水膜，水膜中溶有来自空气中的各种离子而成为电解质。钢组织中的铁素体、渗碳体、夹杂物等成分各自的电极电位不同，且由于钢材在受力变形时不可能完全均匀，使得邻近的局部产生电极电位的差别，形成了许多微电池。在阳极区，铁被氧化成 Fe^{2+} 离子进入水膜，因为水中溶有来自空气中的氧，在阴极区氧被还原为 OH^- 离子，两者结合成为不溶于水的 $Fe(OH)_2$，并进一步氧化成为疏松易剥落的红棕色铁锈 $Fe(OH)_3$。在工业大气的条件下，钢材的电化学腐蚀更严重。

钢材在大气中的腐蚀实际上是化学腐蚀和电化学腐蚀同时作用所致，但以电化学腐蚀为主。

钢材的腐蚀有材质的原因也有使用环境和接触介质等原因，因此，防止腐蚀的方法也有所侧重。目前所采用的防腐蚀方法有以下几种。

3. 保护层法

在钢材表面施加保护层，使钢与周围介质隔离，从而防止锈蚀。保护层可分为金属保护层和非金属保护层两类。

金属保护层是用耐腐蚀性能好的金属，以电镀或喷镀的方法覆盖在钢材的表面，提高钢材的耐腐蚀能力，如镀锌、镀铬、镀铜和镀镍等。

非金属保护层是在钢材表面用非金属材料作为保护膜，与环境介质隔离，以避免或减缓腐蚀，如喷涂涂料、搪瓷和塑料等。钢结构防止腐蚀用得最多的方法是表面刷漆。常用底漆有红丹防锈底漆、环氧富锌漆、铁红环氧底漆等。底漆要求有比较好的附着力和防锈蚀能力。常用面漆有灰铅漆、醇酸磁漆、酚醛磁漆等。面漆是为了防止底漆老化，且有较好的外观色彩，因此面漆要求有比较好的耐候性、耐湿性及耐热性，且化学稳定性要好，光敏感性要弱，不易粉化和龟裂。

涂刷保护层之前，应先将钢材表面的铁锈清除干净，目前一般的除锈方法有钢丝刷除锈、酸洗除锈及喷砂除锈。

4. 电化学保护法

电化学保护法是根据原电池中阳极被氧化、阴极被保护的原理而采用的保护方法，分为无电流保护法和外加电流保护法。

无电流保护法是在钢铁结构上镶接较铁更为活泼的金属块，如锌块、镁块，使其成为阳极而遭受腐蚀，钢材则作为阴极得到保护。

外加电流保护法是在钢铁结构附近安放一些废钢铁或其他难溶金属材料，并接上外加电流的正极，而将负极接在要受保护的钢铁结构上。

5. 合金化

在钢材中加入能提高抗腐蚀能力的合金元素，如铬、镍、锡、钛和铜等，制成不同的合金钢，能有效地提高钢材的抗腐蚀能力（如不锈钢）。

防止混凝土中钢筋的腐蚀可以采用上述方法，但最经济有效的方法是提高混凝土的密实度及碱度，并保证钢筋有足够的保护层厚度。提高混凝土的密实度，可增强混凝土抵抗 CO_2 向内渗透的能力，从而提高混凝土的抗碳化性（即中性化）。混凝土碱度可通过选用硅酸盐水泥或普通水泥来保证。对于碳化已达到一定深度的结构，可在其表面粉刷石灰浆，即实现"碱度重分配"。

7.6.3 钢材的防火

钢材虽然属于不燃性材料，但其耐火性能却很差，作为结构材料，体现为在火灾高温作用下其力学性能降低，直接影响建筑物的安全。

1. 钢材的耐火性

钢材在火灾（高温作用）下，其力学性能的变化主要表现为三个方面。

（1）强度降低

无论何种钢材，当温度超过一定值时，其强度均会大幅度降低。

普通低碳钢的抗拉强度，开始时随温度升高而缓慢降低（0～100℃），但随后由于"蓝脆"现象，抗拉强度会升高，当温度升至 250～300℃ 时达到最大值。当温度超过 350℃ 后，强度开始大幅度降低，至 500℃ 时约为常温下的 1/2，到 600℃ 时只为常温下的 1/3。屈服强度则随温度升高开始降低，至 500℃ 约为常温下的 1/2，且随温度的升高，低碳钢固有的屈服阶段的变形特点逐渐消失，即向脆性化发展。

普通低合金钢性能随温度的变化规律同普通低碳钢，只是性能产生变化的温度较普通低碳钢稍高，但其性能随温度的变化较普通低碳钢更为敏感。

高强钢丝和钢铰线是由高碳钢丝加工而成的，其材料属于硬钢范畴，没有明显的屈服强度。此类钢筋在高温作用下，强度的降低比其他钢筋更快。当温度达到 350℃，强度下降至常温下的 1/2；温度升至 400℃，强度降低至常温下的 1/3；温度升到 500℃，强度降低至不到常温下的 1/5。此外，高强钢丝和钢铰线是经冷拉、冷拔或冷轧等冷加工强化工艺，使其内部晶格发生畸变而成，因此此类钢筋当温度升至超过其重结晶温度后，其内部晶格畸变会逐渐恢复，钢材的强度、硬度会降低，也会产生结构安全问题。

（2）变形增大

钢材在一定温度和应力作用下会随着时间的推移发生缓慢的塑性变形，即蠕变。蠕变值的大小与温度和应力有关,应力一定时,温度升高,蠕变增大,当温度升至一定值时,蠕变会明显增大。普通低碳钢这一温度约为 300℃,合金钢这一温度为 400～450℃。在一定的温度下,应力值的大小(特别注意与此温度下的屈服强度相比较)对蠕变也有明显的影响,应力大,蠕变大。当应力超过此温度下的屈服强度时,蠕变会明显增大。

(3) 热导率增大

钢材的热导率随着钢材自身温度的提高而增大,这是含钢结构在火灾作用下极易在短时间内破坏的主要原因。大量试验研究及实例表明,建筑物火灾现场的温度为 800～1000℃,而建筑钢材破坏的临界温度为 540℃ 左右,对于裸露钢结构,往往在 10～15min,钢结构的温度就能升至临界破坏温度。

因此,提高钢结构及钢筋混凝土结构的耐火性能,通常可采用的措施是用防火隔热材料包裹、喷涂钢结构表面;在钢筋混凝土结构中,保证钢筋有一定厚度的保护层。

2. 钢结构防火措施

钢结构防火最通用的措施是在钢结构表面涂刷防火涂料。

(1) 防火涂料防火原理

钢结构防火涂料防火原理主要有三个方面:一是涂层对钢材基材起屏蔽作用,使钢结构不直接暴露在火焰的高温下;二是涂层吸热后部分物质分解,放出水蒸气或其他不燃气体,起到消耗热量、降低火焰温度和延缓燃烧速度、稀释氧气的作用;三是涂层本身多孔轻质,起阻热作用,延缓热量迅速向钢结构基材传递,从而提高耐火极限时间。

(2) 防火涂料类型

根据现行国家标准《钢结构防火涂料通用技术条件》(GB 14907—1994) 规定,钢结构防火涂料按施工涂抹厚度分为薄涂型和厚涂型。薄涂型涂层厚度为 4～7mm,高温时涂层会膨胀增厚,具有一定的耐火隔热作用,耐火极限可达 0.5～1.5h,且具有一定的装饰效果。厚涂型厚度为 8～50mm,耐火极限可达 0.5～3.0h,这类涂料又称为钢结构防火隔热涂料。

(3) 防火涂料适用原则

防火涂料的选用应根据结构类型、耐火极限、工作环境等综合确定。

1) 裸露网架结构、轻钢屋架,以及其他构件截面小、振动挠曲变化大的钢结构,当要求耐火极限在 1.5h 以上时,宜适用薄涂型钢结构防火涂料,装饰要求较高的建筑宜首选超薄型钢结构防火涂料。

2) 室内隐蔽钢结构、高层等性质重要的建筑,当要求耐火极限在 1.5h 以上时,应选用厚涂型钢结构防火涂料。

3) 露天钢结构,必须适用适合室外使用的钢结构防火涂料。室外使用环境较室内严酷得多,涂料在室外要经受日晒、风吹、雨淋、冰冻,因此应适用耐水、耐冻、耐老化且强度较高的涂料。

2001 年 "9·11" 事件中美国世贸大厦的倒塌、2011 年上海某教师公寓(做外墙保温时违规作业引进的)火灾等案例,给人们敲响了建筑物尤其是高层建筑物防火安全的警钟。如防火材料的防火性能问题、耐久性（与钢材基材的粘接及老化）问题、防火材料在受火灾作用时所释放的有害气体的限制等，均成为相关单位竞相研究的热点。

习　题

7.1　何为炼钢？冶炼方式对钢材性能有什么影响？

7.2　钢中主要化学成分有哪些？它们对钢的性能分别有什么影响？

7.3　冷加工和时效对钢材性能有何影响？试说明其机理。

7.4　建筑工程中采用哪三大类钢种？试述它们各自的特点和用途。

7.5　低碳钢拉伸时的应力-应变图中有哪四个阶段？试说明各阶段的特征及指标。

7.6　什么叫屈强比？在工程中有什么实际意义？

7.7　钢筋混凝土和预应力钢筋混凝土中使用哪些钢筋品种？试述它们各自的用途。

7.8　试述钢材锈蚀的原因及防锈的措施。

7.9　钢结构及钢筋混凝土结构为什么要防火？防火的措施有哪些？

第8章

木　材

【知识点】

1. 木材的分类、木材宏观结构和微观结构。
2. 木材的性质和利用。

【学习要求】

1. 掌握木材的物理、力学性质及其影响因素。
2. 掌握木材的应用及防护。
3. 了解木材的分类、构造与缺陷。

木材是最古老的建筑材料之一，具有很多优点，如轻质高强（比强度大），导电、导热性低，有较好的弹性和韧性，能承受冲击和振动荷载，而且易于加工。目前虽然在承重结构中被钢筋和混凝土等取代，但由于木材具有美观的天然纹理和温和的色调，在装饰、装修工程中仍被广泛采用。

但木材也具有结构不均匀、各向异性、易吸湿变形、易腐蚀、易燃烧、资源短缺等缺点，所以在应用上也受到一定的限制。因此，合理地节约和综合利用木材具有十分重要的意义。

8.1　木材的分类和构造

8.1.1　木材的分类

木材属于天然建筑材料，是由树木加工而成的。树木按照树种可分为针叶树和阔叶树两大类，其主要特点、应用以及代表树种如表8.1所示。

表 8.1　针叶树和阔叶树木材的主要特点及应用

分　类	主要特点	树木种类	主要应用
针叶树（软木材）	树叶为针状或鳞片状，树干通直高大，枝杈较小，易得大材；其纹理顺直，材质均匀；大多数针叶材的木质较轻软而易于加工；针叶材强度较高，胀缩变形较小，耐腐蚀性强	松 树、杉 树、柏树等	是建筑工程中主要使用的树种，多用作承重构件、门窗等

分 类	主要特点	树木种类	主要应用
阔叶树（硬木材）	树叶多数宽大，叶脉成网状，多为落叶树；树干通直部分一般较短，枝杈较大，数量较少；相当数量阔叶材的材质重、硬而较难加工，故阔叶材又称"硬材"；阔叶材强度高，胀缩变形大，易翘曲开裂；阔叶材板面通常较美观，具有较好的装饰作用	水曲柳、榆树、桦树等	用于建筑中尺寸较小的构件、室内装修、家具及胶合板

8.1.2　木材的构造

1. 宏观构造

用肉眼或低倍放大镜所看到的木材组织称为宏观构造。

为便于了解木材的构造，将树木切成三个不同的切面：横切面——垂直于树轴的切面；径切面——通过树轴的切面；弦切面——和树轴平行、与年轮相切的切面。木材是非均质材料，其构造应从树干的三个主要切面来观察。

如图 8.1 所示，树木由树皮、木质部和髓心所组成。树皮一般弃之不用。髓心位于树干的中心，其质地疏松而脆弱，易腐蚀和被虫蛀，故而人类利用的主要是木质部。木质部是髓心和树皮之间的部分，是木材的主体。

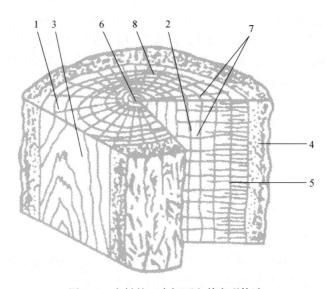

图 8.1　木材的三个切面和其宏观构造

1.横切面；2.径切面；3.弦切面；4.树皮；5.木质部；6.髓心；7.髓线；8.年轮

（1）年轮、早材和晚材

在横切面上，深浅相间的同心圆成为年轮。

年轮：树木生长呈周期性，在一个生长周期内（一般为一年）所生长的一层木材环轮称为一个生长轮，即年轮。

早材：在同一生长年中，春天细胞分裂速度快，细胞腔大，细胞壁薄，所以构成的木质较疏松，颜色较浅，称为早材或春材。

晚材：夏秋两季细胞分裂速度慢，细胞腔小，细胞壁厚，所以构成的木质较致密，颜色较深，称为晚材。

一年中形成的早晚材合称为一个年轮。晚材部分越多，木材质量越好；年轮越密且均匀，木材质量越好。

（2）芯材和边材

在木质部中，靠近髓心的部分颜色较深，称为芯材。靠近树皮的部分颜色较浅，称为边材。芯材含水率较小，不容易发生变形，耐蚀性较强。边材的含水率较大，是木材中最容易发生变形和腐蚀的位置。

2. 微观结构

针叶树和阔叶树的微观构造是不同的。在显微镜下观察，木材是由无数管状细胞紧密结合而成的，如图 8.2 和 8.3 所示。细胞绝大部分纵向排列，少数横向排列。每个细胞都分为细胞壁和细胞腔两个部分，细胞壁由若干层细纤维组成。细胞之间纵向联结比横向联结牢固，所以细胞壁纵向强度高，横向强度低。组成细胞壁的细纤维之间有极小的空隙，能吸附和渗透水分。

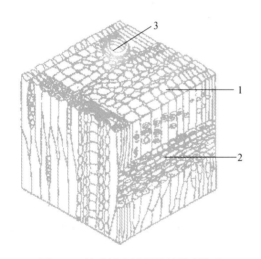
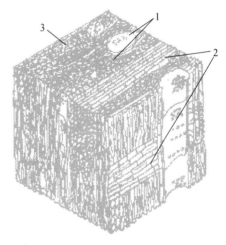

图 8.2　针叶树木马尾松的微观构造　　　　图 8.3　阔叶树木柞木的微观构造
1. 管胞；2. 髓线；3. 树脂道　　　　　　　1. 导管；2. 髓线；3. 木纤维

细胞组织的构造在很大程度上决定了木材的性质，如木材的细胞壁愈厚，胞壁腔愈小，则木材愈密实，体积密度和强度也愈大，同时胀缩也大。

8.2　木材的物理和力学性质

8.2.1　体积密度

木材体积密度的平均值是 $500kg/m^3$，体积密度的大小与木材的种类和含水率有关，通常以含水率为 15％时的体积密度为准。

8.2.2 含水量

木材中的含水量以含水率表示，即木材中所含水的质量占干燥木材质量的百分数。

1. 木材中的水

木材中的水分按其与木材结合形式和存在的位置可分为自由水、吸附水和化学结合水。

1）自由水。存在于木材细胞腔和细胞间隙中的水分。木材干燥时，自由水首先蒸发。自由水影响木材的体积密度、保水性、抗腐蚀性和燃烧性。

2）吸附水。吸附水是存在于细胞壁中的水分。由于细胞壁具有较强的亲水性，且能吸附和渗透水分，所以水分进入木材后首先被吸入细胞壁。吸附水是影响木材强度和胀缩的主要因素。

3）化学结合水。化学结合水是木材中化学成分中的结合水，随树种的不同而异。

水分进入木材后，首先被吸入细胞壁，成为了吸附水。吸附饱和后，多余的水分进入细胞腔和细胞间隙，成为自由水。木材在干燥的时候首先失去自由水，然后失去吸附水。

2. 纤维饱和点

湿木材在空气中干燥时，当自由水蒸发完毕而吸附水尚处于饱和时的含水率，称为纤维饱和点，其大小随树种而异，通常木材纤维饱和点在 23％～33％之间波动，常以 30％作为木材纤维饱和点。

木材中的含水率在纤维饱和点以下变化时，木材的强度、体积会随之变化。所以，木材的纤维饱和点是木材物理、力学性质的转折点。

3. 平衡含水率

木材长时间处于一定温度和湿度的空气中，当水分的蒸发和吸收达到动态平衡时，其含水率相对稳定，这时木材的含水率称为平衡含水率。

木材平衡含水率随周围空气的温度、湿度而变化（图 8.4），所以各地区、各季节、各树种木材的平衡含水率常不相同。

在我国，木材的平衡含水率平均为 15％（北方约为 12％，南方约为 18％）。

8.2.3 干缩与湿胀

木材具有显著的干缩与湿胀性。当木材从潮湿状态干燥至纤维饱和点时，自由水蒸发不改变其尺寸；继续干燥，细胞壁中吸附水蒸发，细胞壁收缩，从而引起木材体积收缩。反之，干燥木材吸湿时将发生体积膨胀，直到含水量达到纤维饱和点为止。细胞壁愈厚，则胀缩愈大。因此，体积密度大、夏材含量多的木材胀缩变形较大。木材含水率与胀缩变形的关系如图 8.5 所示。

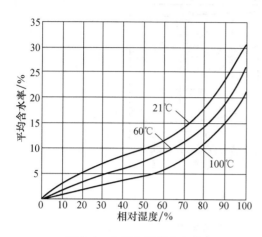

图 8.4 木材的平衡含水率

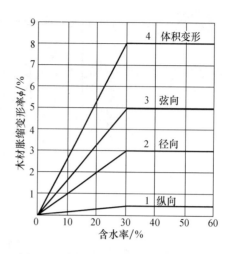

图 8.5 木材含水率与胀缩变形的关系

由于木材构造不均匀，各方向、各部位胀缩也不同，其中弦向的胀缩最大，径向次之，纵向最小，且边材大于芯材。干缩会使木材翘曲开裂、接榫松弛、拼缝不严，湿胀则造成凸起。为了避免上述情况，在木材加工制作前必须预先进行干燥处理，使木材的含水率比使用地区平衡含水率低 2%～3%。

8.2.4 木材的强度

1. 木材的各种强度

工程上常利用木材的以下几种强度，即抗压、抗拉、抗弯和抗剪强度。由于木材是一种非均质材料，具有各向异性，木材的强度有很强的方向性。对抗压、抗拉、抗剪强度而言有顺纹与横纹之分。

当以木材的顺纹抗压强度为 1 时，木材理论上各强度大小的关系见表 8.2。

表 8.2 木材各种强度间的关系

抗 压		抗 拉		抗 弯	抗 剪	
横纹	顺纹	横纹	顺纹		顺纹	横纹
1	1/10～1/3	2～3	1/20～1/3	1.5～2	1/7～1/3	1/2～1

2. 影响木材强度的因素

（1）含水量

木材含水量对强度影响极大（图 8.6）。在纤维饱和点以下时，随着含水量减少，木材的强度提高，其中以抗弯和顺纹抗压强度提高较明显。含水量在纤维饱和点以上变化时，强度基本为一恒定值。

（2）环境温度

温度对木材强度也有较大影响。试验表明，温度从 25℃升至 50℃时，将因木纤维和木纤维间胶体的软化等原因，木材抗压强度降低 20%～40%，抗拉和抗剪强度下降12%～20%。此外，木材长时间受干热作用会产生脆性。

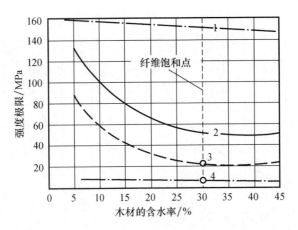

图 8.6 含水率对木材强度的影响
1. 顺纹抗拉；2. 抗弯；3. 顺纹抗压；4. 顺纹抗剪

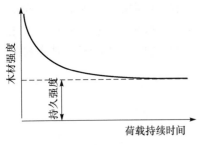

图 8.7 木材持久强度

（3）外力作用时间

木材极限强度表示的是抵抗短时间外力作用的能力，而木材在长期荷载作用下所能承受的最大应力称为持久强度。木材受力后将产生塑性流变，使木材强度随加荷时间的增长而降低，木材的持久强度仅为极限强度的 50％～60％（图 8.7）。

（4）缺陷

木材的强度是以无缺陷标准试件测得的，而实际木材在生长、采伐、加工和使用过程中会产生一些缺陷，如木节、裂纹和虫蛀等，这些缺陷影响了木材材质的均匀性，破坏了木材的构造，从而使木材的强度降低，其中对抗拉和抗弯强度影响最大。

除了上述影响因素外，树木的种类、生长环境、树龄以及树干的不同部位等因素也对木材的强度有一定的影响。

8.3 木材的防护

8.3.1 干燥

木材是天然材料，所以会含有一定量的水分。木材中水分的多少随着树种、树龄和砍伐季节而异。为了保证木材与木制品的质量，延长其使用寿命，必须采取适当的措施使木材中的水分（含水率）降低到一定的程度。木材在加工和使用之前经过干燥处理，可以提高强度，防止收缩、开裂和变形，减轻自重及防腐防虫，从而改善木材的使用性能和寿命。

木材的干燥方法可分为自然干燥和人工干燥。

（1）自然干燥

自然干燥法是将锯开的板材或方材按一定的方式堆积在通风良好的场所，避免阳光的直射和雨淋，使木材中的水分自然蒸发。这种方法简单易行，不需要特殊设备，干燥后木材的质量良好，但干燥时间长，占用场地大，只能干燥到风干状态。

（2）人工干燥

人工干燥法是利用人工的方法排除木材中的水分，常用的方法有蒸材法和热炕法等。

8.3.2　防腐防虫

1. 腐朽

木材的腐蚀是由真菌侵入所至。引起木材腐蚀的真菌分三种，即霉菌、变色菌和腐朽菌。霉菌只寄生于木材表面，对木材破坏作用很小，通常称为发霉。变色菌以细胞腔内淀粉、糖类等为养料，不破坏细胞壁，故对木材的破坏作用也很小，但损害木材外观质量。而腐蚀菌是以细胞壁物质分解为养料，进行繁殖、生长，初期仅使木材颜色改变，随着真菌逐渐深入内部，木材强度开始下降，至腐朽后期丧失强度。因此，木材的腐蚀主要来自于腐蚀菌。

真菌是在一定的条件下才能生存和繁殖的，其生存繁殖的条件：一是水分，木材的含水率为18%时即能生存，30%～60%时最宜生存、繁殖；二是温度，真菌最适宜生存繁殖的温度为15～30℃，高于60℃则无法生存；三是氧气，有5%的空气即可生存；四是养分，木质素、淀粉、糖类等均可作为养分。

2. 虫害

因各种昆虫（白蚁、天牛、蠹虫等）危害而造成的木材缺陷称为木材虫害。

木材中被昆虫蛀蚀的孔道称为虫眼或虫孔。虫眼对材质的影响与其大小、深度和密集程度有关。深的大虫眼或深而密集的小虫眼能破坏木材的完整性，降低其力学性质，也成为真菌侵入木材内部的通道。

3. 防腐防虫的措施

真菌在木材中生存必须同时具备以下三个条件，即水分、氧气和温度，所以可从破坏菌虫生存条件和改变木材的养料属性着手，进行防腐防虫处理，从而延长木材的使用年限。

（1）干燥法

在使用前采用气干法或窑干法将木材干燥至较低的含水量。在设计和施工中，使木材构件不受潮湿，在良好的通风条件下，在木材和其他材料之间用防潮衬垫，不将支节点或其他任何木构件封闭在墙内，木地板下设置通风洞，木屋顶采用山墙通风，设置老虎窗等。

（2）防腐剂法

通过涂刷或浸渍防腐剂，使木材含有有毒物质，以起到防腐和杀虫作用。常用的防腐剂有水剂的（如氯化钠、氯化锌、硫酸铜、硼酚合剂）、油剂的（如林丹五氯合剂）和乳剂的（如氯化钠沥青膏浆）。

（3）表面覆盖

在木材表面刷涂料，形成完整而坚韧的保护膜，达到隔绝空气和水分的目的。

8.3.3 木材的防火

易燃是木材最大的缺点，常采用以下措施对木材进行防火处理：

1）用防火浸剂对木材进行浸渍处理。

2）将防火涂料涂刷或喷洒于木材表面，构成防火保护层。

防火处理能推迟或消除木材的引燃过程，降低火焰在木材上蔓延的速度，延缓火焰破坏的速度，从而给灭火或逃生提供时间。

8.4 木材的应用

8.4.1 木材产品

按加工程度和用途不同，木材分为原条、原木、锯材三类，如表 8.3 所示。

表 8.3 木材的初级产品

分　类		说　明	用　途
圆条		除去根、梢、枝的伐倒木	用作进一步加工
原木		除去根、梢、枝和树皮，并加工成一定长度和直径的木段	用作屋架、柱、桁条等，也可用于加工锯材和胶合板等
锯材	板材（宽度为厚度的 3 倍或 3 倍以上）	薄板：厚度 12～21mm	门芯板、隔断、木装修等
		中板：厚度 25～30mm	屋面板、隔断、木装修等
		厚板：厚度 40～60mm	门窗
	方材（宽度小于厚度的 3 倍）	小方：截面积 54m² 以下	椽条、隔断木筋、吊顶隔栅
		中方：截面积 55～100m²	支撑、搁栅、扶手、檩条
		大方：截面积 101～225m²	屋架、檩条
		特大方：截面积 226m² 以上	木或钢木屋架

8.4.2 人造板材

木材在加工成型和制作构件时会留下大量的碎块、刨花、木屑等，用这些作为原料，经过再加工处理，可制成各种人造板材。这类板材与天然木材相比具有板面宽、表面平整光洁、没有节子、不翘曲、不开裂等优点，经特殊处理后还具有防水、防火、防腐、防酸等性能。常用人造板材有胶合板、纤维板、刨花板，还有木质复合地板等。

1. 胶合板

胶合板是用原木旋切成薄片，经干燥处理后，再用胶粘剂按奇数层数，以各层纤维互相垂直的方向粘合热压而成的人造板材，如图 8.8 所示。胶合板一般为 3～13 层，建筑工程中常用的有三合板和五合板。阔叶树材和针叶树材均可用于制作胶合板。

胶合板是一组单板通常按相邻层木纹方向互相垂直组坯而成的板材，通常其表板和内层板对称地配置在中心层或板芯的两侧。胶合板改善了天然木材各向异性的特点，具有物理性能好、表面美观、幅面大、易于加工等优点，因此胶合板是家具制造、室内装

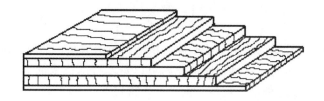

图 8.8 胶合板构造示意图

修的优质材料。

胶合板品种繁多，分类方法也不一，按用途可分为普通胶合板和特种胶合板。普通胶合板按耐水性可分为耐气候胶合板、耐水胶合板、耐潮胶合板和不耐潮胶合板。胶合板的幅面尺寸见表 8.4，胶合板分类、特性及适用范围见表 8.5。

表 8.4 胶合板的幅面尺寸（mm）

宽　度	长　度				
	915	1220	1830	2135	2440
915	915	1220	1830	2135	—
1220	—	1220	1830	2135	2440

表 8.5 胶合板分类、特性及适用范围

种　类	分　类	名　称	胶　种	特　性	适用范围
阔叶树材普通胶合板	Ⅰ类	NQF（耐气候胶合板）	酚醛树脂或其他性能相当的胶	耐久、耐煮沸或蒸汽处理、耐干热、抗菌	室外工程
	Ⅱ类	NS（耐水胶合板）	脲醛树脂或其他性能相当的胶	耐冷水浸泡及短时间热水浸泡、不耐煮沸	室外工程
	Ⅲ类	NC（耐潮胶合板）	血胶、带有多量填料的脲醛树脂胶或其他性能相当的胶	耐短期冷水浸泡	室内工程一般常态下使用
	Ⅳ类	BNS（不耐潮胶合板）	豆胶或其他性能相当的胶	有一定胶合强度，但不耐水	室内工程一般常态下使用
松木普通胶合板	Ⅰ类	Ⅰ类胶合板	酚醛树脂或其他性能相当的合成树脂胶	耐久、耐热、抗真菌	室外长期使用工程
	Ⅱ类	Ⅱ类胶合板	脱水脲醛树脂胶、改性脲醛树脂胶或其他性能相当的合成树脂胶	耐水、抗真菌	潮湿环境下使用的工程
	Ⅲ类	Ⅲ类胶合板	血胶和加少量填料的脲醛树脂胶	耐湿	室内工程
	Ⅳ类	Ⅳ类胶合板	豆胶和加多量填料的脲醛树脂胶	不耐水、不耐湿	室内工程（干燥环境下使用）

胶合板按成品面板可见的材质缺陷、加工缺陷以及拼接情况分成四个等级，即特等、一等、二等、三等。

2. 纤维板

纤维板是以植物纤维为原料，经破碎、浸泡、研磨成浆，然后经热压成型、干燥等工序制成的一种人造板材。纤维板所选原料可以是木材采伐或加工的剩余物（如板皮、刨花、树枝），也可以是稻草、麦秸、玉米秆、竹材等。

纤维板按其体积密度分为硬质纤维板（体积密度＞800kg/m³）、中密度纤维板（体积密度 500～800kg/m³）和软质纤维板（体积密度＜500kg/m³）三种。

硬质纤维板密度大、强度高，主要用做壁板、门板、地板、家具和室内装修等。中密度纤维板是家具制造和室内装修的优良材料。软质纤维板体积密度小、吸声绝热性能好，可作为吸声或绝热材料使用。

为了提高纤维板的耐热性和耐腐性，可在浆料里施加或在湿板坯表面喷涂耐火剂或防腐剂。

纤维板主要特点是：材质均匀，完全避免了节子、腐朽、虫眼等缺陷，且胀缩性小，不翘曲、不开裂。

3. 刨花板、木丝板和木屑板

它们是利用刨花碎片、短小废料刨制的木丝和木屑，经干燥、拌胶料辅料，加压成型而制得的板材。

所用胶结材料有动物胶、合成树脂、水泥、石膏和菱苦土等。若使用无机胶结材料，则可大大提高板材的耐火性。

体积密度小、强度低的板材主要作为绝热和吸声材料，表面喷以彩色涂料后，可以用于天花板等；体积密度大、强度较高的板材可粘贴装饰单板或胶合板做饰面层，用做隔墙等。

4. 细木工板

细木工板也称复合木板，是一种夹心板，芯板用木板条拼接而成，两个表面胶贴木质单板，经热压粘合制成。其一般厚度为 20mm，长 2000mm、宽 1000mm，表面平整，幅面宽大，可代替实木板，使用非常方便。它集实木板与胶合板之优点于一身，可作为装饰构造材料，用于门板、壁板等。

木质复合地板也是建筑装饰工程中的主要材料，其种类和性能也各有不同。

人造板材在装饰工程中使用时，其污染物如甲醛、TVOC 等指标应符合《民用建筑工程室内环境污染控制规范》（GB 50325—2001）的规定。

习　题

8.1　木材按树种分为哪几类？各自的特点和用途如何？

8.2　木材从宏观构造分析有哪些组成部分？

8.3　什么是木材的纤维饱和点、平衡含水率？木材的含水率对木材的性能有什么影响？

8.4　木材是各向异性材料，其顺纹与横纹的强度有什么差异？

8.5　木材腐蚀的原因是什么？防止腐蚀的方法有哪些？

第9章

沥青和合成高分子材料

【知识点】

1. 石油沥青的组成、技术性质以及在工程中的应用。
2. 建筑防水卷材、防水涂料、防水密封材料。
3. 常用的建筑塑料、建筑胶粘剂和建筑涂料。

【学习要求】

1. 掌握石油沥青的主要性能及选用。
2. 掌握改性沥青的性能及工程应用。
3. 掌握常用防水材料的主要技术性能和应用。
4. 掌握建筑上常用塑料、胶粘剂和涂料的性质及应用。
5. 了解石油沥青和煤沥青的性质和使用上的不同，石油沥青、煤沥青的鉴别方法。
6. 了解高分子材料的分类及分子结构对其性能的影响。

9.1　沥　　青

沥青是一种憎水性的有机胶凝材料，它是由一些极其复杂的高分子碳氢化合物及其非金属（氧、氮、硫等）衍生物所组成的混合物，在常温下呈黑色或黑褐色的固体、半固体或液体状态。沥青几乎完全不溶于水，具有良好的不透水性。沥青能与混凝土、砂浆、砖、石料、木材、金属等材料牢固地粘结在一起，且具有一定的塑性，能适应基材的变形。沥青具有较好的抗腐蚀能力，能抵抗一般酸、碱、盐等的腐蚀。沥青还具有良好的电绝缘性。因此，沥青材料及其制品被广泛应用于建筑工程的防水、防潮、防渗、防腐及道路工程。一般用于建筑工程中的沥青有石油沥青和煤沥青两种。

9.1.1　石油沥青

石油沥青是石油原油经蒸馏提炼出各种轻质油（如汽油、柴油等）及润滑油以后的残留物，再经加工而得的产品。

1. 石油沥青的组分

石油沥青的化学成分很复杂，很难把其中的化合物逐个分离出来，故对沥青一般不作化学分析，而是从各组分对使用性能的影响出发，将化学成分及性质比较接近的、且与物理力学性质有一定关系的成分划分为若干个组，这些组称为组分。

（1）油分

油分为淡黄色至红褐色的黏性液体，分子量为 100～500，密度为 0.7～1.00g/cm³，含量为 40%～60%，能溶于大多数有机溶剂，但不溶于酒精。油分赋予沥青以流动性，油分越多，沥青的流动性就越大。所以，油分含量的多少直接影响沥青的柔软性、抗裂性及施工难度。油分在一定条件下可以转化为树脂，继而转化为沥青质。

（2）树脂

树脂又称沥青脂胶，为黄色至黑褐色的黏稠状半固体，分子量为 600～1000，密度为 1.0～1.1g/cm³，含量为 15%～30%。树脂又分为中性树脂和酸性树脂，其中绝大多数为中性树脂，中性树脂能溶于三氯甲烷、汽油和苯等有机溶剂。沥青树脂中还含有少量的酸性树脂，是油分氧化后的产物，具有酸性，它易溶于酒精、氯仿，是沥青中的表面活性物质，能提高沥青与矿质材料的粘结力，还可提高沥青的可乳化性。树脂使沥青具有塑性、可流动性和粘结性，其含量增加，沥青的粘结力和延伸性增加。

（3）沥青质

沥青质也叫地沥青质，是深褐色至黑褐色的无定形固体粉末，分子量为 1000～6000，密度为 1.1～1.5g/cm³，含量为 10%～30%，能溶于二硫化碳、氯仿和苯，但不溶于汽油和石油醚。沥青质赋予沥青热稳定性和粘结性，含量越多，沥青的粘结力越大，软化点（热稳定性）越高，也越硬、脆。

石油沥青的性质与各组分之间的比例密切相关。液体沥青中油分、树脂多，流动性好，而固体沥青中树脂、沥青质多，特别是沥青质多，所以热稳定性和黏性好。

石油沥青中各组分的比例并不是固定不变的。在热、阳光、空气及水等外界因素作用下，组分在不断改变，即由油分向树脂、树脂向沥青质转变，油分、树脂逐渐减少，而沥青质逐渐增多，使沥青流动性、塑性逐渐变小，脆性增加，直至脆裂，这个现象称为沥青材料的老化。

此外，石油沥青中常常含有一定的石蜡，会降低沥青的黏性和塑性，同时增加沥青的温度敏感性，所以石蜡是石油沥青的有害成分。

2. 石油沥青的技术性质

（1）黏滞性

黏滞性是指石油沥青在外力作用下抵抗变形的能力，它是沥青材料最为重要的性质。根据 GB/T 4509—2010 规定，对于半固体或固体的石油沥青用针入度指标表示。针入度越大，表示沥青越软，黏度越小。液体石油沥青的黏滞性则用黏滞度表示。

针入度常用的是在温度为 25℃时，以附重 100g 的标准针，经 5s 沉入沥青试样中的深度，每 1/10mm 定为 1 度。其测试示意图如图 9.1 所示。针入度一般在 5～200 度之间，是划分沥青牌号的主要依据。

黏滞度（也称标准黏度）表征了液体沥青在流动时的内部阻力。黏滞度是在规定温度 t（20℃、25℃、30℃或 60℃），由规定直径 d（3mm、5mm 或 10mm）的孔中流出 50mL 沥青所需的时间秒数。黏滞度测定示意如图 9.2 所示。

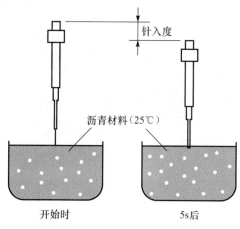

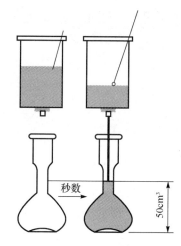

图 9.1 针入度测定示意图   图 9.2 黏度测定示意图

沥青的黏滞性与其组分及所处的温度有关。当沥青质含量较高，并含有适量的树脂且油分含量较少时，沥青的黏滞性较大。在一定的温度范围内，当温度升高，黏滞性随之降低，反之则增大。

（2）塑性

塑性通常也称延性或延展性，是指石油沥青受到外力作用时产生变形而不破坏的性能，用延度指标表示。根据 GB/T 4508—2010 规定，沥青延度是把沥青试样制成"∞"字形标准试模（中间最小截面面积为 $1cm^2$），在规定的拉伸速度（5cm/min）和规定温度（25℃）下拉断时伸长的长度，以 cm 为单位。延度指标测定的示意图见图 9.3。延度值愈大，表示沥青塑性愈好。

沥青塑性的大小与它的组分和所处温度紧密相关。沥青的塑性随温度升高（降低）而增大（减小）。沥青中油分、树脂含量愈多，沥青延度越大，塑性越好。沥青质含量相同时，树脂和油分的比例将决定沥青的塑性大小，树脂含量高，塑性好。

（3）温度稳定性

温度稳定性也称温度敏感性，是指石油沥青的黏滞性和塑性随温度升降而变化的性能，是沥青的重要指标之一。在沥青的常规试验方法中，软化点试验可作为反映沥青温度敏感性的方法。

软化点为沥青受热，由固态转变为具有一定流动态时的温度。软化点越高，表明沥青的耐热性越好，即温度稳定性越好。根据 GB/T 4507—2010 规定，软化点可以通过"环球法"测得，试验测定示意图如图 9.4 所示。将沥青试样装入规定尺寸的铜杯中，上置规定尺寸和质量的铜球，放在水或甘油中，以每分钟升高 5℃ 的速度加热至沥青软化下垂，达 25.4mm 时的温度（℃）即为软化点。

在工程上使用的沥青，要求有较好的温度稳定性，否则容易发生沥青材料夏季流淌或冬季变脆甚至开裂等现象。所以，在选择沥青的时候，沥青的软化点不能太低也不能太高。太低，夏季易融化发软；太高，品质太硬，就不易施工，而且冬季易发生脆裂现象。

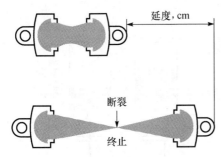

图 9.3 "∞"字形延度试件示意图

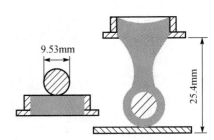

图 9.4 软化点测定示意图

（4）大气稳定性

大气稳定性是指石油沥青在热、阳光、氧气和潮湿等因素长期综合作用下抵抗老化的性能。

在大气因素的综合作用下，沥青中的低分子量组分会向高分子量组分转化递变，即油分→树脂→地沥青质。由于树脂向地沥青质转化的速度要比油分变为树脂的速度快得多，石油沥青会随时间进展而变硬、变脆，这个过程称为石油沥青的老化。通常的规律是：针入度变小、延度降低、软化点和脆点升高，表现为沥青变硬、变脆、延伸性降低，导致路面、防水层产生裂缝而破坏等。

石油沥青的大气稳定性以沥青试样在 160℃下加热蒸发 5h 后质量"蒸发损失百分率"和"蒸发后针入度比"表示。蒸发损失百分率愈小，蒸发后针入度比愈大，则表示沥青大气稳定性愈好，即老化愈慢。

以上所论及的针入度、延度、软化点是评价黏稠石油沥青性能最常用的指标，也是划分沥青标号的主要依据，所以统称为沥青的"三大指标"。此外，还有溶解度、蒸发损失、蒸发后针入度比、含蜡量、闪点和含水率等，这些都是全面评价石油沥青性能的依据。

3. 常用石油沥青的品种、标准及工程应用

根据目前我国现行的标准，石油沥青按照用途和性质分为道路石油沥青、建筑石油沥青、防水防潮石油沥青等种类。

（1）道路石油沥青

根据《道路石油沥青》（SH/T 0522—2000）规定，道路石油沥青按针入度分为 200 号、180 号、140 号、100 号、60 号五个牌号。各牌号的主要技术指标如表 9.1 所示。

表 9.1 道路石油沥青的技术标准（摘自 SH/T 0522—2000）

项 目	质量指标				
	200 号	180 号	140 号	100 号	60 号
针入度（25℃，100g，5s）/(1/10mm)	200～300	150～200	110～150	80～110	50～80
延度（25℃，不小于）/cm	20	100	100	90	70
软化点/℃	30～45	35～45	38～48	42～52	45～55
溶解度（不小于）/%	99.0				
闪点（开口）/℃	180	200	230		
蒸发后针入度比/%	50	60		—	
蒸发损失/%	1			—	

从表 9.1 中可以看出，道路石油沥青的牌号是依据针入度的大小来划分的。牌号越大，沥青越软；牌号越小，沥青的硬度越大。随着沥青牌号的增大，沥青的黏性越小，塑性越大，温度稳定性变差。

道路石油沥青黏性小、塑性好、耐热性及温度稳定性差，但容易浸透和乳化，多用于拌制沥青混凝土（沥青混合料）或砂浆，用于道路工程、防渗工程及防护工程中。

（2）建筑石油沥青

根据《建筑石油沥青》（GB/T 494—2010）规定，建筑石油沥青按针入度不同分为10 号、30 号、40 号三个牌号，各牌号的主要技术指标如表 9.2 所示。

表 9.2　建筑石油沥青的技术标准（摘自 GB/T 494—2010）

项　目	质量指标		
	10 号	30 号	40 号
针入度（25℃，100g，5s）/(1/10mm)	10～25	26～35	36～50
延度（25℃，5cm/min，不小于）/cm	1.5	2.5	3.5
软化点（不低于）/℃	95	75	60
溶解度（三氯乙烯，不小于）/%	99.0		
蒸发后质量变化（163℃，5h，不大于）/%	1		
蒸发后 25℃针入度比（不小于）/%	65		
闪点（开口杯法）（不低于）/℃	260		

（3）防水防潮石油沥青

防水防潮石油沥青是由石油减压渣油经加制作而成，根据《防水防潮石油沥青》（SH/T 0002—90）规定，按产品的针入度指数分为 3 号、4 号、5 号、6 号四个牌号，各牌号的主要技术指标如表 9.3 所示。

表 9.3　防水防潮石油沥青的技术标准（摘自 SH/T 0002—90）

项　目	质量指标			
	3 号	4 号	5 号	6 号
软化点（不低于）/℃	85	90	100	95
针入度/(1/10mm)	25～45	20～40	20～40	30～50
针入度指数（不小于）	3	4	5	6
蒸发损失（163℃，5h，不大于）/%	1			
闪点（开口，不低于）/℃	250	270		
溶解度（不小于）/%	98	98	95	92
脆点（不高于）/℃	−5	−10	−15	−20
垂度（不大于）/mm	—	—	8	10
加热安定性（不高于）/℃	5			

沥青的针入度指数可按下式计算，即

$$PI = \frac{30}{1+50A} - 10$$

$$A = \frac{\lg 800 - \lg P_{25}}{T-25}$$

式中：A——沥青的感温性；

800——沥青在软化点温度下针入度约为 800；

P_{25}——25℃时的针入度；

T——软化点。

防水防潮沥青是按针入度指数划分沥青牌号的，增加了保证低温变形性能的脆性指标。随着牌号的增大，温度敏感性减小，脆性降低，应用温度范围扩大。

（4）石油沥青的适用与掺配

选用石油沥青的原则是根据工程性质（房屋、道路、防腐）及当地气候条件、所处工程部位（层面、地下）来选用。石油沥青的应用范围如表 9.4 所示。在满足上述要求的前提下，尽量选用牌号高的石油沥青，以保证有较长的使用年限。因为牌号高的沥青比牌号低的沥青含油分多、树脂多，其挥发、变质（组分演变）所需时间较长，即抗老化能力强，耐久性好。

表 9.4　石油沥青的应用范围

品　　种	牌　　号	主要应用
道路石油沥青	200、180、140、100、60	主要在道路工程中配制沥青混合料；制作密封材料、粘结剂、沥青涂料；60 号沥青常与建筑沥青掺配使用
建筑石油沥青	40、30、10	使用在屋面及地下防水、防腐工程，主要用于制造油纸、油毡防水卷材、防水及防腐涂料、嵌缝膏和沥青胶
防水防潮石油沥青	3 号、4 号、5 号、6 号	用作防水卷材的涂料及屋面与地下防水的粘结材料，3 号用于室内及地下，4 号一般地区可等缓坡屋面，5 号用于气温较高地区屋面，6 号用于寒冷地区屋面

建筑工程中屋面防水用沥青主要考虑其软化点要求。选用沥青软化点应比本地区屋面可能达到的最高温度高 20～25℃，以避免夏季流淌。

当某一牌号的石油沥青不能满足工程技术要求时，可采用两种牌号的石油沥青进行掺配。两种沥青掺配的比例可用下式估算，即

$$较软沥青掺量(\%) = \frac{较硬沥青软化点 - 要求的沥青软化点}{较硬沥青软化点 - 较软沥青软化点} \times 100$$

$$较硬沥青掺量(\%) = 100 - 较软沥青的掺量$$

9.1.2　煤沥青

煤沥青是炼焦或生产煤气的副产品。烟煤干馏时所挥发的物质冷凝为煤焦油，煤焦油经分馏加工，提取出各种油质后的产品即为煤沥青。煤沥青可分为硬煤沥青与软煤沥青两种。硬煤沥青是从煤焦油中蒸馏出轻油、中油、重油及蒽油之后的残留物，常温下一般呈硬固体；软煤沥青是从煤焦油中蒸馏出水分、轻油及部分中油后得到的产品。

煤矿沥青的胶体结构与石油沥青相似，其组成为游离碳、树脂（分硬树脂和软树脂）和油分。其中游离碳和硬树脂相当于石油沥青的地沥青质。煤沥青的油分中含有萘、蒽和酚。萘和蒽含量较高或低温时呈固态析出，影响煤沥青的低温变形能力；萘常温下易挥发、升华，加速煤沥青的老化；酚易溶于水，且易被氧化；萘和酚均有毒性，对人和生物有害，故煤沥青常用作防腐材料。煤沥青与石油沥青的主要区别见表 9.5。

表 9.5　石油沥青与煤沥青的主要区别

性　质	石油沥青	煤沥青
密度/(g/cm³)	近于 1.0	1.25～1.28
燃烧	烟少、无色、有松香味、无毒	烟多、黄色、臭味大、有毒
锤击	韧性较好	韧性差，较脆
颜色	呈灰亮褐色	浓黑色
溶解	易溶于煤油与汽油中，呈棕黑色	难溶于煤油与汽油中，呈黄绿色
温度稳定性	较好	较差
大气稳定性	较好	较差
防水性	好	较差（含酚，能溶于水）
抗腐蚀性	差	好（含萘、酚，有毒）

9.1.3　改性沥青

　　沥青作为防水防腐材料（及路面用材料）应具有良好的综合性能，如高温下有较高的强度和热稳定性；低温下有较高的柔韧性；与结构表面或各种矿料间有较强的粘附力；对构件变形有较高的适应性和耐疲劳性；具有较强的抗老化能力等。这些要求仅靠沥青自身是不可能满足的。为此，常掺加高分子聚合物材料对沥青进行改性。按掺加的高分子材料可将改性沥青分为橡胶改性沥青、树脂改性沥青、橡胶树脂共混改性沥青三类。

　　（1）橡胶改性沥青

　　橡胶作为沥青的改性材料，它和沥青有较好的混溶性，并能使沥青具有橡胶的很多优点，如高温变形性小，常温弹性较好，低温柔性较好。常见的品种有：

　　1）氯丁橡胶改性沥青。石油沥青中掺入氯丁橡胶后，可使其气密性、低温柔性、耐化学腐蚀性、耐光、耐臭氧性、耐候性和耐燃性等得到大大改善。

　　2）丁基橡胶改性沥青。丁基橡胶改性沥青具有优异的耐分解性，并有较好的低温抗裂性能和耐热性能，多用于道路路面工程、制作密封材料和涂料。

　　3）再生橡胶改性沥青。在沥青中掺入再生橡胶，同样可大大提高沥青的气密性、低温柔性、耐光性、耐热性、耐臭氧性、耐候性。

　　由于再生橡胶价格相对低廉，再生橡胶改性沥青应用也较为广泛，可用于制作卷材、片材、密封材料、胶粘剂和涂料等。

　　4）热塑性丁苯胶（SBS）改性沥青。SBS 热塑性橡胶兼有橡胶和塑料的特性，常温下具有橡胶的弹性，在高温下又能像塑料那样熔融流动，成为可塑的材料。采用 SBS 橡胶改性沥青，其耐高、低温性能均有较明显提高，制成的卷材弹性和耐疲劳性也大大提高，是目前应用最成功和用量最大的一种改性沥青。SBS 的掺入量一般为 5%～10%。这种沥青主要用于制作防水卷材，也可用于制作防水涂料。

　　（2）树脂改性沥青

　　用树脂改性石油沥青，可以改进沥青的耐寒性、耐热性、粘结性和不透气性。常用的树脂有 APP（无规聚丙烯）、聚乙烯、聚丙烯等。

　　（3）橡胶和树脂改性沥青

　　由于橡胶和树脂具有较好的混溶性，所以同时加入橡胶和树脂，可使沥青兼具橡胶和树脂的特性，取得满意的改性效果。

橡胶、树脂和石油沥青在加热熔融状态下，沥青与高分子聚合物之间发生相互侵入的扩散，沥青分子填充在聚合物大分子的间隙内，同时聚合物分子的某些链节扩散进入沥青分子中，从而形成凝聚网状混合结构，由此而获得较优良的性能。这种沥青主要用于制作片材、卷材、密封材料、防水涂料。

9.2 防 水 卷 材

传统防水卷材指油纸和油毡，是由沥青浸渍胎纸制作而成的，价格低廉，但性能相对较差。随着合成高分子材料的发展，防水卷材已由沥青基向高聚物改性沥青基和橡胶、树脂等合成高分子防水卷材发展，油毡的胎体也从纸胎向玻璃纤维胎或聚酯胎方向发展，防水层的构造由多层向单层方向发展。

9.2.1 防水卷材的主要技术性质

防水卷材作为建筑防水材料应具有以下几方面的性能。

1. 抗拉强度

抗拉强度是指当建筑物防水基层产生变形或开裂时防水卷材所能抵抗的最大应力。

2. 延伸率

延伸率是指防水卷材在一定的应变速率下拉断时所产生的最大相对变形率。

3. 抗撕裂强度

当基层产生局部变形或有其他外力作用时，防水卷材常常受到纵向撕扯，防水卷材抵抗纵向撕扯的能力即抗撕裂强度。

4. 不透水性

防水卷材的不透水性反映卷材抵抗压力水渗透的性质，通常用动水压法测量，基本原理是：当防水卷材的一侧受到 0.3MPa 的水压力时，防水卷材另一侧无渗水现象即为透水性合格。

5. 温度稳定性

温度稳定性是指防水卷材在高温下不流淌、不起泡、不发黏，低温下不脆裂的性能，即在一定温度变化下保持原有性能的能力，常用耐热度、耐热性等指标表示。

9.2.2 沥青防水卷材

1. 石油沥青纸胎油毡

石油沥青纸胎油毡系采用低软化点石油沥青浸渍原纸（纸胎），用高软化点沥青涂盖油毡两面，再撒以隔离材料而制成的防水卷材。

现行标准《石油沥青纸胎油毡》（GB 326—2007）规定：油毡按卷重和物理性能分为Ⅰ型、Ⅱ型、Ⅲ型；油毡的幅宽为 1000mm（其他规格可由供需双方商定）；每卷油

毡的总面积为 (20±0.3)m²。其物理性能指标见表 9.6。

表 9.6　石油沥青纸胎油毡的物理性能指标（摘自 GB 326—2007）

项　目		指　标		
		Ⅰ 型	Ⅱ 型	Ⅲ 型
单位面积浸涂材料总量（≥）/(g/m²)		600	750	1000
不透水性	压力（≥）/MPa	0.02	0.02	0.01
	保持时间（≥）/min	20	30	30
吸水率（≥）/%		3.0	2.0	1.0
耐热度		(85±2)℃，2h 涂盖层无滑动、流淌和集中性气泡		
拉力（纵向，≥）/(N/50mm)		240	270	340
柔度		(18±2)℃，绕 φ20mm 棒或弯板无裂纹		
卷重（≥）/(kg/卷)		17.5	22.5	28.5

Ⅰ 型、Ⅱ 型油毡适用于辅助防水、保护隔离层、临时性建筑防水、防潮及包装等；Ⅲ 型油毡适用于屋面工程的多层防水。

2. 石油沥青玻璃布胎油毡

用玻璃布胎代替纸胎而制成的石油沥青玻璃布胎油毡，与石油沥青纸胎油毡相比，具有拉力大、柔度高、抗霉菌腐蚀性强的特点。

根据现行行业标准《石油沥青玻璃布胎油毡》(JC/T 84—1996)，石油沥青玻璃布胎油毡按物理性能分为一等品（B）和合格品（C）两个等级；每卷质量≥15k（包括不大于 0.5kg 的硬质卷芯）；每卷面积为 20m²±0.3m²。

石油沥青玻璃布胎油毡主要用于要求强度高、耐霉菌侵蚀性强及铺设地下防水、防潮层、金属管道等复杂部位的防水工程。

3. 沥青复合胎柔性防水卷材

沥青复合胎柔性防水卷材是以涤绵无纺布-玻纤网格布复合毡为胎基，浸涂胶粉改性沥青，以细砂、聚乙烯膜、矿物粒（片）料等为覆面材料制成的用于一般建筑防水工程的防水卷材。

根据现行行业标准《沥青复合胎柔性防水卷材》(JC 690—2008)规定，此类卷材的规格及分类如下：幅宽 1000mm；厚度分 3mm、4mm；面积分 10m²、7.5m²；按上表面覆面材料分为聚乙烯膜（PE）、细砂（S）、矿物粒片料（M）；按物理力学性能分为 Ⅰ 型、Ⅱ 型。其主要物理力学性能指标见表 9.7。

表 9.7　沥青复合胎柔性防水卷材的物理性能指标（摘自 JC 690—2008）

序　号	项　目	指　标	
		Ⅰ	Ⅱ
1	耐热性/℃	90	
		无滑动、流淌、滴落	
2	低温柔性/℃	−5	−10
		无裂纹	
3	不透水性	0.2MPa、30min 不透水	

续表

序 号	项 目		指　标	
			Ⅰ	Ⅱ
4	最大拉力（≥）/(N/50mm)	纵向	500	600
		横向	400	500
5	粘结剥离强度（≥）/(N/mm)		0.5	
6	热老化	拉力保持率（≥）/%	90	
		低温柔性/℃	0	5
			无裂纹	
		质量损失（≤）/%	2.0	

沥青复合胎柔性防水卷材与石油沥青纸胎油毡相比，进行了两个方面的改善：一是以涤绵无纺布-玻纤网格布复合毡为胎基，取代纸胎；二是以胶粉改性沥青为表面浸涂材料。因此，这类卷材的不透水性强、耐热性及低温柔性好、抗裂性强，且耐老化性能好，可用于环境复杂且对防水要求较高的工程中。

9.2.3　高聚物改性沥青防水卷材

高聚物改性沥青防水卷材是以高聚物改改性沥青为涂盖层，以纤维织物或纤维毡为基胎制作的防水卷材。改性沥青与传统的氧化沥青相比，改变了传统沥青温度稳定性差、延伸率低的不足；纤维织物或纤维毡的基胎极大地提高了基胎的抗拉能力，从而使这类防水卷材具有高温不流淌、低温不脆裂、拉伸强度高、且延伸率大等性能。可制成公称厚度为3mm、4mm、5mm的单层屋面防水卷材。常见改性沥青防水卷材品种有以下几类。

1. 弹性体改性沥青防水卷材

弹性体改性沥青防水卷材简称 SBS 防水卷材，是以聚酯毡、玻纤毡、玻纤增强聚酯毡为胎基，以苯乙烯-丁二烯-苯乙烯（SBS）热塑性弹性体作石油沥青改性剂，两面覆以隔离材料所制成的防水卷材。

SBS 是对沥青改性效果最好的高聚物，它是一种热塑性弹性体，是塑料、沥青等脆性材料的增韧剂，加入到沥青中的 SBS（添加量一般为沥青的 10%～15%）与沥青相互作用，使沥青产生吸收、膨胀，形成分子键和牢固的沥青混合物，从而显著改善了沥青的弹性、延伸率、高温稳定性和低温柔韧性、耐疲劳性和耐老化等性能。

根据现行国家标准《弹性体改性沥青防水卷材》（GB 18242—2008）规定，此类卷材的宽度为 1000mm，每卷面积为 7.5m²、10m²、15m²。此类卷材按胎基类型分为聚酯毡（PY）、玻纤毡（G）、玻纤增强聚酯毡（PYG）三类；按上表面隔离材料分为聚乙烯膜（PE）、细砂（S）、矿物粒料（M），下表面隔离材料为细砂（S）、聚乙烯膜（PE）；按材料性能分为Ⅰ型、Ⅱ型。其主要性能指标见表 9.8。

弹性体改性沥青防水卷材（SBS 防水卷材）属高性能防水材料，具有较好的柔韧性、延展性、耐候性，且具有较高的抗穿刺、硌伤、撕裂的能力，尤其是具有较好的低温柔性，可广泛应用于各种类型的防水工程，除用于一般工业与民用建筑防水外，尤其适应于高级和高层建筑物的屋面、地下室、卫生间等的防水防潮，以及桥梁、停车场、屋顶花园、游泳池、蓄水池、隧道等建筑的防水。又由于该卷材具有良好的低温柔韧性

表 9.8　弹性体改性沥青防水卷材的主要性能（摘自 GB 18242—2008）

项　目		指　标				
		I		I		
		PY	G	PY	G	PYG
耐热性	/℃	90		105		
	试验现象	无流淌、滴落				
低温柔性/℃		−20		−25		
		无裂缝				
不透水性，30min		0.3MPa	0.2MPa	0.3MPa		
拉力	最大峰拉力（≥）/(N/50min)	500	350	800	500	900
	次高峰峰拉力（≥）/(N/50min)	—				800
	试验现象	拉伸过程中，试件中部无沥青涂盖层开裂或与胎基分离				
延伸率	最大峰时延伸率（≥）/%	30	—	40	—	—
	第二峰时延伸率（≥）/%	—				15
浸水后质量增加（≤）/%	PE、S	1.0				
	M	2.0				
热老化	拉力保持率（≥）/%	90				
	延伸率保持率（≥）/%	80				
	低温柔性/℃	−15		−20		
		无裂缝				
	尺寸变化率（≤）/%	0.7	—	0.7	—	0.3
	质量损失（≤）/%	1.0				
接缝剥离强度（≥）/(N/mm)		1.5				
钉杆撕裂强度（≥）/N		—				300
人工气候加速老化	外出	无滑动、流淌、滴落				
	拉力保持率（≥）/%	80				
	低温柔性/℃	−15		−20		
		无裂缝				

和极高的弹性延伸性，更适合于北方寒冷地区和结构易变形的建筑物的防水。

2. 塑性体改性沥青防水卷材

塑性体改性沥青防水卷材简称 APP 防水卷材，是以聚酯毡、玻纤毡、玻纤增强聚酯毡为胎基，以无规聚丙烯（APP）或聚烯烃类聚合物（APAO、APO）作石油沥青改性剂，两面覆以隔离材料所制成的防水卷材。

石油沥青中加入 25%～35% 的 APP（无规聚丙烯）可以大幅度提高沥青的软化点，并能明显改善其低温柔韧性。该类卷材的特点是良好的弹塑性、耐热性和耐紫外线老化性能。其软化点在 150℃ 以上，温度适应范围为 −15～130℃，耐腐蚀性好，自燃点较高（265℃）。

根据现行国家标准《塑性体改性沥青防水卷材》（GB 18243—2008）规定，此类卷材的宽度为 1000mm，每卷面积为 7.5m²、10m²、15m²。此类卷材按胎基类型分为聚酯毡（PY）、玻纤毡（G）、玻纤增强聚酯毡（PYG）三类；按上表面隔离材料分为聚乙烯膜（PE）、细砂（S）、矿物粒料（M），下表面隔离材料为细砂（S）、聚乙烯膜（PE）；按材料性能分为Ⅰ型、Ⅱ型。其主要性能指标见表9.9。

表9.9　塑性体改性沥青防水卷材的主要性能（摘自 GB 18243—2008）

项　目		指　标				
		Ⅰ		Ⅱ		
		PY	G	PY	G	PYG
耐热性	/℃	100		130		
	试验现象	无流淌、滴落				
低温柔性/℃		−7		−15		
		无裂缝				
不透水性，30min		0.3MPa	0.2MPa	0.3MPa		
拉力	最大峰拉力（≥）/(N/50min)	500	350	800	500	900
	次高峰峰拉力（≥）/(N/50min)	—				800
	试验现象	拉伸过程中，试件中部无沥青涂盖层开裂或与胎基分离形象				
延伸率	最大峰时延伸率（≥）/%	25		40		—
	第二峰时延伸率（≥）/%	—		—		15
浸水后质量增加（≤）/%	PE、S	1.0				
	M	2.0				
热老化	拉力保持率（≥）/%	90				
	延伸率保持率（≥）/%	80				
	低温柔性/℃	−2		−10		
		无裂缝				
	尺寸变化率（≤）/%	0.7	—	0.7	—	0.3
	质量损失（≤）/%	1.0				
接缝剥离强度（≥）/(N/mm)		1.5				
钉杆撕裂强度（≥）/N		—				300
人工气候加速老化	外观	无滑动、流淌、滴落				
	拉力保持率（≥）/%	80				
	低温柔性/℃	−2		−10		
		无裂缝				

　　塑性体改性沥青防水卷材（APP防水卷材）有良好的防水性能、较好的低温柔性及较高的抗穿刺、硌伤、撕裂的能力，尤其是具有较好的耐高温性能、耐紫外线照射性能，使用寿命长，且可采用热熔法粘接，施工方便、可靠性高，可广泛应用于各种类型的防水。与SBS防水卷材相比，除在一般工业与民用建筑的屋面和地下防水工程，以及道路、桥梁等建筑物的防水中使用外，APP改性沥青防水卷材由于耐热性更好，而且有着良好的耐紫外线老化性能，故更加适应于高温或有太阳辐射地区的建筑物的防水。

9.2.4　合成高分子防水卷材

　　合成高分子防水卷材是以合成树脂、合成橡胶或橡胶-塑料共混体为基料，加入适量的助剂和填充料，经过特定工序而制成的防水卷材。该类防水卷材具有强度高、延伸率大、弹性高、高低温稳定性好、防水性能优异等特点，而且彻底改变了沥青基防水卷材施工条件差、污染环境等缺点，是值得大力推广的新型高档防水卷材，目前多用于高级宾馆、大厦、游泳池、厂房等要求有良好防水性的屋面、地下等防水工程。

根据主体材料的不同，合成高分子防水卷材一般可分为橡胶型、塑料型和橡塑共混型防水材料三大类，各类又分别有若干品种，最典型的有以下三类。

1. 三元乙丙橡胶（EPDM）防水卷材

三元乙丙橡胶防水卷材是以三元乙丙橡胶为主要原料，掺入适量的丁基橡胶、硫化剂、促进剂、补强剂和软化剂等，经密炼、拉片、过滤、挤出（或压延）成型、硫化等工序制成的高弹性防水卷材，有硫化型（JL）和非硫化型（JF）两类。

三元乙丙橡胶防水卷材具有优良的耐候性、耐臭氧性和耐热性，是耐老化性能最好的一种卷材，使用寿命可达 30 年以上，同时还具有质量轻（$1.2 \sim 2.0 kg/m^2$）、弹性高、抗拉强度高（$>7.5MPa$）、抗裂性强（延伸率在 450% 以上）、耐酸碱腐蚀等优点，属于高档防水材料。

三元乙丙橡胶防水卷材广泛应用于工业和民用建筑的屋面工程，适合于外露防水层的单层或多层防水，如易受振动、易变形的建筑防水工程，也可用于地下室、桥梁、隧道等工程的防水，并可以冷施工。

2. 聚氯乙烯（PVC）防水卷材

聚氯乙烯防水卷材是以聚氯乙烯（PVC）树脂为主要原料，掺加填充料和适量的改性剂、增塑剂、抗氧剂、紫外线吸收剂等，经过捏合、混练、造粒、挤出或压延、冷却卷曲等工序加工而成的防水卷材。

聚氯乙烯防水卷材的特点是价格便宜、抗拉强度和断裂伸长率较高，对基层伸缩、开裂、变形的适应性强，低温度柔韧性好，可在较低的温度下施工和应用。卷材的搭接除了可用粘结剂外，还可以用热空气焊接的方法，接缝处严密。

与三元乙丙橡胶防水卷材相比，聚氯乙烯防水卷材更适应于刚性层下的防水层及旧建筑混凝土构件屋面的修缮工程，以及有一定耐腐蚀要求的室内地面防水、防渗工程。

3. 氯化聚乙烯-橡胶共混防水卷材

氯化聚乙烯-橡胶共混防水卷材是以氯化聚乙烯树脂和合成橡胶为主体，加入适量的硫化剂、促进剂、稳定剂、软化剂和填充料，经混炼、过滤、压延或挤出成型、硫化等工序制成的高弹性防水卷材。

它不仅具有氯化聚乙烯所特有的高强度和优异的耐臭氧性能，而且具有橡胶类材料所特有的高弹性、高延伸性和良好的低温柔性。这种材料特别适用于寒冷地区或变形较大的建筑防水工程，也可用于地下工程防水，但在平面复杂和异形表面铺设困难，与基层粘结和接缝粘结技术要求高。如施工不当，常有卷材串水和接缝不善等现象出现。

合成高分子防水卷材除以上三种典型的品种外，还有很多其他品种，按照现行国家标准《高分子防水材料》（GB 18173.1—2006）规定，高分子防水卷材的分类及代号见表 9.10，片材的规格尺寸见表 9.11，主要物理性能见表 9.12。

表 9.10 高分子防水材料（片材）的分类（摘自 GB 18173.1—2006）

分　类		代　号	主要原材料
均质片	硫化橡胶类	JL1	三元乙丙橡胶
		JL2	橡胶（橡塑）共混
		JL3	氯丁橡胶、氯硫化聚乙烯、氯化聚乙烯等
		JL4	再生胶
	非硫化橡胶类	JF1	三元乙丙橡胶
		JF2	橡胶（橡塑）共混
		JF3	氯化聚乙烯
	树脂类	JS1	聚氯乙烯等
		JS2	乙烯乙酸乙烯、聚乙烯等
		JS3	乙烯乙酸乙烯改性沥青共混等
复合片	硫化橡胶类	FL	三元乙丙、丁基、氯丁橡胶、氯磺化聚乙烯等
	非硫化橡胶类	FF	氯化聚乙烯、三元乙丙、丁基、氯丁橡胶、氯磺化聚乙烯等
	树脂类	FS1	聚氯乙烯等
		FS2	聚乙烯、乙烯乙酸乙烯等
点粘片	树脂类	DS1	聚氯乙烯等
		DS2	乙烯乙酸乙烯、聚乙烯等
		DS3	乙烯乙酸乙烯改性沥青共混等

表 9.11 高分子防水材料（片材）的规格尺寸（摘自 GB 18173.1—2006）

类　别	厚度/mm	宽度/m	长度/m
橡胶类	1.0、1.2、1.5、1.8、2.0	1.0、1.1、1.2	20 以上
树脂类	0.5 以上	1.0、1.2、1.5、2.0	

表 9.12 高分子防水材料（片材）的主要物理性能（摘自 GB 18173.1—2006）

项　目			断裂拉伸强度：均质片/MPa 复合片/(N/cm) 点粘片/MPa		扯断伸长率/%		撕裂强度：均质片/MPa 复合片/(N/cm) 点粘片/MPa	不透水性，30min/MPa	低温弯折温度/℃
			常温（≥）	60℃（≥）	常温（≥）	−20℃（≥）	≥	无渗漏	≤
均质片	硫化橡胶类	JL1	7.5	2.3	450	200	25	0.3	−40
		JL2	6.0	2.1	400	200	24	0.3	−30
		JL3	6.0	1.8	300	170	23	0.2	−30
		JL4	2.2	0.7	200	100	15	0.2	−20
	非硫化橡胶类	JF1	4.0	0.8	400	200	18	0.3	−30
		JF2	3.0	0.4	200	100	10	0.2	−20
		JF3	5.0	1.0	200	100	10	0.2	−20
	树脂类	JS1	10	4	200	150	40	0.3	−20
		JS2	16	6	550	350	60	0.3	−35
		JS3	14	5	500	300	60	0.3	−35
	硫化橡胶类	FL	80	30	300	150	40	0.3	−35

续表

项　目		主要物理性能指标						
		断裂拉伸强度：均质片/MPa 复合片/(N/cm) 点粘片/MPa		扯断伸长率/%		撕裂强度：均质片/MPa 复合片/(N/cm) 点粘片/MPa	不透水性，30min/MPa	低温弯折温度/℃
		常温（≥）	60℃（≥）	常温（≥）	−20℃（≥）	≥	无渗漏	≤
复合片	非硫化橡胶类 FF	60	20	250	50	20	0.3	−20
	树脂类 FS1	100	40	150	10	20	0.3	−30
	FS2	60	30	400	10	20	0.3	−20
点粘片	树脂类 DS1	10	4	200	300	40	0.3	−20
	DS2	18	5	550	350	60	0.3	−35
	DS3	14	5	500	300	60	0.3	−35

9.3　建 筑 涂 料

　　建筑涂料是指涂抹在建筑物表面（墙面、地面或特殊部位），与表面牢固粘接而形成连续膜层，起保护功能、装饰功能或其他特殊功能的材料。

　　建筑涂料种类繁多，分类方法也有多种，常见的分类如下：

　　1）按使用的部位分类，分为外墙涂料、内墙涂料、地面涂料等。

　　2）按成膜物质的化学组成分类，分为有机高分子涂料（又可细分为溶剂型、水溶型、乳液型）、无机涂料、有机复合涂料等。

　　3）按功能分类，分为装饰涂料、防火涂料、防水涂料、防腐涂料、保温涂料等。

9.3.1　防水涂料

　　防水涂料是指在常温下呈黏稠状态的物质（高分子材料、沥青等），涂布在基体表面，经溶剂或水分挥发，或各组分间的化学变化，形成具有一定弹性的连续薄膜，使基层表面与水隔绝，并能抵抗一定的水压力，从而起到防水、防潮和粘结的作用。

　　防水涂料能形成无接缝的防水涂层，涂膜层的整体性好，并能在复杂基层上形成连续的整体防水层，因此特别适用于形状复杂的屋面；或在Ⅰ级、Ⅱ级防水要求的屋面上作为一道防水层，与卷材复合使用，可以有效地弥补卷材防水层接缝防水可靠性差的缺陷；也可以与卷材复合共同组成一道防水层，在防水等级为Ⅲ级的屋面上使用。

　　1. 防水涂料的分类及特点

　　（1）分类

　　防水涂料根据组分的不同可分为单组分防水涂料和双组分防水涂料两类；按分散介质的不同类型可分为溶剂型、水乳型和反应型三种；按照成膜物质的主要成分为沥青类、高聚物改性沥青类和合成高分子类。沥青类涂料由于性能低劣，在屋面的防水工程中已逐步被高聚物改性沥青、合成高分子类涂料所取代。

　　（2）特点

　　防水涂料一般具有以下特点：

1）在常温下呈液态，能在复杂表面处形成完整的防水膜。

2）涂膜防水层自重轻，特别适宜于轻型薄壳屋面的防水。

3）防水涂料施工属于冷施工，可刷涂，也可喷涂，操作简便，施工速度快，环境污染小，劳动强度低。

4）温度适应性强，防水涂层在－30℃～80℃条件下均可使用。

5）涂膜防水层可通过加贴增强材料来提高抗拉强度。

6）容易修补，发生渗漏可在原防水涂层的基础上修补。

防水涂料的主要优点是易于维修和施工，特别适用于管道较多的卫生间、特殊结构的屋面以及旧结构的堵漏防渗工程。

2. 常用的防水涂料

（1）沥青类防水涂料

沥青类防水涂料的主要成膜物质是沥青，按使用的方法分溶剂型（冷底子油、沥青胶）和水乳型两种（水乳型沥青防水涂料）。

1）冷底子油。是将建筑石油沥青（10 号、30 号、40 号）加入汽油、柴油融合而成的常温下呈液态、可直接用于涂刷的沥青溶液。冷底子油一般不单独作为防水材料使用，多作为打底材料与沥青胶配合使用，以提高沥青胶与基层的粘结力。工程中一般要求现用现配，并用密闭容器存放，以防溶剂挥发。常用配比为：石油沥青：汽油＝30：70；石油沥青：汽油或柴油＝40：60。工程中也有的用软化点为 50～70℃的煤沥青加入苯融合制成煤沥青冷底子油。

2）沥青胶。又称玛蹄脂，是在沥青材料中加入了粉状填料、纤维状填料而制成的胶体状材料。填料的加入可提高沥青胶的耐热性、柔韧性。常用的粉状填料有石灰石粉、白云石粉、滑石粉等；纤维状材料有木质纤维、石棉屑等。沥青胶主要用作粘贴防水卷材，施工中可采用冷用法和热用法，热用法防水效果好于冷用法。沥青胶的标号用"S-耐热温度（℃）"表示，按其耐热性划分为 S-60、S-65、S-70、S-75、S-80、S-85 等几个标号，选用时应根据屋面坡度及历年最高温度选择。

3）水乳型沥青防水涂料。以水为介质，采用化学乳化剂或矿物乳化剂制得的沥青基防水涂料。根据《水乳型沥青防水涂料》（JC/T 408—2005）规定：此类涂料分为 L 型和 H 型；外观要求搅拌后均匀无色差、无凝胶、无结块、无明显沥青丝；物理力学性能见表 9.13。

此涂料为沥青乳化液，常温下可施工，且无油类挥发，对环境影响较小，主要用于防水要求不高（Ⅲ、Ⅳ）的屋面、厨房及洗漱间等的防水。

（2）高聚物改性沥青防水涂料

高聚物改性沥青防水涂料是以沥青为基料，用合成高分子聚合物进行改性制成的水乳型或溶剂型防水涂料。其品种有氯丁橡胶改性沥青涂料、丁基橡胶改性沥青涂料、丁苯橡胶改性沥青涂料、SBS 改性沥青涂料和 APP 改性沥青涂料等。

改性沥青防水涂料的原材料来源广泛、性能适中、价格低廉，仍是适合我国国情的防水材料之一，适用于Ⅱ级及以下防水等级的屋面、地面、地下室和卫生间等部位的防水工程。但水乳型和溶剂型改性沥青涂料存在每遍涂层不能太厚，需多遍涂刷才能达到

表 9.13　水乳型沥青防水涂料物理性能 (摘自 JC/T 408—2005)

项　目		L	H
固体含量 (≥)/%		45	
耐热度 (要求: 无流淌、滑动、滴落)/℃		80±2	110±2
不透水性		0.10MPa, 30min 无渗水	
粘结强度 (≥)/MPa		0.30	
表干时间 (≤)/h		8	
实干时间 (≤)/h		24	
低温柔度/℃	标准条件	−15	0
	碱处理、热处理、紫外线处理	−10	5
断裂伸长率 (≥)/%	标准条件	600	
	碱处理、热处理、紫外线处理		

设计要求的厚度，水乳型涂料干燥时间长，溶剂型涂料溶剂挥发造成环境污染的缺点。近年来我国引进和开发的热熔聚合物改性沥青防水涂料防水性能好，耐老化，价格低，而且在南方多雨地区施工更便利，它不需要养护、干燥时间，涂料冷却后就可以成膜，具有设计要求的防水能力，不用担心下雨对涂膜层造成损害，大大加快施工进度。同时，能在−10℃以内的低温条件下施工，大大降低了施工对环境的条件要求；而且该涂料是一种弹塑性材料，在粘附于基层的同时可追随基层变形而延展，避免了受基层开裂影响而破坏防水层现象；具有良好的抗变形能力，成膜后形成连续无接缝的防水层，防水质量的可靠性大大提高。

（3）合成高分子防水涂料

合成高分子防水涂料是以合成橡胶或合成树脂为主要成膜物质配制而成的水乳型或溶剂型防水涂料，根据成膜机理分为反应固化型、挥发固化型和聚合物水泥防水涂料三类。

由于合成高分子材料本身的优异性能，以此为原料制成的合成高分子防水涂料有较高的强度和延伸率，优良的柔韧性、耐高低温性能、耐久性和防水能力。常用的品种有丙烯酸防水涂料、EVA（聚醋酸乙烯酯）防水涂料、聚氨酯防水涂料、沥青聚氨酯防水涂料、硅橡胶防水涂料、聚合物水泥防水涂料等。

1）丙烯酸防水涂料。也称水性丙烯酸酯防水涂料，是以丙烯酸酯共聚乳液为基料，掺加填料、颜料及各种助剂，经混练、研磨而成的水性单组分防水涂料。

这类涂料是以水作为分散介质，无毒、无味、不燃，不污染环境，属环保型防水涂料，可在常温下冷施工作业。其最大优点是具有优良的耐候性、耐热性和耐紫外线性。其涂膜柔软，弹性好，能适应基层一定的变形开裂；温度适应性强，在−30~80℃范围内性能无大的变化；可以调制成各种色彩，兼有装饰和隔热效果。但水乳型涂料每遍涂层不能太厚，以利于水分挥发，使涂层干燥成膜，故要达到设计规定的厚度必须多次涂刷成膜。它适用于防水等级为Ⅰ、Ⅱ、Ⅲ的工程防水，尤其适用于屋面、基础、墙体的防水、防潮。

2）聚醋酸乙烯酯防水涂料（EVA 防水涂料）。该涂料采用 EVA 乳液添加多种助剂组成，系单组份水乳型涂料，加上颜料常做成彩色涂料。其性能与丙烯酸防水涂料相似，强度和延性均较好；复杂平面能成膜为无接缝防水层；具水乳性，无毒、无污染；可冷施工，技术简单。但耐热性差，热老化后变硬，强度提高而延伸性下降，呈脆性。EVA 防水涂料的耐水性较丙烯酸差，不宜用于长期浸水环境。

3）聚氨酯防水涂料。又名聚氨酯涂膜防水材料，是一种化学反应型涂料，多以双组分形式使用。我国目前有两种，一种是焦油系列双组分聚氨酯涂膜防水材料，一种是非焦油系列双组分聚氨酯涂膜防水材料。

双组分的聚氨酯防水涂料是通过组分间的化学反应，由液态变为固态，所以易于形成较厚的防水涂膜，固化时无体积收缩，具有较大的弹性和延伸率，较好的抗裂性、耐候性、耐酸碱性、耐老化性。当涂膜厚度为 1.5～2.0mm 时，使用年限可在 10 年以上，而且对各种基材如混凝土、石、砖、木材、金属等均有良好的粘结力。但该涂料耐紫外线能力较差，且具有一定的可燃性和毒性，这是因为聚氨酯涂料中含有有毒成分（如煤焦油型聚氨酯中所含的苯、蒽、萘），在施工时要用甲苯、二甲苯等常温下易挥发的有机物稀释。使用聚氨酯防水涂料施工屡遭污染环境的投诉，施工人员因中毒或失火造成伤亡的事故也屡有发生，应注意施工安全。

聚氨酯防水涂料是一种常用的中高档防水涂料，可用于防水等级为 Ⅰ、Ⅱ、Ⅲ 级的工程防水，广泛应用于屋面、地下工程、卫生间、游泳池等的防水，也可用于室内隔水层及接缝密封，还可用作金属管道、防腐地坪、防腐池的防腐处理等。

(4) 聚合物水泥防水涂料

又称聚合物水泥防水砂浆，是以水泥、细骨料为主要原材料，以聚合物和添加剂等为改性材料，并以适当配比混合而成。这类防水材料是由有机聚合物和无机粉料复合而成的双组分防水涂料，既具有有机材料弹性高、又有无机材料耐久性好的优点，能在表面潮湿的基层上施工。根据《聚合物水泥防水砂浆》（JC/T 984—2005）规定，此类产品按聚合物改性材料的状态分为干粉类（Ⅰ类）和乳液类（Ⅱ类）。Ⅰ类是由水泥、细骨料和聚合物干粉、添加剂等组成的，使用时按规定的用量加水搅拌均匀后使用；Ⅱ类是由水泥、细骨料的粉状材料和聚合物乳液、添加剂等组成，按粉料和液料两组分包装供应，使用时将两组分搅拌成均匀的膏状体使用（如需加水，应先将乳液与水搅拌均匀）。该涂料刮涂后可形成高弹性、高强度的防水涂膜。涂膜的耐候性、耐久性好，耐高温达 140℃，能与水泥类基面牢固粘结，其主要物理力学性能指标见表 9.14。该涂料还可以配成各种色彩，是一种无毒、无害、无污染，结构紧密、性能优良的弹性复合体，是适合现代社会发展需要的绿色防水材料。

表 9.14　聚合物水泥防水砂浆物理性能（摘自 JC/T 984—2005）

序　号	项　目		干粉类（Ⅰ类）	乳液类（Ⅱ类）
1	凝结时间	初凝（≥）/min	45	45
		终凝（≤）/h	12	24
2	抗渗压力/MPa	7d（≥）	1.0	
		28d（≥）	1.5	
3	抗压强度/MPa	28d（≥）	24.0	
4	抗折强度/MPa	28d（≥）	8.0	
5	压折比	≤	3.0	

续表

序 号	项 目		干粉类（Ⅰ类）	乳液类（Ⅱ类）
6	粘结强度/MPa	7d（≥）	1.0	
		28d（≥）	1.2	
7	耐碱性：饱和 Ca(OH)$_2$ 溶液，168h		无开裂、剥落	
8	耐热性：100℃水，5h		无开裂、剥落	
9	抗冻性：冻融循环，−15～+20℃，25 次		无开裂、剥落	
10	收缩率/%	28d（≤）	0.15	

9.3.2 建筑装饰涂料

装饰涂料是涂于建筑物表面起装饰、保护作用的材料。

1. 建筑装饰涂料的分类与组成

（1）分类

建筑装饰涂料的种类繁多，可按主要成膜物质的化学成分分为有机涂料、无机涂料和有机-无机复合涂料，按使用分散介质及主要成膜物质的溶解状况分为溶剂型涂料、水溶型涂料及乳液型涂料等，按涂料的使用部位分为内墙涂料、外墙涂料、地面涂料、屋面防水涂料及顶棚涂料等。

（2）组成

装饰涂料由不挥发成分和稀释剂两部分组成。涂布后，稀释剂逐渐挥发，而不挥发的成分干结成膜，所以不挥发成分是成膜物质，可以称作固体成分。成膜物质又可以分为主要成膜物质、次要成膜物质和辅助成膜物质三大部分，主要成膜物质是粘结剂，也称为基料、漆料。

涂料的组成中没有颜料和体质颜料的透明体称为清漆，加入颜料和体质颜料的不透明体称为色漆。加入大量的体质颜料的稠厚状浆体称为腻子。

涂料成膜物质的组成：

1）主要成膜物质。主要成膜物质是涂料的基础物质，具有独立成膜的能力，可以粘结次要成膜物质，使涂料在干燥或固化后能共同形成连续的涂膜。主要成膜物质决定了涂膜的技术性质（硬度、柔性、耐水性、耐腐蚀性）以及涂料的施工性质和使用范围。

常用的主要成膜物质有聚乙烯醇及其共聚物、聚醋酸乙烯及其共聚物、环氧树脂、醋酸乙烯-丙烯酸酯共聚乳液、聚氨酯树脂等。

2）次要成膜物质。次要成膜物质是指涂料中的各种颜料和填料，其特点是不具备单独成膜能力，需要与主要成膜物质配合使用构成涂膜，且二者配合比例与混合的均匀性在很大程度上决定着涂料性能的优劣。

颜料可以使涂料呈现出丰富的颜色，使涂料具有一定的遮盖力，并且具有增强涂膜机械性能和耐久性的作用。

填料也称为体质颜料，它们大部分为白色或无色，特点是基本不具有遮盖力，不能阻止光线透过涂膜，也不具备着色能力，在涂料中主要起填充作用。但是填料可以降低涂料成本，增加涂膜的厚度，增强涂膜的机械性能和耐久性。

防锈颜料的作用是使涂膜具有良好的防锈能力，以防止被涂覆的金属表面发生锈蚀。

3）辅助成膜物质（助剂）。助剂是为了进一步改善或增加涂膜的性质而加入的一种辅助材料，其掺量极少，一般为基料的百分或千分、甚至万分之几，但效果显著。

形象的说，助剂在涂料中的作用就相当于维生素和微量元素对人体的作用一样，用量很少，作用很大，不可或缺。现代涂料助剂主要有四大类的产品：

① 对涂料生产过程发生作用的助剂，如消泡剂、润湿剂、分散剂乳化剂等。

② 对涂料储存过程发生作用的助剂，如防沉剂、稳定剂，防结皮剂等。

③ 对涂料施工过程起作用的助剂，如流平剂、消泡剂、催干剂、防流挂剂等。

④ 对涂膜性能产生作用的助剂，如增塑剂、消光剂、阻燃剂、防霉剂等。

4）挥发物质（分散介质、溶剂、稀释剂）。涂料中使用的挥发物质有两类：一类是有机溶剂，它们不是构成涂膜的材料，但是却是溶剂型涂料的重要组成部分。因为它是一种能溶解油料、树脂，又易于挥发，能使树脂成膜的有机物质。其主要作用是：将油料、树脂稀释，并将颜料和填料均匀分散；调节涂料的黏度，使涂料便于涂刷、喷涂在物体表面，形成连续薄层；增加涂料的渗透力；改善涂料和基层之间的粘结能力，节约涂料等。稀释剂不能过多，过多会降低涂膜的强度和耐久性，也污染环境。

另一类是水，其作用是溶解或分散主要成膜物质，改善涂料的流动性，增强涂料渗透能力及与基层的粘结能力。水是水溶性涂料和乳液型涂料的溶剂物质。去离子水、蒸馏水、含杂质较少的饮用自来水均可以使用。

2. 常用建筑装饰涂料

（1）内墙涂料

内墙涂料的主要功能是装饰及保护室内墙面，由于其直接影响室内人造环境和空气质量，内墙涂料必须具有良好的装饰性、功能性以及安全健康性。

内墙涂料亦可用作顶棚涂料，它是指既起装饰作用，又能保护室内墙面（顶棚）的涂料。为达到良好的装饰效果，要求内墙涂料应色彩丰富，质地平滑细腻，并具有良好的透气性和耐碱、耐水、耐粉化、耐污染等性能。还应该考虑到内墙涂料应该具有环保性能，只有这样才能减少对人体和自然环境的危害。此外，还应便于涂刷、容易维修、价格合理等。

1）溶剂型内墙涂料。溶剂型内墙涂料与溶剂型外墙涂料基本相同。由于其透气性较差，容易结露，较少用于住宅内墙。但其光洁度好，易于冲洗，耐久性好，可用于厅堂、走廊等处。

溶剂型内墙涂料主要品种有过氯乙烯墙面涂料、聚乙烯醇缩丁醛墙面涂料、氯化橡胶墙面涂料、丙烯酸酯墙面涂料、聚氨酯系墙面涂料等。

2）合成树脂乳液内墙涂料（乳胶漆）。合成树脂乳液内墙涂料是以合成树脂乳液为基料（成膜材料）的薄型内墙涂料。该种涂料以水为稀释剂，价格便宜，无毒、不燃，对人体无害，形成的涂膜有一定的透气性、耐水性、耐擦洗性较好，一般用于室内墙面装饰，但不宜使用于厨房、卫生间、浴室等潮湿墙面。目前，常用的品种有氯乙烯-偏氯乙烯共聚乳液内墙涂料、聚醋酸乙烯乳液内墙涂料、乙丙乳液内墙涂料、苯丙乳液内墙涂料等。

3) 水溶性内墙涂料。水溶性内墙涂料是以水溶性化合物为基料，加入一定量的填料、颜料和助剂，经过研磨、分散后制成的。这种涂料耐水性差，耐候性不强，耐洗刷性差，属于低档涂料，用于一般民用建筑室内墙面装饰。目前，常用的水溶性内墙涂料有聚乙烯醇水玻璃内墙涂料（俗称 106 内墙涂料）、聚乙烯醇缩甲醛内墙涂料（俗称 803 内墙涂料）和改性聚乙烯醇系内墙涂料等。

除此之外，内墙涂料还有多彩内墙涂料和彩色砂壁涂料以及抗菌、防霉等类型的内墙涂料。

（2）外墙涂料

外墙涂料的功能主要是装饰和保护建筑物的外墙面。它应有丰富的色彩，使外墙的装饰效果好；耐水性和耐候性要好；耐污染性要强，易于清洗。

1) 合成树脂乳液外墙涂料。合成树脂乳液外墙涂料是以高分子乳液为基料，加入颜料、填料、助剂，经研磨而制成的外墙涂料。外墙乳胶涂料有苯丙乳胶涂料、纯丙乳胶涂料、乙丙乳胶涂料等。其特点是耐水性、保色性好，无毒无味，不污染环境。由于其特殊的性能特点，已成为目前国内外建筑涂刷材料发展的方向。

① 纯丙烯酸外墙涂料。丙烯酸外墙涂料是以丙烯酸类共聚物为基料，掺入各种助剂及填料加工而成的水乳型外墙涂料。该涂料具有无气味、干燥快、不燃、施工方便，优良的耐候性和保光、保色性，适用于民用住宅、商业楼群、工业厂房等建筑物的外墙饰面，具有较好的装饰效果。但其价格较高，限制了它的使用。

② 苯-丙乳液涂料。苯丙乳胶漆是由苯乙烯、丙烯酸醋、甲基丙烯酸等三元共聚乳液为主要成膜物质，掺入各种助剂等，经分散、混合配制而成的乳液型外墙涂料。

它无嗅、无着火危险，施工性能好，能在潮湿的表面施工，涂膜的保光性和耐久性较好。这种涂料用于混凝土、木质基面。喷、刷施工均可，使用时严禁掺入油料和有机溶剂，最低施工温度为 5℃。

以一部分或全部苯乙烯代替纯丙乳液中的甲基丙烯酸甲醋制成的苯-丙液涂料仍然具有良好的耐候性和保光保色性，而价格却有较大的降低。从资源、造价分析，它是适合我国情的外墙乳液涂料，目前国内生产量较大。

用苯-丙乳液配制的各种类型外墙乳液涂料性能优于乙-丙乳液涂料。

③ 乙-丙乳液涂料。乙-丙乳液厚涂料是以醋酸乙烯-丙烯酸共聚物乳液为主要成膜物质，掺入一定量的粗集料组成的一种厚质外墙涂料。该涂料的装饰效果较好，属于中档建筑外墙涂料，使用年限为 8～10 年。乙-丙乳液厚涂料具有涂膜厚实、质感强、耐候、耐水、冻融稳定性好、保色性好、附着力强以及施工速度快、操作简便等优点。它主要用于各种基层表面装饰，可以单独使用，也可作复层涂料的面层。

2) 外用合成树脂乳液砂壁状建筑涂料。合成树脂乳液砂壁状建筑涂料简称砂壁状建筑涂料，是以合成树脂乳液作粘结料，砂粒和石粉为集料，通过喷涂施工形成粗面状的涂料，主要用于各种板材及水泥砂浆抹面的外墙装饰，装饰质感类似于喷粘砂、干粘石、水刷石，但粘结强度、耐久性比较好，适合于中、高档建筑物的装饰。

3）溶剂型外墙涂料。溶剂型外墙涂料是以合成树脂溶液为基料，有机溶剂为稀释剂，加入一定量的颜料、填料及助剂，经混合溶解、研磨而配制成的建筑涂料。溶剂型外墙涂料的涂膜比较紧密，具有较好的硬度、光泽、耐水性、耐酸碱性、耐候性、耐污染性等优点，但涂膜的透气性差。建筑上常用于外墙装饰，可单独使用，也可作复层涂料的高档罩面层。

常用的溶剂型外墙涂料品种有丙烯酸酯溶剂型涂料和丙烯酸-聚氨酯溶剂型涂料。

① 聚氨酯丙烯酸外墙涂料：是由聚氨酯丙烯酸树脂为基料，添加优质的颜料、填料及助剂，经研磨配制而成的双组分溶剂型涂料。其装饰效果好，色泽浅淡，保光、保色性优良，耐候性良好，不易变色、粉化或剥落，其使用寿命在 10 年以上，适用于混凝土或水泥砂浆外墙的装饰，特别是高级住宅、商业楼群、宾馆建筑的外墙饰面。

② 丙烯酸系列外墙涂料：是以改性丙烯酸共聚物为成膜物质，掺入紫外光吸收剂、填料、有机溶剂、助剂等，经研磨而制成的一种溶剂型外墙涂料。该系列涂料价格低廉，不泛黄，装饰效果好，使用寿命长，估计可达 10 年以上，是目前外墙涂料中较为常用的品种之一。

该涂料无刺激性气味，耐候性良好，在长期日照、日晒、雨淋的环境中不易变色、粉化或脱落；耐碱性好，且对墙面有较好的渗透作用，涂膜坚韧、附着力强；使用不受限制，即使是在零度以下的严寒季节，也能干燥成膜；施工方便，可刷、可滚、可喷，也可根据工程需要配制成各种颜色。

丙烯酸外墙涂料适用于民用、工业、高层建筑及高级宾馆内外装饰，也适用于钢结构、木结构的装饰防护。

（3）地面涂料

地面涂料的主要功能是装饰与保护室内地面。为获得良好的装饰和保护效果，地面涂料应具有健康、涂刷方便、耐碱性好、粘结力强、耐水性好、耐磨性好、抗冲击力强等特点。安全无毒、脚感舒适、坚固耐磨是地面涂料追求的目标。

1）聚氨酯地面涂料。聚氨酯地面涂料分为聚氨酯厚质弹性地面涂料和聚氨酯薄质地面涂料。

聚氨酯厚质弹性地面涂料是以聚氨酯为基料的双组分溶剂型涂料，具有整体性好、色彩多样、装饰性好的特点，并具有良好的耐油性、耐水性、耐酸碱性和优良的耐磨性，此外还具有一定的弹性，脚感舒适。聚氨酯厚质弹性地面涂料的缺点是价格高且原材料有毒。聚氨酯厚质弹性地面涂料主要适用于水泥砂浆或水泥混凝土的表面，如用于高级住宅、会议室、手术室、放映厅等的地面装饰，也可用于地下室、卫生间等的防水装饰或工业厂房车间的耐磨、耐油、耐腐蚀等地面。

与聚氨酯厚质弹性地面涂料相比，聚氨酯薄质地面涂料涂膜较薄，涂膜的硬度较大、脚感硬，其他性能与聚氨酯厚质弹性地面涂料基本相同。聚氨酯薄质地面涂料主要用于水泥砂浆、水泥混凝土地面，也可用于木质地板。

2）环氧树脂地面涂料。环氧树脂地面涂料也分为两类：水性环氧树脂地面涂料和溶剂型环氧树脂地面涂料。

用于工业生产车间的地面涂料也称为工业地坪涂料，一般常用环氧树脂涂料和聚氨酯涂料。这两类涂料都具有良好的耐化学品性、耐磨损和耐机械冲击性能。但是由于水泥地面是易吸潮的多孔性材料，聚氨酯对潮湿的容忍性差，施工不慎易引起层间剥离、起小泡等弊病，且对水泥基层的粘结力不如环氧树脂涂料，因此当以耐磨为主要的性能要求时宜选用环氧树脂涂料，而以弹性要求为主要性能要求时则使用聚氨酯涂料。

9.3.3 特种涂料

建筑涂料除上述介绍的防水、装饰涂料之外，还有一些特殊功能的涂料，如防火、防霉防潮、防锈防腐、防静电涂料等。

1. 防火涂料

防火涂料涂抹结构表面，可有效减缓可燃材料的引燃时间，减缓结构表面温度升高而引起的结构材料强度降低，从而为人们灭火和消防争取宝贵时间。

根据防火原理不同，防水涂料分膨胀型和非膨胀型两种。非膨胀型防火涂料是由不燃性或难燃型合成树脂、难燃剂和防火填料组成，其涂膜不易燃烧。膨胀型防火涂料是由难燃树脂、阻燃剂和防火填料组成，其涂膜不易燃烧，但在高温及火焰作用下，这些成分迅速膨胀，形成比原涂料厚几十倍的泡沫状碳化层，从而阻止火灾的蔓延。

目前，用于木结构防水的涂料有 YZL-858 系列，用于钢结构防火的涂料有 ST 及 LG 系列。

2. 防霉涂料

防霉涂料是指能够抵制各种霉菌生长的涂料，常用的是以聚乙烯共聚物为基料加低毒高效防霉剂配制而成的，适用于食品厂、果品厂、卷烟厂以及地下室等易发生霉变场所的墙面涂刷。

3. 防锈防腐涂料

以有机高分子聚合物为基料，加入防锈剂、填充料等配制而成，能将酸、碱等各类介质与基材隔离，常用于钢铁制品表面防锈的涂料。

4. 防静电涂料

以聚乙烯醇缩甲醇为基料，掺入防静电剂及各种助剂加工而成，适用于电子计算机房、精密仪器车间等地面涂装。

9.4 建筑密封材料

建筑密封材料主要应用在板缝、接头、屋面等部位，起防水密封的作用。这种材料应具有良好的粘结性、抗下垂性、水密性、气密性、易于施工及化学稳定性；还要求具有良好的弹塑性，能长期经受被粘构件的伸缩和振动，在接缝发生变化时不断裂、不剥落；要有良好的耐老化性能，不受热及紫外线的影响，长期保持密封所需要的粘结性和内聚力等。

建筑密封材料的防水效果主要取决于两个方面：一是油膏本身的密封性、憎水性和耐久性等；二是油膏和基材的黏附力。黏附力的大小与密封材料对基材的浸润性、基材的表面性状（粗糙度、清洁度、温度和物理化学性质等）以及施工工艺密切相关。

9.4.1 建筑密封材料的分类

建筑密封材料按形态的不同可分为不定型密封材料和定型密封材料两大类。不定型密封材料常温下呈膏体状态。定型密封材料是将密封材料按密封工程特殊部位的不同要求制成带、条、方、圆、垫片等形状。定型密封材料按密封机理的不同可分为遇水膨胀型和非遇水膨胀型两类。不定型的密封材料按照原材料及其性质可分为塑性、弹性和弹塑性密封材料三类。

9.4.2 常用的建筑密封材料

1. 定型密封材料

定型密封材料就是将具有水密性、气密性的密封材料按基层接缝的规格制成一定形状（条形、环形等），主要应用于构件接缝、穿墙管接缝、门窗、结构缝等需要密封的部位。这种密封材料由于具有良好的弹性及强度，能够承受结构及构件的变形、振动和位移产生的脆裂和脱落，同时具有良好的气密、水密性和耐久性能，且尺寸精确，使用方法简单，成本低。

（1）遇水不膨胀的止水带

止水带也称为封缝带，是处理建筑物或地下构筑物接缝（伸缩缝、施工缝、变形缝）用的一类定型防水密封材料，常用品种有橡胶止水带、塑料止水带和聚氯乙烯胶泥防水带等。

1）橡胶止水带。是以天然橡胶或合成橡胶为主要原料，掺入各种助剂及填料，经塑练、混练、模压而成。它具有良好的弹塑性、耐磨性和抗撕裂性能，适应变形能力强，防水性能好。但使用温度和使用环境对物理性能有较大的影响，当作用于止水带上的温度超过50℃，以及受强烈的氧化作用或受油类等有机溶剂的侵蚀时，则不宜采用。

橡胶止水带是利用橡胶的高弹性和压缩性，在各种荷载下会产生压缩变形而制成的止水构件，它已广泛用于水利水电工程、堤坝涵闸、隧道、地铁、高层建筑的地下室和停车场等工程的变形缝中。

2）塑料止水带。目前多为软质聚氯乙烯塑料止水带，是由聚氯乙烯树脂、增塑剂、稳定剂等原料经塑练、造粒、挤出、加工成型而成。

塑料止水带的优点是原料来源丰富，价格低廉，耐久性好，物理力学性能能够满足使用要求，可用于地下室、隧道、涵洞、溢洪道、沟渠等构筑物变形缝的隔离防水。

3）聚氯乙烯胶泥防水带。以煤焦油和聚氯乙烯树脂为基料，按照一定比例加入增塑剂、稳定剂和填充料，混合后再加热搅拌，在 $130\sim140℃$ 温度下塑化成型为一定的规格，即为聚氯乙烯胶带。其与钢材有良好的粘结性，防水性能好，弹性大，温度稳定性好，适应各种构造变形缝，适用于混凝土墙板的垂直和水平接缝的防水工程，以及建筑墙板、穿墙管、厕浴间等建筑接缝密封防水。

（2）遇水膨胀的定型密封材料

该材料是以橡胶为主要原料制成的一种新型的条状密封材料。改性后的橡胶除了保持原有橡胶防水制品优良的弹性、延伸性、密封性以外，还具有遇水膨胀的特性。当结构变形量超过止水材料的弹性变形时，结构和材料之间就会产生微缝，膨胀止水条遇到缝隙中的渗漏水后，体积能在短时间内膨胀，将缝隙涨填密实，阻止渗漏水通过。

1）SPJ 型遇水膨胀橡胶。此橡胶在局部遇水或受潮后会产生比原来大 $2\sim3$ 倍的体积膨胀率，并充满接触部位所有不规则表面、空穴及间隙，同时产生一定接触压力，阻止水分渗漏；材料膨胀系数值不受外界水分的影响，比普通橡胶更具有可塑性和弹性；有很高的抗老化和耐腐蚀性，能长期阻挡水分和化学物质的渗透；具备足够的承受外界压力的能力及优良的机械性能，且能长期保持其弹性和防水性能。

SPJ 型遇水膨胀橡胶广泛应用于钢筋混凝土建筑防水工程的变形缝、施工缝、穿墙管线的防水密封，盾构法钢筋混凝土管片的接缝防水，顶管工程的接口处，明挖法箱涵、地下管线的接口密封，水利、水电、土建工程防水密封等。

2）BW 遇水膨胀止水条。BW 系列遇水膨胀橡胶止水条分为 PZ 制品型遇水膨胀橡胶止水条和 PN 腻子型（属不定型密封材料）遇水膨胀橡胶止水条。

BW 系列遇水膨胀橡胶止水条系以进口特种橡胶、无机吸水材料、高黏性树脂等十余种材料经密炼、混炼、挤至而成，它是在国外产品的基础上研制成功的一种断面为四方形条状自黏性遇水膨胀型止水条，依靠其自身的黏性直接粘贴在混凝土施工缝的基面上，该产品遇水后会逐渐膨胀，形成胶黏性密封膏，一方面堵塞一切渗水的孔隙，另一方面使其与混凝土界面的粘贴更加紧密，从根本上切断渗水通道。该产品膨胀倍率高，移动补充性强，置于施工缝、后浇缝后具有较强的平衡自愈功能，可自行封堵因沉降而出现的新的微小缝隙；对于已完工的工程，如缝隙渗漏水，可用遇水膨胀橡胶止水条重新堵漏。使用该止水条费用低且施工工艺简单，耐腐蚀性最佳。此系列产品有 BW-Ⅰ型、BW-Ⅱ型、BW-Ⅲ型（缓膨）、BW-Ⅳ型（缓膨）、注浆型等，可视工程特点选用。

3）PZ-CL 遇水膨胀止水条。PZ-CL 遇水膨胀止水条橡胶制品是防止土木建筑构筑物漏水、浸水最为理想的新型材料。当这种橡胶浸入水中时，亲水基因会与水反应生成氢键，自行膨胀，将空隙填充。其特点是：

①可靠的止水性：一旦与浸入的水相接触，其体积迅速膨胀，达到完全止水。

②施工的安全性：因有弹力和复原力，易适应构筑物的变形。

③较宽的适用性：可在各种气候和各种构件条件下使用。

④优良的环保性：不含有害物质、不污染环境。

⑤良好的耐久性：耐化学腐蚀性、大气稳定性好。

PZ-CL 遇水膨胀止水条橡胶制品广泛应用于土木建筑构筑物的变形缝、施工缝、穿填管线防水密封，盾构法钢筋混凝土的接缝，防水密封垫，顶管工程的接口材料，明挖法箱涵地下管线的接口密封，水利、水电、土建工程防水密封等处。

混凝土浇筑前，膨胀橡胶应避免雨淋，不得与带有水分的物体接触。施工前为了使其与混凝土可靠接触，施工面应保持干燥、清洁，表面要平整。

定型密封材料还有膨润土遇水膨胀止水条、缓膨型（原 BW-96 型）遇水膨胀止水条、带注浆管遇水膨胀止水条等品种。

2. 不定型密封材料

不定型密封材料通常为膏状材料，俗称为密封膏或嵌缝膏。该类材料应用范围广，特别是与定型材料复合使用既经济又有效。不定型密封材料的品种很多，其中有塑性密封材料、弹性密封材料和弹塑性密封材料。弹性密封材料的密封性、环境适应性、抗老化性能都优于塑性密封材料，弹塑性密封材料的性能居于两者之间。

（1）改性沥青油膏

改性沥青油膏也称为橡胶沥青油膏，是以石油沥青为基料，加入橡胶改性材料和填充料等，经混合加工而成，是一种具有弹塑性、可以冷施工的防水嵌缝密封材料，是目前我国产量最大的品种。

它具有良好的防水防潮性能、粘结性好、延伸率高、耐高低温性能好、老化缓慢等优点，适用于各种混凝土屋面、墙板及地下工程的接缝密封。

（2）聚氯乙烯胶泥

聚氯乙烯胶泥实际上是一种聚合物改性的沥青油膏，是以煤焦油为基料，聚氯乙烯为改性材料，掺入一定量的增塑剂、稳定剂及填料，在 130～140℃ 下塑化而形成的热施工嵌缝材料，通常随配方的不同在 60～110℃ 进行热灌。配方中若加入少量溶剂，油膏变软，就可冷施工，但收缩较大，所以一般要加入一定量的填料抑制收缩，填料通常用碳酸钙和滑石粉。

聚氯乙烯胶泥价格低廉，生产工艺简单，原材料来源广，施工方便，防水性好，有弹性，耐寒和耐热性较好。为了降低胶泥的成本，可以选用废旧聚氯乙烯塑料制品来代替聚氯乙烯树脂，这样得到的密封油膏习惯上称作塑料油膏。

聚氯乙烯胶泥是目前屋面防水嵌缝中使用较为广泛的一类密封材料。其适用于各种工业厂房和民用建筑的屋面防水嵌缝，以及受酸碱腐蚀的屋面防水，也可用于地下管道的密封和卫生间等。

（3）聚硫橡胶密封材料（聚硫建筑密封膏）

聚硫密封材料是由液态聚硫橡胶（多硫聚合物）为主剂，以金属过氧化物（多数为二氧化铅）为固化剂，加入增塑剂、增韧剂、填充剂及着色剂等配制而成，是目前国内外应用最广、使用最成熟的一类弹性密封材料。聚硫密封材料分为单组分和双组分两类，目前国内双组分聚硫密封材料的品种较多。这类产品按照伸长率和模量分为 A 类和 B 类。A 类是高模量、低延伸率的聚硫密封膏，B 类是高伸长率和低模量的聚硫密缝膏。

聚硫建筑密封膏具有优异的耐候性，极佳的气密性和水密性，良好的耐油、耐溶剂、耐氧化、耐湿热和耐低温性能，能适应基层较大的伸缩变形，施工适用期可调整，垂直使用不流淌，水平使用具有自流平性，属于高档密封材料。其除了适用于较高防水要求的建筑密封防水外，还用于高层建筑的接缝及窗框周边防水、防尘密封，中空玻璃、耐热玻璃周边密封，游泳池、储水槽、上下管道以及冷库等接缝密封，也适用于混凝土墙板、屋面板、楼板、地下室等部位的接缝密封。

（4）有机硅建筑密封膏

有机硅建筑密封膏是以有机硅橡胶为基料配制成的一类高弹性高档密封膏。有机硅密封膏分为双组分和单组分两种，单组分应用较多。

该类密封膏具有优良的耐热、耐寒、耐老化及耐紫外线等耐候性能，与各种基材如混凝土、铝合金、不锈钢、塑料等有良好的粘结力，并且具有良好的伸缩耐疲劳性能，防水、防潮、抗震、气密、水密性能好，适用于金属幕墙、预制混凝土、玻璃窗、窗框四周、游泳池、贮水槽、地坪及构筑物接缝。

（5）聚氨酯弹性密封膏

聚氨酯弹性密封膏是由多异氰酸酯与聚醚通过加成反应制成预聚体后，加入固化剂、助剂等在常温下交联固化而成的一类高弹性建筑密封膏，分为单组分和双组分两种，以双组分的应用较广，单组分的目前已较少应用。其性能比其他溶剂型和水乳型密封膏优良，可用于防水要求中等和偏高的工程。

聚氨酯弹性密封膏对金属、混凝土、玻璃、木材等均有良好的粘结性能，具有弹性大、延伸率大、粘结性好、耐低温、耐水、耐油、耐酸碱、抗疲劳及使用年限长等优点。与聚硫、有机硅等反应型建筑密封膏相比，其价格较低。

聚氨酯弹性密封膏广泛应用于墙板、屋面、伸缩缝等沟缝部位的防水密封工程，以及给排水管道、蓄水池、游泳池、道路桥梁、机场跑道等工程的接缝密封与渗漏修补，也可用于玻璃、金属材料的嵌缝。

（6）丙烯酸密封膏

丙烯酸密封膏中最为常用的是水乳型丙烯酸密封膏，是以丙烯酸乳液为粘结剂，掺入少量表面活性剂、增塑剂、改性剂以及填料、颜料经搅拌研磨而成。

该类密封材料具有良好的粘结性能、弹性和低温柔韧性能，无溶剂污染、无毒、不燃，可在潮湿的基层上施工，操作方便，特别是具有优异的耐候性和耐紫外线老化性能，属于中档建筑密封材料。其适用范围广、价格便宜、施工方便，综合性能明显优于非弹性密封膏和热塑性密封膏，但要比聚氨酯、聚硫、有机硅等密封膏差一些。该密封材料中含有约 15％的水，故在温度低于 0℃时不能使用，而且要考虑其中水分的散发所产生的体积收缩，对吸水性较大的材料如混凝土、石料、石板、木材等多孔材料构成的接缝的密封比较适宜。

水乳型丙烯酸密封膏主要用于外墙伸缩缝、屋面板缝、石膏板缝、给排水管道与楼屋面接缝等处的密封。

9.5　建筑塑料与胶粘剂

建筑塑料、胶粘剂与涂料均属于高分子材料，高分子材料有天然的（如天然橡胶、淀粉、纤维素、蛋白质等）和人工的（三大合成材料，包括合成纤维、合成橡胶和合成树脂）两大类。用于建筑工程中的高分子材料多为人工合成类，其中应用最多的是合成树脂，其次是合成橡胶和合成纤维。

9.5.1 建筑塑料

塑料是以合成树脂为基体材料，加入适量的填料和添加剂，在高温、高压下塑化成型，且在常温、常压下保持制品形状不变的材料。通常塑料的名称是根据树脂的种类确定的。

建筑塑料具有轻质、高强、多功能等特点，符合现代材料发展的趋势，是一种理想的可用于替代木材、部分钢材和混凝土等传统建筑材料的新型材料。世界各国都非常重视塑料在建筑工程中的应用和发展。随着塑料资源的不断开发及工艺的不断完善，塑料性能更加优越，成本不断下降，因而其有着非常广阔的发展前景。

建筑塑料常用作塑料门窗、扶手、踢脚、塑料地板、地面卷材、下线管、上下水管道等等。

1. 塑料的组成

塑料是由作为主要成分的合成树脂和根据需要加入的各种添加剂（助剂）组成的。也可生产出不加任何添加剂的塑料，如有机玻璃、聚乙烯等。

（1）合成树脂

合成树脂是指由低分子量的化合物经过各种化学反应而制得的高分子量的树脂状物质，一般在常温常压下是固体，也有的是黏稠状液体。合成树脂是塑料的基本组成材料，它约占 $30\%\sim60\%$，甚至更多。树脂在塑料中起胶结作用，能将其他的材料牢固地胶结在一起。塑料的性质主要取决于所用树脂，因此塑料的名称也按所用合成树脂的名称命名。

合成树脂按生产时化学反应的不同分为加聚树脂（如聚乙烯、聚氯乙烯等）和缩聚树脂（如酚醛、环氧聚酯）；按受热时性能变化的不同分为热固性树脂和热塑性树脂。热固性塑料的特点是加工时受热软化，成型冷却后再受热则不再变软或改变形状；而热塑性塑料在热作用下会逐渐变软、塑化甚至熔融，冷却后则凝固成型，这一过程可反复进行。

（2）辅助成分——添加剂

添加剂是能够帮助塑料易于成型，或为赋予塑料更好的性能而加入的各种材料的统称。如改善使用温度，提高塑料强度、硬度，增加化学稳定性、抗老化性、阻燃性、抗静电性，提供各种颜色及降低成本等。

1）填料。也称填充剂，在合成树脂中加入填充料可以提高塑料的强度、硬度及耐热性，减少塑料制品的收缩，并能有效地降低塑料的成本。常用的无机填充料有滑石粉、硅藻土、石灰石粉、石棉、炭黑和玻璃纤维等，有机填料有木粉、棉布及纸屑等。

2）增塑剂。塑料中掺加增塑剂的目的是增加塑料的可塑性及柔软性，减少脆性。增塑剂通常是沸点高、难挥发的液体，或是低熔点的固体。其缺点是会降低塑料制品的机械性能及耐热性。常用的增塑剂有邻苯二甲酸酯类、磷酸酯类等。

3）着色剂。一般为有机染料或无机颜料。要求色泽鲜明，着色力强，分散性好，耐热耐晒，与塑料结合牢靠，在成型加工温度下不变色、不起化学反应，不因加入着色剂而降低塑料性能。有时也采用能产生荧光或磷光的颜料。

4) 稳定剂。为防止塑料在热、光及其他条件下过早老化而加入的少量物质称为稳定剂。常用的稳定剂有抗氯化剂和紫外线吸收剂。

5) 其他添加剂。除上述组成材料以外，在塑料生产中还常常加入一定量的其他添加剂，使塑料制品的性能更好、用途更广泛。如加入发泡剂可以制得泡沫塑料，加入阻燃剂可以制得阻燃塑料。在塑料里加入金属微粒如银、铜等可制成导电塑料。加入一些磁铁粉，就制成磁性塑料。掺入放射性物质与发光物质，可制成发光塑料（冷光）等。

2. 塑料的主要性质

1) 密度小。塑料的密度通常在 $800 \sim 2200 kg/m^3$，约为钢材的 $1/5$，混凝土的 $1/2 \sim 2/3$。

2) 孔隙率可控。塑料的孔隙率在生产时可在很大范围内加以控制。例如，塑料薄膜和有机玻璃的孔隙率几乎为零，而泡沫塑料的孔隙率可高达 $95\% \sim 98\%$。

3) 吸水率小。大部分塑料是耐水材料，吸水率很小，一般不超过 1%。

4) 耐热性差。热塑性塑料受热会软化、变形，使用时要注意限制温度。

5) 导热率低。密实塑料的导热系数为 $0.23 \sim 0.70 W/(m \cdot K)$，泡沫塑料的导热系数则接近于空气。

6) 强度较高。如玻璃纤维增强塑料（玻璃钢）的抗拉强度高达 $200 \sim 300 MPa$，许多塑料的抗拉强度与抗弯强度相近。塑料的比强度接近甚至超过钢材。

7) 弹性模量小。弹性模量约为混凝土的 $1/10$，同时具有徐变特性，所以塑料在受力时有较大的变形。

8) 耐腐蚀性好。大多数塑料对酸、碱、盐等腐蚀性物质的作用都具有较高的化学稳定性，但有些塑料在有机溶剂中会溶解或溶胀，使用时应注意。

9) 易老化。在使用条件下，塑料受光、热、大气等作用，内部高聚物的组成与结构发生变化，致使塑料失去弹性，变硬、变脆出现龟裂（分子交联作用引起）或变软、发黏、出现蠕变（分子裂解引起）等现象，这种性质劣化的现象称为老化。

10) 易燃。塑料属于可燃性材料，在使用时应注意，建筑工程用塑料应选择阻燃塑料。

3. 常用的建筑塑料制品

建筑塑料的种类多，应用范围广，用量也在逐步增大。塑钢窗以它节能、耐久、美观等特点在全国强制使用以来，建筑塑料制品越来越受到关注。建筑工程中的下水管和排水管是用硬质聚氯乙烯制造的，建筑上的线管和线槽也是用 PVC 制造的，软质聚氯乙烯还大量用来制造地板卷材和人造革。因为聚丙烯管不结水垢，国家推荐聚丙烯管（PP-R）作为上水管。聚乙烯也可以用来制造水管，聚乙烯和聚丙烯还大量用来制造装饰板及包装材料。聚甲基丙烯酸甲酯也称有机玻璃，透光性非常好，大量用于制造装饰品、灯具及广告箱等，家庭用的吸顶灯罩大都是由有机玻璃制造的。聚苯乙烯用量最大的是发泡制品，发泡制品大量用于包装，聚苯乙烯发泡制品还可用于建筑上的轻质隔墙及保温材料。塑料制品在建筑工程中的应用可参阅表 9.15。

表 9.15　建筑中应用的塑料制品

分　类	主要塑料制品		
装饰材料	塑料地板材料	塑料地砖和卷材	
		塑料涂布地板	
		塑料地毯	
	塑料内墙材料	塑料墙纸	
		三聚氰胺装饰层压板	
		塑料墙面砖	
	塑料门窗	塑料门、塑料窗	
		百叶窗	
	装修线材：踢脚线、挂镜线、扶手、踏步		
	塑料建筑小五金、灯具		
	塑料平顶		
	塑料隔断板		
水暖工程材料	给排水管材、管件、落水管		
	煤气管		
	卫生洁具：浴缸、水箱、洗面池		
防水工程材料	防水卷材、密封嵌缝材料、止水带		
隔热材料	现场发泡泡沫塑料、泡沫塑料		
混凝土工程材料	塑料模板		
墙面及屋顶材料	户墙板		
	屋面板（阳光板等）		
	屋面有机合成塑料（瓦等）		
塑料建筑	充气建筑、塑料建筑物、盒子卫生间、厨房		

（1）塑钢门窗

塑钢门窗是国家重点推广的节能化工建材，其外观平整，色彩多样，不褪色，装饰性强，使用寿命长，且保温、隔声、隔湿、耐腐蚀性能都优于普通的木门窗和金属窗。塑钢门窗主要采用改性硬质聚氯乙烯（PVC-U）经挤出机形成各种型材，有复合型和全塑型两种。型材经过加工，组装成建筑物的门窗。

塑料型材为多腔式结构，具有良好的隔热性能，传热系数甚小，仅为钢材的 $1/357$，铝材的 $1/1250$，使用塑料门窗比使用木窗的房间，冬季室内温度提高 $4\sim5℃$。另外，塑料门窗的广泛使用也给国家节省了大量的木、铝、钢材料，生产同样重量的 PVC 型材的能耗是钢材的 $1/45$，铝材的 $1/8$，因此其经济效益和社会效益都是巨大的。

塑料异型材采用独特的配方，提高了其耐寒性。塑料门窗可长期使用于温差较大的环境中（$-50\sim70℃$），烈日暴晒、潮湿都不会使其出现变质、老化、脆化等现象。最早的塑料门窗已使用 30 年，其材质完好如初，按此推算，正常环境条件下塑料门窗使用寿命可达 50 年以上。

（2）塑料管材

塑料管和传统金属管相比，具有重量轻、耐腐蚀、水流阻力小、不生苔、不易积垢、安装加工方便等特点，受到了管道工程界的青睐。

塑料管材分为硬管与软管。常用的塑料管按主要原料可分为硬质聚氯乙烯（UPVC）塑料管、聚乙烯（PE）塑料管、PEX 管、聚丙烯（PP-R）塑料管、ABS 塑料管、聚丁烯（PB）塑料管、玻璃钢（FRP）管和复合塑料管等。塑料管材的品种有给水管、排水管、雨水管、波纹管、电线穿线管、燃气管等。

（3）塑料扶手、熟料装饰扣板

这些塑料制品都是以聚氯乙烯树脂为主要原料，加入适量助剂，挤压成型的，产品色彩鲜艳、耐老化、手感好，适用于各种民用建筑。

（4）塑料地板

塑料地板是发展最早的塑料类装修材料。与传统的地面材料相比，塑料地板具有质轻、美观、耐磨、耐腐蚀、防潮、防火、吸声、绝热、有弹性、施工简便、易于清洗与保养等特点，使用较为广泛。

塑料地板种类繁多，按所用树脂可分为聚氯乙烯塑料地板、氯乙烯-醋酸乙烯塑料地板、聚乙烯塑料地板、聚丙烯塑料地板，目前绝大部分的塑料地板为聚氯乙烯塑料地板。其按形状可分为块状与卷状，其中块状占的比例大。块状塑料地板可以拼成不同色彩和图案，装饰效果好，也便于局部修补。卷状塑料地板铺设速度快，施工效率高。其按质地可分为硬质地板、半硬质地板与软质地板。

（5）泡沫塑料

泡沫塑料是以各种树脂为基料，加入一定量的发泡剂、催化剂、稳定剂等辅助材料，经加热发泡而成的一种轻质保温隔热、吸声隔音、防振材料。泡沫塑料的孔隙率高达 95%～98%，且孔隙尺寸小于 1.0mm，因而具有优良的隔热保温性能，建筑上常用的有聚苯乙烯泡沫塑料、聚氯乙烯泡沫塑料、聚氨酯泡沫塑料、脲醛泡沫塑料等。

9.5.2 胶粘剂

凡具有良好的粘接性能，可以把两个相同或不同的固体材料牢固地连接在一起的物质，叫做胶粘剂或黏合剂。

随着化学工业的发展，胶粘剂的品种和性能获得了很大发展，越来越广泛地应用于建筑构件、材料等的连接，建筑工程的维修、养护、装饰和堵漏等工程中。这种连接方法与焊接、铆接、热喷涂等工艺相比，有施工方便、设备简单、应力集中小、安全节能、易于异种材料的连接等优点，所以胶粘剂作为一种独立的新型建筑材料越来越受到重视。

1. 胶粘剂的组成

胶粘剂由多组分物质所组成，为了达到理想的粘结效果，除了起基本粘结作用的材料外，通常还加入各种辅助剂。

（1）粘料

粘料是胶粘剂的基本成分，又称基料，对胶粘剂的胶接性能起决定作用。其性质决定了胶粘剂的性能、用途和使用工艺。一般胶粘剂是用粘料的名称来命名的。粘料有天然和合成两种，合成胶粘剂的基料既可用合成树脂、合成橡胶，也可采用二者的共聚体和机械混合物。用于胶接结构受力部位的胶粘剂以热固性树脂为主；用于非受力部位和变形较大部位的胶粘剂以热塑性树脂和橡胶为主。

（2）固化剂

固化剂也是胶粘剂的主要成分，其主要作用是增加胶层的内聚强度。其性质和用量也决定了胶粘剂的某些性能。常用的固化剂有胺类、酸酐类、高分子类和硫黄类等。

（3）填料

一般在胶粘剂中不发生化学反应，加入填料后可改善胶粘剂的性能（如提高强度、降低收缩性，提高耐热性同时可降低成本等），常用填料有金属及其氧化物粉末、水泥、木棉、等。

（4）稀释剂

稀释剂又称溶剂。为了改善工艺性（降低粘度）及延长使用期，常加入稀释剂。但是稀释剂的掺量增加会降低粘结强度。常用的稀释剂有环氧丙烷、丙酮等。

（5）增塑剂和增韧剂

增塑剂和增韧剂能改善胶粘剂的塑性和韧性，提高胶接接头的抗剥离、抗冲击能力以及耐寒性等。常用的增塑剂为有机酯类。

（6）其他添加剂

为满足某些特殊要求，在胶粘剂中还经常掺入防霉剂、稳定剂、阻燃剂、防老化剂、催化剂等。

2. 建筑上常用的胶粘剂

（1）热固型胶粘剂

1）环氧树脂胶粘剂（EP）。环氧树脂胶粘剂的组成材料为合成树脂、固化剂、填料、稀释剂、增韧剂等。随着配方的改进，可以得到不同品种和用途的胶粘剂。环氧树脂对金属、木材、玻璃、硬塑料和混凝土都有很高的黏附力，故有"万能胶"之称。其粘结强度很高，属于结构型胶粘剂。

2）不饱和聚酯树脂（UP）胶粘剂。不饱和聚酯树脂胶粘剂的接缝耐久性和环境适应性较好，并有一定的强度，主要用于制造玻璃钢，也可粘结陶瓷、玻璃钢、金属、木材、人造大理石及混凝土。

3）聚氨酯黏合剂。它是应用广泛的一种黏合剂，其粘结强度高，耐低温性突出，特别是在低温下剥离强度反而增大，这是其他黏合剂所没有的性质。此外，它还具有优良的耐水、耐溶剂、耐臭氧和防霉菌等特性。它的主要缺点是耐热性能较差，所含异氰酸酯基具有一定毒性，使用时应加以注意。

聚氨酯黏合剂既可用于钢、铝等金属材料的粘结，也可用于塑料、橡胶、玻璃、陶瓷、木材等非金属材料的粘结。

4）酚醛树脂黏合剂。酚醛树脂黏合剂以酚醛树脂为基料配制而成，它具有优良的耐热性、耐老化性能、耐水性、耐溶剂性、电绝缘性以及很高的粘结强度，但最大缺点是胶层脆性大、剥离强度较低。目前，采用橡胶改性酚醛树脂作为基料而制得的黏合剂不仅保持了酚醛树脂黏合剂的原有特点，而且黏合剂的柔韧性、拉伸强度、剥离强度以及抗冲强度等性能大为提高。

（2）热塑性合成树脂胶粘剂

1）聚醋酸乙烯胶粘剂（PVAC）。聚醋酸乙烯乳液（常称白乳胶）是由醋酸乙烯单体、水、分散剂、引发剂以及其他辅助材料经乳液聚合而得，是一种使用方便、价格便宜、应用普遍的非结构胶粘剂。

它对于各种极性材料有较好的黏附力，以粘接各种非金属材料为主，如玻璃、陶瓷、混凝土、纤维织物和木材。它的耐热性在 40℃ 以下，对溶剂作用的稳定性及耐水性均较差，且有较大的徐变，多作为室温下工作的非结构胶，如粘贴塑料墙纸、聚苯乙烯或软质聚氯乙烯塑料板以及塑料地板等。另外，可将其加入涂料中，作为主要的成膜物质，也可以加入水泥砂浆中组成聚合物水泥砂浆。

2）聚乙烯醇缩甲醛粘结剂（801 胶）。聚乙烯醇在催化剂存在下同醛类反应，生成聚乙烯醇缩醛，低聚醛度的聚乙烯醇缩甲醛即是以前工程上广泛应用的 107 胶的主要成分。但是 107 胶中游离甲醛含量太高，现已被淘汰。801 胶是在 107 胶中加入尿素后改性而成，游离的甲醛被尿素缩合，所以污染小，胶结力也有所增强。建筑工程中可以用作墙布、墙纸、玻璃、木材、水泥制品的粘结剂。用 801 粘结剂配制的聚合砂浆可用于贴瓷砖、马赛克等，且可提高粘结强度。

3）聚乙烯醇胶粘剂（PVA）。聚乙烯醇由醋酸乙烯酯水解而得，是一种水溶液聚合物。其耐热性、耐水性和耐老化性差，故一般与热固性胶结剂一同使用，适合于胶结木材、纸张、织物等。

（3）合成橡胶胶粘剂

1）氯丁橡胶胶粘剂（CR）。氯丁橡胶胶粘剂是目前橡胶胶粘剂中广泛应用的溶液型胶。它由氯丁橡胶、氧化镁、防老剂、抗氧剂及填料等混炼后溶于溶剂而成。这种胶粘剂对水、油、弱酸、弱碱、脂肪烃和醇类都有良好的抵抗性，可在 −50～+80℃ 下工作，具有较高的初黏力和内聚强度，但有徐变性，易老化，多用于结构粘结或不同材料的粘结。为改善性能可掺入油溶性酚醛树脂，配成氯丁酚醛胶。它可在室温下固化，适于粘结包括钢、铝、铜、陶瓷、水泥制品、塑料和硬质纤维板等多种金属和非金属材料。工程上常用在水泥砂浆墙面或地面上粘贴塑料或橡胶制品。

2）丁腈橡胶（NBR）胶粘剂。其最大特点是耐油性能好，抗剥离强度高，对脂肪烃和非氧化性酸有良好的抵抗性，加上橡胶的高弹性，所以更适于柔软的或热膨胀系数相差悬殊的材料之间的粘结，如黏合聚氯乙烯板材、聚氯乙烯泡沫塑料等。为获得更大的强度和弹性，可将丁腈橡胶与其他树脂混合。它主要用于橡胶制品，以及橡胶与金属、织物、木材的粘结。

习　题

9.1　石油沥青的组分是什么？各对其性质有什么影响？

9.2　石油沥青的主要技术性质是什么？各用什么指标表示？其指标与沥青的牌号有什么关系？

9.3 何为沥青的老化？如何防止？

9.4 工程中为什么多使用改性沥青？常用的改性方法有哪些？

9.5 常用建筑防水卷材的品种有哪些？各自性能和应用是什么？

9.6 常用的建筑防水涂料的品种有哪些？各自的特点和应用范围如何？

9.7 建筑密封材料的性能有什么要求？常用品种有哪些？主要用途是什么？

9.8 塑料有哪些组成？其主要成分树脂有哪些种类？

9.9 简述塑性的主要性质、常用品种及工程应用。

9.10 建筑装饰涂料按使用部位分哪几类？各有什么要求？常用品种有哪些？

第 10 章
墙 体 材 料

【知识点】

 1. 砌墙砖的种类、技术要求及工程应用。

 2. 砌块的种类、技术要求及工程应用。

 3. 新型墙用板材。

【学习要求】

 1. 掌握砌墙砖的分类、主要技术性质及工程应用。

 2. 掌握加气混凝土砌块和普通混凝土小型空心砌块的技术性质及应用。

 3. 了解非烧结砖、其他砌块、各种墙板的技术性质及应用。

 4. 了解砌体材料的发展趋势和有关墙体材料改革的动态。

在 房屋建筑中，墙体具有承重、围护、隔断、保温隔热等作用。墙体材料主要是指砖、砌块、墙板等，合理选材对建筑物的功能、安全以及造价等均具有重要意义。

10.1 砌 墙 砖

10.1.1 烧结普通砖

烧结普通砖是指以黏土、页岩、煤矸石或粉煤灰等为主要原料，经成型、焙烧而成的实心或孔洞率不大于 15% 的砖。烧结普通砖为矩形体，标准尺寸是 240mm×115mm×53mm。根据所用原料不同，可分为烧结黏土砖（N）、烧结页岩砖（Y）、烧结煤矸石砖（M）、烧结粉煤灰砖（F）。

为了节约燃料，常将炉渣等可燃物的工业废渣掺入黏土中，用以烧制而成的砖称为内燃砖。按颜色（由砖坯在窑内焙烧气氛及黏土中铁的氧化物变化情况决定）可将砖分为红砖和青砖。按焙烧火候可将砖分为欠火砖、正火砖和过火砖。欠火砖色浅、断面包心（黑心或白心）、敲击声哑、孔隙率大、强度低、耐久性差。过火砖色较浅、敲击声脆、较密实、强度高、耐久性好，但会有较大的变形。欠火砖及变形较大的过火砖均为不合格砖。

1. 烧结普通砖的技术要求

根据国家标准《烧结普通砖》（GB 5101—2003）的规定，烧结普通砖的技术要求包括尺寸偏差、外观质量、强度等级、抗风化性、泛霜和石灰爆裂等。强度、抗风化性能和放射性物质合格的砖，根据尺寸偏差、外观质量、泛霜和石灰爆裂等情况分为优等品（A）、一等品（B）、合格品（C）三个质量等级。烧结普通砖优等品用于清水墙的砌筑，一等品、合格品可用于混水墙的砌筑。中等泛霜的砖不能用于潮湿部位。

（1）尺寸偏差

烧结普通砖为矩形块体材料，其标准尺寸为 240mm×115mm×53mm。在砌筑时加上砌筑灰缝宽度 10mm，则 1m³ 砖砌体需用 512 块砖。每块砖的 240mm×115mm 的面称为大面，240mm×53mm 的面称为条面，115mm×53mm 的面称为顶面，参见图 10.1。

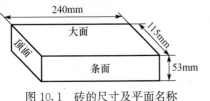

图 10.1　砖的尺寸及平面名称

为保证砌筑质量，要求烧结普通砖的尺寸偏差必须符合国家标准（GB 5101—2003）的规定，见表 10.1。

表 10.1　烧结普通砖尺寸允许偏差（mm）

公称尺寸	优等品		一等品		合格品	
	样本平均偏差	样本极差（≤）	样本平均偏差	样本极差（≤）	样本平均偏差	样本极差（≤）
240	±2.0	6	±2.5	7	±3.0	8
115	±1.5	5	±2.0	6	±2.5	7
53	±1.5	4	±1.6	5	±2.0	6

（2）外观质量

砖的外观质量包括两条面高度差、弯曲、杂质凸出高度、缺棱掉角、裂纹、完整面等内容，各项内容均应符合表 10.2 的规定。

表 10.2　烧结普通砖的外观质量（mm）

项　目		优等品	一等品	合格品
两条面高度差（≤）		2	3	4
弯曲（≤）		2	3	4
杂质凸出高度（≤）		2	3	4
缺棱掉角的三个破坏尺寸不得同时大于		5	20	30
裂纹长度（≤）	（1）大面上宽度方向及其延伸至条面的长度	30	60	80
	（2）大面上长度方向及其延伸至顶面的长度或条顶面上水平裂纹的长度	50	80	100
完整面不得少于		两条面和两顶面	一条面和一顶面	—
颜色		基本一致	—	—

注：1）为装饰而加的色差，凹凸面、拉毛、压花等不算作缺陷。

　　2）凡有下列缺陷者，不得称为完整面：

　　• 缺损在条面或顶面上造成的破坏面尺寸同时大于 10mm×10mm。

　　• 条面或顶面上裂纹宽度大于 1mm，其长度超过 30mm。

　　• 压陷、粘底、焦花在条面或顶面上的凹陷或凸出超过 2mm，区域尺寸同时大于 10mm×10mm。

（3）强度等级

烧结普通砖按抗压强度分为 MU30、MU25、MU20、MU15、MU10 五个强度等级。测定强度时，试样数量为 10 块，根据测定值计算砖的抗压强度平均值，并分别按下列公式计算强度标准差、变异系数和强度标准值。

$$S = \sqrt{\frac{1}{9} \sum_{i=1}^{10} (f_i - \overline{f})^2} \qquad (10.1)$$

$$\delta = \frac{S}{\overline{f}} \qquad (10.2)$$

$$f_k = \overline{f} - 1.8S \qquad (10.3)$$

式中：S——10 块砖试样的抗压强度标准差，MPa；

δ——强度变异系数；

$\overline{f}$——10 块砖试样的抗压强度平均值，MPa；

f_i——单块砖试样的抗压强度测定值，MPa；

f_k——抗压强度标准值，MPa。

各强度等级砖的强度值应符合表 10.3 的规定。

表 10.3　烧结普通砖强度等级（MPa）

强度等级	抗压强度平均值 $\overline{f}$（≥）	变异系数 $\delta \leqslant 0.21$ 强度标准值 f_k（≥）	变异系数 $\delta > 0.21$ 单块最小抗压强度值 f_{min}（≥）
MU30	30.0	22.0	25.0
MU25	25.0	18.0	22.0
MU20	20.0	14.0	16.0
MU15	15.0	10.0	12.0
MU10	10.0	6.5	7.5

（4）泛霜

泛霜是指黏土原料中含有硫、镁等可溶性盐类时，随着砖内水分蒸发而在砖表面产生的盐析现象，一般为白色粉末，常在砖表面形成絮团状斑点。轻微泛霜即对清水砖墙建筑外观产生较大影响。中等程度泛霜的砖用于建筑中的潮湿部位时，约 7～8 年后因盐析结晶膨胀，将使砖砌体表面产生粉化剥落；在干燥环境中使用，约经 10 年以后也将开始剥落。严重泛霜对建筑结构的破坏性则更大。要求优等品无泛霜现象，一等品不允许出现中等泛霜，合格品不允许出现严重泛霜。

（5）石灰爆裂

如果烧结砖原料中夹杂有石灰石成分，在烧砖时可被烧成生石灰，砖吸水后生石灰熟化产生体积膨胀，导致砖发生胀裂破坏，这种现象称为石灰爆裂。石灰爆裂严重影响烧结砖的质量，并降低砌体强度。国家标准《烧结普通砖》（GB 5101—2003）规定：优等品砖不允许出现最大破坏尺寸大于 2mm 的爆裂区域，一等品砖不允许出现最大破坏尺寸大于 10mm 的爆裂区域，合格品砖不允许出现最大破坏尺寸大于 15mm 的爆裂区域。

（6）抗风化性能

抗风化性能是在干湿变化、温度变化、冻融变化等物理因素作用下，材料不破坏并长期保持原有性质的能力。抗风化性能是烧结普通砖重要的耐久性能之一，对砖的抗风化性要求应根据各地区风化程度的不同而定。烧结普通砖的抗风化性通常以其抗冻性、吸水率及饱和系数等指标判别。国家标准《烧结普通砖》（GB 5101—2003）规定：风化指数大于等于 12 700 时为严重风化区；风化指数小于 12 700 时为非严重风化区。属于严重风化区的砖必须进行冻融试验，其他风化地区的砖抗风化性能符合规定时可不做冻融试验，见表 10.4。

表 10.4 抗风化性能

砖种类	严重风化区				非严重风化区			
	5h沸煮吸水率（≤）/%		饱和系数（≤）		5h沸煮吸水率（≤）/%		饱和系数（≤）	
	平均值	单块最大值	平均值	单块最大值	平均值	单块最大值	平均值	单块最大值
黏土砖	18	20	0.85	0.87	19	20	0.88	0.90
粉煤灰砖	21	23			23	25		
页岩砖	16	18	0.74	0.77	18	20	0.78	0.80
煤矸石砖								

注：粉煤灰掺入量（体积分数）小于 30% 时，按黏土砖规定判定。

2. 烧结普通砖的性质与应用

烧结普通砖具有较高的强度，又因多孔结构而具有良好的绝热性、透气性和稳定性，还具有较好的耐久性及隔热、保温等性能，加上原料广泛，工艺简单，是应用历史最长、应用范围最为广泛的砌体材料之一，广泛用于砌筑建筑物的墙体、柱、拱、烟囱、窑身、沟道及基础等。

由于烧结黏土砖主要以毁田取土烧制，加上其自重大、施工效率低及抗震性能差等缺点，已不能适应建筑发展的需要。原建设部已作出禁止使用烧结黏土砖的相关规定。随着墙体材料的发展和推广，烧结黏土砖必将被其他墙体材料所取代。

10.1.2 烧结多孔砖和多孔砌块

烧结普通砖具有自重大、体积小、生产能耗高、施工效率低等缺点，用烧结多孔砖和多孔砌块代替烧结普通砖，可使建筑物自重减轻 30% 左右，节约黏土 20%～30%，节省燃料 10%～20%，施工工效提高 40%，并能改善砖的隔热隔声性能。所以，推广使用烧结多孔砖和多孔砌块是加快我国墙体材料改革，促进墙体材料工业技术进步的重要措施之一。

烧结多孔砖和多孔砌块是以黏土、页岩、煤矸石、粉煤灰、淤泥及其他固体废弃物等为主要原料，经焙烧制成，其生产工艺与烧结普通砖相同，但由于坯体有孔洞，增加了成型的难度，对原料的可塑性要求更高。

现行标准《烧结多孔砖和多孔砌块》（GB 13544—2011）对产品的分类、规格、等级和标记，产品的技术要求和检验方法等均作了明确规定。

1. 分类

烧结多孔砖和多孔砌块按主要原料分为黏土砖和黏土砌块（N）、页岩砖和页岩砌块（Y）、煤矸石砖和煤矸石砌块（M）、粉煤灰砖和粉煤灰砌块（F）、淤泥砖和淤泥砌块（U）、固体废弃物砖和固体废弃物砌块（G）。

2. 规格

烧结多孔砖和多孔砌块的外形一般为直角六面体，其长度、宽度、高度尺寸应符合下列要求：

砖（mm）：290、240、190、180、140、115、90。

砌块（mm）：490、440、390、340、290、240、190、180、140、115、90。

为提高砖砌体的整体性，在砖（砌块）与砂浆的接合面上设有增加结合力的粉刷槽和砌筑砂浆槽，并应符合下列要求：

粉刷槽：混水墙用砖和砌块，应在条面和顶面上设有均匀分布的粉刷槽或类似结构，深度不小于 2mm。

砌筑砂浆槽：砌块至少应在一个条面或顶面上设有砌筑砂浆槽。两个条面或顶面都有砌筑砂浆槽时，砌筑砂浆槽深应大于 15mm 且小于 25mm；只有一个条面或顶面有砌筑砂浆槽时，砌筑砂浆槽深应大于 30mm 且小于 40mm。砌筑砂浆槽宽应超过砂浆槽所在砌块面宽度的 50%。

烧结多孔砖和多孔砌块的外形示意图见图 10.2～图 10.5。

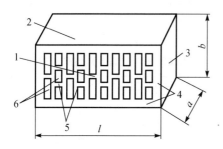

图 10.2　烧结多孔砖各部位名称示意图

1. 大面（坐浆面）；2. 条面；3. 顶面；4. 外壁；

5. 肋；6. 孔洞；

l. 长度；a. 宽度；b. 高度

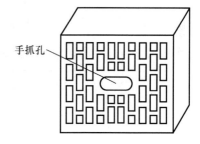

图 10.3　烧结多孔砖孔洞排列示意

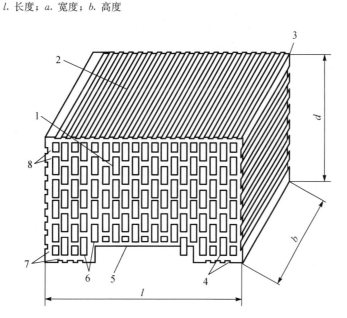

图 10.4　烧结多孔砌块各部位名称示意图

1. 大面（坐浆面）；2. 条面；3. 顶面；4. 粉刷沟槽；5. 砂浆槽；6. 肋；7. 外壁；8. 孔洞；

l. 长度；b. 宽度；d. 高度

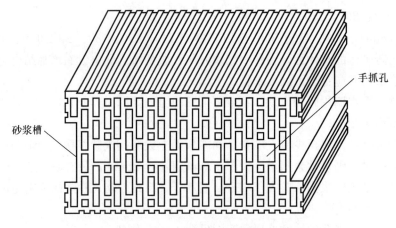

图 10.5　烧结多孔砌块孔洞排列示意图

孔形、孔结构及孔洞率要求见表 10.5。

表 10.5　烧结多孔砖和多孔砌块孔型孔结构及孔洞率要求（摘自 GB 13544—2011）

孔　形	孔洞尺寸/mm		最小外壁厚/mm	最小肋厚/mm	孔洞率/%		孔洞排列
	孔宽边	孔长边			砖	砌块	
矩形条孔或矩形孔	≤13	≤40	≥12	≥5	≥28	≥33	1. 所有孔宽应相等。孔采用单向或双方交错排列 2. 孔洞排列上下、左右应对称，分布均匀，手抓孔的长度方向尺寸必须平行于砖的条面

注：1）矩形孔的孔长 L、孔宽 b 满足式 $L \geq 3b$ 时，为矩形条孔。
　　2）孔四个角应做成过渡圆角，不得做成直尖角。
　　3）如设有砌筑砂浆槽，则砌筑砂浆槽不计算在孔洞率内。
　　4）规格大的砖和砌块应设置手抓孔，手抓孔尺寸为 (30~40)mm×(75~85)mm。

3. 强度等级

烧结多孔砖和多孔砌块的强度标准值是指具有 95% 保证率的强度，计算方法同普通黏土烧结砖。

根据抗压强度平均值 f、强度标准值 f_k 将烧结多孔砖和多孔砌块的强度分为 MU30、MU25、MU20、MU15、MU10 五个等级，其要求见表 10.6。

表 10.6　烧结多孔砖和多孔砌块强度等级（摘自 GB 13544—2011）

强度等级	抗压强度平均值（≥）/MPa	强度标准值（≥）/MPa
MU30	30.0	22
MU25	25.0	18
MU20	20.0	14
MU15	15.0	10.0
MU10	10.0	6.5

4. 密度等级

根据烧结多孔砖和多孔砌块干燥状态下表观密度平均值将砖的密度等级分为 1000、1100、1200、1300 四个等级，砌块分为 900、1000、1100、1200 四个等级，其规定见表 10.7。

表 10.7 烧结多孔砖和多孔砌块密度等级（摘自 GB 13544—2011）

密度等级/(kg/m³)		3 块砖或砌块干燥表观密度平均值/(kg/m³)
砖	砌块	
—	900	≤900
1000	1000	900～1000
1100	1100	1000～1100
1200	1200	1100～1200
1300	—	1200～1300

5. 尺寸允许偏差

烧结多孔砖和多孔砌块的尺寸允许偏差应符合表 10.8 的规定。

表 10.8 烧结多孔砖和多孔砌块尺寸允许偏差（摘自 GB 13544—2011）

尺寸/mm	样本平均偏差/mm	样本极差（≤）/mm
＞400	±3.0	10.0
300～400	±2.5	9.0
200～300	±2.5	8.0
100～200	±2.0	7.0
＜100	±1.5	6.0

6. 外观质量

烧结多孔砖和多孔砌块的外观质量应符合表 10.9 的规定。

表 10.9 烧结多孔砖和多孔砌块外观质量（摘自 GB 13544—2011）

项　目		指　标
1. 完整面	不得少于	一条面和一顶面
2. 缺棱掉角的三个破坏尺寸	不得同时大于	30mm
3. 裂纹长度		
（1）大面（有孔面）上深入孔壁 15mm 以上宽度方向及其延伸到条面的长度	不大于	80mm
（2）大面（有孔面）上深入孔壁 15mm 以上长度方向及其延伸到条面的长度	不大于	100mm
（3）条顶面上的水平裂纹	不大于	100mm
4. 杂质在砖或砌块面上造成的凸出高度	不大于	5mm

注：凡有下列担缺陷之一者，不能称为完整面：
1）缺损在条面或顶面上造成的破坏面尺寸同时大于 20mm×30mm。
2）条面或顶面上裂纹宽度大于 1mm，其长度超过 70mm。
3）压陷、焦花、粘底在条面或顶面上的凹陷或凸出超过 2mm，区域最大投影尺寸同时大于 20mm×30mm。

7. 泛霜

要求每块砖或砌块不允许出现严重泛霜。

8. 石灰爆裂

要求：

1）破坏尺寸大于 2mm 且小于或等于 15mm 的爆裂区域，每组砖和砌块不得多于 15 处，其中大于 10mm 的不得多于 7 处。

2）不允许出现破坏尺寸大于 15mm 的爆裂区域。

9. 抗风化性能

用于严重风化地区的砖、砌块和其他地区以淤泥、固体废弃物为主要原料生产的砖和砌块必须进行冻融试验；其他地区以黏土、粉煤灰、页岩、煤矸石为主要原料生产的砖和砌块的抗风化性能符合表 10.10 的规定时可不做冻融试验，否则必须进行冻融试验。冻融试验要求：15 次冻融循环后，每块砖和砌块不允许出现裂纹、分层、掉皮、缺棱掉角等冻坏现象。

表 10.10　烧结多孔砖和多孔砌块抗风化性能（摘自 GB 13544—2011）

种　类	项　目							
	严重风化区				非严重风化区			
	5h 沸煮吸水率（≤）/%		饱和系数（≤）		5h 沸煮吸水率（≤）/%		饱和系数（≤）	
	平均值	单块最大值	平均值	单块最大值	平均值	单块最大值	平均值	单块最大值
黏土砖和砌块	21	23	0.85	0.87	23	25	0.88	0.90
粉煤灰砖和砌块	23	25			30	32		
页岩砖和砌块	16	18	0.74	0.77	18	20	0.78	0.80
煤矸石砖和砌块	19	21			21	23		

10. 检验抽样数量及判定规则

不同检验项目所需抽样数量及判定规则见表 10.11。

表 10.11　烧结多孔砖和多孔砌块检验抽样数量要求及判定规则（摘自 GB 13544—2011）

序　号	检验项目	抽样数量/块	判定规则
1	外观质量	50（$n_1=n_2=50$）	根据表 10.9 检验，不合格品数为 d_1，$d_1 \leqslant 7$ 时，合格；$d_1 \geqslant 11$ 时，不合格*
2	尺寸允许偏差	20	尺寸允许偏差应符合表 10.8 的规定，否则判不合格
3	密度等级	3	密度的试验结果应符合表 10.7 的规定，否则判不合格
4	强度等级	10	强度的试验结果应符合表 10.6 的规定，否则判不合格
5	孔型孔结构及孔洞率	3	孔形、孔结构及孔洞率应符合表 10.5 的规定，否则判不合格
6	泛霜	5	每块砖或砌块不允许出现严重泛霜，否则判不合格

续表

序　号	检验项目	抽样数量/块	判定规则
7	石灰爆裂	5	破坏尺寸符合规定，否则判不合格
8	吸水率和饱和系数	6	抗风化性能符合表 10.10 的规定，否则判不合格
9	冻融	5	15 次冻融循环后不出现裂纹、分层、掉皮、缺棱掉角，否则判不合格
10	放射性核素限量	3	放射性核素限量符合 GB 6566 的规定，否则判不合格

注：外观检验的样品中有欠火砖（砌块）、酥砖（砌块），则判该批产品不合格。

*d_1>7，且 d_1<11 时，需再次从该产品批中抽样 50 块检验，检查出不合格品数 d_2，按下列规则判定：(d_1+d_2)≤18，外观质量合格；(d_1+d_2)≥19，外观质量不合格。

11. 产品标识与应用

烧结多孔砖和多孔砌块的产品标识按产品名称、品种、规格、强度等级、密度等级和标准编号顺序编写。如规格尺寸 290mm×140mm×90mm、强度等级 MU25、密度为 1200 级的黏土烧结多孔砖，其标记为烧结多孔砖 N 290×140×90 MU25 1200 GB 13544—2011。

烧结多孔砖作为承重结构使用，由于具有良好的保温隔热性能、透气性能和优良的耐久性能，因而在我国城乡得到广泛应用。而高强度、高孔洞率、高节能效果的烧结多孔砌块在德国等欧洲国家已普遍生产和应用多年，但在我国则处于起步阶段。

10.1.3　烧结空心砖

烧结空心砖是以黏土、页岩或粉煤灰为主要原料烧制成的主要用于非承重部位的空心砖。烧结空心砖自重较轻，强度较低，多用作非承重墙，如多层建筑内隔墙或框架结构的填充墙等。根据现行标准《烧结空心砖》（GB 13545—2003），其主要技术要求如下。

1. 尺寸规格

烧结空心砖的外形为直角六面体，长、宽、高应符合 390mm、290mm、240mm、190mm、180mm、140mm、115mm、90mm 的模数要求。孔洞为矩形条孔或其他孔形，孔洞平行于大面和条面，孔洞率一般在 35% 以上。空心砖形状见图 10.6。

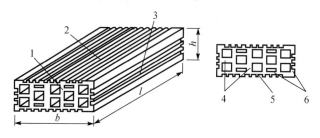

图 10.6　烧结空心砖外形

1. 顶面；2. 大面；3. 条面；4. 肋；5. 壁；6. 外壁；

l. 长度；b. 宽度；h. 高度

2. 强度等级

根据空心砖大面的抗压强度，将烧结空心砖分为 MU10.0、MU7.5、MU5.0、MU3.5、MU2.5 五个强度等级，各产品等级的强度应符合标准的规定（表 10.12）。

表 10.12　烧结空心砖强度等级（摘自 GB 13545—2003）

强度等级	抗压强度/MPa			密度等级范围 /(kg/m³)
	抗压强度平均值 $\overline{f}$（≥）	变异系数 $\delta \leqslant 0.21$	变异系数 $\delta > 0.21$	
		强度标准值 f_k（≥）	单块最小抗压强度值 f_{min}（≥）	
MU10.0	10.0	7.0	8.0	≤1100
MU7.5	7.5	5.0	5.8	
MU5.0	5.0	3.5	4.0	
MU3.5	3.5	2.5	2.8	
MU2.5	2.5	1.6	1.8	≤800

3. 密度等级

按砖的体积密度不同把空心砖分成 800、900、1000 和 1100 四个密度等级，对应的表观密度平均值（5 块）分别为：≤800kg/m³，801～900kg/m³，901～1000kg/m³，1001～1100kg/m³。

4. 其他技术要求

除了上述要求外，烧结空心砖的技术要求还包括外观质量、尺寸偏差、冻融、泛霜、石灰爆裂、吸水率等。产品的外观质量、物理性能均应符合标准规定。各质量等级的烧结空心砖的泛霜、石灰爆裂性能要求与烧结普通砖相同。

强度、密度、抗风化性能和放射性物质合格的空心砖，根据尺寸偏差、外观质量、孔洞排列及物理性能（结构、泛霜、石灰爆裂、吸水率）分为优等品（A）、一等品（B）和合格品（C）三个质量等级。

10.1.4　蒸压砖

蒸压砖属硅酸盐制品，是以石灰和含硅材料（砂子、粉煤灰、煤矸石、炉渣和页岩等）加水拌和、成型、蒸养或蒸压而制成的，目前使用的主要有粉煤灰砖、灰砂砖和煤渣砖，其规格尺寸与烧结普通砖相同。

1. 蒸压粉煤灰砖

粉煤灰砖是以粉煤灰、石灰和水泥为主要原料，掺入适量石膏、骨料和颜料，加水混合拌成坯料，经陈伏、轮碾、加压成型，再经常压或高压蒸汽养护而制成的一种墙体材料。

现行行业标准《粉煤灰砖》（JC 239—2001）规定，粉煤灰砖分彩色（Co）和本色（N）两种；根据抗压强度和抗折强度分为 MU30、MU20、MU15、MU10、MU7.5 五个强度等级；按尺寸偏差、外观质量、强度和干燥收缩率分为优等品（A）、一等品

(B) 和合格品 (C)，其中优等品强度不应低于 MU15，优等品和一等品的干燥收缩率不应大于 0.65mm/m，合格品的干燥收缩率不应大于 0.75mm/m。

粉煤灰砖出窑后，应存放一段时间后再用，以减少相对伸缩量。用于易受冻融作用的建筑部位时要进行抗冻性检验，并采取适当措施，以提高建筑物耐久性；用于砌筑建筑物时，应适当增设圈梁及伸缩缝或采取其他措施，以避免或减少收缩裂缝的产生。粉煤灰砖可用于建筑物的墙体和基础，但用于基础和易受冻融、干湿交替作用的建筑部位必须使用 MU15 及以上强度等级的砖，不得使用于长期受高于 200℃ 温度作用、急冷急热以及酸性介质侵蚀的建筑部位。

2. 蒸压灰砂砖

灰砂砖是用石灰和天然砂为主要原料，掺入颜料及外加剂，经磨细、配料、混合搅拌、加压成型、蒸压养护而制得的墙体材料。

现行标准《蒸压灰砂砖》(GB 11945—1999) 规定，蒸压灰砂砖分彩色 (Co) 和本色 (N) 两种；按抗压强度和抗折强度分为 MU25、MU20、MU15、MU10 四个强度等级；根据尺寸偏差、外观质量、强度及抗冻性分为优等品 (A)、一等品 (B) 和合格品 (C) 三个等级。

灰砂砖表面光滑平整，使用时注意提高砖与砂浆之间的粘结力；其耐水性良好，但抗流水冲刷的能力较弱，可长期在潮湿、不受冲刷的环境使用；15 级以上的砖可用于基础及其他建筑部位，10 级砖只可用于防潮层以上的建筑部位；不得使用于长期受高于 200℃ 温度作用、急冷急热和酸性介质侵蚀的建筑部位。

10.2　墙　用　砌　块

砌块是用于砌筑的、形体大于砌墙砖的人造块材，一般为直角六面体，按产品主规格的尺寸可分为大型砌块（高度大于 980mm）、中型砌块（高度为 380～980mm）和小型砌块（高度大于 115mm、小于 380mm）。砌块高度一般不大于长度或宽度的 6 倍，长度不超过高度的 3 倍。根据需要也可生产各种异形砌块。

砌块是一种新型墙体材料，可以充分利用地方资源和工业废料，并可节省黏土资源和改善环境。其具有生产上工艺简单，原料来源广，适应性强，制作及使用方便灵活，还可改善墙体功能等特点，因此发展较快。

砌块的分类方法很多，按用途可分承重砌块和非承重砌块；按有无孔洞可分为实心砌块（无孔洞或空心串小于 25%）和空心砌块（空心率 > 25%）；按材质又可分为硅酸盐砌块、轻骨料混凝土砌块、混凝土砌块等。

10.2.1　蒸压加气混凝土砌块

蒸压加气混凝土砌块是以钙质材料（水泥、石灰等）、硅质材料（砂、矿渣、粉煤灰等）以及加气剂（铝粉等），经配料、搅拌、浇注、发气、切割和蒸压养护而成的多孔轻质块体材料。根据《蒸压加气混凝土砌块》(GB 11968—2006) 规定，其主要技术指标及要求如下。

1. 规格尺寸

砌块的外形为直角六面体。长度为 600mm。宽度为 100mm、125mm、150mm、200mm、250mm、300mm 或 120mm、180mm、240mm。高度为 200mm、250mm、300mm。

2. 强度等级

砌块按抗压强度分为 A1.0、A2.0、A2.5、A3.5、A5.0、A7.5、A10 七个强度等级，见表 10.13。

表 10.13　加气混凝土砌块的强度等级（摘自 GB 11968—2006）

强度等级	立方体抗压强度/MPa		强度等级	立方体抗压强度/MPa	
	平均值（≥）	单块最小值（≥）		平均值（≥）	单块最小值（≥）
A1.0	1.0	0.8	A5.0	5.0	4.0
A2.0	2.0	1.6	A7.5	7.5	6.0
A2.5	2.5	2.0	A10.0	10.0	8.0
A3.5	3.5	2.8	—	—	—

3. 密度等级

按干体积密度分为 B03、B04、B05、B06、B07、B08 六个级别。

4. 质量等级

按尺寸偏差、外观质量、干密度、抗压强度和抗冻性分为优等品（A）、合格品（C），其主要指标要求见表 10.14。

表 10.14　加气混凝土砌块的主要技术指标（摘自 GB 11968—2006）

干密度级别			B03	B04	B05	B06	B07	B08
强度等级	优等品		A1.0	A2.0	A3.5	A5.0	A7.5	A10.0
	合格品				A2.5	A3.5	A5.0	A7.5
干密度（≤）/(kg/m³)	优等品		300	400	500	600	700	800
	合格品		325	425	525	625	725	825
热导率（≤）/[W/(m·K)]			0.10	0.12	0.14	0.16	0.18	0.20
抗冻性	冻后强度（≥）/MPa	优等品	0.8	1.6	2.8	4.0	6.0	8.0
		合格品			2.0	2.8	4.0	6.0
	质量损失（≤）/%		5.0					
干燥收缩（≤）/(mm/m)	标准法		0.5					
	快测法		0.5					

5. 应用

加气混凝土砌块质量轻，具有保温、隔热、隔音性能好，抗震性强、热导率低、传热速度慢、耐火性好、易于加工、施工方便等特点，是应用较多的轻质墙体材料之一，适用于低层建筑的承重墙、多层建筑的间隔墙和高层框架结构的填充墙，作为保温隔热材料也可用于复合墙板和屋面结构中。在无可靠的防护措施时，该类砌块不得用于处于水中、高湿度、有碱化学物质侵蚀等环境中，也不得用于建筑物的基础和温度长期高于80℃的建筑部位。

10.2.2　混凝土空心砌块

该种砌块主要是以普通混凝土拌和物为原料，经成型、养护而成的空心块体墙材，有承重砌块和非承重砌块两类。为减轻自重，非承重砌块可用炉渣或其他轻质骨料配制。

1. 混凝土小型空心砌块

（1）尺寸规格

混凝土小型空心砌块主规格尺寸为 390mm×190mm×190mm，一般为单排孔，也有双排孔，其空心率为 25%～50%，如图 10.7 所示。其他规格尺寸可由供需双方协商。

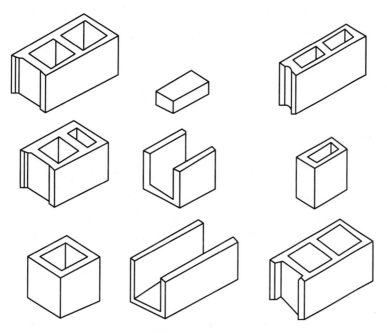

图 10.7　混凝土空心砌块外形示意图

（2）强度等级

按砌块抗压强度分为 MU3.5、MU5.0、MU7.5、MU10.0、MU15.0、MU20.0 六个强度等级，具体指标见表 10.15。

表 10.15　混凝土小型空心砌块的抗压强度（摘自 GB 8239—1997）

强度等级		MU3.5	MU5.0	MU7.5	MU10.0	MU15.0	MU20.0
抗压强度 /MPa	平均值（≥）	3.5	5.0	7.5	10.0	15.0	20.0
	单块最小值（≥）	2.8	4.0	6.0	8.0	12.0	16.0

（3）应用

该类小型砌块适用于地震设计烈度为 8 度及 8 度以下地区的一般民用与工业建筑物的墙体。出厂时的相对含水率必须满足标准要求；施工现场堆放时，必须采取防雨措施；砌筑前不允许浇水预湿。

2. 轻集料混凝土小型空心砌块

轻集料混凝土小型空心砌块是以陶粒、膨胀珍珠岩、浮石、火山渣、煤渣、自燃煤矸石等各种轻粗细集料和水泥按一定比例配制，经搅拌、成型、养护而成，体积密度小于 1400kg/m³ 的轻质混凝土小砌块。

轻集料混凝土小型空心砌块按孔的排数分为实心、单排孔、双排孔、三排孔和四排孔五类；按表观密度分为 500、600、700、800、900、1000、1200、1400 八个等级；按强度等级分为 MU1.5、MU2.5、MU3.5、MU5.0、MU7.5、MU10.0 六个等级。其各项性能指标应符合国家标准《轻集料混凝土小型空心砌块》（GB 15229—2002）的要求。

轻集料混凝土小型空心砌块是一种轻质高强、能取代普通黏土砖的很有发展前景的墙体材料，不仅可用于承重墙，还可以用于既承重又保温或专门保温的墙体，更适合于高层建筑的填充墙和内隔墙。

10.3　墙　　板

10.3.1　水泥类墙板

水泥类的墙用板材具有较好的力学性能和耐久性，生产技术成熟，产品质量可靠，可用于承重墙、外墙和复合墙板的外层面。其主要缺点是体积密度大，抗拉强度低（大板在起吊过程中易受损）。生产中可制作预应力空心板材以减轻自重和改善隔音隔热性能，也可制作以纤维等增强的薄型板材，还可在水泥类板材上制作成具有装饰效果的表面层（如花纹线条装饰、露骨料装饰、着色装饰等）。

1. 轻集料混凝土配筋板

轻集料混凝土配筋板可用于非承重外墙板、内墙板、楼板、屋面板和阳台板等。

2. 玻璃纤维增强低碱度水泥轻质板（GRC 板）

该空心板是以低碱水泥为胶结料，耐碱玻璃纤维或其网格布为增强材料，膨胀珍珠岩为骨料（也可用炉渣、粉煤灰等），并配以发泡剂和防水剂等，经配料、搅拌、浇注、振动成型、脱水、养护而成，可用于工业和民用建筑的内隔墙及复合墙体的外墙面。

3. 纤维增强低碱度水泥建筑平板

该板是以低碱水泥、耐碱玻璃纤维为主要原料，加水混合成浆，经制浆、抄取、制坯、压制、蒸养而成的薄型平板。其中，掺入石棉纤维的称为 TK 板，不掺的称为

NTK 板。其质量轻、强度高、防潮、防火、不易变形，可加工性（锯、钻、钉及表面装饰等）好，适用于各类建筑物的复合外墙和内隔墙，特别是高层建筑有防火、防潮要求的隔墙。

4. 水泥木丝板

该板是以木材下脚料经机械刨切成均匀木丝，加入水泥、水玻璃等经成型、冷压、养护、干燥而成的薄型建筑平板。它具有自重轻、强度高、防火、防水、防蛀、保温、隔音等性能，可进行锯、钻、钉、装饰等加工，主要用于建筑物的内外墙板、天花板、壁橱板等。

5. 水泥刨花板

该板以水泥和木板加工的下脚料——刨花为主要原料，加入适量水和化学助剂，经搅拌、成型、加压、养护而成。其性能和用途同水泥木丝板。

10.3.2　石膏类墙板

石膏制品有许多优点，石膏类板材在轻质墙体材料中占有很大比例，主要有纸面石膏板、石膏纤维板、石膏空心板和石膏刨花板等。

1. 纸面石膏板

该板材是以石膏芯材与牢固结合在一起的护面纸组成，分普通型、耐水型和耐火型三种。由建筑石膏及适量纤维类增强材料和外加剂为芯材，与具有一定强度的护面纸组成的石膏板为普通纸面石膏板；若在芯材配料中加入防水、防潮外加剂，并用耐水护面纸，即可制成耐水纸面石膏板；若在配料中加入无机耐火纤维和阻燃剂等，即可制成耐火纸面石膏板。

纸面石膏板常用规格为：

长度：1800mm、2100mm、2400mm、2700mm、3000mm、3300mm、3600mm。

宽度：900mm 和 1200mm。

厚度：普通纸面石膏板为 9mm、12mm、15mm 和 18mm；耐水纸面石膏板为 9mm、12mm 和 15mm；耐火纸面石膏板为 9mm、12mm、15mm、18mm、21mm 和 25mm。

纸面石膏板的体积密度为 $800 \sim 950 kg/m^3$，导热系数约为 $0.20W/(m \cdot K)$，隔声系数为 $35 \sim 50dB$，抗折荷载为 $400 \sim 800N$，表面平整、尺寸稳定，具有自重轻、隔热、隔声、防火、抗震，可调节室内湿度，加工性好，施工简便等优点，但其用纸量较大、成本较高。

普通纸面石膏板可作室内隔墙板、复合外墙板的内壁板、天花板等。耐水型板可用于相对湿度较大（≥75%）的环境，如厕所、盥洗室等。耐火型纸面石膏纸主要用于对防火要求较高的房屋建筑中。

2. 石膏纤维板

该板材是以纤维增强石膏为基材的无面纸石膏板材，常用无机纤维或有机纤维为增强材料，与建筑石膏、缓凝剂等经打浆、铺装、脱水、成型、烘干而制成。其可节省护面纸，具有质轻、高强、耐火、隔声、韧性高的性能，可加工性好。其尺寸规格和用途与纸面石膏板相同。

3. 石膏空心板

该板外形与生产方式类似于水泥混凝土空心板。它是以熟石膏为胶凝材料，适量加入各种轻质集料（如膨胀珍珠岩、膨胀蛭石等）和改性材料（如矿渣、粉煤灰、石灰、外加剂等），经搅拌、振动成型、抽芯模、干燥而成。其长度为 2500～3000mm，宽度为 500～600mm，厚度为 60～90mm。该板生产时不用纸和胶，安装墙体时不用龙骨，设备简单，较易投产。

石膏空心板的体积密度为 600～900kg/m³，抗折强度为 2～3MPa，导热系数约为 0.22W/(m·K)，隔声指数大于 30dB，具有质轻、比强度高、隔热、隔声、防火、可加工性好等优点，且安装方便。其适用于各类建筑的非承重内隔墙，但若用于相对湿度大于 75% 的环境中，则板材表面应做防水等相应处理。

4. 石膏刨花板

该板材是以熟石膏为胶凝材料，木质刨花为增强材料，添加所需的辅助材料，经配合、搅拌、铺装、压制而成，具有上述石膏板材的优点，适用于非承重内隔墙和作装饰板材的基材板。

10.3.3 复合墙板

复合墙板是以单一材料制成的板材，常因材料本身的局限性而使其应用受到限制。如质量较轻、隔热、隔声效果较好的石膏板、加气混凝土板等因其耐水性差或强度较低所限，通常只能用于非承重的内隔墙。而水泥混凝土类板材虽有足够的强度和耐久性，但其自重大，隔声、保温性能较差。为克服上述缺点，常用不同材料组合成多功能的复合墙体以满足需要。

常用的复合墙板主要由承受（或传递）外力的结构层（多为普遍混凝土或金属板）和保温层（矿棉、泡沫塑料、加气混凝土等）及面层（各类具有可装饰性的轻质薄板）组成，其优点是承重材料和轻质保温材料的功能都得到合理利用，实现物尽其用，开拓材料来源。复合墙体构造见图 10.8。

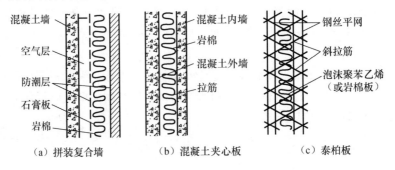

（a）拼装复合墙　　（b）混凝土夹心板　　（c）泰柏板

图 10.8　几种复合墙体构造

1. 混凝土夹心板

混凝土夹心板以 20～30mm 厚的钢筋混凝土作内外表面层，中间填以矿渣毡或岩棉毡、泡沫混凝土等保温材料，夹层厚度视热工计算而定。混凝土夹心板内外两层面板以钢筋件连接，用于内外墙。

2. 泰柏板

泰柏板是以钢丝焊接成的三维钢丝网骨架与高热阻自熄性聚苯乙烯泡沫塑料组成的芯材板，两面喷（抹）涂水泥砂浆而成。

泰柏板的标准尺寸为 1220mm×2440mm，标准厚度为 100mm。由于所用钢丝网骨架构造及夹芯层材料、厚度的差别等，该类板材有多种名称，如 GY 板（夹芯为岩棉毡）、三维板、3D 板、钢丝网节能板等，但它们的性能和基本结构均相似。

该类板轻质高强、隔热隔声、防火防潮、防震、耐久性好、易加工、施工方便，适用于自承重外墙、内隔墙、屋面板、3m 跨内的楼板等。

习　　题

10.1　简要叙述烧结普通砖的强度等级是如何确定的。

10.2　可用哪些简易方法鉴别过火黏土砖和欠火黏土砖？

10.3　按材质分类，墙用砌块有哪几类？砌块与烧结普通黏土砖相比，有什么优点？

10.4　在墙体材料中有哪些不宜用于长期处于潮湿的环境中？有哪些不宜用于长期处于高热（＞200℃）的环境？

10.5　简述墙板的种类和工程应用。

第11章
其他功能材料

【知识点】

    1. 建筑中常用玻璃品种、特性及工程应用。

    2. 常用建筑陶瓷品种、特性及工程应用。

    3. 绝热材料、吸声材料及隔声材料的结构、原理及应用。

【学习要求】

    1. 掌握常用玻璃的种类、工程特性及工程应用。

    2. 掌握各类陶瓷砖在工程中的应用。

    3. 掌握工程中常用绝热材料的种类及选择应用。

    4. 了解各功能材料的产生过程。

    5. 了解绝热材料、吸声材料的作用机理及影响因素。

    6. 了解建筑功能材料发展趋势。

本章主要介绍建筑中常用的玻璃材料、建筑陶瓷、绝热材料与吸声材料。

11.1 玻　　璃

玻璃在建筑物中可起采光、遮阳、隔热、节能、隔声、围护等多种功能。根据其功能可划分为普通玻璃、安全玻璃、吸热玻璃、漫射玻璃、热反射玻璃、防辐射玻璃、装饰玻璃等。

11.1.1 普通平板玻璃

普通平板玻璃又称单光玻璃、净片玻璃，是建筑工程中用量最大的玻璃品种。其透光率为85%～90%，主要用于建筑物的门窗，起透光、保温、隔声、遮风挡雨等作用。

普通平板玻璃按生产工艺可分为引拉法玻璃和浮法玻璃两种，后者性能相对较优。

根据《普通平板玻璃》（GB 4871—1995）规定，玻璃的规格按其厚度划分：引拉法玻璃有 2mm、3mm、4mm、5mm、6mm 五种；浮法玻璃有 3mm、4mm、5mm、6mm、8mm、10mm、12mm 七种。

11.1.2　安全玻璃

玻璃属于脆性材料，受到冲击力作用易碎裂成具有尖锐棱角的碎片，形成安全隐患。为减少玻璃的脆性，提高其抵抗外力作用脆性破坏的能力，常通过对普通玻璃进行增强处理或采用与其他材料复合等措施加以改进。经过增强改进后的玻璃称为安全玻璃，工程中常见的有钢化玻璃、夹层玻璃和夹丝玻璃。

1. 钢化玻璃

钢化玻璃又称强化玻璃，按强化原理不同可分为物理强化和化学强化。经过强化的玻璃可使玻璃表面层产生约 $70 \sim 180 MPa$ 的残余压缩应力，从而大幅度提高玻璃的抗折强度、抗冲击强度及热稳定性能。此外，钢化玻璃即使是破碎时，也不像普通玻璃那样形成尖锐的碎片，而是较圆滑的颗粒状，有利于安全。因此，钢化玻璃常用作幕墙、隔墙、桌面及高层建筑的门窗。

钢化玻璃在使用中是由经设计的尺寸进行加工而成，不得进行二次加工。此外，钢化玻璃有自爆现象（可能由风压、火花、雷击、边角受撞等引起），在高层建筑中选用时应加以考虑。

2. 夹层玻璃

夹层玻璃是在两片或多片玻璃之间嵌夹透明高分子材料薄片，经加热、加压粘结而成。所用玻璃可以是普通玻璃，也可以是钢化玻璃或其他具有特殊性能的玻璃。其层数可为 3 层、5 层、7 层，最多可达 9 层（防弹玻璃）。

由于夹层玻璃中夹有力学性能优良的高分子材料，由此抗冲击性能有极大的提高，且破碎时只产生辐射状裂纹而不成发射状碎片，不会伤人。

夹层玻璃根据所用玻璃的种类及高分子材料的类型可制成多种品种、不同功能，适用于各类有特殊功能要求的工程。

3. 夹丝玻璃

夹丝玻璃是将平板玻璃加热到红热状态，再将预热处理的金属丝（网）压入玻璃中而制成的。其与普通玻璃相比，具有耐冲击性好，破而不散的特点。

夹丝玻璃的表面可进行压花或磨光处理，且可制成透明的或彩色的，适用于公共建筑的阳台、楼梯、电梯间、厂房天窗、采光屋顶等。

夹丝玻璃是由玻璃中镶嵌金属丝（网）而成，而这两种材料的热工性能相差较大，因此夹丝玻璃不宜用于两面温差较大或冷热交替频繁的部位。

11.1.3　热工玻璃

热工玻璃指可根据环境的温度、热源调节自身功能，从而满足居住者对温控要求的玻璃。

1. 中空（真空）玻璃

中空玻璃是将两片或多片玻璃相互间隔 $6 \sim 12 mm$ 镶固于边框中，四周加以密封，在其中空的间隙中填充干燥空气或惰性气体，也可在底部放置干燥剂。中空玻璃可根据工程的需要选用普通玻璃、钢化玻璃、夹丝玻璃、热反射玻璃等制造。为了改善玻璃的声控、光控或热控效果，还可填充各种能吸收或反射光线的材料。目前工程中所用的中空玻璃厚度为 12～42mm，单片面积可达 3m×2m。

中空玻璃具有良好的保温隔热效果，且与砖墙、混凝土墙相比自重较轻，因此广泛用作建筑物的门窗、玻璃幕墙。

真空玻璃是在中空玻璃应用基础上发展起来的，其保温隔热性能优于中空玻璃。但由于真空玻璃需大气压力的作用，在制作面积上受到限制。目前已研制出在两片玻璃间放置支承物以承受大气压力的真空玻璃。

2. 吸热玻璃

吸热玻璃与普通玻璃相比，能吸收大量太阳辐射热量，减轻太阳光的强度，具有反眩效果的同时仍保持有较高可见光透过率。

生产吸热玻璃的方法有两种：一是在普通钠钙硅酸盐玻璃的原料中加入一定量的有吸热性能的着色剂，如氧化铁、氧化钴以及硒等；另一种是在普通玻璃表面喷镀一层或多层金属或金属氧化物薄膜而制成。吸热玻璃按着色剂或喷镀层的材料不同有灰色、茶色、蓝色、绿色、古铜色、青铜色、粉红色和金黄色等颜色，我国目前生产的有灰色、茶色、蓝色三种，厚度有 2mm、3mm、5mm、6mm 四种规格。

吸热玻璃广泛用作建筑物的外墙门窗及车、船挡风玻璃，也常用作室内装饰、家具饰面材料。

3. 热反射玻璃

热反射玻璃也称镜面玻璃，是由普通玻璃经电化学反应在其表面涂上金、银、铝、铬、镍、铁等金属或金属氧化物薄膜，从而形成热反射膜。根据所涂金属不同，有金色、茶色、灰色、紫色、褐色、青铜色和浅蓝色等各种颜色。

热反射玻璃具有良好的热反射性能，反射率达到 30％以上，并具有单向透视功能，主要应用于有绝热要求的建筑物门窗、玻璃幕墙、车船玻璃等。

4. 防火玻璃

防火玻璃是由两层或两层以上玻璃用透明防火胶粘结而成，具有良好透光性能和防火阻燃性能的一种新型建筑功能材料。

防火玻璃的防火阻燃机理在于防火胶层，防火胶层在遇火几分钟后即开始膨胀，变成很厚的泡沫状绝热层，从而阻止火焰蔓延和热的传递，起到防火保护作用。

防火玻璃可用于高级宾馆、影剧院、会议厅、体育馆、医院、图书馆、商厦等公共建筑，也可用于没有防火要求的公用与民用建筑的防火门、防火窗及防火隔断等。

5. 电热玻璃

电热玻璃是一种通电后能发热升温的夹层玻璃。这种玻璃是在夹层玻璃中间膜的一侧嵌入极细的金属电热丝或涂刷透明导电膜，通电后可产生热量。

电热玻璃与温度控制系统连接，可自动调节控制温度，玻璃表面最高温度可达60℃，透光度可保持在 80%左右，且具有一定的抗冲击性能。

电热玻璃可用于陈列窗、严寒地区建筑物门窗等，也可用于制作工艺品、装饰品摆放或悬挂室内，作为冬季室内辅助热源。

6. 智能调光玻璃

智能调光玻璃又称电致变色玻璃，是通过电流变化来控制玻璃的变色和颜色的深浅，从而调节玻璃的透光率，使室内总是保持光线柔和、舒适宜人。

智能调光玻璃采用电控装置，占用空间小、操作方便，现主要用于需要保密或隐私防护的建筑场所。

11.1.4　饰面玻璃

饰面玻璃指用于建筑物表面装饰或家具装饰的玻璃制品。

1. 玻璃锦砖

玻璃锦砖又称玻璃马赛克或玻璃纸皮石，是一种乳浊状半透明的玻璃质材料。玻璃锦砖是小规格饰面玻璃制品，一般尺寸为 20mm×20mm、30mm×30mm、40mm×40mm，厚 4～6mm，背面有槽纹以利于与基面的粘结。玻璃锦砖产品出厂时是按设计图案反贴在牛皮纸上，每联的规格为 305.5mm×305.5mm。

玻璃锦砖颜色绚丽、丰富，又分透明、半透明、不透明三种，且色质稳定，不变色，化学稳定性、耐候性、耐久性好，不积尘、易清洗，是一种良好的外墙装饰材料。

2. 玻璃贴面砖

玻璃贴面砖是以要求的尺寸规格的平板玻璃为基材，在平板玻璃的一面喷涂釉液，在喷涂液表面均匀地撒上一层玻璃碎屑，以形成毛面，经 500～550℃热处理，使玻璃基材、釉、玻璃碎屑三者牢固粘结在一起制成。

玻璃贴面砖可用作内、外墙的饰面装饰。

3. 彩色玻璃

彩色玻璃有透明与不透明两种，颜色有红、黄、蓝、绿、灰等十余种。透明的彩色玻璃是在玻璃原料中加入一定量的金属氧化物而制成。不透明彩色玻璃是以平板玻璃、磨砂玻璃或玻璃砖等为基材，在其表面涂敷一层易熔性色釉，再经加热固化，经退火或钢化而成，故又称之为釉面玻璃。

彩色玻璃与其他装饰材料相比具有耐蚀、抗冲刷、易清洗等优点，且易加工制作，主要用于内外墙门窗、对装饰有一定要求又对光线有特殊要求的部位。

4. 压花玻璃

压花玻璃是将熔融的玻璃在急冷中通过带图案花纹的辊轴滚压而成的玻璃制品，可一面压花，也可两面压花，一般规格为 800mm×700mm×3mm。

压花玻璃具有透光不透视的特点，多用于办公室、会议室、浴室、卫生间的门窗及隔断。单面压花的玻璃使用时应将花纹朝向室外。

5. 磨砂玻璃

磨砂玻璃又称毛玻璃，是由普通平板玻璃经研磨、喷砂或氢氟酸溶蚀等加工，使其单面或双面变得均匀粗糙。

磨砂玻璃可使光线产生漫反射，其特点是透光不透视、光线不刺眼，常用于办公室、浴室、卫生间的门窗及隔断，也可用于制作黑板或灯罩。

6. 镭射玻璃

镭射玻璃是玻璃经特殊（光学）加工而成，在光线照射下形成物理衍射分光而出现绚丽的七色光，且会随光线入射角的不同出现色彩变化，使被饰物显得富丽堂皇。

镭射玻璃适用于酒店、宾馆和各种商业、文化、娱乐设施的装饰，也可装饰内外墙柱、地面、桌面、幕墙、屏风等。

11.2　建筑陶瓷

建筑陶瓷主要用作墙面、地面的装饰及卫生设备。建筑陶瓷具有坚固耐久、色彩鲜明、防火防水、耐磨耐蚀、易于清洗等优点，广泛应用于建筑工程中。

11.2.1　陶瓷制品的原料

陶瓷是将黏土、瘠性原料、熔剂原料按适当配比混合、粉碎、制坯成型、干燥后，涂施釉料及着色剂，再经高温熔烧而制成。其主要原料如下。

1. 可塑性原料

可塑性原料是构成陶瓷坯体的主要成分，称为黏土原料，如高岭土、膨润土、耐火黏土。陶瓷坯体借助于黏土原料的可塑性成型。

2. 瘠性原料

瘠性原料起降低黏土原料的塑性、减小坯体的收缩、防止高温变形的作用。瘠性原料有石英砂、熟料和瓷粉等，其中熟料是将黏土预先煅烧磨细而成，瓷粉是将废瓷器磨细而成。

3. 熔剂原料

熔剂原料又称助熔剂，在熔烧过程中能降低可塑性物料的烧结温度，同时增加制品的密实性和强度，但会降低制品的耐火度、体积稳定性和高温下抵抗变形的能力。熔剂原料有长石、滑石粉、碳酸盐等。

4. 釉料及着色剂

陶瓷有施釉与不施釉之分。施釉的陶瓷制品则须使用釉料。釉是附着在陶瓷表面的一层连续的类似玻璃质的物质，不仅起着装饰作用，而且可以提高陶瓷制品的表面硬度、机械强度、化学稳定性和热稳定性；同时，由于釉是光滑的玻璃物质，可以保护陶瓷不透水、不受侵蚀，且易于清洗。

着色剂多为各种金属的氧化物，不溶于水，可直接在陶瓷坯体或釉上着色。

11.2.2 陶瓷制品的分类与特征

陶瓷制品按坯体质地和烧结程度可分为陶质、炻质、瓷质三类。

1. 陶质制品

陶质制品坯体的致密程度低，内含大量孔隙，且熔剂性原料较少，因而陶质制品为具有大量开口孔隙的多孔性结构，吸水率较大，达 10% 以上。所以，陶质制品的强度较低、吸湿性强、吸湿膨胀大、抗冻性差，断面粗糙无光，不透明，敲之声音沙哑。

陶质制品表面有的施釉，也有的不施釉，建筑用陶质制品大多施釉，主要品种有釉面内墙砖及建筑琉璃制品。釉面内墙砖用于室内墙面，对力学性能要求不高，也不存在抗冻性问题。建筑琉璃制品件大体厚，采用可塑法成型，属于陶器，不宜用于寒冷地区室外。

2. 瓷质制品

瓷质制品坯体质地致密，且熔剂性原料组分较多，均涂施釉层，使得瓷器中含有较高的玻璃相物质，且内部结构致密，基本不吸水（吸水率小于 0.5%），因而瓷器强度高，耐侵蚀性强，断面细腻，半透明，敲之声音清脆。

建筑中使用的瓷质制品主要有瓷质砖。

3. 炻质制品

炻质制品是介于陶质和瓷质之间的制品，也称半瓷器。炻器与陶器主要的区别在于陶器的坯体是多孔结构，且烧结温度低，而炻器坯体结构相对紧密，且烧结温度高，达到烧结程度。炻器与瓷器的主要区别在于炻器坯体多数带有颜色且无半透明性。

炻器按其坯体的致密程度分为粗炻器（吸水率 4%～8%）和细炻器（吸水率 1%～3%）。工程中使用的一些有色外墙砖、地砖属于粗炻器，一些无色的外墙面砖、地砖、有釉陶瓷锦砖属于细炻器。

11.2.3 常用建筑陶瓷制品

建筑工程中常用的陶瓷制品主要有种类墙地砖、卫生陶瓷、琉璃制品等，其中以种类墙地砖用量最大。

1. 釉面内墙砖

釉面内墙砖简称釉面砖，是用于建筑物内部墙面装饰的薄片状施釉精陶制品，习惯上称为瓷砖。瓷砖因具有釉面光泽度高、色彩鲜艳、易于清洗，且耐火、耐水、耐磨、耐蚀等优点，被广泛应用于建筑物内墙的装饰，成为厨房、卫生间、洗漱间、浴室中不可替代的墙面装饰和维护材料。

釉面砖属于多孔陶质制品，由于坯体和釉层的吸湿性差别较大，坯体吸湿受冻后产生较大膨胀，会导致釉面受拉应力而开裂，因此釉面砖不宜用于室外。

2. 彩油砖

彩油砖是有彩色釉面的炻质瓷砖，其色彩图案丰富多样，表面光滑，且表面可制成压花浮雕画、纹点画，还可进行釉面装饰，因而具有较好的装饰性，适用于各类建筑物的外墙面和室内地面的装饰。

彩油砖用于地面时应选用耐磨性好的种类，用于寒冷地区时应选用吸水率小的种类。

3. 墙地砖

墙地砖是墙砖和地砖的总称，包括建筑物墙装饰贴面用砖和室内外地面装饰铺贴用砖。墙地砖是以品质均匀、耐火度较高的黏土作为原料，经压制成型、高温烧制而成，表面可上釉或不上釉，可光平或粗糙，以求不同质感。其背面常带有凹凸不平的沟漕，以利于与基材的粘结。

外墙砖应具有强度高、防潮、抗冻、防水、耐蚀、易清洗、色调柔和等特点；地砖应具有砖面平整、色调均匀、耐蚀、耐磨、易于拼贴图案等特点。

4. 劈离砖

劈离砖又称劈裂砖，因其制作工艺而得名，即由成型时的双砖背连坯体，烧成后再劈裂成两块砖。劈离砖兼有烧结黏土砖和彩釉砖的特点，强度高、抗冲击性强、抗滑性好；且耐蚀、耐磨，与基材的可粘结性好；其表面可以施釉，提高其装饰性和可清洗性。

劈离砖是一种新型建筑陶瓷制品，适用于各类建筑物的外墙装饰和楼堂馆所、车站、广场、公园等地面的铺设。

11.3 绝热材料

绝热材料是对保温材料和隔热材料的总称。对于处于寒冷地区的建筑物，要保持室内舒适的温度，减少能量的损耗，应要求建筑围护结构具有良好的保温性能；而处于炎热地区的建筑物则要求建筑围护结构具有良好的隔热性能。

11.3.1 热传递方式及影响因素

热量总是从温度高的区域向温度低的区域传递，是由温差引起的自发流动，只要有温差存在，就会有热传递过程。

1. 热传递的方式

热传递的方式有三种形式，即传导、对流、辐射。传导是经物质进行的热量传递方式；对流是由液体或气体通过循环流动传递热量的方式；辐射则是依靠物体表面对外发射电磁波而传递热量的方式。在实际热量传递中，往往有两种或三种方式同时存在。建筑物围护结构的热传递形式主要是传导，但由于某些建筑材料内部存在有孔隙，孔隙中又常含有空气或水分，因此热传递的形式可能还同时有对流和辐射。一般认为，闭口孔隙中的空气和水分不能流动，所以只存在传递。而开口孔隙中的空气或水分是可以流动的（尤其是孔径较大的开口孔隙），水分甚至是可以蒸发的，所以其热传递还存在对流和辐射形式。

材料传递热量的能力可用热导率 λ 来衡量，λ 值越大，则材料传递热量的能力越强，保温隔热性能越差。对建筑材料而言，则要求热导率 λ 要小。工程中将热导率 $\lambda \leqslant 0.23W/(m \cdot K)$ 的材料称为绝热材料。

2. 影响材料导热性的因素

影响建筑材料导热性能的因素有内外两个方面，内在的因素有材料的化学组成与结构特征，外在因素有所处环境、热流方向等。

（1）化学组成

不同化学组成的材料导热性能相差甚大。金属材料热导率最大，其次是非金属，有机材料的热导率最小。

（2）结构特征

同种材料内部结构不同，导热性能也有差别。空气的导热性较固体要小得多 [$\lambda_{空气} = 0.023W/(m \cdot K)$]，因此材料的孔隙率大，导热率小；开口孔隙中的气体或水分会产生对流与辐射，因此闭口孔隙所占比例大的材料热导率小。

（3）环境湿度与温度

绝热材料多为多孔结构材料，若使用的环境湿度较高，材料的防潮措施不力，材料孔隙中水分 [$\lambda_{水} = 0.58W/(m \cdot K)$] 代替空气，则材料的热导率会大幅度升高。若环境温度较低，材料孔隙中的水分结冰 [$\lambda_{冰} = 2.2W/(m \cdot K)$]，则材料的热导率将更大。

（4）热流方向

各向同性的材料，热流方向对热导率不产生影响，但对各向异性的材料则有影响。如木材等纤维材料，当热流沿平行于纤维方向传递时，所受阻力小，而沿垂直纤维方向传递受到阻力最大。如松木，$\lambda_{平行} = 0.349W/(m \cdot K)$，$\lambda_{垂直} = 0.175W/(m \cdot K)$。

11.3.2　建筑中常用绝热材料

绝热材料按化学组成可分为无机类、有机类和复合类。

1. 无机类绝热材料

（1）石棉及其制品

石棉是一种纤维状无机结晶材料，具有较高的抗拉强度和耐高温、耐蚀、绝热、绝缘等特性，是优质绝热材料。工程中常将石棉加工成石棉粉、石棉板、石棉毡等制品，用于热表面绝热及防火覆盖。

（2）矿棉及其制品

矿棉是岩棉和矿渣棉的统称，具有质轻、不燃、绝热和绝缘等性能，且原料来源广泛，成本低廉，可制成矿棉板、矿棉保温带、矿棉管壳等，应用较为广泛。

（3）玻璃棉及其制品

建筑中常用的玻璃棉分为两种，即普通玻璃棉和超细玻璃棉。玻璃棉制品绝热性能及其他相关性能均较好，可用于多种建筑保温工程，但在我国应用较少，主要原因是成本较高。

（4）膨胀珍珠岩

珍珠岩是较为常见的一种酸性火山玻璃质岩石，经高温加热再迅速冷却后可制成膨胀珍珠岩。膨胀珍珠岩具有表观密度小、热导率低、吸湿性小、吸声性强、化学稳定性好、使用范围广的特点，且无毒无味，成本低廉，是我国目前使用最为广泛的一种轻质保温材料，约占保温材料年产量的一半左右。

（5）膨胀蛭石及其制品

膨胀蛭石是由天然矿物蛭石经烘干、破碎，再进行快速焙烧至 850～1000℃，使其在短时间内体积急剧膨胀 6～20 倍而形成的一种金黄色或灰白色的颗粒状材料，其性能及应用范围、方法同膨胀珍珠岩，除作为保温隔热填充材料外，还可用胶凝材料将膨胀蛭石胶粘形成整体，如水泥膨胀蛭石制品、水玻璃膨胀蛭石制品等。

（6）泡沫玻璃

泡沫玻璃是以玻璃或玻璃碎料和发泡剂配制成的混合物经高温煅烧而成的一种内部多孔的块状绝热材料。玻璃质原料在高温下熔融，形成黏流体，具有很高的黏度，此时引入发泡剂，在其内部产生大量气体，使黏流体膨胀，冷却固化后，便在其内部形成大量的、分散的、微小的、封闭的气孔，孔隙率可高达 80%～90%。因此，泡沫玻璃具有良好的抗渗性、抗冻性、耐热性、耐蚀性。由于泡沫玻璃几乎不透水、不透气，所以其热导率长期稳定。实践表明，泡沫玻璃在使用 20 年后其性能没有任何改变，且使用温度较广泛，在 −200～+430℃。

2. 有机绝热材料

（1）泡沫塑料

泡沫塑料是以各种树脂为基料，加入各种辅助料，经加热发泡制成的轻质、吸声、防震、绝热材料。泡沫塑料具有良好的绝热材料所需的性能，又保持了塑料（树脂）的性能，如耐蚀、耐霉变、易加工等。但这类材料价格较高，且具有可燃性，因此应用上受到一定的限制。

（2）碳化软木板

碳化软木板是以软木橡树的外皮为原料，破碎后在模型中成型，再经 300℃ 左右热处理而成。由于软木橡树皮层中含有较多的树脂，并包含无数的气泡，因此产品具有树脂的不透水性、弹性、柔性、无毒、无味，又具有绝热材料的性能。

（3）植物纤维复合板

植物纤维复合板是以植物纤维为主要原材料，加入胶粘材料和填料而制成。如木丝板是将木材下脚料制成木丝，加入硅酸钠溶液及普通硅酸盐水泥混合，经成型、冷压、养护、干燥而制成。甘蔗板是以甘蔗渣为原料制作而成的。植物纤维复合板是一种轻质、吸声、保温隔热的材料。

（4）聚氨酯硬泡体

随着人们对建筑物绝热、防水要求的提高，各种新型材料不断出现，聚氨酯硬泡体材料就是其中之一。聚氨酯硬泡体是一种有机高分子材料，在聚氨酯喷涂过程中能产生大量封闭孔隙（闭孔率≥95％），形成硬泡体，将防水和保温功能集于一体，现场喷涂施工，快速发泡成型，既具有优良的保温隔热功能 $[\lambda=0.018\sim0.024\text{W}/(\text{m}\cdot\text{K})]$，又具有良好的防水功能。

11.4 吸声材料

11.4.1 材料吸声的原理及影响因素

声音是由物体的振动而发出，发出声音的物体称声源。当声源振动时，邻近的空气随之振动并产生声波，通过空气介质向周围传播。当声波入射到材料（建筑构件）时，声能的一部分被反射、一部分被吸收、一部分穿透材料，如图 11.1 所示。单位时间内射到材料上的总声能为 E_o，反射声能为 E_r，被材料吸收的声能为 E_a，透过材料的声能为 E_t。

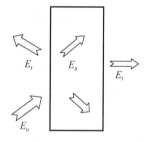

图 11.1 声的反射、吸收和透射

1. 吸声系数与透射系数

声能入射到材料表面时总有部分被反射，部分被吸收（包括透过材料的部分声能）。工程中用吸声系数（α）来衡量材料的吸声能力，用下式表示，即

$$\alpha = \frac{E_a + E_t}{E_o} \tag{11.1}$$

用透射系数（τ）来衡量材料的隔声性能，用下式表示，即

$$\tau = \frac{E_t}{E_o} \tag{11.2}$$

材料吸声性能除与材料本身的性能（组成、内部结构）、厚度及表面特征等有关外，还与声波的频率、声波的方向等因素有关。通常将 $\alpha>0.2$ 的材料称为吸声材料，将 $\alpha>0.8$ 的材料称为强吸声材料或高效吸声材料。

2. 影响材料吸声性能的因素

（1）材料的表面特征

材料表面坚硬、光滑，则反射能力强、吸声能力差，如大理石、水磨石等墙面材料，吸声系数小，表面粗糙、松软，吸声能力强。

（2）材料的内部结构

材料致密，吸声能力差，反射能力强。材料内部孔隙尺寸小的、开口的孔隙所占比例多，吸声能力强，但隔声性能差。

（3）材料的厚度

同种材料，增加厚度，可提高吸声能力、隔声能力。但厚度的增加对高频声波吸声的影响并不显著，且盲目增加厚度也不经济。

（4）材料背后的空气层

空气层相当于增加了材料的有效厚度，因此材料的吸声性能随背后空气层厚度的增加而提高，特别是改善对低频声波的吸收方面，比用增加厚度更经济有效。

（5）环境温度和湿度

温度对材料吸声性能的影响并不很显著。湿度的影响在于高湿环境下多孔材料易吸湿变形，或孳生微生物，堵塞孔洞，从而降低材料的吸声性能。

11.4.2 常用吸声材料

吸声材料按结构类型分为多孔结构、共振吸声结构和特殊组合结构等几种结构类型。

1. 多孔吸声结构

多孔吸声材料的吸声原理是：材料从表到里具有大量内外连通的微小间隙和连续气泡，有一定的通气性。当声波入射到多孔材料表面时，声波顺着微孔进入材料内部，引起孔隙内的空气振动，由于空气与孔壁的摩擦，空气的黏滞阻力使振动空气的动能不断转化成微孔热能，从而使声能衰减；在空气绝热压缩时，空气与孔壁间不断发生热交换，由于热传导的作用，也会使声能转化为热能。

常用的多孔吸声材料有纤维材料，如植物纤维、玻璃纤维、矿渣棉等；颗粒材料，如膨胀珍珠岩、陶土等；泡沫材料，如泡沫玻璃、加气混凝土等。其中纤维材料和颗粒材料多加工成板材，以方便使用。

2. 薄膜、薄板共振吸声结构

将皮革、人造革、塑料薄膜等具有不透气、柔软、受张拉时有弹性的材料固定在框架上，背后留有一定的空气层，即构成薄膜共振吸声结构。某些薄板固定在框架上后，也能与其后面的空气层构成薄板共振吸声结构。当声波入射到薄膜、薄板结构时，声波的频率与薄膜、薄板的固有频率接近时，膜、板产生剧烈振动，由于膜、板内部和龙骨间的摩擦损耗，声能转变为机械运动，最后转变为热能，从而达到吸声的目的。由于低频声波比高频声波容易使薄膜、薄板产生振动，所以薄膜、薄板共振吸声结构是一种很有效的低频吸声结构。

3. 空腔共振吸声结构

空腔共振吸声结构形似一个开口的瓶子，结构中间封闭有一定体积的空腔，并通过有一定深度的小孔与声场相联系。受声场中声波作用时，空腔内的空气会按一定的共振频率振动，此时小孔（瓶颈）部的空气分子在声波作用下像活塞一样往复振动，因摩擦而消耗声能，起到吸声的效果。共振吸声结构在剧院、厅堂建筑中应用极广。

4. 穿孔板组合共振吸声结构

在各种穿孔板、狭缝板背后设置空腔形成吸声结构，其原理同空腔共振吸声结构，相当于将若干个共振器并列在一起。这类结构取材方便，并有一定的装饰效果，所以广泛应用。

11.4.3　隔声材料

能减弱或隔断声波传递的材料称为隔声材料。建筑物所需隔断的声音按声波的传播途径分为两类：一是通过空气传播的声音；二是通过固体传播的声音。

1. 对空气传播声音的隔断

声波在空气中是由空气的振动而传播，当声波与固体材料接触时，声波对材料的作用主要受材料"质量"的影响，即材料的密度越大，越不易受声波的作用而产生振动，声波通过材料的传递衰减越快，其隔音效果越好。因此，对空气传播声音的隔断，应选择密度较大的材料，如黏土砖、混凝土等。

2. 对固体传播声音的隔断

由于固体撞击或振动产生的声波在固体中的传播速度快、衰减慢，对固体传播声音进行隔断的最有效的措施是隔断其声波继续传播的途径，即在产生和传播固体声波的结构层中间加入具有一定弹性的衬垫材料，如软木、橡胶、毛毡、地毯或设置空气隔离层，以阻止或减弱固体声波的传播。

习　题

11.1　建筑工程中常用的玻璃种类有哪些？各自有何特点？各自的适用范围是什么？

11.2　简述陶瓷砖种类及在建筑工程中的主要应用。

11.3　为什么多数保温隔热材料的表观密度值都较小？保温隔热材料在使用中为什么要防潮、防冻？

11.4　绝热材料和吸声材料在内部结构特征上有什么区别？

主要参考文献

卢经扬，余素萍. 2006. 建筑材料. 北京：清华大学出版社.

王秀花. 2011. 建筑材料. 北京：机械工业出版社.

张海梅，袁雪峰. 2006. 建筑工程材料. 北京：科学出版社.

中国建筑工业出版社. 2000. 现行建筑材料规范大全（增补本）. 北京：中国建筑工业出版社.

中华人民共和国国家标准. 2009. 低合金高强度结构钢（GB 1591—2008）. 北京：中国标准出版社.

中华人民共和国国家标准. 2002. 钢结构防火涂料（GB 14907—2002）. 北京：中国标准出版社.

中华人民共和国国家标准. 2006. 高分子防水材料（GB 18173.1—2006）. 北京：中国标准出版社.

中华人民共和国国家标准. 2010. 混凝土结构设计规范（GB 50010—2010）. 北京：中国建筑工业出版社.

中华人民共和国国家标准. 2010. 混凝土强度检验评定标准（GB/T 50107—2010）. 北京：中国建筑工业出版社.

中华人民共和国国家标准. 2003. 混凝土外加剂应用技术规范（GB 50119—2003）. 北京：中国建筑工业出版社.

中华人民共和国国家标准. 2011. 建筑石油沥青（GB/T 494—2010）. 北京：中国标准出版社.

中华人民共和国国家标准. 2008. 冷轧带肋钢筋（GB 13788—2008）. 北京：中国标准出版社.

中华人民共和国国家标准. 2002. 普通混凝土拌和物性能试验方法标准（GB/T 50080—2002）. 北京：中国建筑工业出版社.

中华人民共和国国家标准. 2002. 普通混凝土力学性能试验方法标准（GB/T 50081—2002）. 北京：中国建筑工业出版社.

中华人民共和国国家标准. 1996. 普通平板玻璃（GB 4871—1995）. 北京：中国标准出版社.

中华人民共和国国家标准. 2012. 轻集料混凝土小型空心砌块（GB 15229—2011）. 北京：中国标准出版社.

中华人民共和国国家标准. 2007. 热轧带肋钢筋（GB 1499.2—2007）. 北京：中国标准出版社.

中华人民共和国国家标准. 2008. 热轧光圆钢筋（GB 1499.1—2008）. 北京：中国标准出版社.

中华人民共和国国家标准. 2012. 烧结多孔砖和多孔砌块（GB 13544—2011）. 北京：中国标准出版社.

中华人民共和国国家标准. 2003. 烧结空心砖和空心砌块（GB 13545—2003）. 北京：中国标准出版社.

中华人民共和国国家标准. 2004. 烧结普通砖（GB 5101—2003）. 北京：中国标准出版社.

中华人民共和国国家标准. 2008. 石油沥青纸胎油毡（GB 326—2007）. 北京：中国标准出版社.

中华人民共和国国家标准. 1999. 水泥胶砂强度检验方法（ISO法）（GB/T 17671—1999）. 北京：中国标准出版社.

中华人民共和国国家标准. 2001. 水泥（细度、标准稠度、凝结时间）试验方法（GB/T 1346—2001）. 北京：中国标准出版社.

中华人民共和国国家标准. 2005. 水泥细度检验方法（GB 1345—2005）. 北京：中国标准出版社.

中华人民共和国国家标准. 2008. 塑性体改性沥青防水卷材（GB 18243—2008）. 北京：中国标准出版社.

中华人民共和国国家标准. 2006. 碳素结构钢（GB/T 700—2006）. 北京：中国标准出版社.

中华人民共和国国家标准. 2008. 弹性体改性沥青防水卷材（GB 18242—2008）. 北京：中国标准出版社.

中华人民共和国国家标准. 2007. 通用硅酸盐水泥（GB 175—2007）. 北京：中国标准出版社.

中华人民共和国国家标准. 2007. 硬泡聚氨酯保温防水技术规范（GB 50404—2007）. 北京：中国计划出版社.

中华人民共和国国家标准. 2008. 优质碳素钢（GB/T 699—2008）. 北京：中国标准出版社.

中华人民共和国国家标准. 2010. 预拌砂浆（GB/T 25181—2010）. 北京：中国标准出版社.

中华人民共和国国家标准. 2006. 预应力钢筋混凝土用螺纹钢筋（GB/T 20065—2006）. 北京：中国标准出版社.

中华人民共和国国家标准. 2003. 预应力混凝土用钢铰线（GB/T 5224—2003）. 北京：中国标准出版社.

中华人民共和国国家标准. 2002. 预应力混凝土用钢丝（GB/T 5223—2002）. 北京：中国标准出版社.

中华人民共和国国家标准. 1999. 蒸压灰砂砖（GB 11945—1999）. 北京：中国标准出版社.

中华人民共和国国家标准. 2006. 蒸压加气混凝土砌块（GB 11968—2006）. 北京：中国标准出版社.

中华人民共和国行业标准. 2000. 道路石油沥青（SH/T 0522—2000）. 北京：中国石化出版社.

中华人民共和国行业标准. 1990. 防水防潮石油沥青（SH/T 0002—90）. 北京：中国标准出版社.

中华人民共和国行业标准. 2001. 粉煤灰砖（JC 239—2001）. 北京：中国标准出版社.

中华人民共和国行业标准. 1999. 高强混凝土结构技术规程（CECS 104—99）. 北京：中国标准出版社.

中华人民共和国行业标准. 2006. 混凝土拌和用水标准（JGJ 63—2006）. 北京：中国建筑工业出版社.

中华人民共和国行业标准. 2009. 混凝土耐久性检验评定标准（JGJ/T 193—2009）. 北京：中国建筑工业出版社.

中华人民共和国行业标准. 2006. 混凝土用砂、石质量及检验方法标准（JGJ 52—2006）. 北京：中国建筑工业出版社.

中华人民共和国行业标准. 2009. 建筑砂浆基本性能试验方法（JGJ 70—2009）. 北京：中国建筑工业出版社.

中华人民共和国国家标准. 2008. 建筑石膏（GB/T 9776—2008）. 北京：中国标准出版社.

中华人民共和国行业标准. 2012. 聚合物水泥防水砂浆（JC/T 984—2011）. 北京：中国建材工业出版社.

中华人民共和国行业标准. 2006. 冷轧扭钢筋（JG 190—2006）. 北京：中国建筑工业出版社.

中华人民共和国行业标准. 2008. 沥青复合胎柔性防水卷材（JC/T 690—2008）. 北京：中国建材工业出版社.

中华人民共和国国家标准. 2010. 沥青软化点测定法（GB/T 4507—2010）. 北京：中国标准出版社.

中华人民共和国国家标准. 2010. 沥青延度测定法（GB/T 4508—2010）. 北京：中国标准出版社.

中华人民共和国国家标准. 2010. 沥青针入度测定法（GB/T 4509—2010）. 北京：中国标准出版社.

中华人民共和国行业标准. 2011. 普通混凝土配合比设计规程（JGJ 55—2011）. 北京：中国建筑工业出版社.

中华人民共和国行业标准. 2010. 砌筑砂浆配合比设计规程（JGJ 98—2010）. 北京：中国建筑工业出版社.

中华人民共和国行业标准. 2002. 轻骨料混凝土技术规程（JGJ 51—2002）. 北京：中国建筑工业出版社.

中华人民共和国行业标准. 1996. 石油沥青玻璃布胎油毡（JC/T 84—1996）. 北京：中国建材工业出版社.

中华人民共和国行业标准. 2005. 水乳型沥青防水涂料（JC/T 408—2005）. 北京：中国建材工业出版社.

中华人民共和国行业标准. 2008. 真空玻璃（JC/T 1079—2008）. 北京：中国建材工业出版社.

中华人民共和国行业标准. 2006. 自密实混凝土应用技术规程（CECS 203—2006）. 北京：中国建筑工业出版社.

高等职业教育"十二五"规划教材
高职高专建筑工程技术专业系列教材

建筑材料试验实训
指导书与报告书

（第二版）

刘冰梅　主　编
王松成　副主编

科学出版社
北　京

内 容 简 介

　　本书是与《建筑材料》(第二版)教材配套的辅助教材。全书共分三大部分:第一部分为绪论,分析试验检测的目的和意义,介绍试验数据的收集、整理和处理方法,并介绍建筑材料的试验检测的方法和技术标准;第二部分为材料基本性能检测(上篇),根据教材的内容顺序、本课程学习的目的要求编制了九类常用建筑材料的试验检测项目,每个项目均按目的与适用范围、仪器设备、试验准备、试验步骤、试验记录及结果分析、实验报告(实验报告以表格形式给出)的顺序编写,力求全面反映试验过程及检测结果,方便教学使用;第三部分为综合实训(下篇),要求同学能根据所学理论知识进行普通混凝土、高强混凝土配合比设计。

　　本书可作为高职高专建筑工程类专业的教材,也可供从事相关专业的工程技术人员参考。

图书在版编目(CIP)数据

建筑材料(含建筑材料试验实训指导书与报告书)/王松成主编. —2版. —北京:科学出版社,2012

(高等职业教育"十二五"规划教材·高职高专建筑工程技术专业系列教材)

ISBN 978-7-03-036077-9

Ⅰ. ①建… Ⅱ. ①王… Ⅲ. ①建筑材料-高等职业教育-教材 Ⅳ. ①TU5

中国版本图书馆 CIP 数据核字(2012)第 278528 号

责任编辑:何舒民　张雪梅 / 责任校对:王万红
责任印制:吕春珉 / 封面设计:耕者设计工作室

科学出版社 出版

北京东黄城根北街 16 号
邮政编码: 100717
http://www.sciencep.com

百善印刷厂 印刷

科学出版社发行　　各地新华书店经销

*

2008 年 7 月第 一 版　　开本:787×1092　1/16
2012 年 12 月第 二 版　　印张:19 1/4+4 3/4
2016 年 12 月第三次印刷　　字数:560 000

(如有印装质量问题,我社负责调换〈百善〉)

销售部电话 010-62134988　编辑部电话 010-62137124(VA03)

第二版前言

本书是与《建筑材料》（第二版）教材配套的辅助教材，按国家颁布的最新标准与规范，以及新的课程标准对第一版进行了修订。全书共分三大部分：第一部分为绪论；第二部分为材料基本性能检测（上篇）；第三部分为综合实训（下篇）。

绪论部分系统地分析了材料试验和检测在工程建设中的目的和作用，试验检测工作对从业人员的要求，介绍了试验检测中样本的采集、数据的修约和取舍及数据的数理统计方法，以及建筑材料试验检测中所涉及的有关质量标准、规程、规范等。

材料基本性能检测篇编制了常用的九类材料，包括石灰、水泥、混凝土用砂石、混凝土、建筑砂浆、烧结多孔砖、建筑钢材、沥青、防水卷材等的试验项目，各项目均按目的与适用范围、仪器设备、试验准备、试验步骤、试验记录及结果分析、实验报告的顺序编写，具有较强的指导性、可操作性和实用性。

综合实训篇则是要求在对水泥、砂、石等混凝土组成材料进行试验检测的基础上，根据拟定的工程要求，依据现行的混凝土配合比设计规程进行普通混凝土、高强混凝土的配合比设计与检测。本篇是对所学知识、能力的一次巩固和提升。

本书所涉及的标准、规范、规程全部采用国家颁布的最新标准。

本书在编写过程中参考了多本建筑材料教材及参考书，谨向其原作者致以诚挚的谢意。

由于编者水平有限，书中难免有不足之处，敬请读者批评指正。

第一版前言

本书是与《建筑材料》教材配套的辅助教材。全书共分三大部分：第一部分为绪论；第二部分为基本操作训练（上篇）；第三部分为综合实训（下篇）。

绪论部分系统地分析了材料试验和检测在工程建设中的目的和作用、试验检测工作对从业人员的要求等，介绍了试验检测中样本的采集、数据的修约、取舍及数据的数理统计方法，介绍了建筑材料的一般检验方法，有关的质量标准及现行国家和行业颁发的试验规程、规范、标准等。

基本操作训练篇对教材中所列试验项目，从目的与适用范围、仪器设备、试验准备、试验步骤、试验记录及结果分析、试验报告等各方面做了较全面的介绍，力求全面反映试验过程及试验结果。

综合实训篇对混凝土各组成材料的主要物理力学性能进行测定，根据拟定的要求进行普通混凝土的初步配合比设计，进行试配和调整，确定基准配合比，测定混凝土7天强度，并推算28天强度，并以此判定所设计的混凝土配合比是否满足强度等级的要求或进行强度校核，确定满足设计要求的混凝土配合比。

本书凡涉及建筑材料的规范，全部采用国家颁布的最新规范。

本书由南京交通职业技术学院刘冰梅主编。参加编写的有南京交通职业技术学院刘冰梅（上篇）、徐州建筑职业技术学院林丽娟（绪论和下篇）。

本书在编写过程中参考了多本建筑材料教材及参考书，谨向这些文献的作者致以诚挚的谢意。

由于水平有限，本教材难免有不足之处，敬请读者批评指正。

目　录

上篇　材料基本性能检测

下篇　综合实训

绪 论

0.1 试验、检测的目的和意义

建筑材料试验是建筑材料课程的一个重要组成部分，是与课堂理论教学相配合的实践性教学环节。建筑材料检测是根据有关标准的规定和要求，采用科学合理的检测手段，对建筑材料的性能参数进行检验和测定的过程。

建筑材料是建筑物的物质基础。材料质量的优劣以及配制是否合理，选用是否适当等都直接影响建筑物的质量。本书试验部分的任务是使初学者了解常用建筑材料的技术性能及其检验方法。

0.2 试验数据的收集、整理和处理方法

进行建筑材料试验时，取样、试验条件、数据处理等都必须严格按照相应的标准或规范进行，以保证试验结果的代表性、稳定性、正确性和可比性，否则就不能对建筑材料的技术性质和质量做出正确的评价。

0.2.1 试验数据统计分析与处理

1. 算术平均值

算术平均值主要用于了解该批数据的平均水平，度量这些数据的中间位置，计算公式为

$$\overline{X} = \frac{X_1 + X_2 + \cdots + X_n}{n} = \frac{1}{n}\sum_{i=1}^{n} X_i \qquad (0.1)$$

式中：$\overline{X}$——算术平均值；

X_1，X_2，$\cdots$，X_n——各试验数据值；

$\sum X$——各试验数据的总和；

n——试验数据的个数。

例如，三个混凝土试件的立方体抗压强度分别为 25.7MPa、28.3MPa、26.6MPa，

则该组混凝土的立方体抗压强度的算术平均值为

$$\overline{X} = \frac{(25.7 + 28.3 + 26.6)\text{MPa}}{3} = 26.9\text{MPa}$$

2. 误差计算

（1）范围误差

误差范围也称为极差，是试验数据中最大值与最小值之差。

例如，三个混凝土试件的立方体抗压强度分别为 25.7MPa、28.3MPa、26.6MPa，则该组混凝土的立方体抗压强度的范围误差或极差为

$$28.3\text{MPa} - 25.7\text{MPa} = 2.6\text{MPa}$$

（2）算术平均误差

算术平均误差的计算公式为

$$\delta = \frac{|X_1 - \overline{X}| + |X_2 - \overline{X}| + \cdots + |X_n - \overline{X}|}{n} = \frac{1}{n}\sum_{i=1}^{n}|X_i - \overline{X}| \qquad (0.2)$$

式中：δ——算术平均误差；

X_1，X_2，$\cdots$，X_n——各试验数据值；

$\sum X$——各试验数据的总和；

n——试验数据的个数。

例如，三个混凝土试件的立方体抗压强度分别为 25.7MPa、28.3MPa、26.6MPa，则其算术平均误差为

$$\delta = \frac{(|25.7 - 26.9| + |28.3 - 26.9| + |26.6 - 26.9|)\text{MPa}}{3} = 1.0\text{MPa}$$

（3）标准差

平均值只能反映总的平均水平，要了解数据的波动情况，还需要知道标准差，它是衡量波动性即离散性大小的指标。标准差的计算公式为

$$S = \sqrt{\frac{(X_1 - \overline{X})^2 + (X_2 - \overline{X})^2 + \cdots + (X_n - \overline{X})^2}{n-1}} = \sqrt{\frac{1}{n-1}\sum_{i=1}^{n}(X_i - \overline{X})^2} \qquad (0.3)$$

式中：S——标准差（均方根差）；

X_1，X_2，$\cdots$，X_n——各试验数据值；

$\sum X$——各试验数据的总和；

n——试验数据的个数。

例如，一组烧结普通砖试块（10 块），养护 3 天后进行抗压强度试验，测得的抗压强度值分别为 16.76MPa、29.12MPa、32.63MPa、15.31MPa、33.06MPa、21.60MPa、18.67MPa、23.60MPa、24.82MPa、23.54MPa，则该组砖的抗压强度标准差为

$$S = \sqrt{\frac{1}{n-1}\sum_{i=1}^{n}(X_i - \overline{X})^2}$$

$$= \sqrt{\frac{1}{9} \times \left[(16.76 - 23.90)^2 + (29.12 - 23.90)^2 + \cdots + (23.54 - 23.90)^2 \right]} \text{ MPa}$$
$$= 6.20 \text{MPa}$$

0.2.2　数字修约原则

1. 数字修约原则

1）在拟舍弃的数字中，保留数后边（右边）第一位数字小于 5 时则舍去，保留数的末位数字不变。

2）在拟舍弃的数字中，保留数后边（右边）第一位数字大于 5 时则进 1，保留数的末位数字加 1。

3）在拟舍弃的数字中，保留数后边（右边）第一位数字等于 5，且 5 后边的数字并非全部为零时，保留数的末位数字加 1。

4）在拟舍弃的数字中，保留数后边（右边）第一位数字等于 5，且 5 后边的数字全部为零时，保留数的末位数字为奇数时则进 1，保留数的末位数字为偶数时（包括"0"）则不进。

5）所有拟舍去的数字，若为两位以上的数字，不得连续进行两次以上的修约，应根据保留数后边（右边）第一个数字的大小，按上述规则一次修约出结果。

6）负数修约时，先将其绝对值按前述规则进行修约，然后在修约值前面加上负号。

数字修约原则示例见表 0.1。

表 0.1　数字修约原则示例

示　例		修约前	修约后
将 14.2446 修约到保留一位小数		14.2446	14.2
将 14.2846 修约到保留一位小数		14.2846	14.3
将 14.2546 修约到保留一位小数		14.2546	14.3
将 0.3500，0.4500，1.0500 修约到保留一位小数		0.3500 0.4500 1.0500	0.4 0.4 1.0
将 25.4546 修约为整数	正确方法	25.4546	25
	错误方法	25.4546	第一次 25.455 第二次 25.46 第三次 25.5 第四次 26

2. 修约间隔

（1）0.5 单位修约

0.5 单位修约是指修约间隔为指定数位的 0.5 单位，是将拟修约的数值除以 5，按指定数位依进舍规则修约，所得数值再乘以 5。

如将表 0.2 中的数字修约到个位数的 0.5 单位，结果如表 0.2 所示。

表 0.2　0.5 单位修约示例

拟修约数值	除以 5	修　约	修约后的值
60.25	12.05	12.0	60.0
60.38	12.076	12.1	60.5
−60.75	−12.15	−12.2	−61.0

（2）0.2 单位修约

0.2 单位修约是指修约间隔为指定数位的 0.2 单位，是将拟修约的数值除以 2，按指定数位依进舍规则修约，所得数值再乘以 2。

如将表 0.3 中的数字修约到个位数的 0.2 单位。

表 0.3　0.2 单位修约示例

拟修约数值	除以 2	修　约	修约后的值
60.36	30.18	30.2	60.4
60.29	30.145	30.1	60.2
60.30	30.15	30.2	60.4

0.3　建筑材料试验、检测的方法和技术标准

0.3.1　建筑材料的一般检验方法

建筑用材料应具备必要的性能，对于这些材料性能的检验，必须通过适当的测试手段来进行。这些方法包括：实验室内原材料性能测定、实验室内模拟结构物的性能测定和现场修筑结构物的性能测定。本书主要着重于介绍实验室原材料性能的检验测定。

0.3.2　建筑材料的技术标准简介

根据技术标准的发布单位与适用范围不同，建筑材料技术标准可分为国家标准、行业标准、地方标准及企业标准等。中国国家质量技术监督局是国家标准化管理的最高机关。国家标准和行业标准属于全国通用标准，是国家指令性技术文件，各级生产、设计、施工等部门必须严格遵照执行。各级标准都有相应的代号（表 0.4）。

表 0.4　我国各级标准的相应代号

标准级别	标准代号及名称
国家标准	GB——国家标准，GBJ——建筑工程国家标准，GB/T——国家推荐标准
行业标准（部分）	JGJ——建设部建筑工程标准，JT——交通部行业标准，JC——国家建材工业局标准 SD——水利电力部行业标准，SY——石油工业部行业标准，YB——冶金部行业标准
地方标准	DB——地方标准
企业标准	QB——企业标准

注：各个国家都有自己的国家标准，国际上还有国际标准。

上 篇
材料基本性能检测
（课内试验）

石灰试验 项目 1

1.1 石灰有效 CaO、MgO 含量测定
（JC/T 479—1992）

1.1.1 目的与适用范围

本试验方法适用于测定 MgO 含量在 5% 以下的低镁石灰中有效 CaO、MgO 含量，石灰中有效 CaO、MgO 含量是确定生石灰的技术等级的重要指标之一。

1.1.2 仪器设备

1）分析天平。
2）称量瓶。
3）锥形瓶、烧杯。
4）烘箱、干燥器等。

1.1.3 试验准备

1）生石灰试样：将生石灰样品打碎，使颗粒不大于 2mm。拌和均匀后用四分法缩减至 200g 左右，放入瓷研钵中研细。再经四分法缩减几次至剩下 20g 左右。使研磨所得石灰样品通过 0.1mm 的筛，从此细样中均匀挑取 10g 多，置于称量瓶中在 100℃烘干 1h，贮于干燥器中，供试验用。

2）消石灰试样：将消石灰样品用四分法缩减至 10g 左右。如有大颗粒存在，须在瓷研钵中研细至无不均匀颗粒存在为止。置于称量瓶中于 105～110℃烘干 1h，贮于干燥器中，供试验用。

1.1.4 试验步骤

1）1N 盐酸标准溶液的配制。取 83mL（相对密度 1.19）浓盐酸以蒸馏水稀释至 1000mL，按下述方法标定其当量浓度后备用：

称取 1.5～2.0g 已在 180℃烘干 2h 的碳酸钠，置于 250mL 锥形瓶中，加 100mL 水使其完全溶解；然后加入 2～3 滴甲基橙指示剂，用待标定的盐酸标准溶液滴定，至碳

酸钠溶液由黄色变为橙红色；将溶液加热至沸，并保持微沸 3min，然后放在冷水中冷却至室温，如此时橙红色变为黄色，则再用盐酸标准溶液滴定，至溶液出现稳定橙红色为止。

盐酸标准溶液的当量浓度按下式计算，即

$$N = Q/V \times 0.053 \tag{1.1}$$

式中：N——盐酸标准溶液当量浓度；

$\quad\quad Q$——称取碳酸钠的质量，g；

$\quad\quad V$——滴定时消耗盐酸标准溶液的体积，mL。

2）1‰酚酞指示剂的配制：称取 0.5g 酚酞溶于 50mL 95％乙醇中。

3）迅速称取石灰试样 0.8 ～ 1.0g 放入 300mL 锥形瓶中。

4）加入 150mL 新煮沸并已冷却的蒸馏水和 10 颗玻璃珠。

5）瓶上插一短颈漏斗，加热 5min，但勿使之沸腾，迅速冷却。

6）滴入酚酞指示剂 2 滴，不断摇动并以盐酸标准溶液滴定，控制速度为每秒 2～3 滴，至粉红色完全消失，稍停，又出现红色，继续滴入盐酸。如此重复几次，直至 5min 内不出现红色为止。如滴定过程持续半小时以上，则结果只能作为参考。

7）记录消耗标准盐酸的体积 V_0（mL）。

1.1.5 试验记录及结果分析

按下式计算有效 CaO、MgO 含量，即

$$(\mathrm{CaO + MgO})\% = \frac{V_0 \times N \times 0.028}{G} \times 100 \tag{1.2}$$

式中：V_0——消耗标准盐酸的体积，mL；

$\quad\quad N$——盐酸标准溶液当量浓度；

$\quad\quad G$——试样质量，g；

$\quad\quad 0.028$——氧化钙毫克当量。

同一石灰样品至少应做两个试样和进行两次测定，并取其平均值代表最终结果。

石灰有效 CaO、MgO 含量测定试验报告

试验人员：＿＿＿＿＿＿＿＿＿＿＿＿＿＿＿＿＿＿＿＿＿＿＿

试验日期：＿＿＿＿＿＿＿＿＿＿＿＿＿　　　指导教师：＿＿＿＿＿＿＿＿＿＿＿＿＿＿

试验编号	试样质量/g	盐酸的当量浓度 N	盐酸消耗量/mL	(CaO+MgO)/%	平均值/%
1					
2					
结论					

水泥试验 | 项目 2

2.1 水泥细度测定（80μm 筛筛析法）
（GB 1345—2005）

2.1.1 目的与适用范围

水泥细度对水泥的许多物理力学性能都有影响，因此细度是水泥质量控制指标之一。

根据《通用硅酸盐水泥》（GB 175—2007）的规定，水泥以细度作为选择性指标。硅酸盐水泥及普通硅酸盐水泥的细度以比表面积表示，不小于 $300m^2/kg$；其他四种硅酸盐系列的水泥，其细度以筛余量表示，要求 $80\mu m$ 方孔筛筛余不大于 10%，或 $45\mu m$ 方孔筛筛余不大于 30%。

本试验检测采用 $80\mu m$ 筛析法，适用于粉煤灰水泥、矿渣水泥、火山灰水泥及复合水泥。筛析法有负压筛法、水筛法、干筛法三种，当三种检测方法有争议时以负压筛法为准。

2.1.2 仪器设备

1）负压筛析仪：负压筛析仪由筛座、负压筛、负压源和收尘装置组成。其中，筛座由转速 302r/min 的喷气嘴、负压表、控制板、微电机及壳体构成（试图 2.1）。

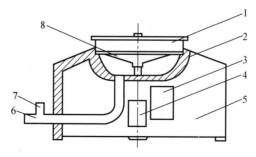

试图 2.1 负压筛析仪示意图

1.0.045mm 方孔筛；2. 橡胶垫圈；3. 控制板；4. 微电机；
5. 壳体；6. 抽气口；7. 风门（调节负压）；8. 喷气嘴

2）试验筛。

3）天平：最大称量为 100g，分度值不大于 0.05g。

2.1.3 试验准备

水泥样品应充分拌匀，通过 0.9mm 方孔筛，记录筛余物情况。要防止过筛时混进其他水泥。

2.1.4 试验步骤（负压筛法）

1）筛析试验前，应把负压筛放在筛座上，盖上筛盖，接通电源，检查控制系统，调节负压至 4000～6000Pa 范围内。

2）称取试样 25g（m），置于洁净的负压筛中，盖上筛盖，放在筛座上，开动筛析仪连续筛析 2min。在此期间如有试样附着在筛盖上，可轻轻地敲击，使试样落下。筛毕，用天平称量筛余物质量（R_s）。

3）当工作负压小于 4000Pa 时，应清理吸尘器内水泥，使负压筛恢复正常。

2.1.5 试验记录及结果分析

水泥试样筛余百分率按下式计算，即

$$F = \frac{R_s}{m} \times 100 \tag{2.1}$$

式中：F—— 水泥试样的筛余百分率；

R_s——水泥筛余物的质量，g；

m——水泥试样的质量，g。

筛余百分率结果计算至 0.1％。当水泥筛余百分率 $F \leqslant 10\%$ 时为合格。

水泥细度测定（80μm 筛筛析法）试验报告

试验人员：_____

试验日期：_____   指导教师：_____

试验次数	水泥试样质量 m/g	水泥筛余物质量 R_s/g	水泥试样筛余百分率	平均值/％
1	25			
2	25			

2.2 水泥标准稠度用水量测定
（GB/T 1346—2001）

2.2.1 目的与适用范围

本试验的目的是测定水泥净浆达到标准稠度时的用水量，用于水泥的凝结时间和体积安定性试验。水泥标准稠度用水量的测定方法有标准法和代用法两种，本试验检测采用标准法。

2.2.2 仪器设备

1）水泥净浆搅拌机。

2）标准法维卡仪（试图 2.2）。

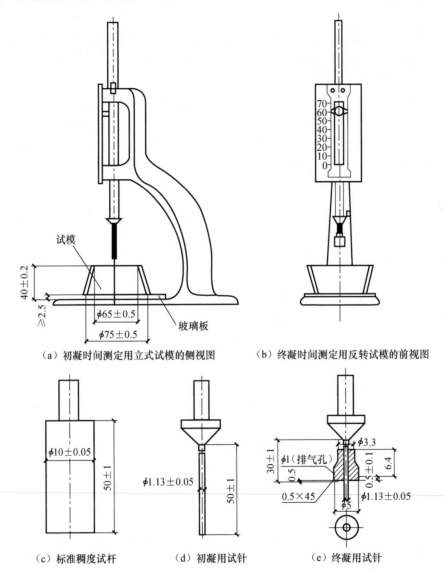

（a）初凝时间测定用立式试模的侧视图   （b）终凝时间测定用反转试模的前视图

（c）标准稠度试杆   （d）初凝用试针   （e）终凝用试针

试图 2.2　测定水泥标准稠度和凝结时用的维卡仪

3）量水器：最小刻度 0.1mL，精度 1%。

4）天平：最大称量不小于 1000g，分度值不大于 1g。

5）试模。

2.2.3　试验准备

水泥净浆的制备：用水泥净浆搅拌机搅拌，搅拌锅和搅拌叶片先用湿布擦过，将拌和水倒入搅拌锅内，然后在 5～10s 内小心地将称好的 500g 水泥加入水中，防止水和水泥溅出。拌和时，先将锅放在搅拌机的锅座上，升至搅拌位置，启动搅拌机，低速搅拌120s，停 15s，同时将叶片和锅壁上的水泥浆刮入锅中间，接着高速搅拌 120s 停机。

2.2.4 试验步骤

拌和结束后，立即将拌制好的水泥净浆装入已置于玻璃底板上的试模中，用小刀插捣，轻轻振动数次，刮去多余的净浆。抹平后迅速将试模和底板移到维卡仪上，并将其中心定在试杆下，降低试杆直至与水泥净浆表面接触，拧紧螺丝 1～2s 后突然放松，使试杆垂直自由地沉入水泥净浆中，在试杆停止沉入或释放试杆 30s 时记录试杆与底板之间的距离，升起试杆后立即擦净。整个操作应在搅拌后 1.5min 内完成。以试杆沉入净浆并距底板（6±1）mm 的水泥净浆为标准稠度净浆，其拌和水量为该水泥的标准稠度用水量（P），按水泥质量的百分比计。

标准稠度用水量 P 按下式计算，即

$$P = \frac{m}{500} \times 100 \qquad (2.2)$$

式中：P——标准稠度用水量，%；

m——试验拌和用水量，g。

水泥标准稠度用水量测定试验报告

试验人员：_____

试验日期：_____　　指导教师：_____

试验次数	试杆距底板的距离/mm	加水量 m/g	用水量 P/%
1			
2			

2.3　水泥凝结时间测定试验
（GB/T 1346—2001）

2.3.1 目的与适用范围

水泥的凝结时间指水泥的初凝和终凝时间。《通用硅酸盐水泥》（GB 175—2007）规定：硅酸盐水泥的初凝不小于 45min，终凝不大于 390min（6.5h）；其他品种硅酸盐系列水泥的初凝不小于 45min，终凝不大于 600min（10h）。凝结时间不符合规定的为不合格品。

本试验采用人工法测定，适用于所有水泥。

2.3.2 仪器设备

1）水泥净浆搅拌机。

2）标准法维卡仪。

3）量水器：最小刻度 0.1mL，精度 1%。

4）天平：最大称量不小于 1000g，分度值不大于 1g。

5）试模。

2.3.3　试验准备

试件的制备：以标准稠度用水量制成的标准稠度净浆一次装满试模，振动数次刮平，立即放入湿气养护箱中。记录水泥全部加入水中的时间，作为凝结时间的起始时间。

2.3.4　试验步骤

1）测定前的准备工作：调整凝结时间测定仪的试针接触玻璃时指针对准零点。

2）初凝时间的测定：试件在湿气养护箱中养护至加水后 30min 时进行第一次测定。测定时，从湿气养护箱中取出试模放到试针下，降低试针与水泥净浆表面接触。拧紧螺丝 1~2s 后突然放松，试针垂直自由地沉入水泥净浆。观察试针停止下沉或释放试针 30s 时指针的读数。当试针沉至距底板 4mm±1mm 时为水泥达到初凝状态，由水泥全部加入水中至初凝状态的时间为水泥的初凝时间，用"min"表示。

3）终凝时间的测定：为了准确观测试针沉入的状况，在终凝针上安装了一个环形附件（试图 2.3）。在完成初凝时间测定后，立即将试模连同浆体以平移的方式从玻璃板取下，翻转 180°，直径大端向上、小端向下放在玻璃板上，再放入湿气养护箱中继续养护，临近终凝时间时每隔 15min 测定一次。当试针沉入试体 0.5mm 时，即环形附件开始不能在试体上留下痕迹时，为水泥达到终凝状态，由水泥全部加入水中至终凝状态的时间为水泥的终凝时间，用"min"表示。

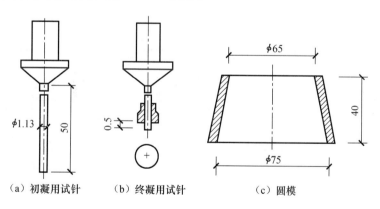

（a）初凝用试针　　　（b）终凝用试针　　　（c）圆模

试图 2.3　维卡仪试针及圆模

测定时应注意，在最初测定的操作时应轻轻扶持金属柱，使其徐徐下降，以防试针撞弯，但结果以自由下落为准；在整个测试过程中试针沉入的位置至少要距试模内壁 10mm。临近初凝时每隔 5min 测定一次，临近终凝时每隔 15min 测定一次，到达初凝或终凝时应立即重复测一次，当两次结论相同时才能定为到达初凝或终凝状态。每次测定不能让试针落入原针孔，每次测试完毕须将试针擦净并将试模放回湿气养护箱内。整个测试过程要防止试模受振。

水泥凝结时间测定试验报告

试验人员：_____

试验日期：_____ 指导教师：_____

初凝时间/min	终凝时间/min	结 论

2.4 水泥体积安定性试验
（GB/T 1346—2001）

2.4.1 目的与适用范围

水泥的体积安定性是水泥重要的质量指标之一。

体积安定性的测定方法有两种，即雷氏夹法和试饼法。当有争议时以雷氏夹法为准。

安定性检测不符合规定的水泥为不合格品。

本试验采用雷氏夹法，适用于所有品种的水泥。

2.4.2 仪器设备

1）雷氏夹［试图 2.4（a）］。

2）沸煮箱。

3）雷氏夹膨胀测定仪［试图 2.4（b）］。

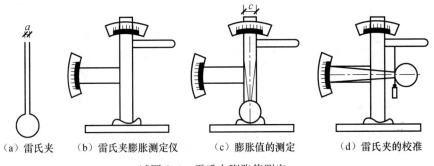

（a）雷氏夹　　（b）雷氏夹膨胀测定仪　　（c）膨胀值的测定　　（d）雷氏夹的校准

试图 2.4　雷氏夹膨胀值测定

2.4.3 试验准备

1. 测定前的准备工作

试验前按试图 2.4（d）方法检查雷氏夹的质量是否符合要求。

每个试样需成型两个试件，每个雷氏夹需配备质量 75～85g 的玻璃板两块，凡与水泥净浆接触的玻璃板和雷氏夹内表面都要稍稍涂上一层油。

2. 雷氏夹试件的成型

将预先准备好的雷氏夹放在已稍擦油的玻璃板上，并立即将已制好的标准稠度净浆一次装满雷氏夹。装浆时一只手轻轻扶持雷氏夹，另一只手用宽约 10mm 的小刀插捣数次。然后抹平，盖上稍涂油的玻璃板，接着立即将试件移至养护箱内养护（24±2）h。

2.4.4 试验步骤

1）沸煮：调整好沸煮箱内的水位，使能保证在整个沸煮过程中水都超过试件，不需中途添补试验用水，同时又能保证在（30±5）min 内升至沸腾。

2）脱去玻璃板，取下试件，先测量雷氏夹指针尖端间的距离（a），精确到 0.5mm [试图 2.4（a）]，接着将试件放入沸煮箱水中的试件架上，指针朝上，然后在（30±5）min 内加热至沸腾并恒沸（180±5）min。

3）沸煮结束后，立即放掉沸煮箱中的热水，打开箱盖，待箱体冷却至室温，取出试件进行判别。测量雷氏夹指针尖端的距离（c），准确至 0.5mm [试图 2.4（c）]。

2.4.5 试验记录及结果分析

当两个试件煮后增加距离（$c-a$）的平均值不大于 5.0mm 时，即认为该水泥安定性合格；当两个试件的（$c-a$）值相差超过 4.0mm 时，应用同一样品立即重做一次试验，再如此，则认为该水泥为安定性不合格。

水泥体积安定性试验报告

试验人员：_____

试验日期：_____　　　　指导教师：_____

试验次数	沸煮前两指针间距离 a/mm	沸煮后两指针间距离 c/mm	$c-a$ 值/mm	平均值/mm
1				
2				
结论				

2.5 水泥胶砂强度试验（ISO 法）
（GB/T 17671—1999）

2.5.1 目的与适用范围

本试验的目的是测定水泥胶砂试件的抗压强度和抗折强度，评定水泥的强度等级。

《通用硅酸盐水泥》（GB 175—2007）规定了各品种各等级的水泥不同龄期的强度值要求，强度不符合规定的水泥为不合格品。

本试验采用 ISO 法。

2.5.2 仪器设备

1）水泥胶砂搅拌机（试图 2.5）：一种工作时搅拌叶片既绕自身轴线自转又沿搅拌锅周边公转，运动轨迹似行星的水泥胶砂搅拌机。它应符合标准 JC/T 681—2005。

2）试验筛。

3）试模（试图 2.6）：为可拆卸的三联模，由隔板、端板、底座等组成。模槽内腔尺寸为 40mm×40mm×160mm，三边应互相垂直。试模应符合标准 JC/T 726—2005。

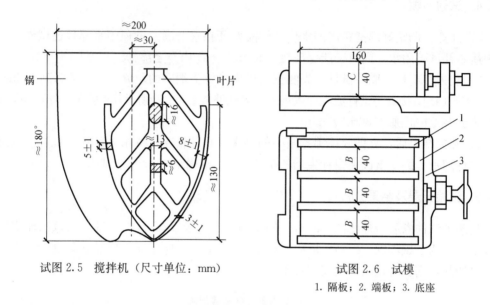

试图 2.5　搅拌机（尺寸单位：mm）

试图 2.6　试模
1. 隔板；2. 端板；3. 底座

4）胶砂振实台：由可以跳动的台盘和使其跳动的凸轮等组成。它应符合标准 JC/T 682—2005。

5）抗折和抗压试验机、抗压夹具。

2.5.3　试验准备

1. 胶砂的制备

把（225±1）mL 水加入搅拌锅中，再加入水泥（450±2）g，把锅放在固定架上，上升至固定位置。然后立即开动机器，低速搅拌 30s 后，在第二个 30s 开始的同时均匀地将砂子加入，再高速搅拌 30s；停拌 90s，再高速继续搅拌 60s。

2. 试件的制备

胶砂制备后立即进行成型。将空试模和模套固定在振实台上，用一个适当大小的勺子直接从搅拌锅里将胶砂分两层装入试模。装第一层时，每个槽里约放 300g 胶砂，用大播料器垂直架在模套顶部沿每个模槽来回一次将料层播平，接着振实 60 次。再装入第二层胶砂，用小播料器播平，再振实 60 次。移走模套，从振实台上取下试模，用一金属直尺以近似 90°的角度架在试模模顶的一端，然后沿试模长度方向以横向锯割动作慢慢向另一端移动，一次将超过试模部分的胶砂刮去，并用同一直尺在近乎水平的情况下将试体表面抹平。

3. 试件的养护

（1）脱模前的处理与养护

去掉留在模子四周的胶砂，立即将做好记号的试模放入雾室或湿箱的水平架子上养护，湿空气应能与试模各边接触。养护时不应将试模放在其他试模上。一直养护到规定的脱模时间，取出脱模。脱模前，用防水墨汁或颜料笔对试体进行编号和做其他标记。两个龄期以上的试体，在编号时应将同一试模中的三个试件分在两个以上龄期内。

（2）脱模

脱模应非常小心。对于 24h 龄期的，应在破型试验前 20min 内脱模；对于 24h 以上龄期的，应在成型后 20～24h 脱模。已确定做 24h 龄期试验（或其他不下水直接做的试验）的已脱模试件，应用湿布覆盖至做试验时为止。

（3）水中养护

将做好标记的试件立即水平或竖直放在（20±1）℃水中养护，水平放置时刮平面应朝上。试件放在不易腐烂的篦子上，并彼此间保持一定间距，以让水与试件的六个面接触。养护期内试件之间间隔或试件表面的水深不得小于 5mm。每个养护池只养护同类型的水泥试件。

（4）强度试验试件的龄期

试件龄期是从水泥加水搅拌开始试验时算起的，不同龄期强度试验在下列时间里进行，见试表 2.1。

试表 2.1　水泥胶砂强度试验时间

龄期	24h	48h	72h	7d	＞28d
试验时间	24h±15min	48h±30min	72h±45min	7d±2h	＞28d±8h

2.5.4 试验步骤

1. 抗折强度测定

将试件一个侧面放在试验机支撑圆柱上，试件长轴垂直于支撑圆柱，通过加荷圆柱以 50N/s±10 N/s 的速率均匀地将荷载垂直地加在棱柱体相对侧面上，直至其折断。保持两个半截棱柱体处于潮湿状态直至抗压试验。

2. 抗压强度测定

抗压强度试验在半截棱柱体的侧面进行。半截棱柱体中心与压力机压板受压中心差应在±0.5mm 内，棱柱体露在压板外的部分约有 10mm。在整个加荷过程中以 2400N/s±200N/s 的速率均匀地加荷直至破坏。

2.5.5 试验记录及结果分析

1）抗折强度 R_f 以牛顿每平方毫米（MPa）表示，按下式计算，即

$$R_f = \frac{1.5 F_f L}{b^3} \tag{2.3}$$

式中：F_f——折断时施加于棱柱体中部的荷载，N；

$\quad\quad L$——支撑圆柱之间的距离，mm；

$\quad\quad b$——棱柱体正方形截面的边长，mm。

各试体的抗折强度记录至 0.1MPa。以一组三个棱柱体抗折结果的平均值作为试验结果，计算精确至 0.1MPa。当三个强度值中有超出平均值±10％的值时，将该值剔除后再取平均值作为抗折强度试验结果。

2）抗压强度 R_c 以牛顿每平方毫米（MPa）表示，按下式计算，即

$$R_c = \frac{F_c}{A} \tag{2.4}$$

式中：F_c——破坏时的最大荷载，N；

$\quad\quad A$——受压部分面积，mm^2。

各个半棱柱体得到的单个抗压强度结果计算至 0.1MPa，以一组三个棱柱体上得到的六个抗压强度测定值的算术平均值作为试验结果。如六个测定值中有一个超出六个平均值的±10％时，就应剔除这个结果，而以剩下五个的平均数作为结果。如果五个测定值中再有超过它们平均数±10％的值时，则此组结果作废。

水泥胶砂强度试验报告

试验人员：_____

试验日期：_____　　　指导教师：_____

试件龄期/d	试件编号	抗折强度					抗压强度			
		支点间距/mm	试件截面边长/mm	破坏荷载/N	抗折强度/MPa	平均值/MPa	破坏荷载/N	受压面积/mm²	抗压强度/MPa	平均值/MPa
	1									
	2									
	3									

混凝土用砂、石性能的检验 | 项目 3

3.1 砂的表观密度试验

(GB/T 14684—2001)

3.1.1 目的与适用范围

本试验的目的是测定砂的表观密度，用于混凝土配合比设计。

测定方法用容量瓶法，适用于混凝土、建筑砂浆用砂的质量检验。

3.1.2 仪器设备

1) 天平：称量 1000g，感量 1g。

2) 容量瓶：500mL。

3) 干燥器、浅盘、铝制料勺、温度计等。

4) 烘箱：能使温度控制在 (105±5)℃。

5) 烧杯：500mL。

3.1.3 试验准备

将缩分至 650g 左右的试样置于温度为 (105±5)℃的烘箱中烘干至恒重，并在干燥器内冷却至室温。

3.1.4 试验步骤

1) 称取烘干的试样 300g (m_0)，装入盛有半瓶冷开水的容量瓶中。

2) 摇转容量瓶，使试样在水中充分搅动以排除气泡，塞紧瓶塞。

3) 静置 24h 左右后，用滴管添水，使水面与瓶颈刻度线平齐，再塞紧瓶塞，擦干瓶外水分，称其质量 (m_1)。

4) 倒出瓶内水和试样，将瓶的内外表面洗干净，再向瓶内注入与上项水温相差不超过 2℃的冷开水至瓶颈刻度线。塞紧瓶塞，擦干瓶外水分，称其质量 (m_2)。

注意：在砂的表观密度试验过程中应测量并控制水的温度，试验的各项称量可以在 15~25℃的温度范围内进行。从试样加水静置的最后 2h 起直至试验结束，其温度相差不应超过 2℃。

3.1.5 试验记录及结果分析

砂的表观密度 ρ 应按下式计算（精确至 10kg/m^3），即

$$\rho = \left[\frac{m_0}{m_0 + m_2 - m_1} - \alpha_t\right] \times 1000 \quad (\text{kg/m}^3) \tag{3.1}$$

式中：m_0——试样的烘干质量，g；

      m_1——试样、水及容量瓶总质量，g；

      m_2——水及容量瓶总质量，g；

      α_t——考虑称量时的水温对水相对密度影响的修正系数，见试表 3.1。

试表 3.1　不同水温下砂的表观密度温度修正系数

水温/℃	15	16	17	18	19	20
α_t	0.002	0.003	0.003	0.004	0.004	0.005
水温/℃	21	22	23	24	25	—
α_t	0.005	0.006	0.006	0.007	0.008	—

砂的表观密度试验报告

试验人员：_____

试验日期：_____　　指导教师：_____

试验次数	试样质量 m_0/g	试样、容量瓶、水总质量 m_1/g	水、容量瓶总质量 m_2/g	砂的表观密度 ρ/（kg/m³）	平均值/（kg/m³）
1					
2					
结论					

注：以两次试验结果的算术平均值作为测定值，如两次结果之差大于 20kg/m^3 时，应重新取样进行试验。

3.2　砂的堆积密度、空隙率试验
（GB/T 14681—2001）

3.2.1　目的与适用范围

本试验的目的是测定砂的堆积密度，用于混凝土配合比设计。

试验方法采用容量筒法，适用于混凝土、建筑砂浆用砂的质量检测。

3.2.2　仪器设备

1）天平：称量 500g，感量 5g。

2）容量筒：金属制、圆柱形，内径 108mm，净高 109mm，筒壁厚 2mm，容积约为 1L，筒底厚为 5mm。

3）漏斗或铝制料勺。

　　4）烘箱：能使温度控制在（105±5）℃。

　　5）直尺、浅盘等。

3.2.3　试验准备

　　用浅盘装样品约 3L，在温度为（105±5）℃的烘箱中烘至恒重，取出并冷却至室温，再用 4.75mm 孔径的筛子过筛，分成大致相等的两份备用。试样烘干后如有结块，应在试验前予以捏碎。

3.2.4　试验步骤

　　1）松散堆积密度：取试样一份，用漏斗或铝制料勺将试样从容量筒口中心上方 50mm 处徐徐倒入，让试样以自由落体落下。当容量筒上部试样呈堆体，且容量筒四周溢满时即停止加料。然后用直尺沿筒口中心线向两边刮平（试验过程中应防止触动容量筒），称出试样和容量筒总质量（m_2），精确至 1g。

　　2）紧密堆积密度：取试样一份，分两层装入容量筒。装完一层后，在筒底放一根直径为 10mm 的圆钢，将筒按住，左右交替颠击地面各 25 次，然后再装入第二层，第二层装满后用同样的方法颠实（但筒底所垫钢筋的方向应与第一层放置方向垂直）。两层装完并颠实后，加料直至试样超出容量筒筒口，然后用直尺沿筒口中心线向两边刮平，称出试样和容量筒总质量（m_2），精确至 1g。

3.2.5　试验记录及结果分析

　　1）松散或紧密堆积密度按下式计算（精确至 10kg/m^3），即

$$\rho_1 = \frac{m_2 - m_1}{V} \tag{3.2}$$

式中：ρ_1——松散堆积密度或紧密堆积密度，kg/m^3；

　　　　m_1——容量筒的质量，g；

　　　　m_2——容量筒和砂子总质量，g；

　　　　V——容量筒容积，L。

　　2）空隙率按下式计算（精确至 1%），即

$$V_0 = \left(1 - \frac{\rho_1}{\rho}\right) \times 100 \tag{3.3}$$

式中：V_0——空隙率，%；

　　　　ρ_1——砂的堆积密度，kg/m^3；

　　　　ρ——砂的表观密度，kg/m^3。

3.2.6　容量筒容积的校正方法

　　将温度为（20±2）℃的饮用水装满容量筒，用一玻璃板沿筒口推移，使其紧贴水面。擦干筒外壁水分，然后称出其质量，精确至 10g。容量筒容积按下式计算，精确至 1mL，即

$$V = G_1 - G_2 \tag{3.4}$$

式中：V——容量筒容积，mL；

G_1——容量筒、玻璃板和水的总质量，g；

G_2——容量筒和玻璃板质量，g。

砂的堆积密度、空隙率试验报告

试验人员：_____

试验日期：_____　　　　指导教师：_____

试验次数		容量筒容积 V/L	容量筒和砂子总质量 m_2/kg	容量筒质量 m_1/kg	堆积、紧密密度/(kg/m³)	堆积、紧密密度平均值/(kg/m³)	表观密度/(kg/m³)	空隙率
堆积密度	1							
	2							
紧密密度	1							
	2							
结论								

注：堆积密度取两次试验的算术平均值，精确至 10kg/m³。空隙率取两次试验结果的算术平均值，精确至 1%。

3.3　砂的筛分析试验

[JGJ 52—2006（GB/T 14684—2001）]

3.3.1　目的与适用范围

本试验将测定砂在不同孔径上的筛余量，计算累计筛余量，用于评定砂的颗粒级配，以及计算砂的细度模数，评定砂的粗细程度。

本试验的方法适用于混凝土、砂浆用砂质量的检测。

3.3.2　仪器设备

1）试验筛：孔径（mm）为 9.50、4.75、2.36、1.18、0.600、0.300、0.150 的方孔筛，以及筛的底盘和盖各一只，筛框为 300mm 或 200mm。其产品质量要求应符合现行的国家标准《试验筛》（GB/T 6003—1997）的规定。

2）天平：称量 1000g，感量 1g。

3）摇筛机。

4）烘箱：能使温度控制在（105±5）℃。

5）浅盘和硬、软毛刷等。

3.3.3　试验准备

按四分法进行缩分，用于筛分析的试样颗粒粒径不应大于 9.50mm。试验前应先将来料通过 9.50mm 筛并算出筛余百分率，然后称取每份不少于 550g 的试样两份，分别倒入两个浅盘中，在（105±5）℃的温度下烘干到恒重，冷却至室温备用。

3.3.4　试验步骤

1）准确称取烘干试样 500g，置于按筛孔大小（大孔在上、小孔在下）顺序排列的套筛的最上一只筛（即 4.75mm 筛孔）上。将套筛装入摇筛机内固紧，筛分时间为 10min 左右。然后取出套筛，再按筛孔大小顺序，在清洁的浅盘上逐个进行手筛，直至每分钟的筛出量不超过试样总量的 0.1% 时为止。通过的颗粒并入下一个筛，并和下一个筛中试样一起过筛。按这样的顺序进行，直至每个筛全部筛完为止。

2）仲裁时，试样在各号筛上的筛余量均不得超过下式的量，即

$$m_{\mathrm{r}} = \frac{A\sqrt{d}}{300} \tag{3.5}$$

生产控制检验时不得超过下式的量，即

$$m_{\mathrm{r}} = \frac{A\sqrt{d}}{200} \tag{3.6}$$

式中：m_{r}——在一个筛上的剩余量，g；

d——筛孔尺寸，mm；

A——筛的面积，mm²。

否则应将该筛余试样分成两份，再次进行筛分，并以其筛余量之和作为筛余量。

3）称取各筛筛余试样的质量（精确至 1g），所有各筛的分计筛余量和底盘中剩余量的总和与筛分前的试样总量相比，其相差不得超过 1%。

3.3.5　试验记录及结果分析

1）计算分计筛余百分率（各筛上的筛余量除以试样总量的百分率），精确至 0.1%。

2）计算累计筛余百分率（该筛上的分计筛余百分率与大于该筛的各筛上的分计筛余百分率之总和），精确至 0.1%。

3）根据各筛的累计筛余百分率评定该试样的颗粒级配分布情况。

4）按下式计算砂的细度模数（精确至 0.01），即

$$M_{\mathrm{x}} = \frac{(A_{0.15} + A_{0.30} + A_{0.60} + A_{1.18} + A_{2.36}) - 5A_{4.75}}{100 - A_{4.75}} \tag{3.7}$$

式中：M_{x}——细度模数；

A——各号筛的累计筛余百分率。

5）筛分试验应采用两个试样平行试验。累计筛余百分率取两次试验结果的算术平均值，精确至 1%。细度模数以两次试验结果的算术平均值为测定值（精确至 0.1）；如两次试验所得的细度模数之差大于 0.20 时，应重新取样进行试验。

砂的筛分析试验报告

试验人员：＿＿＿＿＿＿＿＿＿＿＿＿＿＿＿＿＿＿＿＿＿＿＿

试验日期：＿＿＿＿＿＿＿＿＿＿＿＿＿＿　　指导教师：＿＿＿＿＿＿＿＿＿＿＿＿＿＿＿

筛孔尺寸/mm 及试验次数	9.50		4.75		2.36		1.18		0.60		0.30		0.15	
	1	2	1	2	1	2	1	2	1	2	1	2	1	2
筛余量/g														
分计筛余百分率														
累计筛余百分率														
累计筛余百分率平均值														
细度模数	$M_{x_1} =$ ＿＿＿＿				$M_{x_2} =$ ＿＿＿＿				$M_x =$ ＿＿＿＿					
结论	此砂级配区属：＿＿＿＿　细度模数＝＿＿＿＿，为＿＿＿＿砂。													

3.4 碎石或卵石的表观密度试验

（GB/T 14685—2001）

3.4.1 目的与适用范围

本试验将测定石子的表观密度，用于混凝土配合比设计。

试验方法采用液体比重天平法，适用于混凝土用石子质量的检测。

3.4.2 仪器设备

1）天平：称量 5kg，感量 1g。

2）吊篮：直径和高度均为 150mm，由孔径为 1～2mm 的筛网或钻有 2～3mm 孔洞的耐锈蚀金属板制成。

3）试验筛：孔径为 5mm。

4）烘箱：能使温度控制在（105±5）℃。

5）盛水容器：有溢流孔。

6）温度计：0～100℃。

7）带盖容器、浅盘、刷子和毛巾等。

3.4.3 试验准备

试样制备应符合下列规定：试验前，将样品筛去 4.75mm 以下的颗粒，并缩分至略大于试表 3.2 所规定的数量，刷洗干净后分成两份备用。

试表 3.2　表观密度试验所需的试样最少用量

最大粒径/mm	小于 26.5	31.5	37.5	63.0	75.0
试样最少质量/kg	2.0	3.0	4.0	6.0	6.0

3.4.4　试验步骤

1）取试样一份装入吊篮，并浸入盛水的容器中，液面至少高出试样表面 50mm。浸水 24h 后，移放到称量用的盛水容器中，并用上下升降吊篮的方法排除气泡（试样不得露出水面）。吊篮每升降一次约 1s，升降高度为 30～50mm。

2）测定水温后（此时吊篮应全浸在水中）准确称出吊篮及试样在水中的质量，精确至 5g。称量时盛水容器中水面的高度由容器的溢流孔控制。

3）提起吊篮，将试样倒入浅盘，放在烘箱中于（105±5）℃下烘干至恒重，待冷却至室温后称出其质量，精确至 5g。

4）称出吊篮在同样温度的水中的质量，精确至 5g。称量时盛水容器的水面高度仍由溢流孔控制。

3.4.5　试验记录及结果分析

石子表观密度 ρ_0 应按下式计算（精确至 10kg/m³），即

$$\rho_0 = \left(\frac{G_0}{G_0 + G_2 - G_1}\right) \times \rho_{水} \tag{3.8}$$

式中：ρ_0——表观密度，kg/m³；

　　　G_0——烘干后试样的质量，g；

　　　G_1——吊篮及试样在水中的质量，g；

　　　G_2——吊篮在水中的质量，g；

　　　$\rho_{水}$——水的密度，取 1000kg/m³。

3.4.6　注意事项

试验时各项称量可以在 15～25℃范围内进行，但从试样加水静止的 2h 起至试验结束，其温度变化不应超过 2℃。

碎石或卵石的表观密度试验报告

试验人员：_____

试验日期：_____　　指导教师：_____

试验次数	烘干后试样质量 G_0/g	吊篮及试样在水中的质量 G_1/g	吊篮在水中的质量 G_2/g	表观密度 ρ_0/(kg/m³)	平均值/(kg/m³)
1					
2					
结论					

注：表观密度取两次试验的算术平均值，两次试验结果之差大于 20kg/m³ 时须重新试验。对颗粒材质不均匀的试样，如两次试验结果之差超过 20kg/m³，可取 4 次试验结果的算术平均值。

3.5　碎石或卵石的堆积密度、空隙率试验
（GB/T 14685—2001）

3.5.1　目的与适用范围

本试验将测定石子的堆积密度，结合所测定的石子的表观密度计算石子的空隙率，

用于混凝土配合比设计。

试验方法采用容量筒法，适用于混凝土用碎石、卵石质量的检测。

3.5.2　仪器设备

1）台秤：称量 10kg，感量 10g。

2）秤：称量 50kg 或 100kg，感量 50g。

3）容量筒：规格见试表 3.3。

试表 3.3　容量筒的规格要求

最大粒径/mm	容量筒容积/L	容量筒规格		
		内径/mm	净高/mm	壁厚/mm
9.5，16.0，19.0，26.5	10	208	294	2
31.5，37.5	20	294	294	3
53.0，63.0，75.0	30	360	294	4

4）垫棒：直径 16mm、长 600mm 的圆钢。

5）直尺、小铲等。

3.5.3　试验准备

用浅盘装样品约 3L，在温度为（105±5）℃烘箱中烘至恒重，取出并冷却至室温，再用 4.75mm 孔径的筛子过筛，分成大致相等的两份备用。试样烘干后如有结块，应在试验前予以捏碎。

3.5.4　试验步骤

1）堆积密度：取试样一份，用小铲将试样从容量筒口中心上方 50mm 处徐徐倒入，让试样以自由落体落下，当容量筒上部试样呈堆体，且容量筒四周溢满时即停止加料。除去凸出容量口表面的颗粒，并以合适的颗粒填入凹陷部分，使表面稍凸起部分和凹陷部分的体积大致相等（试验过程中应防止触动容量筒），称出试样和容量筒总质量（m_2），精确至 10g。

2）紧密密度：取试样一份，分三次装入容量筒。装完第一层后，在筒底垫放一根直径为 16mm 的圆钢，将筒按住，左右交替颠击地面各 25 次；再装入第二层，第二层装满后用同样的方法颠实（但筒底所垫钢筋的方向应与第一层放置方向垂直）；然后装入第三层，如法颠实。试样装填完毕，再加试样直至超过筒口，用钢尺沿筒口边缘刮去高出的试样，并用合适的颗粒填平凹处，使表面稍凸起部分和凹陷部分的体积大致相等。称出试样和容量筒总质量（m_2），精确至 10g。

3.5.5　试验记录及结果分析

1）松散或紧密堆积密度按下式计算（精确至 10kg/m³），即

$$\rho_1 = \frac{m_2 - m_1}{V} \tag{3.9}$$

式中：ρ_1——松散堆积密度或紧密堆积密度，10kg/m^3；

$\quad\quad m_1$——容量筒的质量，g；

$\quad\quad m_2$——容量筒和石子总质量，g；

$\quad\quad V$——容量筒容积，L。

2）空隙率按下式计算（精确至1％），即

$$V_0 = \left(1 - \frac{\rho_1}{\rho}\right) \times 100 \tag{3.10}$$

式中：V_0——空隙率，％；

$\quad\quad\rho_1$——石子的堆积密度，kg/m^3；

$\quad\quad\rho$——石子的表观密度，kg/m^3。

3.5.6　容量筒容积的校正方法

将温度为（20±2）℃的饮用水装满容量筒，用一玻璃板沿筒口推移，使其紧贴水面。擦干筒外壁水分，然后称出其质量，精确至10g。容量筒容积按下式计算，精确至1mL，即

$$V = G_1 - G_2 \tag{3.11}$$

式中：V——容量筒容积，mL；

$\quad\quad G_1$——容量筒、玻璃板和水的总质量，g；

$\quad\quad G_2$——容量筒和玻璃板质量，g。

碎石或卵石的堆积密度、空隙率试验报告

试验人员：＿＿＿＿＿＿＿＿＿＿＿＿＿＿＿＿＿＿＿

试验日期：＿＿＿＿＿＿＿＿＿＿　　　指导教师：＿＿＿＿＿＿＿＿＿＿＿＿

试验次数		容量筒容积 V/L	容量筒和石子总质量 m_2/kg	容量筒质量 m_1/kg	堆积、紧密密度/(kg/m^3)	堆积、紧密密度平均值/(kg/m^3)	表观密度/(kg/m^3)	空隙率
堆积密度	1							
	2							
紧密密度	1							
	2							
结论								

注：堆积密度取两次试验的算术平均值，精确至 10kg/m^3。空隙率取两次试验结果的算术平均值，精确至1％。

3.6　碎石或卵石的筛分析试验
［JGJ 52—2006（GB/T 14684—2001）］

3.6.1　目的与适用范围

本试验将测定石子在不同孔径上的筛余量，计算累计筛余量，评定石子的颗粒级配。

《普通混凝土用砂、石质量及检验方法标准》（JGJ 52—2006）对混凝土用粗骨料的颗粒级配有明确规定。

本试验采用筛析法，适用于混凝土用粗骨料的质量检测。

3.6.2 仪器设备

1）试验筛：孔径（mm）为 90、75.0、63.0、53.0、37.5、31.5、26.5、19.0、16.0、9.50、4.75、2.36 的方孔筛，以及筛的底盘和盖各一只，筛框内径为 300mm。

2）台秤：称量 10kg，感量 1g。

3）摇筛机。

4）烘箱：能使温度控制在（105±5)℃。

5）浅盘、毛刷等。

3.6.3 试验准备

按规定取样，并将试样缩分至略大于试表 3.4 规定的数量，烘干或风干后备用。

试表 3.4　颗粒级配试验所需试样质量

最大粒径/mm	9.5	16.0	19.0	26.5	31.5	37.5	63.0	75.0
最少试样质量/kg	1.9	3.2	3.8	5.0	6.3	7.5	12.6	16.0

3.6.4 试验步骤

1）称取试表 3.4 中规定质量的试样一份，精确到 1g。将试样倒入按孔径大小从上到下组合的套筛（附筛底）上，然后进行筛分。

2）将套筛装入摇筛机内固紧，筛分时间为 10min 左右，然后取出套筛，再按筛孔大小顺序，在清洁的浅盘上逐个进行手筛，直至每分钟的筛出量不超过试样总量的 0.1% 时为止。通过的颗粒并入下一号筛中，并和下一号筛中试样一起过筛，这样顺序进行，直至各号筛全部筛完为止。

3）称取各筛筛余试样的质量（精确至 1g），所有各筛的分计筛余量和底盘中剩余量的总和与筛分前的试样总量相比，其相差不得超过 1%，否则需重新试验。

3.6.5 试验记录及结果分析

1）计算分计筛余百分率（各号筛的筛余量与试样总量之比），精确至 0.1%。

2）计算累计筛余百分率（该号筛上的分计筛余百分率与大于该号筛的各筛上的分计筛余百分率之总和），精确至 1%。

3）根据各号筛的累计筛余百分率评定该试样的颗粒级配。

碎石或卵石的筛分析试验报告

试验人员：_____

试验日期：_____　　　　指导教师：_____

筛孔尺寸/mm	2.36	4.75	9.50	16.0	19.0	26.5	31.5	37.5
筛余量/g								
分计筛余百分率								
累计筛余百分率								
结论	该试样颗粒级配：							

3.7　石子中针、片状颗粒含量试验
（GB/T 14684—2001）

3.7.1　目的与适用范围

本试验将测定石子中针、片状颗粒含量，作为评定石子质量的依据之一。

《普通混凝土用砂、石质量及检验方法标准》（JGJ 52—2006）规定了不同强度等级的混凝土用骨料的针、片状颗粒含量。

本试验采用针、片状规准仪法，适用于混凝土用粗骨料的质量检测。

3.7.2　仪器设备

1）针状规准仪与片状规准仪。

2）台秤：称量 10kg，感量 1g。

3）方孔筛：孔径（mm）为 4.75、9.50、16.0、19.0、26.5、31.5 及 37.5 的筛各一个。

3.7.3　试验准备

试验前，将来样在室内风干至表面干燥，并用四分法缩分至略大于试表 3.5 规定的数量，称量 $G_1(g)$。

试表 3.5　针、片状颗粒含量试验所需试样质量

最大粒径/mm	9.5	16.0	19.0	26.5	31.5	37.5	63.0	75.0
最少试样质量/kg	0.3	1.0	2.0	3.0	5.0	10.0	10.0	10.0

3.7.4　试验步骤

1）称取试表 3.5 规定数量的试样一份 $G_1(g)$，精确到 1g，然后按再试表 3.6 规定的粒级进行筛分。

试表 3.6　针、片状颗粒含量试验的粒级划分及其相应的规准仪孔宽或间距

石子粒级/mm	4.75～9.50	9.50～16.0	16.0～19.0	19.0～26.5	26.5～31.5	31.5～37.5
片状规准仪相对应孔宽/mm	2.8	5.1	7.0	9.1	11.6	13.8
针状规准仪相对应间距/mm	17.1	30.6	42.0	54.6	69.6	82.8

2）按试表 3.6 规定的粒级分别用规准仪逐粒检验，凡颗粒长度大于针状规准仪上相应间距者为针状颗粒，颗粒厚度小于片状规准仪相应间距者为片状颗粒。称出其总质量 $G_2(g)$，精确至 1g。

3.7.5　试验记录及结果分析

碎石或卵石中针、片状颗粒含量 Q_c 应按下式计算（精确至 1%），即

$$Q_c = \frac{G_2}{G_1} \times 100 \qquad\qquad (3.12)$$

式中：Q_c——针片状颗粒含量，%；

G_1——试样的质量，g；

G_2——试样中所含针、片状颗粒总含量，g。

石子中针、片状颗粒含量试验报告

试验人员：_____

试验日期：_____   指导教师：_____

试样的质量 G_1/g	试样中所含针、片状颗粒的总质量 G_2/g	针、片状颗粒含量 $Q_c/\%$

水泥混凝土试验 项目 4

4.1 混凝土拌和物稠度试验（坍落度与坍落度扩展度法）
（GB/T 50080—2002）

4.1.1 目的与适用范围

混凝土拌和物和易性测定方法有坍落度与坍落度扩展度法、维勃稠度法。

本试验为测定混凝土的坍落度或坍落扩展度，用于评定塑性或流动性混凝土拌和物的工作性，适用于最大粒径不大于40mm、坍落度不小于10mm的混凝土拌和物。

4.1.2 仪器设备

坍落度筒、捣棒、直尺等（试图4.1）。

4.1.3 试验准备

1）所用原材料和实验室的温度应保持（20±5)℃，或与施工现场保持一致。

2）人工拌和。

① 按配合比称量各材料。

② 将拌板及拌铲用湿布湿润后将砂、水泥倒在拌板上，翻拌至颜色均匀，再加上石子，翻拌至混合均匀为止。

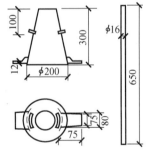

试图4.1 坍落筒及捣棒

③ 将干混合物堆成堆，在中间作一凹槽，倒入部分拌和用水，然后仔细翻拌，逐步加入全部用水，继续翻拌至均匀为止。

4.1.4 试验步骤

1）湿润坍落度筒及底板，在坍落度筒内壁和底板上应无明显的水。底板应放置在坚实水平地面上，并把筒放在底板中心，然后用脚踩住两边的脚踏板，坍落度筒在装料时应保持固定位置。

2）把按要求取得的混凝土试样用小铲分三层均匀地装入筒内，使捣实后每层高度为筒高的1/3左右。每层用捣棒插捣25次。插捣应沿螺旋方向由外向中心进行，各次插捣应在截面上均匀分布。插捣筒边混凝土时，捣棒可以稍稍倾斜。插捣底层时，捣棒应贯穿整个深度；插捣第二层和顶层时，捣棒应插透本层至下一层的表面。浇筑顶层时，混凝土应浇到高出筒口。插捣过程中，如混凝土沉落到低于筒口中央，应随时添加。顶层插捣完后，刮去多余的混凝土，并用抹刀抹平。

3）清除筒边底板上的混凝土后，垂直平稳地提起坍落度筒。坍落度筒的提离过程应在 5～10s 内完成。从开始装料到提坍落度筒的整个过程应不间断地进行，并应在150s 内完成。

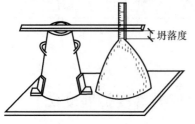

试图 4.2　坍落度测定

4）提起坍落度筒后，测量筒高与坍落后混凝土试体最高点之间的高度差，即为该混凝土拌和物的坍落度值（试图 4.2）。坍落度筒提离后，如混凝土发生崩坍或一边剪坏现象，则应重新取样另行测定。如第二次试验仍出现上述现象，则表示该混凝土和易性不好，应予记录备查。

5）观察坍落后的混凝土试体的黏聚性及保水性。

6）当混凝土拌和物的坍落度大于 220mm 时，用钢尺测量混凝土扩展后最终的最大直径和最小直径，在这两个直径之差小于 50mm 的条件下，用其算术平均值作为坍落扩展度值，否则此次试验无效。

4.1.5　试验记录及结果分析

混凝土拌和物坍落度和坍落扩展度值以 mm 为单位，测量精确至 1mm，结果表达修约至 5mm。

混凝土拌和物稠度试验（坍落度与坍落度扩展度法）报告

试验人员：_____

试验日期：_____　　指导教师：_____

混凝土配合比	混凝土强度等级	坍落度/mm			坍落扩展度值/mm		
		1	2	平均	1	2	平均
黏聚性和保水性评定							

4.2　混凝土拌和物表观密度试验

（GB/T 50080—2002）

4.2.1　目的与适用范围

本试验将测定混凝土拌和物的湿表观密度，用于校正混凝土配合比中各项材料的用量。

测定方法用容量筒法，适用于各类混凝土。

4.2.2　仪器设备

1) 容量筒：金属制圆筒，两旁装有手把。对骨料最大粒径不大于 40mm 的拌和物，采用容积为 5L 的容量筒，其内径与内高均为（186±2）mm，筒壁厚为 3mm；骨料最大粒径大于 40mm 时，容量筒的内径与内高均应大于骨料最大粒径的 4 倍。

2) 台秤（称量 50kg，感量 50g）、振动台、捣棒等。

4.2.3　试验准备

与 4.1 混凝土坍落度试验相同。

4.2.4　试验步骤

1) 用湿布把容量筒内外擦干净，称出容量筒质量（M_1），精确至 50g。

2) 混凝土的装料及捣实方法应根据拌和物的稠度而定。坍落度不大于 70mm 的混凝土，用振实台振实为宜；坍落度大于 70mm 的用捣棒捣实为宜。采用捣棒捣实时，应根据容量筒的大小决定分层与插捣次数：用 5L 容量筒时，混凝土拌和物应分两层装入，每层的插捣次数应为 25 次；用大于 5L 的容量筒时，每层混凝土的高度不应大于 100mm，每层插捣次数应按每 10 000mm² 截面不小于 12 次计算。各次插捣应由边缘向中心均匀地进行，插捣底层时捣棒应贯穿整个深度，插捣第二层时捣棒应插透本层至下一层的表面。每一层捣完后用橡皮锤轻轻沿容器外壁敲打 5～10 次，进行振实，直至拌和物表面插捣孔消失并不见大气泡为止。

采用振实台振实时，应一次将混凝土拌和物浇到高出容量筒口。装料时可用捣棒稍加插捣。振动过程中如混凝土低于筒口，应随时添加混凝土，振动直至表面出浆为止。

3) 用刮尺将筒口多余的混凝土拌和物刮去，表面如有凹陷应填平。将容量筒外壁擦净，称出混凝土试样与容量筒总质量（M_2），精确至 50g。

4.2.5　试验记录及结果分析

混凝土拌和物表观密度应按下式计算，即

$$\rho = \frac{M_2 - M_1}{V} \times 1000 \tag{4.1}$$

式中：ρ——表观密度，kg/m³；

　　　M_1——容量筒质量，g；

　　　M_2——混凝土与容量筒总质量，g。

混凝土拌和物表观密度试验报告

试验人员：_____

试验日期：_____　　　指导教师：_____

容量筒容积/L	容量筒质量 M_1/g	混凝土与容量筒总质量 M_2/g	混凝土密度 ρ/(kg/m³)

4.3 混凝土立方体抗压强度试验

（GB/T 50080—2002）

4.3.1 目的与适用范围

本试验将测定混凝土立方体抗压强度，作为评定混凝土强度等级的依据。

4.3.2 仪器设备

1）压力试验机：测量精度为±1％，试件的预期破坏荷载值应大于全量程的20％，且小于全量程的80％。混凝土强度等级≥C60时，试件周围应设防崩裂网罩。

2）试模。

3）振实台、捣棒、小铁铲、金属直尺、镘刀等。

4.3.3 试验准备

1）混凝土抗压强度试验一般以三个试件为一组，每一组试件所用的混凝土拌和物应由同一次拌和成的拌和物中取出。

2）边长为150mm的立方体试件是标准试件；边长为100mm和200mm的立方体试件是非标准试件。

3）混凝土强等级＜C60时，用非标准试件测得的强度值应乘以尺寸换算系数，其值对200mm×200mm×200mm试件为1.05，对100mm×100mm×100mm试件为0.95。当混凝土强度等级≥C60时，宜采用标准试件；使用非标准试件时，尺寸换算系数应由试验确定。

4）坍落度不大于70mm的混凝土宜用振实台振实。将拌和物一次装入试模，装料时应用抹刀沿试模内壁插捣，并使混凝土拌和物高出试模口。振动时试模不得有任何跳动，振动应持续到表面出浆为止，不得过振。

5）坍落度大于70mm的混凝土宜用捣棒人工捣实。将混凝土拌和物分两层装入试模，每层厚度大致相等。插捣应按螺旋方向从边缘向中心均匀进行。插捣底层时，捣棒应达到试模底面。捣棒上层时，捣棒应穿入下层20～30mm。插捣时，捣棒应保持垂直，不得倾斜，然后用抹刀沿试模内壁插拔数次。每层插捣次数按10 000mm² 截面积不得少于12次计算。插捣后应用橡皮锤轻轻敲击试模四周，直至插捣棒留下的空洞消失为止。刮除试模上口多余的混凝土，待混凝土临近初凝时用抹刀抹平。

6）试件成型后应立即用不透水的薄膜覆盖表面。

7）采用标准条件养护的试件，应在温度为（20±5）℃的环境中静置一昼夜至两昼夜，然后编号、拆模。拆模后应立即放入温度为（20±2）℃相对湿度为95％以上的标准养护室中养护，或在温度为（20±2）℃的不流动的 $Ca(OH)_2$ 饱和溶液中养护。标准养护室内的试件应放在支架上，彼此间隔10～20mm，试件表面应保持潮湿，并不得被水直接冲淋。

8）同条件养护试件的拆模时间可与实际构件的拆模时间相同，拆模后试件仍需保持同条件养护。

9）标准养护龄期为 28d（从搅拌加水开始计时）。

4.3.4　试验步骤

1）将试件从养护地点取出后应及时进行试验，将试件表面与上下承压板面擦干净。

2）将试件安放在试验机的下压板上，试件的承压面应与成型时的顶面垂直，试件的中心应与试验机下压板中心对准。开动试验机，当上压板与试件接近时，调整球座使接触均衡。

3）在试验过程中应连续均匀地加荷。混凝土强度等级＜C30 时，加荷速度取 0.3～0.5MPa/s，混凝土强度等级≥C30 时且＜C60 时，取 0.5～0.8MPa/s；混凝土强度等级≥C60 时，取 0.8～1.0MPa/s。

4）当试件接近破坏、开始急剧变形时，应停止调整试验机油门，直至破坏，然后记录破坏荷载 $F(\mathrm{N})$。

4.3.5　试验记录及结果分析

混凝土立方体抗压强度按下式计算（精确至 0.1MPa），即

$$f_{cc} = \frac{F}{A} \tag{4.2}$$

式中：f_{cc}——混凝土立方体抗压强度，MPa；

　　　F——破坏荷载，N；

　　　A——受压面积，mm^2。

混凝土立方体抗压强度试验报告

试验人员：＿＿＿＿＿＿＿＿＿＿＿＿＿＿＿＿＿＿＿＿＿＿＿＿＿＿＿

试验日期：＿＿＿＿＿＿＿＿＿＿＿　　　指导教师：＿＿＿＿＿＿＿＿＿＿＿＿＿

试件龄期	试件	破坏压力/N	承压面积/mm²	抗压强度/MPa	抗压强度平均值/MPa
	1				
	2				
	3				

注：以三个试件的算术平均值作为该组试件的抗压强度值。三个测定值中的最大值或最小值中如有一个与中间值的差超过中间值的 15% 时，则把最大值及最小值一并舍去，取中间值作为该组试件的抗压强度值。如最大值和最小值与中间值差值均超过中间值的 15%，则该组试验无效。

项目 **5** 建筑砂浆试验

5.1 建筑砂浆稠度试验

(JGJ/T 70—2009)

5.1.1 目的与适用范围

砂浆稠度即砂浆在外力作用下的流动性，反映了砂浆的可操作性。设计砂浆配合比时可以通过稠度试验来确定满足施工要求的用水量。

本试验采用砂浆稠度测定仪测定，适用于各类建筑砂浆稠度的检测。

5.1.2 仪器设备

1) 砂浆稠度仪：由试锥、容器和支座三部分组成（试图 5.1）。试锥高度为 145mm，锥底直径为 75mm，试锥连同滑杆的质量为 300g；盛砂浆容器高为 180mm，锥底内径为 150mm；支座分底座、支架及刻度盘三个部分。

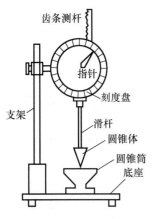

试图 5.1 砂浆稠度仪

2) 钢制捣棒：直径 10mm，长 350mm，端部磨圆。

3) 秒表等。

5.1.3 试验准备

1) 拌制砂浆前应将拌和铁板、拌铲、抹刀等工具表面用水润湿，注意拌和铁板上不得有积水。

2) 将称好的砂子倒在拌板上，然后加上水泥，用拌铲拌和至混合物颜色均匀为止。

3) 将混合物堆成堆，在中间作一凹槽，将称好的水倒入一半，拌和至拌和物色泽一致。水泥砂浆每翻拌一次需用铲将全部砂浆压切一次。一般需拌和 3～5min（从加水完毕时算起）。

4) 试验室拌制砂浆时，材料用量应以质量计。计量精度：水泥、掺和料等为 ±0.5%；砂为 ±1%（应采用机械搅拌，搅拌的量宜为搅拌机容量的 30%～70%，搅拌时间不应少于 120s；掺有掺和料和外加剂时，搅拌时间不应少于 180s）。

5.1.4　试验步骤

1）将盛浆容器和试锥表面用湿布擦干净，并用少量润滑油轻擦滑杆，后将滑杆上多余的油用吸油纸擦净，使滑杆能自由滑动。

2）将砂浆拌和物一次装入容器，使砂浆表面低于容器口 10mm 左右。用捣棒自容器中心向边缘插捣 25 次，然后轻轻地将容器摇动或敲击 5～6 下，使砂浆表面平整，随后将容器置于稠度测定仪的底座上。

3）拧开试锥滑杆的制动螺丝，向下移动滑杆，当试锥尖端与砂浆表面刚接触时，拧紧制动螺丝，使齿条侧杆下端刚接触滑杆上端，并将刻度盘指针对准零点。

4）拧开制动螺丝，同时计时，待 10s 立即固定螺丝，将齿条测杆下端接触滑杆上端，从刻度盘上读出下沉深度（精确至 1mm），即为砂浆的稠度值。

5.1.5　试验记录及结果分析

1）取两次试验结果的算术平均值，计算值精确至 1mm。

2）两次试验值之差如大于 20mm，则应另取砂浆搅拌后重新测定。

建筑砂浆稠度试验报告

试验人员：_____

试验日期：_____　　指导教师：_____

试验次数	稠度值/mm	平均值/mm
1		
2		

5.2　建筑砂浆分层度试验

（JGJ/T 70—2009）

5.2.1　目的与适用范围

本试验将测定砂浆的分层度，评定砂浆在运输及停放时内部组分的稳定性。

本试验采用分层度测定仪测定，适用于各类建筑砂浆的检测。

5.2.2　仪器设备

1）砂浆分层度测定仪（试图 5.2）。

2）稠度仪、木锤等。

5.2.3　试验准备

同 5.1 建筑砂浆稠度试验。

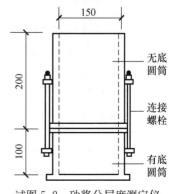

试图 5.2　砂浆分层度测定仪

5.2.4　试验步骤

1）首先将砂浆拌和物按稠度试验方法测定稠度。

2）将砂浆拌和物一次装入分层度筒内，待装满后用木锤在容器周围距离大致相等的四个不同地方轻轻敲击1～2下，如砂浆沉落于筒口则应随时添加，然后刮去多余的砂浆并用抹刀抹平。

3）静置30min后，去掉上部200mm砂浆，剩余的100mm砂浆倒出放在拌和锅内拌2min，再按稠度试验方法测其稠度。前后测得的稠度之差即为该砂浆的分层度值（mm）。

5.2.5　试验记录及结果分析

1）取两次试验结果的算术平均值作为该砂浆的分层度值。

2）两次分层度试验值之差如果大于20mm，则应重做试验。

建筑砂浆分层度试验报告

试验人员：_____

试验日期：_____　　指导教师：_____

试验次数	开始稠度值/mm	30min后稠度值/mm	分层度/mm	分层度平均值/mm
1				

5.3　建筑砂浆保水性试验
（JGJ/T 70—2009）

5.3.1　目的与适用范围

本试验将测定砂浆的保水性，评定砂浆在运输及停放时内部组分的稳定性。

砂浆分层度也能反映保水性能，但不如保水性直观。本方法适用于各类建筑砂浆的检测。

5.3.2　仪器设备

1）金属或硬塑料圆环试模，内径100mm，内部高度25mm。

2）可密封的取样容器，应清洁、干燥。

3）2kg的重物。

4）医用棉纱，尺寸为110mm×110mm。宜选用纱线稀疏，厚度较薄的棉纱。

5）超白滤纸，符合《化学分析滤纸》（GB/T 1914）中速定性滤纸的规定，直径110mm，200g/m²。

6）2片金属或玻璃的方形或圆形不透水片，边长或直径大于110mm。

7）天平2台：量程200g，感量0.1g/台；量程2000g，感量1g/台。

8）烘箱。

5.3.3 试验准备

1）砂浆的准备同 5.1 建筑砂浆稠度试验。

2）测定砂浆的含水率。称取 100g 砂浆拌和物试样，置于一干燥并已称重的盘中，在（105±5）℃的烘箱中烘干至恒重，并按下式计算砂浆含水率（精确至 0.1%），即

$$\alpha = \frac{m_{失}}{m_{总}} \times 100\%$$ (5.1)

式中：α——砂浆含水率，%；

$m_{失}$——烘干后砂浆样本损失的质量，g；

$m_{总}$——砂浆样本的总质量，g。

5.3.4 试验步骤

1）称量下不透水片与干燥试模质量 m_1 和 8 片中速定性滤纸质量 m_2。

2）将砂浆拌和物一次性填入试模，并用抹刀插捣数次。当填充砂浆略高于试模边缘时，用抹刀以 45°角一次性将试模表面多余的砂浆刮去，然后再用抹刀以较平的角度在试模表面反方向将砂浆刮平。

3）抹掉试模边的砂浆，称量试模、下不透水片与砂浆总质量 m_3。

4）用 2 片医用棉纱覆盖在砂浆表面，再在棉纱表面放上 8 片滤纸，用不透水片盖在滤纸表面，以 2kg 的重物把不透水片压着。

5）静止 2min 后移走重物及不透水片，取出滤纸（不包括棉纱），迅速称量滤纸质量 m_4。

6）由砂浆的配比及加水量计算砂浆的含水率。若无法计算，可用式（5.1）计算含水率。

5.3.5 试验记录及结果分析

1）砂浆保水性应按下式计算，即

$$W = \left[1 - \frac{m_4 - m_2}{\alpha(m_3 - m_1)}\right] \times 100\%$$ (5.2)

式中：W——保水率，%；

m_1——下不透水片与干燥试模质量，g；

m_2——8 片滤纸吸水前的质量，g；

m_3——试模、下不透水片与砂浆总质量，g；

m_4——8 片滤纸吸水后的质量，g；

α——砂浆含水率，%。

2）取两次试验结果的算术平均值作为该砂浆的分层度值。

3）两次分层度试验值之差如果大于 20mm，则应重做试验。

建筑砂浆保水性试验报告

试验人员：_____

试验日期：_____ 指导教师：_____

试验次数	砂浆含水率/%	m_1/g	m_2/g	m_3/g	m_4/g	W/%	保水率平均值/%
1							
2							

5.4 建筑砂浆立方体抗压强度试验

（JGJ/T 70—2009）

5.4.1 目的与适用范围

砂浆立方体抗压强度是评定砂浆强度等级的依据，它是砂浆质量的主要指标。本试验的方法适用于建筑砂浆强度的测定。

5.4.2 仪器设备

1）试模。尺寸为 70.7mm×70.7mm×70.7mm 的带底试模。

2）捣棒。直径为 10mm，长为 350mm，端部应磨圆。

3）压力试验机。精度为 1%，试件破坏荷载应不小于压力机量程的 20%，且不大于全量程的 80%。

4）垫板。试验机上、下压板及试件之间可垫以钢垫板，垫板的尺寸应大于试件的承压面，其不平度应为每 100mm 不超过 0.02mm。

5）振动台。空载中台面的垂直振幅应为(0.5±0.05)mm，空载频率应为(50±3)Hz，空载台面振幅均匀度不大于 10%，一次试验至少能固定（或用磁力吸盘固定）3 个试模。

5.4.3 试验准备

1）采用立方体试件，每组 3 个试件。

2）应用黄油等密封材料涂抹试模的外接缝，试模内涂刷薄层机油或脱模剂，将拌制好的砂浆一次性装满砂浆试模，成型方法根据稠度而定，当稠度≥50mm 时采用人工振捣成型，当稠度＜50mm 时采用振动台振实成型。

① 人工振捣：用捣棒均匀地由边缘向中心按螺旋方式插捣 25 次。插捣过程中如砂浆沉落低于试模口，应随时添加砂浆。可用油灰刀插捣数次，并用手将试模一边抬高 5~10mm，各振动 5 次，使砂浆高出试模顶面 6~8mm。

② 机械振动：将砂浆一次装满试模，放置到振动台上，振动时试模不得跳动，振动 5~10s 或持续到表面出浆为止。不得过振。

3）待表面水分稍干后，将高出试模部分的砂浆沿试模顶面刮去并抹平。

4）试件制作后应在室温为（20±5）℃的环境下静置（24±2）h，当气温较低时可适当延长时间，但不应超过两昼夜，然后对试件进行编号、拆模。试件拆模后应立即放入温度为（20±2）℃、相对湿度为 90% 以上的标准养护室中养护。养护期间，试件彼此间隔不小于 10mm，混合砂浆试件上面应覆盖，以防有水滴在试件上。

5.4.4 试验步骤

1）试件从养护地点取出后应及时进行试验。试验前将试件表面擦拭干净，测量尺寸，检查其外观，并据此计算试件的承压面积。如实测尺寸与公称尺寸之差不超过 1mm，可按公称尺寸进行计算。

2）将试件安放在试验机的下压板（或下垫板）上，试件的承压面应与成型时的顶面垂直，试件中心应与试验机下压板（或下垫板）中心对准。开动试验机，当上压板与试件（或上垫板）接近时，调整球座，使接触面均衡受压。承压试验应连续而均匀地加荷，加荷速率应为每秒钟 0.25～1.5kN（砂浆强度不大于 5MPa 时宜取下限，砂浆强度大于 5MPa 时宜取上限）。当试件接近破坏而开始迅速变形时停止调整试验机油门，直至试件破坏，然后记录破坏荷载。

5.4.5 试验记录及结果分析

1）砂浆立方体抗压强度应按下列公式计算，即

$$f_{m,cu} = \frac{N_u}{A} \tag{5.3}$$

式中：$f_{m,cu}$——砂浆立方体抗压强度，MPa；

$\quad\quad N_u$——立方体破坏压力，N；

$\quad\quad A$——试件承压面积，mm^2。

2）砂浆立方体抗压强度计算应精确至 0.1MPa。以三个试件测值的算术平均值的 1.3 倍（f_2）作为该组试件的砂浆立方体试件抗压强度平均值（精确至 0.1MPa）。

3）当三个测值的最大值或最小值中有一个与中间值的差值超过中间值的 15% 时，则把最大值及最小值一并舍除，取中间值作为该组试件的抗压强度值；如有两个测值与中间值的差值均超过中间值的 15% 时，则该组试件的试验结果无效。

建筑砂浆立方体抗压强度试验报告

试验人员：_____

试验日期：_____   指导教师：_____

试件	破坏压力/N	承压面积/mm²	抗压强度/MPa	立方体抗压强度平均值/MPa
1				
2				
3				

项目 6 烧结多孔砖试验

6.1 烧结多孔砖抗压强度试验
（GB 13544—2011）

6.1.1 目的与适用范围

本试验的目的是测定烧结多孔砖的抗压强度，评定烧结普通砖的强度等级。

6.1.2 仪器设备

1）压力试验机。

2）试件制作钢板。

3）钢直尺。

6.1.3 试验准备

1）抽取烧结多孔砖样品 10 块。

2）将样品砖放入室温的净水中浸 10～20min 后取出，在砖的大面（有孔面）上下两面用强度等级 32.5 的普通硅酸盐水泥调成稠度适宜的水泥净浆粘结抹平，厚度不超过 3mm，可上下各用一块钢板制作成型。制成的试件上下两面须相互平行，并垂直于侧面。

3）制作完成后试件应置于不低于 10℃ 的不通风室内养护 3d，再进行抗压试验。

6.1.4 试验步骤

1）测量每个试件受压面的长、宽尺寸各两个，分别取其平均值，精确至 1mm。

2）将试件平放在加压板的中央，垂直于受压面加荷。加荷应均匀、平稳，不得发生冲击或振荡。至试件破坏为止，记录最大破坏荷载 P（N）。

6.1.5 试验记录及结果分析

1）每块试样的抗压强度（f_i'）按下式计算，精确至 0.01MPa，即

$$f_i' = \frac{P_i}{L \times B} \tag{6.1}$$

式中：f_i——各试样的抗压强度，MPa；

P_i——最大破坏荷载，N；

L——受压面的长度，mm；

B——受压面的宽度，mm。

2）计算 10 个试件抗压强度标准差 S。按下式计算，精确至 0.01MPa，即

$$S = \sqrt{\frac{1}{9}\sum_{i=1}^{10}(f_i - \bar{f})^2} \tag{6.2}$$

式中：S——抗压强度标准差，MPa；

$\bar{f}$——10 块砖试样的抗压强度平均值，MPa。

3）按下式计算抗压强度标准值 f_k，精确至 0.1MPa，即

$$f_k = \bar{f} - 1.8S \tag{6.3}$$

4）根据抗压强度平均值、强度标准值评定烧结多孔砖的强度等级。

烧结多孔砖抗压强度试验报告

试验人员：_____

试验日期：_____ 指导教师：_____

试样	破坏荷载 /N	受压面长 L/mm	受压面宽 b/mm	抗压强度 /MPa	抗压强度 平均值/MPa	强度标准差 /MPa	强度等级 评定
1							
2							
3							
4							
5							
6							
7							
8							
9							
10							

项目 7 建筑钢材试验

7.1 钢筋拉伸试验

(GB 1499—1998)

7.1.1 目的与适用范围

拉伸试验目的是测定钢材在拉伸过程中应力和应变的关系曲线，以及下屈服强度、抗拉强度、断后伸长率三个重要指标，用来评定钢材的质量。

7.1.2 仪器设备

1）万能试验机。

2）游标卡尺。

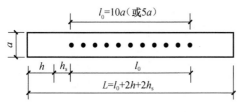

试图 7.1　钢筋位伸试件

7.1.3 试验准备

抗拉试验用钢筋试件不得进行车削加工，钢筋试样长度 $L \geqslant l_0 + 3a + 2h$，其中 a 为钢筋直径，原始标距 $l_0 = 5a$，h 为夹持长度。可以用两个或一系列等分小冲击点或细划线标出原始标距（试图 7.1），测量标距长度 l_0（精确至 0.1mm）。

7.1.4 试验步骤

1. 屈服强度和抗拉强度的测定

1）调整试验机测力度盘的指针对准零点。

2）将试件固定在试验机夹头内，开动试验机进行拉伸。

3）拉伸中，测力度盘的指针停止转动时的恒定荷载或第一次回转时的最小荷载即为所求的屈服点荷载 F_{eL}（N）。

4）向试件连续施荷直至拉断，由测力度盘读出的最大荷载 F_m（N）即抗拉强度的负荷（试图 7.2）。

2. 伸长率的测定

1）选取拉伸前标记间距为 5a 的两个标记为原始标距的标记。原则上只有断裂部位处在原始标距中间 1/3 的范围内为有效。但断后伸长率大于或等于规定值时，不管断裂位置处于何处，测量均为有效。

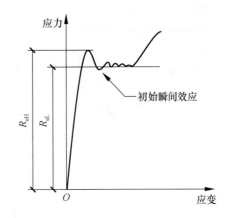

试图 7.2 下屈服强度

2）将试样断裂的部分仔细地配接在一起，使其轴线处于同一直线上，并确保试样断裂部分适当接触后测量试样断裂后标距 l_u，准确至 ± 0.25mm。

7.1.5 试验记录及结果分析

1）按下两式计算下屈服强度和抗拉强度，即

$$R_{eL} = \frac{F_{eL}}{S_0} \tag{7.1}$$

$$R_m = \frac{F_m}{S_0} \tag{7.2}$$

式中：R_{eL}——下屈服强度，MPa；

R_m——抗拉强度，MPa；

S_0——钢筋的公称横截面面积，mm^2；

F_{eL}——屈服阶段的最小力，N；

F_m——试验过程中的最大力，N。

2）按下式计算断后伸长率，即

$$A = \frac{l_u - l_0}{l_0} \times 100\% \tag{7.3}$$

式中：A——断后伸长率；

l_u——断后标距，mm；

l_0——原始标距，mm。

钢筋拉伸试验报告

试验人员：_____

试验日期：_____ 指导教师：_____

试样编号		1	2	3	4	5	6
试样尺寸	公称直径/mm						
	长度/mm						
	质量/g						
	截面面积/mm²						
	原始标距/mm						

续表

试样编号		1	2	3	4	5	6
拉伸荷载/N	下屈服荷载						
	极限荷载						
强度/MPa	下屈服强度						
	抗拉强度						
伸长度	断后标距/mm						
	伸长率/%						

7.2 钢筋弯曲试验
（GB/T 232—1999）

7.2.1 目的与适用范围

本试验的目的是检验钢筋承受规定弯曲程度的弯曲变形能力。

7.2.2 仪器设备

1）压力机或万能试验机。
2）弯曲装置。
3）游标卡尺等。

7.2.3 试验准备

检查试件尺寸是否合格。试件长度通常按下式确定：$L \approx 5a + 150$（mm）（a 为试件原始直径）。

7.2.4 试验步骤

1. 半导向弯曲

试样一端固定，绕弯心直径进行弯曲，如试图 7.3（a）所示，弯曲到规定的弯曲角度或出现裂纹、裂缝或断裂为止。

2. 导向弯曲

1）试样放置于两个支点上，将一定直径的弯心在试样的两个支点中间施加压力，使试样弯曲到规定的角度，如试图 7.3（b）所示，或出现裂纹、裂缝或断裂为止。

2）试样在两个支点按一定弯心直径弯曲至两臂平行时可一次完成试验，亦可先弯曲到试图 7.3（b）所示的状态，然后放置在试验机平板之间继续施加压力，压至试样两臂平行。此时可以加与弯心直径相同尺寸的衬垫进行试验，如试图 7.3（c）所示。

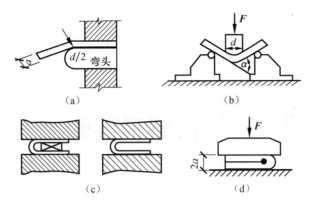

试图 7.3　弯曲试验示意图

当试样需要弯曲至两臂接触时，首先将试样弯曲到试图 7.3（b）所示的状态，然后放置在试验机两平板间继续施加压力，直至两臂接触，如试图 7.3（d）所示。

3）试验应在平稳压力作用下缓慢施加压力。两支辊间距离为（$d+3a$）$\pm 0.5a$，并且在试验过程中不允许有变化。

7.2.5　试验记录及结果分析

弯曲后，按有关标准规定检查试样弯曲外表面，进行结果评定。若无裂纹、起皮、裂缝或断裂，则评定试样合格。

钢筋弯曲试验报告

试验人员：_____

试验日期：_____　　指导教师：_____

试验次数	试件尺寸		弯心直径/mm	跨度/mm	弯折角度 a/(°)	试验结果
	直径/mm	长度/mm				
1						
2						
3						
结论						

项目 8 沥青材料试验

8.1 沥青针入度试验
(GB/T 4509—2010)

8.1.1 目的与适用范围

针入度反映了石油沥青的黏滞性，是评定沥青牌号的主要依据。

试图 8.1 针入度仪

本试验采用常用的环境条件标准，温度为 25℃、标准针、连杆与附加砝码的合重为 100g。其他特定条件可采取规定的温度和标准针重进行试验。本方法适用于固体、半固体沥青黏滞性检测。

8.1.2 仪器设备

1）针入度仪（试图 8.1）：试验温度为 25℃时，标准针、连杆与附加砝码的合重为 (100±0.05)g。
2）标准针：经淬火的不锈钢针。
3）盛样皿。
4）恒温水浴。
5）平底保温皿。
6）秒表、温度计。

8.1.3 试验准备

将石油沥青样品加热熔化，充分搅拌，用筛过滤后备用。将沥青注入盛样皿内，其深度大于预计穿入深度 10mm，放置于 15～30℃的空气中冷却 1.5h。冷却时须注意不使灰尘落入。然后将盛样皿浸入 (25±0.5)℃的水浴中。

8.1.4 试验步骤

1）调节针入度仪的水平，检查连杆，使之能自由滑动，洗净擦干并装好标准针。

2）从恒温水浴中取出盛样皿，放入水温严格控制在 25℃ 的平底保温皿中，试样表面以上的水层高度应不少于 10mm。将保温皿放于圆形平台上，慢慢放下连杆，使针尖与试样表面恰好接触。拉下活杆，使与连杆顶端接触，调节刻度盘使指针指零。

3）开动秒表，同时用手紧压按钮，使标准针自由地穿入沥青中，经过 5s，停止按压，使指针停止下沉。

4）拉下活杆与标准针连杆顶部接触，这时刻度盘指针的读数即为试样的针入度。

5）同一试样重复测定 3 次。在每次测定前都应检查并调节保温皿内水温，每次测定后都应将标准针取下，用浸有溶剂的布或棉花擦净，再用干布或干棉花擦干。每次穿入点相互距离及与盛样皿边缘距离都不得小于 10mm。

8.1.5　试验记录及结果分析

取 3 次测定针入度的平均值，取至整数，作为试验结果。3 次测定的针入度值相差不应大于试表 8.1 所列数值，否则试验应重做。

试表 8.1　针入度测定允许差值

针入度/(1/10mm)	0～49	50～149	150～249	250～350
最大差值/(1/10mm)	2	4	6	10

沥青针入度试验报告

试验人员： _____

试验日期： _____　**指导教师：** _____

试样编号	试验温度/℃	试验荷重/g	针入度/(1/10mm)			平均值
			第一次	第二次	第三次	
1						
2						
3						
结果与分析						

8.2　沥青延度试验
（GB/T 4508—2010）

8.2.1　目的与适用范围

延度反映了石油沥青的塑性，是评定沥青牌号的依据之一。

本试验采用常用温度条件进行，适用于固体、半固体沥青延度的测定。

8.2.2 仪器设备

延度仪（配模具，见试图 8.2）等。

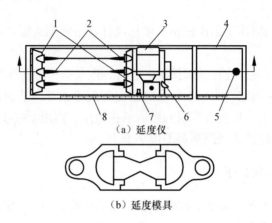

（a）延度仪

（b）延度模具

试图 8.2 延度试验示意图

1. 试模；2. 试样；3. 电机；4. 水槽；5. 泄水孔；6. 开关柄；7. 指针；8. 标尺

8.2.3 试验准备

将石油沥青样品加热熔化，充分搅拌，用筛过滤后备用。

1）将隔离剂拌和均匀，涂于金属垫板和试模内侧，将试模在金属垫板上卡紧。

2）将沥青缓缓注入模中，自模的一端至另一端往返多次，使沥青略高出模具。

3）浇注好的试样在 15～30℃ 的空气中冷却 30min 后放入（25±0.1)℃ 的水浴中，保持 30min 后取出，用热刀将高出模具部分的沥青刮去，使沥青面与模面齐平。将试件连同金属垫板浸入（25±0.1)℃ 的水浴中 85～95min。

8.2.4 试验步骤

1）移动滑板，使其指针正对标尺的零点，保持水槽中水温为（25±0.5)℃。

2）试件移至延度仪水槽中，然后将模具两端的孔分别套在滑板及槽端的金属柱上，并取下试件侧模。水面距试件表面应不小于 25mm。

3）开动延度仪，此时仪器不得有振动，观察沥青的延伸情况。在测定时，如沥青细丝浮于水面或沉于槽底时，则加入乙醇（酒精）或食盐水，调整水的比重至与试样的比重相近后再进行测定。

8.2.5 试验记录及结果分析

取平行测定的三个结果的平均值作为测定结果。若三次测定值不在其平均值的 5% 以内，但其中两个较高值在平均值的 5% 之内，则弃去低值，取两个较高值的平均值作为测定结果。

沥青延度试验报告

试验人员：_____

试验日期：_____　　　指导教师：_____

试样编号	试验温度/℃	试验速度/(cm/min)	延度/cm			
			试件 1	试件 2	试件 3	平均值
1						
2						
3						
结果与分析						

8.3　沥青软化点试验
(GB/T 4507—2010)

8.3.1　目的与适用范围

软化点反映了石油沥青的温度稳定性，是评定沥青牌号的依据之一。

本试验采用环球法，适用于固体、半固体沥青软化点的测定。

8.3.2　仪器设备

1）沥青软化点测定仪（试图 8.3）：包括温度计、800mL 烧杯、测定架、黄铜环、套环、钢球。

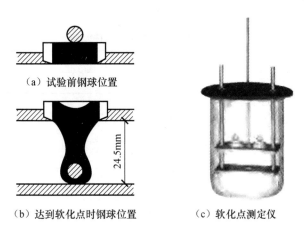

（a）试验前钢球位置

（b）达到软化点时钢球位置　　　（c）软化点测定仪

试图 8.3　软化点试验示意图

2）电炉或其他加热器。

8.3.3　试验准备

将石油沥青样品加热熔化，充分搅拌，用筛过滤后备用。

1）将黄铜环置于涂有隔离剂的金属板或玻璃上，沥青注入黄铜环内至略高于环面为止。如估计软化点在 120℃ 以上时，应将黄铜环与金属板预热至 80～100℃。

2）浇注好的试样在 15～30℃ 的空气中冷却 30min 后，用热刀刮去高出环面的沥青，使沥青面与环面齐平。

3）将盛有试样的黄铜环及金属板置于盛满水（估计软化点不高于 80℃ 的试样）或甘油（估计软化点高于 80℃ 的试样）的保温槽内恒温 15min，水温保持（5±0.5）℃，甘油温度保持（32±1）℃，同时钢球也置于恒温的水或甘油中。

8.3.4 试验步骤

1）烧杯内注入新煮沸并冷却至 5℃ 的蒸馏水（估计软化点不高于 80℃ 的试样），或注入预先加热至约 32℃ 的甘油（估计软化点高于 80℃ 的试样），使液面略低于连接杆上的深度标记。

2）从水浴或甘油保温槽中取出盛有试样的黄铜环置于环架中层板上的圆孔中，并套上套环，把整个环架放入烧杯内，调整水面或甘油面至深度标记，环架上任何部分不得有气泡。将温度计由上层板中心孔垂直插入，使水银球与铜环下面齐平。

3）移烧杯至放有石棉网的加热器上，然后将钢球放在试样上（须使各环的平面在全部加热时间内完全处于水平状态）立即加热，使烧杯内水或甘油温度在 3min 内保持每分钟上升（5±0.5）℃，否则重做。

4）试样受热软化下坠至与下层底板面接触时的温度即为试样的软化点。

8.3.5 试验记录及结果分析

取平行测定两个结果的算术平均值作为测定结果。重复测定的两个结果的差值不得大于试表 8.2 的规定。

试表 8.2 软化点测定允许差值

软化点/℃	80	80～100	100～140
允许差值/℃	1	2	3

沥青软化点试验报告

试验人员：_____

试验日期：_____   指导教师：_____

试样编号	起始温度/℃	3min读数/℃	4min读数/℃	5min读数/℃	6min读数/℃	7min读数/℃	8min读数/℃			软化点读数/℃	软化点/℃
1											
2											
结果与分析											

沥青防水卷材试验 | 项目 **9**

9.1 沥青防水卷材拉力及最大拉力时伸长率的测定试验

（GB 18243—2000）

9.1.1 目的与适用范围

通过拉力试验，检验卷材抵抗拉力破坏的能力，作为卷材使用的选择条件。GB 18243—2000 规定，试验平均值应达到标准要求。

9.1.2 仪器设备

1）拉力试验机。

2）切割刀等。

9.1.3 试验准备

1）试样在试验前应原封放于干燥处并保持在 15～30℃ 范围内一定时间。

2）将取样的一卷卷材切除距外层头 2500mm 后，顺纵向切取长为 800mm 的全幅卷材试样 2 块，一块作物理性能检验用，另一块备用。

3）按试表 9.1 规定的试件尺寸和数量及试图 9.1 所示部位切取试件。试件边缘与卷材纵向间的距离不小于 75mm。

试表 9.1 防水卷材尺寸与数量

试验项目	试件代号	试件尺寸/mm	数量/个
可溶物含量	A	100×100	3
拉力和延伸率	B、B′	250×250	纵、横向各 5
不透水性	C	150×150	3
耐热度	D	100×50	3
低温柔度	E	150×25	6
撕裂强度	F、F′	200×75	纵、横向各 5

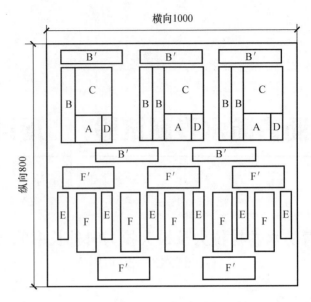

试图 9.1　试件切取图

9.1.4　试验步骤

1）校验试验机。拉伸速度 50mm/min，试件夹持在夹具中心，且不得歪扭，上下夹具间距离为 180mm。

2）检查试件是否夹牢。

3）启动试验机，至试件拉断止，记录最大拉力及最大拉力时的伸长率。

9.1.5　试验记录及结果分析

1. 拉力

分别计算纵向和横向 5 个试件拉力的算术平均值，以其平均值作为卷材的纵向或横向拉力。

2. 最大拉力时的伸长率

最大拉力时的伸长率按下式计算，即

$$E = 100(l_1 - l_0)/l \tag{9.1}$$

式中：E——最大拉力时的伸长率，%；

l_1——试件最大拉力时的标距，mm；

l_0——试件初始标距，mm；

l——夹具间距离，mm。

分别计算纵向或横向 5 个试件最大拉力时延伸率的算术平均值，以此作为卷材纵向或横向延伸率。

沥青卷材拉伸试验报告

试验人员：＿＿＿＿＿＿＿＿＿＿＿＿＿＿＿＿＿＿＿＿＿＿

试验日期：＿＿＿＿＿＿＿＿＿＿　　　指导教师：＿＿＿＿＿＿＿＿＿＿＿＿

	试件	拉力/N	平均拉力/N	伸长率/%	平均伸长率/%
纵向	1				
	2				
	3				
	4				
	5				
横向	1				
	2				
	3				
	4				
	5				

9.2　沥青防水卷材的不透水性试验
（GB 18243—2000）

9.2.1　目的与适用范围

本试验目的是检查防水卷材在一定的水压下在规定的时间里的不透水性能。

本试验采用不透水仪测定，适用于各类防水卷材不透水性能的检测。

9.2.2　仪器设备

不透水仪：具有 3 个或 4 个透水盘的不透水仪，透水盘底座内径为 92mm，透水盘金属压盖上有 7 个均匀分布的直径 25mm 的透水孔。压力表测量范围为 0～0.6MPa，精度 2.5 级。压力保持时间不少于 30min。

9.2.3　试验准备

见 9.1 防水卷材拉伸试验。

9.2.4　试验步骤

1）卷材上表面作为迎水面，上表面为砂面、矿物粒料时下表面作为迎水面。下表面为细砂时，在细砂面沿密封圈一圈去除表面浮砂，然后涂一圈 60～100 号热沥青，涂平待冷却 1h 后检测不透水性。

2）将洁净水注满水箱后，启动油泵，在油压的作用下夹脚活塞带动活塞夹脚上升，先排净水缸的空气，再将水箱内的水吸入缸内，同时向三个试座充水。将三个试座充满水，并在已接近溢出状态时关闭试座进水阀门。如果水缸内储存水已近断绝，需通过水箱再次充水，以确保测试的水缸内有足够的储水。

3）将三块试件分别置于三个透水盘试座上，安装好密封圈，并在试件上盖上金属压盖，通过夹脚将试件压紧在试座上。

4）打开试座进水阀，充水加压，当压力表达到指定压力时停止加压，关闭进水阀，同时开动定时钟，随时观察试件表面有无渗水现象，直到达到规定时间为止。如有渗漏应停机，记录渗水时间。在规定测试时间出现其中一块或两块试件渗漏时，立即并闭控制相应试座的进水阀，以保证其他试件继续测试，直到达到测试规定时间即可卸压取样。启动油泵，夹脚上升后即可取出试件，关闭油泵。

9.2.5 试验记录及结果分析

在规定的时间和规定的压力内，三个试件均没有出现透水现象，判定为产品合格，反之为不合格产品。

沥青防水卷材的不透水性试验报告

试验人员：_____

试验日期：_____   指导教师：_____

试件	是否渗水	结果评定
1		
2		
3		

下 篇
综合实训
（3天至1周时间）

普通混凝土配合比设计 | 实训

一、目的与要求

通过综合训练，学生应能够根据《普通混凝土配合比设计规程》（JGJ 55—2000）进行普通混凝土组成的设计；通过试拌能够对初步配合比进行调整，得出实验室配合比，并能够换算成工地施工配合比。

二、材料准备

按照相关试验规程规定的取样方法、检测方法对配制混凝土所用原材料（水泥、砂、石）进行检测，为配合比设计提供基础资料。如原材料检验不合格，则不得使用。

三、普通混凝土配合比设计实训

1. 设计题目

设计钢筋混凝土柱用普通混凝土的配合比。

2. 设计资料

1）按设计图纸，混凝土设计强度等级为C40，无强度历史统计资料。

2）按钢筋混凝土柱钢筋密集程度和现场施工机械设备，要求混凝土拌和物坍落度为 35～50mm，集料最大粒径为 25mm。该工程位于潮湿环境下无冻害地区。

3. 设计要求

1）确定普通混凝土配制强度 $f_{cu,o}$，并选择适宜的组成材料。

2）按我国现行的混凝土配合比设计规程计算初步配合比。

3）通过实验室试拌、调整和强度试验确定实验室配合比。

4）按现场材料的含水率折算施工配合比。

4. 试验结果

（1）水泥试验结果
见实训表 1.1。

实训表 1.1　水泥检测报告

水泥品种			使用部位			
强度等级			执行标准			
检测项目	80μm 筛余量/%	标准稠度用水量/%	安定性	项目	测定结果	结论
测定结果				雷氏夹膨胀值/mm		
结论				标准值/mm	≤5.0	
检测项目	凝结时间		抗折强度/MPa		抗压强度/MPa	
	初凝	终凝	3d	28d	3d	28d
	h：min	h：min				
实测值						
标准值	≥45min	≤10h（6h 30min）	≥	≥	≥	≥
结论						

（2）集料试验结果

1）细集料试验结果，见实训表 1.2。

实训表 1.2　细集料检测报告

项　目	表观密度/(kg/m³)	堆积密度/(kg/m³)	空隙率/%	细度模数	级配区
检测结果					

2）粗集料试验结果，见实训表 1.3。

实训表 1.3　粗集料检测报告

项　目	表观密度/(kg/m³)	堆积密度/(kg/m³)	空隙率/%	级配情况	最大粒径
检测结果					

四、混凝土配合比设计结果

1. 混凝土初步配合比计算

见实训表 1.4。

实训表 1.4　普通混凝土配合比计算表

序　号	项　目	符　号	计算公式	参数取值	计算结果
1	配制强度	$f_{cu,o}$	$f_{cu,k}+1.645\sigma$		
2	水灰比	W/C	$\dfrac{\alpha_a f_{ce}}{f_{cu,o}+\alpha_a\alpha_b f_{ce}}$		
3	用水量	m_{wo}			
4	用灰量	m_{co}	$\dfrac{m_{wo}}{W/C}$		
5	砂率	β_s			
6	砂用量	m_{so}	$(m_{cp}-m_{co}-m_{wo})\beta_s$		

续表

序　号	项　目	符　号	计算公式	参数取值	计算结果
7	碎石用量	m_{go}	$m_{cp}-m_{co}-m_{wo}-m_{so}$		
8	初步配合比	$1:X:Y:W/C$	$\dfrac{m_{co}}{m_{co}}:\dfrac{m_{so}}{m_{co}}:\dfrac{m_{go}}{m_{co}}:\dfrac{m_{wo}}{m_{co}}$		

2. 调整工作性，提出基准配合比

1）测定工作性。

按上述初步配合比试拌＿＿＿＿＿＿＿L混凝土，测定其工作性，结果如下：

＿＿＿。

2）调整工作性。

＿＿＿。

3）基准配合比 $m_{ca}:m_{sa}:m_{ga}:m_{wa}=$ ＿＿＿＿＿＿＿＿＿＿＿＿＿＿＿＿＿＿＿＿＿＿。

3. 检验强度，确定实验室配合比

1）在基准配合比的基础上，采用三个不同水灰比拌制三组混凝土，分别制作三组强度试件，标准养护28d（或3d）后进行强度试验，测定结果见实训表1.5。

实训表 1.5　不同水灰比的混凝土强度值

组　别	W/C	C/W	抗压强度值/MPa
1			
2			
3			

2）根据上述三组灰水比与其相应的强度关系，画图得出满足要求的水灰比（实训图1.1）。

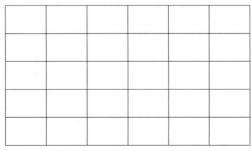

实训图 1.1　混凝土抗压强度与灰水比关系曲线

确定最佳水灰比为 $W/C=$ ＿＿＿＿＿＿＿＿＿＿。

3）试验室配合比 $m_{cb}:m_{sb}:m_{gb}:m_{wb}=$ ＿＿＿＿＿＿＿＿＿＿＿＿＿＿＿＿＿。

4. 换算成施工配合比

1）测定砂、石子的含水率分别为＿＿＿＿＿＿＿＿＿＿＿＿＿＿＿＿＿＿＿＿＿＿。

2）换算施工配合比 $m_c:m_s:m_g:m_w=$ ＿＿＿＿＿＿＿＿＿＿＿＿＿＿＿＿＿＿＿。

实训 2 高强混凝土配合比设计

一、实训目的与要求

本综合实训试验目的：了解高强混凝土配合比设计的全过程，培养综合设计试验能力，熟悉混凝土拌和物和易性和混凝土强度的试验方法。

根据提供的工程条件和材料，依据《普通混凝土配合比设计规程》（JGJ 55—2000）设计出符合工程要求的高强混凝土配合比。

二、工程和原材料条件

1）某工程的预制钢筋混凝土梁（不受风雪影响）。

2）混凝土设计强度等级为 C80。

3）施工要求坍落度为 18～21mm。

4）该施工单位无历史统计资料。

三、设计要求及试验步骤

1. 原材料性能试验

配制高强混凝土所用原材料应符合下列规定：

1）应选用质量稳定、强度等级不低于 42.5 级的硅酸盐水泥或普通硅酸盐水泥。

2）对强度等级为 C60 级的混凝土，其粗骨料的最大粒径不应大于 31.5mm；对强度等级高于 C60 级的混凝土，其粗骨料的最大粒径不应大于 25mm。针、片状颗粒含量不宜大于 5.0%，含泥量不应大于 0.5%，泥块含量不宜大于 0.2%。其他质量指标应符合现行行业标准《普通混凝土用碎石或卵石质量标准及检验方法》（JGJ 53）的规定。

3）细骨料的细度模数宜大于 2.6，含泥量不应大于 2.0%，泥块含量不宜大于 0.5%。其他质量指标应符合现行行业标准《普通混凝土用砂质量标准及检验方法》（JGJ 52）的规定。

4）配制高强混凝土时应掺用高效减水剂或缓凝高效减水剂。

5）配制高强混凝土时应用活性较好的矿物掺和料（粉煤灰、磨细矿渣、硅粉等），且宜复合使用矿物掺和料。

2. 计算初步配合比

根据给定的工程条件、原材料和试验测得的原材料性能进行配合比计算，计算依据《普通混凝土配合比设计规程》（JGJ 55—2000）的规定进行。

将每立方米混凝土中水、水泥、粗细骨料、外加剂和矿物掺和料的用量全部求出，供试配用。

初步配合比的计算过程如下：

1）计算配制强度。

2）确定水灰比。一般水灰比宜小于 0.35；对于 C80～C100 的超高强混凝土，水灰比宜小于 0.30；对于 C100 上的特高强混凝土，水灰比宜小于 0.26。

3）确定单位用水量。硬化后混凝土的强度通常与用水量成反比，因此在施工和易性允许的条件下混凝土的单位用水量应尽可能小。用水量可根据《建筑材料》教材中的表 5.31 选用。掺高效减水剂后，一般用水量宜控制在 160～180kg/m³；对于 C80～C100 的超高强混凝土，其用水量宜控制在 130～150kg/m³。

4）计算水泥用量。由上述得到的水灰比 W/C 和单位用水量 W，可计算出水泥用量 $C=W/(W/C)$。但应注意当水泥用量超过某一最佳值后，在等流动性下，混凝土强度将不会再提高。高强混凝土的水泥用量一般控制在 400～500kg/m³，最大不应超过 550kg/m³。水泥和矿物掺和料的总量不应大于 600kg/m³。

5）超细矿物质掺和料的种类与掺量。经验表明，硅粉、磨细矿渣和天然沸石粉可等量替代水泥。保持混凝土的单位用水量和坍落度不变，混凝土中以5％～7％的硅粉置换相应的水泥，强度提高10％左右；以5％～10％的天然沸石粉置换相应的水泥，强度提高10％左右；以25％的磨细矿渣置换相应的水泥，强度也能提高10％左右；而粉煤灰则应采用超量取代法掺入（超量取代系数$K=1.2～1.4$），才能使28d强度与原混凝土相同。一般情况下，粉煤灰掺量不宜大于胶结材料总量的30％，磨细矿渣不宜大于50％，天然沸石岩粉不宜大于10％，硅粉不宜大于10％。宜使用复合掺和料，其掺量不宜大于胶结材料总量的50％。

6）粗骨料用量。在干燥捣实状态条件下，每立方米混凝土的粗骨料体积含量为0.4m³左右，即每立方米混凝土中的粗骨料为1050～1100kg。

7）确定砂率。由于高强混凝土中水泥浆体积相对较大，砂率取值应适当降低，且随混凝土强度的增高，砂率呈减小的趋势。配制高强混凝土所用的砂率及所采用的外加剂和矿物掺和料的品种、掺量应通过试验确定。高强混凝土砂率一般控制在$\beta_s=24％～30％$，对于泵送工艺宜控制在$\beta_s=33％～42％$。

8）高效减水剂的品种和掺量。不同品牌的高效减水剂在与水泥和超细矿物质掺和料的兼容性上相差很大，因此对给定的水泥和超细矿物质掺和料，需要通过试验来选择高效减水剂的品牌。高效减水剂的掺量增加，混凝土单位用水量可相应减少，用水量的减少与高效减水剂的品牌和质量有关。以固体用量计，高效减水剂的掺量为胶凝材料总重的 0.4%～1.5%。

9）得到初步配合比为：

3. 配合比的试配、调整与确定

按初步配合比配制混凝土拌和物若干升（宜采用强制式搅拌机拌制，拌制量应与搅拌机容量相适宜）；检查新拌混凝土的和易性是否满足设计要求。

1）按初步配合比试拌 30L，计算各材料用量。

水泥：

水：

砂：

碎石：

掺和料：

外加剂：

2）搅拌均匀后进行和易性调整。调整后得基准配合比为：

3）采用三个不同水灰比的配合比（其中一个应为基准配合比，另外两个配合比的水灰比宜较基准配合比分别增加和减少 0.02～0.03）进行抗压强度试件制作，养护后进行抗压强度测定，并换算为 28d 强度值。

试配混凝土强度测量值

水灰比（W/C）	灰水比（C/W）	＿＿＿天强度测量值/MPa	28d 强度/MPa

4）绘制 28d 强度与 C/W 关系图。

5）从 4）绘制的关系图中找出与配制强度对应的水灰比，得出高强混凝土设计配合比为：

4. 重复试验

应用设计配合比进行不少于 6 次的重复试验，其平均值不应低于配制强度。

主要参考文献

黄家骏. 2004. 建筑材料与检测技术. 武汉：武汉理工大学出版社.

田文玉. 2005. 建筑材料试验指导书. 北京：人民交通出版社.

王忠德，张彩霞，方碧华，张照华. 2005. 实用建筑材料试验手册. 北京：中国建筑工业出版社.

中华人民共和国国家标准. 2002. 金属材料室温拉伸试验方法（GB/T 228—2002）. 北京：中国标准出版社.

中华人民共和国国家标准. 2002. 金属材料弯曲试验方法（GB/T 232—2002）. 北京：中国标准出版社.

中华人民共和国国家标准. 2002. 普通混凝土拌和物性能试验方法标准（GB/T 50080—2002）. 北京：中国标准出版社.

中华人民共和国国家标准. 2002. 普通混凝土力学性能试验方法标准（GB/T 50081—2002）. 北京：中国标准出版社.

中华人民共和国国家标准. 2011. 烧结多孔砖和多孔砌块（GB 13544—2011）. 北京：中国标准出版社.

中华人民共和国国家标准. 2003. 烧结普通砖（GB 5101—2003）. 北京：中国标准出版社.

中华人民共和国国家标准. 2001. 水泥（细度、标准稠度、凝结时间）试验方法（GB/T 1346—2001）. 北京：中国标准出版社.

中华人民共和国国家标准. 1999. 水泥胶砂强度检验方法（ISO 法）（GB/T 17671—1999）. 北京：中国标准出版社.

中华人民共和国国家标准. 2005. 水泥细度检验方法（GB 1345—2005）. 北京：中国标准出版社.

中华人民共和国国家标准. 2008. 塑性体改性沥青防水卷材（GB 18243—2008）. 北京：中国标准出版社.

中华人民共和国国家标准. 2008. 弹性体改性沥青防水卷材（GB 18242—2008）. 北京：中国标准出版社.

中华人民共和国国家标准. 2007. 通用硅酸盐水泥（GB 175—2007）. 北京：中国标准出版社.

中华人民共和国行业标准. 1999. 高强混凝土结构技术规程（CECS 104—1999）. 北京：中国建筑工业出版社.

中华人民共和国行业标准. 2006. 混凝土用砂、石质量及检验方法标准（JGJ 52—2006）. 北京：中国建筑工业出版社.

中华人民共和国行业标准. 2009. 建筑砂浆基本性能试验方法（JGJ 70—2009）. 北京：中国建筑工业出版社.

中华人民共和国国家标准. 2010. 沥青软化点测定法（环球法）（GB/T 4507—2010）. 北京：中国标准出版社.

中华人民共和国国家标准. 2010. 沥青延度测定法（GB/T 4508—2010）. 北京：中国标准出版社.

中华人民共和国国家标准. 2010. 沥青针入度测定法（GB/T 4509—2010）. 北京：中国标准出版社.

中华人民共和国行业标准. 2000. 普通混凝土配合比设计规程（JGJ 55—2000）. 北京：中国建筑工业出版社.